Ulrich Walluhn

Lokomotiven und Triebwagen in der SBZ/DDR 1945–1950

transpress

1950 oder 1930? Auf diesem Bild scheint die Welt in Ordnung, als ob es keinen Krieg gegeben hat. Eine 75.5 mit Personenzug von Chemnitz nach Bärenstein verlässt im Frühjahr 1950 den Bahnhof Scharfenstein an der Zschopau. Ausfahrt, besser Anfahrt beim zweiten Auspuffschlag vor einem Zug, der aus Abteilwagen besteht, zu denen der erzgebirgische Volksmund »Brettelhupfer« sagt. Rechts im Bild wird gerade ein gedeckter Güterwagen entladen; oben sehen wir Burg Scharfenstein.
Foto: W. Raddatz Rbd Dresden, Sammlung Walluhn

Am 7. Juli 1953 überquert eine 58 mit Güterzug die Elbbrücke in Torgau. Im Hintergrund das Weichbild der Stadt, wo sich im Frühjahr 1945 amerikanische und sowjetrussische Truppen zum symbolischen Händedruck trafen.
Foto: Ernst Thormann Rbd Halle/Sammlung Werner Umlauft (†), Sammlung Walluhn

Trotz aller Schwierigkeiten in der Nachkriegszeit scheint dieses Foto symbolisch zu sein: Mit voll geöffneten Zylinderventilen verlässt 38 1920 (Schichau 1916/2403) vom Bw Elsterwerda am 1. Juli 1946 den Anhalter Bahnhof zu Berlin vor einem Personenzug nach Dresden.
Foto: Fritz Eschen, Sammlung Walluhn

Einbandgestaltung: Dos Luis Santos

Titelbild: Obwohl 75 546 Bw Zittau erst am 11. März 1951 anlässlich der Eröffnung des Korridorverkehrs Zittau–Eibau auf dem Bahnhof Großschönau aufgenommen wurde, ist dieses Bild äußerst zeittypisch für das Berichtsjahr 1950. Übergroße, umkränzte Portraits von Josef Stalin und Wilhelm Pieck zieren die Lokomotive ebenso wie Girlanden und Fahnen (links rot, rechts DDR-Staatsflagge). Im Hintergrund eine alte königlich sächsische Bahnhofslaterne – der Gegensatz kann größer nicht sein. Der ganz rechts im Bild erkennbare gut besetzte Abteilwagen trägt ebenfalls eine leider unleserliche Losung. Später Neuschnee lässt die bestens gepflegte Maschine auch im Triebwerksbereich glänzen.
Foto: Ernst Mäde Rbd Dresden, Sammlung Walluhn

Rücktitelbild: »Geschenk der Arbeiter des BW. Bad Schandau zum 1. Mai 1950«. Eine zeitgenössische, politisch eingefärbte Losung, aus heutiger Sicht kitschig und mit einem Hauch Naivität versehen. Vor über 50 Jahren jedoch sehr ernst gemeint und zweifellos mit viel Engagement der beteiligten Eisenbahner verbunden. Die soeben wieder aufgearbeitete 89 219 (Hartmann 1897/2270), im Heimatort Bad Schandau an der Elbe am 30. April 1950 fotografiert, besitzt nur eine Petroleumlaterne für den Rangierdienst aber immerhin Druckluftbremse. Bemerkenswert sind die Braunkohlenbrikett auf dem mit Brettern stark vergrößerten Wasserkastenaufsatz. Brikett sind in jenen Jahren normalerweise Personenzuglokomotiven vorbehalten, für den Rangierdienst gibt es nur Rohbraunkohle.
Foto: Ernst Mäde Rbd Dresden, Sammlung Walluhn

ISBN: 3-613-71231-8

1. Auflage 2004

Sie finden uns im Internet unter:
www.transpress.de

Lektorat: Hartmut Lange
Innengestaltung: schwabenverlag mediagmbh
Druck: Graspo CZ a.s., CZ-76302 Zlin
Bindung: Graspo CZ a.s., CZ-76302 Zlin
Printed in Czech Republic

Inhalt

»Durch höhere Arbeitsleistung zu einem besseren Leben. Senkt die Selbstkosten! Spart Rohstoffe!« Ein Foto, das besser die Zustände des Jahres 1950 nicht darstellen kann: Stahl- und Walzwerk Riesa, Symbol einer aufstrebenden Schwerindustrie. Vorn ein fast zusammenfallender Schuppen, daneben ein hoher Schlot, dahinter eine Werk- oder Lagerhalle. Davor Werklok 3 mit Funkenfänger-Schornsteinaufsatz und links einige zweiachsige offene Güterwagen, die noch aus der Länderbahnzeit stammen. Mitten hindurch ein Gleisgewirr aus Regel- und Schmalspur. Die Aufnahme entstand am 22. Juli 1950.
Foto: Fritz Eschen, Sammlung Walluhn

Blick vom Westen auf das wiederhergestellte Göltzschtal-Viadukt bei Reichenbach (Rbd Dresden). Winzig erscheint auf ihm der aus Hof kommende Schnellzug.
Foto: Dick Fotoverlag Erlbach i.V., Sammlung Walluhn

Vorwort

Über die Deutsche Reichsbahn der sowjetischen Zone Deutschlands und späteren DDR sind in den letzten zehn Jahren viele Buch- und Bildbände erschienen, deren Inhalt ebenso streitbar und unterschiedlich ist, wie ihre Qualität. Fast könnte man meinen, das Thema sei längst erschöpfend behandelt. Doch weit gefehlt. Gerade dann, wenn es um Hintergründe, Zusammenhänge der Organisation oder des Betriebsdienstes geht, vermisst der Leser allzu oft nicht nur wichtige Dinge, sondern gar fachliche Grundlagen, die ein Verstehen der äußerst komplexen Vorgänge – vor allem in den Anfangsjahren – erst ermöglichen. Häufig beherrschen Nostalgie, mitunter gar Schlagzeilenmentalität der Boulevardpresse ganze Publikationen und verhindern so eine objektive Darstellung der Ereignisse. Verwischender Oberflächlichkeit einerseits steht dann oft der berühmte unkommentierte Nummernfriedhof andererseits gegenüber – Gegensätze, die schlimmer nicht sein können. Und gerade jene endlosen Zahlenkolonnen sind es, die dem Leser oftmals unverständlich bleiben. Dabei steht natürlich außer Zweifel, dass Verkehrsgeschichte – und Lokomotivgeschichte im Besonderen – nur aus Analyse und Synthese abertausender Einzeldaten geschrieben werden kann und nicht etwa durch schnödes Mehrfachkopieren aus Tertiärquellen[1]. Kurzum eine Arbeit, die mit Akribie, äußerstem Fleiß, Anstrengung und zudem mit Kosten aber auch viel Zeit verbunden ist, der am Ende Erlöse gegenüberstehen, welche »Gewinn« im kaufmännischen Sinne nicht zulassen. Ist letzteres vielleicht Hauptgrund dafür, dass viel zu wenig gut gemachte Fachliteratur auf dem Markt erscheint?

Treffend charakterisiert Ulrich Langner vom Verkehrsmuseum Nürnberg in »Zug der Zeit – Zeit der Züge«[2], dass Deutsche Eisenbahngeschichte stets auch eine Geschichte vernichteter Technik ist. Und ebenso deutlich geht er mit der (oftmals überteuerten) Hobbyliteratur ins Gericht: »Aus der umfangreichen Eisenbahnliteratur konnte nur wenig brauchbares zu dieser Problematik[3] gewonnen werden. Nostalgische Technikdokumentationen, Nachdrucke klassischer Eisenbahnlehrbücher und Bilderbücher aller Art beherrschen den Markt. Wissenschaftliche Abhandlungen sind rar.«[4] Sätze, die dem Verfasser aus dem Herzen sprechen und selbst 15 Jahre später mehr denn je Gültigkeit haben. Auch die Mehrzahl der hier dargestellten Fahrzeuge ist heute längst verschrottet, übrig blieben nur die allbekannten Museums- und Traditionslokomotiven. Ebenso zerstört sind viele der einst blühenden Bahnbetriebswerke, weitgehend vernichtet auch das Wissen und Können der alten Lokführer, Werkstattarbeiter und Eisenbahningenieure. All dem möchte diese Publikation ein Denkmal setzen.

Sehr prägnant haben Dr. Hartmut Knittel, vormaliger Präsident der Deutschen Gesellschaft für Eisenbahngeschichte (DGEG), und Günter Krause, Vorstandsmitglied und Organisator auf der DGEG-Jahrestagung Ende April 2000 in Würzburg, dargestellt, dass in der heutigen Zeit erhebliche Mengen Fachwissen rasch der Vergessenheit anheimfallen und damit der Gesellschaft zunehmend völlig verloren gehen, da es viel zu wenige Menschen gibt, die sich ehrenamtlich dafür engagieren, dieses Wissen niederzuschreiben oder handwerklich zu praktizieren solange es noch geht.

---

1 Tertiärquellen sind Quellen dritter Ordnung, zu denen die gesamte Hobbyliteratur gehört.

2 »Zug der Zeit – Zeit der Züge«, herausgegeben von der Eisenbahnjahr-Ausstellungsgesellschaft mbH anlässlich der 150-Jahr-Feier der Deutschen Eisenbahnen, Nürnberg 1985.

3 Gemeint ist vorrangig die Darstellung von Zusammenhängen zwischen eisenbahntechnischer Geschichte und gesellschaftlichen Hintergründen der verschiedenen Zeitepochen 1835 bis zur Gegenwart.

4 Vgl. »Zug der Zeit – Zeit der Züge«, Seite XX.

Was für eine Romantik auf schmaler Spur, die nichts von den Lebensproblemen der Zeit nach 1945 erahnen lässt! 99 313 Bw Rostock (Henschel 1924/20223) durchfährt in den 50er-Jahren den Ortskern von Bad Doberan. Rechts ein typisch mecklenburgisches Amtsgebäude.
Foto: R. Lederbogen, Sammlung Rudolf Albrecht, Chemnitz

Nicht selten bestimmt leider der Kommerz bzw. das Kapital die »Gangart« der Eisenbahnliteratur in gänzliche andere Richtungen.

Ganz im Sinne der DGEG will dieses Buch einen kleinen Beitrag gegen das Vergessen leisten. Als Gegenstück zum Ende der 70er-Jahre erschienenen Buch »Die Triebfahrzeuge der Deutschen Bundesbahn im Jahre 1950« von Manfred Herb, Andreas Knipping und Hansjürgen Wenzel (Freiburg 1978) haben wir als Stichtag für die Lokomotiv- und Triebwagenliste ebenso den 1. Juli gewählt. So liegen jetzt Nachschlagewerke für beide deutsche Staatsbahnen vor – eine empfindliche Statistiklücke ist geschlossen. Dabei mag unerheblich sein, dass zum Datum des 1. Juli 1950 bei einem Berliner Kleinverlag Mitte 2001 ein unkommentierter Nummernbestand erschien. Nicht verschweigen wollen wir, dass derartige Verzeichnisse aber einen ganz entscheidenden Nachteil haben: Sie sind gewissermaßen ein fotografisches Abbild eines einzigen Tages und berücksichtigen Bestandsverschiebungen, wie sie in jedem Monat vorkommen, nicht. Hierzu würde es einer anderen Darstellungsform bedürfen, nämlich der Auflistung aller Fahrzeugbaureihen je Heimat-Bahnbetriebswerk. Eine solche Arbeit würde derart umfangreich ausfallen, dass sie als gedrucktes Werk angesichts der geringen Auflage für niemanden erschwinglich wäre. Sie bleibt daher heutzutage ausschließlich elektronischen Datenträgern in Kleinstauflagen vorbehalten. Frühere Bestandsverzeichnisse als 1950 lassen sich sehr wohl erstellen, doch sind sie mit erheblichen Unsicherheiten belastet. Die ersten Lokzählungen der DR vom Herbst 1945 können, wenn auch fehlerbehaftet und nicht ganz vollständig, gut als Ausgangspunkt unserer Thematik dienen. Da sie bereits umfassend publiziert wurden, sei der interessierte Leser auf das Buch »Die Triebfahrzeuge der Deutschen Reichsbahn (Ost) 1945/46« von Ingo Hütter und Volkmar Kubitzki (Nordhorn 1995) verwiesen. Hierbei handelt es sich allerdings um ein reines schwach bebildertes Statistikwerk ohne Textteil.

Hauptaugenmerk haben wir in diesem Band auf das Jahr 1950, das erste nach Gründung der DDR gelegt. Aus Platzgründen musste der Zeitraum 1945 bis 1949 sehr gerafft werden. Hier bestimmen neben Tabellen hauptsächlich stichpunktartige Zusammenfassungen zum Zeitgeschehen, wichtigen Ereignissen des Eisenbahnwesens allgemein und des Maschinendienstes im besonderen das Bild. Eine andere Form hat sich aufgrund der vielen Informationsdaten, komplexen Veränderungen und verwickelten Zusammenhänge im Interesse einer sinnvollen zeitlichen und thematischen Strukturierung nicht finden lassen. Nicht immer können Vorgänge bis ins letzte Detail dargestellt werden, sondern müssen sich auf Fallbeispiele beschränken.

Sowohl Bestandsverzeichnis von 1950 als auch Textteil sind nur durch mehr als 25-jährige Forschungstätigkeit und autodidaktisches Lernen des Autors möglich geworden. Die Zahl der insgesamt verarbeiteten Einzelmeldungen liegt bei über einhunderttausend. Niemand kann ausschließen, dass Daten in Quellen fehlerhaft erscheinen. Ebenso wenig ist vermeidbar, dass sich Übertragungsfehler einschleichen können. Für jede Korrektur, jeden sachdienlichen Hinweise und jede Form konstruktiver Kritik ist der Autor stets offen. Möglicherweise lässt die nachträgliche Mitarbeit von Lesern das Schließen von immer noch reichlich vorhandenen Lücken zu. Letztendlich würden sich Verlag und Autor freuen, wenn diese Publikation auf breite Resonanz stößt und somit vielleicht ein weiteres Werk zu einem anderen Berichtszeitraum ermöglicht.

Was die Bildauswahl betrifft darf nicht verschwiegen werden, dass druckfähige Fotografien aus damaliger Zeit sehr rar sind. Die Menschen hatten angesichts rationierter oder fehlender Grundnahrungsmittel, Kleidungsstücke, Wohnungen und Heizmaterialien ganz andere Sorgen, als Eisenbahnfahrzeuge und -anlagen abzulichten. Bis 1949 war das private Fotografieren und unmittelbar nach Kriegsende sogar der Besitz privater Fotoapparate in der Sowjetzone verboten. Außerdem gab es erst Mitte der 50er-Jahre wieder Filmmaterial im zivilen Handel. Umso erstaunlicher, wie viele Bilder trotzdem zusammengetragen werden konnten, wenn die Mehrzahl auch aus ehemaligen Bildstellen der Deutschen Reichsbahn stammt. An ihre Qualität müssen wir erhebliche Zugeständnisse machen. Verwendet wurden nicht selten überlagertes Filmmaterial und minderwertige Chemikalien aus der Kriegsproduktion. Wer traute sich schon mit einer hochwertigen Kamera auf Industrie- oder Eisenbahngelände? Wer hatte schon Zeit und Muße angesichts permanent drohender Verhaftung und knurrendem Magen zu künstlerischer Motivsuche am Bahndamm? Erfreuen wir uns deshalb an der Auswahl zeittypischer Lichtbilder, auch wenn immer wieder ersatzweise Stücke aus weit späteren Jahren beigestellt werden mussten.

Ohne die Mithilfe von Freunden und Bekannten wäre diese Arbeit ebenfalls nicht möglich gewesen. Dank sagen möchte der Autor neben den im Quellenverzeichnis genannten Personen vor allem Günter Krause von der Deutschen Gesellschaft für Eisenbahngeschichte für Korrekturlesen und organisatorische Hilfe, meinen Freunden Oliver Kuchenbecker (Reichenbach und Chemnitz) und Ulrich Penzel (Treuen und Erfurt) für ihre äußerst umfassenden Zuarbeiten zur Statistik per Datenverarbeitung, Georg Hey (Weimar) und Rudolf Albrecht (Chemnitz) für fachliche Beratung und uneigennützige Bereitstellung von Fotografien, Prof. Dr. Christian (Erfurt) (†) für die Öffnung seines Bildarchivs, allen Mitarbeitern der von mir ins Leben gerufenen Arbeitsgruppe Lokomotivgeschichte derDGEG und meiner Familie, hier ganz besonders meiner Frau Gisela Evelyn Florentina für ihr Verständnis und die weitgehende Entlastung von vielen routinemäßigen Hausarbeiten sowie zahllosen namentlich nicht genannten Eisenbahnern und Eisenbahnfreuden, die in Details zum Gelingen dieses Buches beigetragen haben. Ganz besonderer Dank gilt der letzten Archivarin des ehemaligen Verwaltungsarchivs der Reichsbahndirektion Erfurt, Frau Krannich, aber auch den vormaligen Archiven des Ministeriums für Verkehrswesen Berlin sowie der Reichsbahndirektionen Halle, Magdeburg, Berlin und Cottbus. Ohne ihre bereitwillige Unterstützung hätten viele Einzelprobleme und Lokschicksale nicht aufgeklärt werden können.

Ulrich Walluhn

Erfurt in Thüringen und
Bad Pyrmont-Löwensen,
im Oktober 2003

Das Kriegsende 1945 und eine »Stunde Null«, die es nicht gab

Zwei eindrucksvolle Bilder vom Oktober 1945. Schnellzuglok 03 157 (Henschel 1934/22232) vom Bw Halle-P im Anhalter Bahnhof zu Berlin. Kopfschüttelnd steht ein Eisenbahner, vermutlich der Lokheizer, vor der mit Menschen überfüllten Pufferbohle. Das Volk bricht zu einer Hamsterfahrt ins Berliner Umland auf, da kommt ihnen der Personenzug nach Halle über Jüterbog und Wittenberg gerade recht. Selbst auf dem Tender haben sich einige Waghalsige eingefunden. Wir werden nicht erfahren, ob dieser Zug so abgefahren ist oder das Maschinenpersonal die Freiluftpassagiere wieder entfernt hat.
Fotos: Peter Cürlis, Sammlung Walluhn

Am 9. Mai 1945 kapitulierte die Deutsche Wehrmacht unter Generalfeldmarschall Keitel um 0.16 Uhr endgültig und die Zeremonie wiederholend in der Aula der Volksschule Nummer 9, Ehrenfelsstraße 12, im Berliner Stadtteil Karlshorst. Allgemein als »Stunde Null« bezeichnet, findet sich seit Jahrzehnten in der Eisenbahnliteratur die These, der 9. Mai 1945 sei auch die Stunde Null des deutschen Eisenbahnwesens gewesen. Das stimmt so keineswegs, eine Stunde Null hat das Verkehrswesen nicht erlebt. Dort, wo Besatzungsmächte einrückten, dauerte es in der Regel auch nicht lange, bis auf den Strecken wieder Züge rollten, die relativ leicht wiederherzustellen oder überhaupt nicht beschädigt waren. So meldete das Oberkommando der Wehrmacht in seinem Kriegstagebuch am 29. März 1945, dass »die Eisenbahnen (ostwärts) bis Frontlinie Oder vom Russen wieder in Betrieb genommen sind, während in Pommern die Inbetriebnahme nachhinkt«. Zum selben Zeitpunkt wird im Westen der Zugbetrieb auf der Strecke Koblenz–Düren unter Regie der US-Truppen wieder aufgenommen, während sich Mitteldeutschland noch völlig unter Kontrolle der Wehrmacht befindet und nach wie vor nationalsozialistische Machtstrukturen funktionieren.

Einige weitere Beispiele: Am 14. April 1945 nehmen Verkehrstruppen der Roten Armee die Oderbrücken Küstrin in Betrieb und machen den Transportweg Richtung Berlin (zunächst aber nur für kurze Zeit) frei. Drei Tage später, am 17. April 1945 ist die Strecke Sangerhausen–Oberröblingen – eine wichtige Aufmarschlinie der Amerikaner in Richtung Halle/Leipzig – wieder fahrbar. Von Süden her gehen am selben Tag die Abschnitte Probstzella–Förtschendorf und Pressig-Rothenkirchen–Kronach in Betrieb, während die US-Armee die Elbe bei Magdeburg erreicht und sowjetrussische Truppen sogar hart südlich Berlins die Neukölln–Mittenwalder Eisenbahn mit vier DR-Lok der Reihen 52, 74, und 93 als Transportweg zu nutzen beginnen. Hingegen stellt erst jetzt die Halberstadt-Blankenburger Eisenbahn ihren Betrieb unter deutscher Führung ein. Wie man sieht, von einer gesamtdeutschen Stunde Null war bei der Eisenbahn keine Spur!

Was geschah in Mitteldeutschland bei Kriegsende? Wir können die Geschehnisse aus Platzgründen nur auszugsweise darstellen.

Berlin Anhalter Bahnhof im Oktober 1945: So wie hier schaut es fast überall in Mitteldeutschland aus. Im Hintergrund stehen kriegszerstörte Häuser, die notdürftig hergerichteten Schnellzugwagen haben Sehschlitze anstelle von Fensterscheiben, die Bahnsteige sind verschmutzt, die Überdachungen fehlen, überall sieht man ausgezehrte Menschen. Ein Schnellzug nach Halle (Saale), der ungewöhnlich schwach besetzt ist, hat soeben Ausfahrt erhalten.
Foto: Peter Cürlis, Sammlung Walluhn

Reste des am 1. Juli 1945 in Gera Hauptbahnhof explodierten Munitionszuges. Die Ursachen wurden nie aufgeklärt. Der Zug amerikanischer Truppen hatte Seeminen geladen. Im Hintergrund steht der unversehrt gebliebene Wasserturm.
Foto: Ernst Schröder Rbd Erfurt, Sammlung Walluhn

Das schwer beschädigte Empfangsgebäude des Hauptbahnhofes Gera (Rbd Erfurt). Weniger die Luftangriffe vom 23.02., 24.02., 27.03., 06.04. und 11.04.1945, sondern vielmehr die Explosion eines amerikanischen Munitionszuges am 01.07.1945 haben den Bau in Form einer gewaltigen Druckwelle so zugerichtet. Fast alle Dachziegel liegen auf der Straße, kein Fenster blieb heil. Heute erinnert den Reisenden nichts mehr an diese Zerstörungen.
Foto: Werner Lehmitz Rbd Erfurt, Sammlung Walluhn

Das Foto vom Bahnhofsgelände in Merseburg (Rbd Halle) spricht seine eigene Sprache. Die starken Zerstörungen ließen einen Wiederaufbau fast aussichtslos erscheinen. Und doch wurde wieder aufgebaut. Deshalb können wir die Leistungen unserer Eltern und Großeltern nach dem Kriege nicht hoch genug einschätzen. Die Gleisanlagen sind durch Bombenwurf zur Unkenntlichkeit umgepflügt, die Kesselwagen der Buna-Werke Schkopau wüst durcheinander geworfen.
Foto: Rbd Halle, Sammlung Walluhn

Im Bahnbetriebswerk Dresden-Friedrichstadt bietet sich nach dem zweiten schweren Bombenangriff auf die Elbestadt vom 20. April 1945 ein verheerendes Bild. Von der Druckwelle wurde 38 317 Bw Pirna (Hartmann 1922/4513) zur Seite gekippt und schwer beschädigt. Das Führerhaus ist völlig deformiert, seine Dachbleche folgen davon, Teile der Kesselarmatur sind abgerissen. Am 16.12.1950 wird diese Schwerschadlok ausgemustert.
Foto: Sammlung Umlauft (†)

Nicht weit entfernt von 38 317 (vergleiche mit dem nebenstehenden Bild) hat es die Meyerlok 98 006 (Hartmann 1910/3416) erwischt. Sie wurde regelrecht aus dem Gleis gehoben, Teile sind abgesprengt, Bleche verbogen. Im Gegensatz zur 38 kommt diese Lok jedoch wieder in Fahrt.
Foto: Sammlung Umlauft (†)

Noch ein Foto aus dem Jahre 1945. Der Rangierbahnhof Dresden-Friedrichstadt nach dem Luftangriff vom 20. April 1945: Vorn rechts ein Bombentrichter, zerstörte Gleisanlagen, links die nicht mehr dienstfähige, doch offenbar nur wenig beschädigte 86 248 (Schwartzkopff 1936/12632). Im hinteren Teil des Bahnhofs rollt der Betrieb bereits wieder.
Foto: Sammlung Umlauft (†)

Ein englisch-amerikanischer Luftangriff traf zum 18. April 1945 abermals mit voller Wucht Dresden und fügte den dortigen Bahnbetriebswerken, die schon beim Angriff vom Februar schwer gelitten hatten, nochmals erhebliche Schäden zu. So wird auch die Seilzuganlage im Verschiebebahnhof Friedrichstadt vollständig vernichtet, ein Wiederaufbau unterbleibt. Den Rangierdienst versehen von nun an über mehrere Jahrzehnte Dampflokomotiven.

Auch Berlin und der kleine Ort Kirchberg im Vogtland wurden an diesem Apriltag Opfer des Bombenterrors. Zur selben Zeit zerstörten in Niesky eindringende Truppen der Roten Armee Stadt und Waggonfabrik weitgehend. Ei-

Luftangriffe auf den Großraum Berlin im Zeitraum 20. April bis 08. Mai 1945:

Tag	Streitkräfte	Orte	und deren Hauptziele
20.04.45	engl.-amerikan.	Brandenburg	Hauptbahnhof und Bahnhof Neustadt
	engl.-amerikan.	Seddin	Verschiebebahnhof
	engl. amerikan.	Wustermark	Verschiebebahnhof
	engl.-amerikan.	Berlin	Großangriff auf Innenstadt
	sowjet.	Berlin	Innenstadtgebiet
21.04.45	engl.-amerikan.	Berlin	Großangriff auf Wohngebiete Nordteil und Nordostteil
	sowjet.	Berlin	Nordteil, Nordostteil
24.04.45	engl.-amerikan.	Potsdam	Großangriff, Bw und Raw zerstört, Munitionszug explodiert
25.04.45	sowjet.	Berlin	Innenstadtgebiet
26.04.45	sowjet.	Berlin	Innenstadtgebiet
28.04.45	engl.-amerikan.	Berlin	Innenstadtgebiet
29.04.45	engl.-amerikan.	Berlin	Innenstadtgebiet
30.04.45	engl.-amerikan.	Berlin	Innenstadtgebiet
01.05.45	engl.-amerikan.	Berlin	Innenstadtgebiet

Der mutmaßlich letzte Luftangriff auf Mitteldeutschland dürfte jener der sowjetischen Streitkräfte vom 7. Mai 1945 auf Zittau gewesen sein.

nen Tag später erlebten Finsterwalde und Pirna schwere Luftangriffe. In beiden Orten erlitten Bahnhöfe und Bahnbetriebswerke Schäden, in Pirna wurde die Elbbrücke zerstört und damit der Verkehr Richtung Oberlausitz unterbrochen. Sowjetische Flugzeuge bombardierten Wriezen und Frankfurt an der Oder heftig, auch hier zerstörte man Bahnhöfe und Bw stark. Bis Kriegsende wurde das schon in Agonie liegende Deutsche Reich, oder das, was von ihm übrig war, pausenlos von weiterem Luftterror heimgesucht. Was an Verkehrsanlagen – insbesondere an Brücken und Viadukten – heil bleibt, zerstörten nur zu oft sinnlos Wehrmacht oder Waffen-SS beim Rückzug gemäß Hitlers so genanntem »Nero-Befehl«[1].

38 2774 vom Bw Saalfeld (Schwartzkopff (1920/7199) hat wie zahlreiche andere auch den Bombenangriff des 9. April 1945 nicht überstanden. Zylinder, Pufferträger und Teile des Rahmens sind fortgerissen, die Rauchkammer ist zerbeult und von Splittern durchsiebt. Das voranlaufende Drehgestell wurde abgesprengt, dem Langkessel fehlt die Hälfte der Verkleidung, außerdem sind starke Brand- und Glühspuren erkennbar. Mit anderen Worten: Die Lok ist nur noch ein Haufen Schrott, der am 25.11.1946 ausgemustert und noch im selben Jahr in Saalfeld zerlegt wird. Aufnahme vom 27. April 1946.
Foto: Ernst Schröder Rbd Erfurt, Sammlung Walluhn

Seit Ende April 1945 überschlugen sich die Ereignisse und mündeten schließlich in völligen, insgesamt schlecht dokumentierten Auflösungserscheinungen. Längst nicht alle Einzelheiten sind überliefert, die Menge der bekannten Details zwingt uns zur Beschränkung auf wichtige Vorgänge im Berichtsgebiet. Im Telegrammstil sei deshalb festgehalten:

Im Zeitraum April bis Anfang Mai 1945 eroberten Alliierte Truppen ganz Mitteldeutschland. Den Raum Dresden besetzte die Rote Armee erst am 8. Mai 1945, während das Schwarzenberger Gebiet bis Ende Juni zunächst ohne Besatzung blieb und als so genannte »Schwarzenberger Republik« in die Geschichte einging.

1 Der so genannte »Nero-Befehl« vom 19. März 1945 besagte, dass alle Verkehrs- und Industrieanlagen vor Einnahe durch alliierte Truppen vollständig und dauerhaft unbrauchbar zu machen seien.

Bemerkenswert und bis heute nur ansatzweise in der Literatur beleuchtet sind die Streckenumbauten der sowjetischen Verkehrstruppen auf 1524 mm-Spurweite (so genannte russische Breitspur), die bis Ende Mai andauerten und eine weit höher Zahl an Stre-

21.04.1945:	Lokomotivfabrik Borsig in Hennigsdorf fällt in sowjetrussische Hände. Sämtlicher planmäßige Zugverkehr im Stadtgebiet Berlins wird eingestellt.
22.04.1945:	In Berlin wird Feindalarm ausgelöst und ein Bahnschutz aufgestellt.
23.04.1945:	Auf Weisung der US-Truppen nimmt das Raw Meiningen seine Arbeit wieder auf. Bahnkraftwerk Muldenstein geht vom Netz, der elektrische Betrieb kommt zum Erliegen. In Frankfurt an der Oder gehen die Restteile der RBD Osten unter.
24.04.1945:	Firma Schwartzkopff in Wildau liefert 42 860 als letzte Lok an die DR ab.
25.04.1945:	Der Einkesselungsring um Berlin schließt sich bei Ketzin. Lokomotivfabrik MBA Babelsberg fällt stark zerstört in sowjetrussische Hände. Erstes Zusammentreffen amerikanischer und sowjetische Truppenspitzen bei Torgau an der Elbe.
26.04.1945:	Lokomotivfabrik Schwartzkopff in Wildau fällt unzerstört in sowjetrussische Hände.
28.04.1945:	Hubbrücken Karnin und Wolgast zur Insel Usedom durch Wehrmacht gesprengt und völlig zerstört. Usedom ist damit eisenbahnseitig vom Festland abgeschnitten. (Eine) Sowjetische Besatzungszone über Groß-Berlin gebildet.
30.04.1945:	Selbstmord Adolf Hitlers um 15.30 Uhr in der Reichskanzlei. Kommunistische Gruppe Ulbricht trifft aus Moskau kommend in Calau bei Senftenberg ein.
01.05.1945:	Ziegelgrabenbrücke des Rügendammes und Rügendamm am Km 245,5 durch Wehrmacht gesprengt. Damit ist auch die Insel Rügen eisenbahnseitig vom Festland abgeschnitten.
02.05.1945:	Groß-Berlin von sowjetischen Truppen vollständig erobert.
03.05.1945:	Zweites Zusammentreffen amerikanischer und sowjetischer Truppen bei Schwerin. Reichsbahndirektion Halle nimmt auf Weisung der US-Truppen Tätigkeit wieder auf.
04.05.1945:	KZ Frankfurt/Oder eröffnet, dient auch als Sammellager für Deportationen nach der UdSSR.
09.05.1945:	Raw Dresden-Friedrichstadt nimmt auf russischen Befehl hin die Arbeit wieder auf. Gruppe Ulbricht verlegt von Quartier Bruchmühl bei Strausberg nach Berlin-Friedrichsfelde.
12.05.1945:	Verdunkelungsbefehl im Reich und somit auch in Mitteldeutschland aufgehoben.
14.05.1945:	Rbd Dresden nimmt Tätigkeit auf sowjetische Weisung hin wieder auf.
16.05.1945:	Polnische Zivilverwaltung in Stettin auf sowjetischen Befehl hin aufgelöst, Stadt wieder unter deutsche Verwaltung genommen (Stettin sollte zunächst bei sowjetischer Zone verbleiben, dann aber Freistadt unter schwedischer Verwaltung werden!).
23.05.1945:	Reichsdeutsche Regierung unter Großadmiral Dönitz in Mürwik bei Flensburg von britischen Militärs gefangengenommen, damit endet faktisch die Existenz des Deutschen Reiches.
27.05.1945:	Rbd Zwickau durch US-Truppen gebildet, der Bezirk umfasst den amerikanisch besetzten Teil Sachsens.
05.1945:	Rbd Stettin in Stettin wieder eingerichtet.
01.06.1945:	Polnische Truppen schließen Neisse-Übergänge der Eisenbahn in Görlitz und Forst.
04.06.1945:	Rote Armee schafft zentrale Leitung für die Reichsbahn in sowjetischer Zone in Berlin Voßstraße 31.
05.06.1945:	Berliner Deklaration der Alliierten: Schaffung von 4 Besatzungszonen im Reich, Grenzfrage aber auf einen späteren Friedensvertrag verschoben, Alliierte übernehmen die Regierungsgewalt in Deutschland, Berlin wird zur besonderen politischen Einheit erklärt, Alliierter Kontrollrat mit Sitz in Berlin gegründet.
06.06.1945:	Beschluss des Rates der Volkskommissare der UdSSR zur Errichtung der Sowjetischen Militäradministration Deutschlands (SMAD) in Berlin-Karlshorst
09.06.1945:	SMAD wird unter Marschall Shukow in Berlin-Karlshorst gebildet.
21.06.1945:	Bisher unbesetztes Schwarzenberger Gebiet weitgehend von Roter Armee in Beschlag genommen. Wiedereröffnung des Raw Halberstadt aus Teilen des Bauzugwerks und der Kesselschmiede des Raw Braunschweig.
28.06.1945:	Erster Schnellzug Moskau–Frankfurt/Oder–Berlin verkehrt für sowjetische Besatzungsmacht.
01.07.1945:	Die in der sowjetischen Zone gelegenen Teile der Rbd Hannover gehen (bereits vorab) an die neuzugründende Rbd Magdeburg über. US-Truppen räumen Sachsen und die östlichen Harzlandkreise vollständig. Rote Armee marschiert in Leipzig, Plauen, Schwerin, Halle und Weimar ein.
02.07.1945:	Gesamter Großraum Leipzig von US-Armee an Rote Armee übergeben. Rbd Schwerin nimmt Tätigkeit auf sowjetische Weisung hin wieder auf.
03.07.1945:	Erster Reisezugfahrplan mit Moskauer Zeit tritt in sowjetischer Zone in Kraft.

Beim letzten großen Luftangriff auf Stendal am 9. April 1945 erwischte es auch 38 2895 Bw Halberstadt (Vulcan 1921/3652). Kesselbekleidung, Armaturteile und Führerhaus wurden dabei zerstört, ebenso Teile des Fahrwerkes. Der Rahmen ist verbogen und unbrauchbar. Die Ausmusterung dieser Lok (06.04.1946 sowie 25.11.1947) wurde zweimal zurückgezogen und schließlich am 25.01.1951 nochmals verfügt.
Foto: Willy Hofmann Rbd Magdeburg, Sammlung Walluhn

Noch ein Bombenopfer vom 09.04.1945 aus dem Raw Stendal: 91 726 in zweiter Nummernbesetzung (Henschel 1910/9894, ex. preußische T9.3 Hannover 7259, dann PKP Tki3-234), Heimat-Bw Stendal. Während hier das Fahrwerk samt Steuerung heil blieb, wurden auch die Rauchkammer und Teile des Vorderrahmens zerstört. Die Bombenexplosion zog einen Langkesselzerknall nach sich, die Rauchrohre bilden nun einen Stacheligel. Führerhaus, Kesselaufbauten und Zylinder sind ebenfalls beschädigt. Mit Genehmigung der Besatzungsmacht wird dieser Schrotthaufen gemeinsam mit anderen Schwerschadlok am 25.11.1946 ausgemustert.
Foto: Willy Hofmann Rbd Magdeburg, Sammlung Walluhn

cken betraf, als bisher allgemein bekannt. Dass der Umbau des Abschnittes Frankfurt/Oder–Berlin–Potsdam–Wildpark ausschließlich für den Besuch des Generalissimus Josef Stalin auf der Potsdamer Konferenz ausgeführt wurde, hält der Autor für äußerst unwahrscheinlich. Immerhin wurde auch der westwärts weiterführende Abschnitt über Brandenburg bis Magdeburg Elbebrücke kurzzeitig umgespurt. Sinn der Umbaumaßnah-

Bis zur Unkenntlichkeit ist 42 812 des Bw Halberstadt (Schwartzkopff 1944/13191, ausgemustert am 06.04.1946) zerstört. Beim Bombenangriff auf Stadt und Bahnhof Halberstadt am 9. April 1945 explodierte ein dort stehender Munitionszug. Die Folgen sehen wir im Bild: Kessel, Führerhaus und Tender hat es buchstäblich zerrissen, es blieb ein Fahrgestell-Fragment mit abgesprengtem Treibradsatz, Stehkesselträger, Teilen der äußeren Steuerung und einem Stück Kesselblech. Die bei den Sowjets befindliche TL-812 hat sich inzwischen als ehemalige 42 811 herausgestellt.
Foto: Willy Hofmann Rbd Magdeburg, Sammlung Walluhn

Bahnbetriebswerk Gerstungen im Mai 1945: Im schwer beschädigten Lokschuppen steht 44 997 (Grafenstaden 1942/7820), die von amerikanischen Truppen einen Monat später mitgenommen wird und schließlich beim Bw Aschaffenburg wieder auftaucht.
Foto: Ernst Schröder Rbd Erfurt, Sammlung Walluhn

Ein Blick hinunter ins Bahnbetriebswerk Berlin-Schöneweide im November 1945: Der Bevölkerung steht ein sehr harter Winter bevor, erste Vorboten zeigen sich bereits in Form von Frost. 52 1426 Bw Cottbus (vorn) und 55 5551 Bw Elsterwerda (links) haben ihre Tender mit guten glänzenden Brikett beladen, die in so mancher Wohnstube fehlen.
Foto: Peter Cürlis, Sammlung Walluhn

Eröffnung von Breitspurstrecken (1524 mm) durch sowjetische Verkehrstruppen in Mitteldeutschland:

Tag	Strecke von – über – bis
21.04.45	Sorau (Schlesien) – Cottbus
25.04.45	Küstrin Oderbrücke – Frankfurt/Oder – Fürstenwalde (Spree) – Betriebsspitze Berlin Front (nur ein Gleis)
25.04.45	Behelfsbrücke Frankfurt/Oder auf Holzpfeilern mit steilen Auffahrtrampen *)
28.04.45	Fürstenwalde (Spree) – Berlin-Lichtenberg (nur ein Gleis)
28.04.45	Berlin-Lichtenberg – Berlin-Rummelsburg
03.05.45	Cottbus – Lübben – Berlin-Görlitzer Bf. Vorfeld (nur ein Gleis)
04.05.45	Berlin-Lichtenberg – Berlin-Görlitzer Bf.
05.05.45	.... – Bf. Berlin-Köpenick**)
06.05.45	Berlin-Görlitzer Bf. – Berlin Potsdamer Güterbf.
06.05.45	Frankfurt/Oder – Zufahrt Osthalle Radsatzumspuranlage
06.05.45	Frankfurt/Oder Vbf. – Finkenheerd
06.05.45	Frankfurt/Oder Vbf. – Flughafen an der Oderbruchbahn
06.05.45	Fürstenwalde – Ketschendorf Kleinbahnhof (Konzentrationslager)
07.05.45	Oderbrücke Frankfurt als behelfsmäßige Stahlträgerbrücke und teilweiser Holzkonstruktion***)
09.05.45	Berlin-Lichtenberg – Berlin Schlesischer Bf.
09.05.45	Berlin Schlesischer Bf. – Berlin Wriezener Bf. (Gleisdreieck)
10.05.45	Berlin Stettiner Bf. – Berlin-Lichtenberg
15.05.45	Berlin Schlesischer Bf. – Charlottenburg – Potsdam-Wildpark
16.05.45	Berlin Stettiner Bf. – Pasewalk
18.05.45	Pasewalk – Stettin Hauptgüterbf. (nur ein Gleis)
21.05.45	Stettin – Neubrandenburg
22.05.45	Berlin-Stettiner Bf. – Neustrelitz (nur ein Gleis)
22.05.45	Neubrandenburg – Güstrow – Rostock – Warnemünde
26.05.45	Berlin-Potsdamer Gbf. – Jüterbog
30.05.45	Berlin Potsdamer Gbf. – Potsdam – Brandenburg – Magdeburg Elbbrücke

*) Hier ereignen sich aufgrund der schlechten Gleislage eine Reihe Unfälle.
**) In der Quelle teils unleserlich.
***) Ab 15.03.1947 Behelfsbrücke wegen Eisgang und Hochwasser unpassierbar, am 17.03.1947 geht der Neubau an ursprünglicher Stelle vorfristig in Betrieb. Der Kolonnenverkehr fällt damit nur 2 Tage aus.

Schwerschadlok 52 7586 Bw Saalfeld (Floridsdorf 1944/16934). Sie wurde beim Luftangriff vom 09.04.1945 ebenfalls Opfer der Bomben. Der Kessel riss hinten aus der Verankerung, den Schlingerstücken, Teile des Rahmens fehlen. Im vorderen Teil hat die Maschine Brandschäden. Das Führerhaus ist mitsamt der Kesselarmatur weggesprengt. Am Stehkessel erkennt man zahlreiche Zählzeichen. Dieses am 01.04.1947 fotografierte Fahrzeug wird zum 22.12.1947 mit Genehmigung der Besatzungsmacht ausgemustert.
Fotos: Ernst Schröder Rbd Erfurt, Sammlung Walluhn

men dürfte viel eher der rasche Abtransport sowjetischer Kampftruppen östlich der Elbe gewesen sein. Möglicherweise sah man zunächst auch die Reparationstransporte in Richtung Brest und Lemberg auf durchweg breitspurigen Gleisen vor.

Der Bombenangriff auf Saalfelds Bahnanlagen vom 09.04.1945 hat auch die elsässische 55 5056 schwer beschädigt. Sie liegt in einem Bombentrichter nahe des Bw. Bereits am 25.11.1946 ausgemustert, wird sie erst 1949 vor Ort zerlegt.
Foto: Ernst Schröder Rbd Erfurt, Sammlung Walluhn

Am 10. April 1945 fiel auch 74 534 vom Bw Leipzig-Süd (Borsig 1907/6137) einem Luftangriff auf Leipzig in Engelsdorf zum Opfer. Wie zum Hohn prangt am Führerhaus noch immer das NS-Hoheitszeichen. Der Kessel ist teilweise eingedrückt, mit Bombensplittern übersäht, seine Verkleidung gewaltsam abgerissen. Am Wasserkasten finden sich zahlreiche Zählzeichen, der Führerstand ist kaum noch als solcher erkennbar.
Foto: Ernst Thormann Rbd Halle, Sammlung Walluhn

2 Die sowjetische Besatzungszone und die ersten schweren Aufbaujahre

Um der vorrückenden Roten Armee in Berlin den Zugang zur Reichskanzlei zu versperren, wurde noch in den letzten Kriegstagen der Nord-Süd-Tunnel geflutet. Viele Menschen fanden hier einen qualvollen Tod. 89 7448 vom Bw Berlin Potsdamer Güterbahnhof (Linke-Hofmann 1903/157) hat im April 1946 einen Bauzug zum Tunneleingang am Anhalter Bahnhof befördert. Die Stirnfenster im Führerhaus sind noch immer mit Blech verkleidet und tragen nur einen schmalen Sehschlitz.
Foto: Fritz Eschen, Sammlung Walluhn

Hauptbahnhof Leipzig im September 1948 während der Herbstmesse. Auf den Bahnsteigen herrscht reges Treiben. Den Menschen stehen noch immer die Entbehrungen der Kriegs- und Nach-kriegsjahre ins Gesicht geschrieben. Sämtliche Bahnsteigüberdachungen sind notdürftig repariert, ihr vollständiger Wiederaufbau wird noch lange auf sich warten lassen.
Foto: Fritz Eschen, Sammlung Walluhn

Am 3. Juli 1945 wurden die endgültigen Zonengrenzen im deutsch bleibenden Teil des ehemaligen Reiches wirksam. Hierbei entstand auch die sowjetische Besatzungszone, deren Grenzen aber zunächst an einigen Stellen unklar blieben. Nur wenig bekannt ist heute das Problem Stettin und der östliche Teil der Insel Usedom. Das genannte Gebiet wurde

»Und neues Leben blüht aus den Ruinen« steht am Tender der 38 4045 des Bw Dresden-Friedrichstadt (Schichau 1923/3017) zu lesen. Anlässlich der Wiederinbetriebnahme der Elbbrücke zwischen Dresden-Friedrichstadt und Weinböhla entstand am 13. April 1946 dieses Foto auf leider sehr schlechtem Filmmaterial.
Foto: Ernst Mäde Rbd Dresden, Sammlung Walluhn

»Auf der Strecke Dresden–Chemnitz–Zwickau 1946« schrieb der Bildautor auf die Rückseite dieses Fotos. 19 002 vom Bw Dresden-Altstadt (Hartmann 1918/3978) – noch im Vorkriegszustand – kommt angesichts mangelhaften Oberbaues nur mit mäßiger Geschwindigkeit daher. Es handelt sich bei dieser Maschine, obwohl sie seit dem 18.02.1947 endgültig zum Schadpark gehört, um keine Kriegsschadlok, wie immer wieder in der Literatur behauptet wird.
Foto: Heinz Finzel (†), Sammlung Walluhn

Das Innere des schwer zerstörten Hauptpersonenbahnhofes Leipzig im Januar 1948. 38 1955 vom Bw Weimar (Linke-Hofmann 1916/1346) – eine P8 ganz im Stil der Zwischenkriegszeit – wartet vor einem Personenzug nach Thüringen auf Ausfahrt. Im Vordergrund ein Eisenbahner, der durchaus noch Beamter der Königlich Preußischen Staatseisenbahnen gewesen sein könnte. An der Pufferbohle gut zu lesen: Raw Leipzig L3 28.2.1947. Schnee ist durch die fehlenden Dachfenster auf Gleise und Bahnsteige gefallen.
Foto: Fritz Eschen, Sammlung Walluhn

Wie viele Berliner Kopfbahnhöfe hat der Luftkrieg auch den »Lehrter« stark in Mitleidenschaft gezogen. Dennoch wäre auch er wieder aufbaubar gewesen. Ein Zug mit Heimkehrern aus Kriegsgefangenschaft trifft im Oktober 1947, gezogen von 38 2204 Bw Schwerin (Schwartzkopff 1913/6463), ein. Betroffene und Angehörige füllen den Bahnsteig restlos aus. Was mag aus ihnen geworden sein?
Foto: Fritz Eschen, Sammlung Walluhn

Trotz Materialmangel, Lebensmittelkarten und fehlender Arbeitskräfte geht der Aufbau sichtlich voran. 52 115 (Krauss-Maffei 1943/16426) vom Bw Merseburg präsentiert sich mit Girlandenschmuck zu einer Feierstunde am 31.10.1948, also noch vor Gründung der DDR. Was und wo gefeiert wird, bleibt unklar. Die stark verrußte Zylinderstirnseite ist Ergebnis des herumfliegenden Braunkohlenstaubes.
Foto: Ernst Thormann Rbd Halle, Sammlung Walluhn

erst zum 5. Oktober 1945 von der sowjetischen Zone abgetrennt, nachdem es polnische Truppen zuvor ungehindert besetzt hatten. Streitigkeiten zwischen den Sowjets und Polen über das Gebiet dauerten sogar bis 1947 an. Ursprünglich war seitens der Sowjetischen Militäradministration (SMAD) vorgesehen, den deutschen Direktionssitz in Stettin zu belassen, wo Ende Juli 1945 polnisches Militär gewaltsam eindrang und eine Verlegung nach Pasewalk erzwang. Ebenso sollten ursprünglich Stadt und Hafen von Swinemünde sowie die gesamte Insel Usedom deutsch bleiben. Der Hauptgedanke dieses Vorgehens der SMAD war die schlichte Tatsache, dass die Sowjetzone nur in Stettin über einen leistungsfähigen Ostseehafen verfügt hätte.

Eine weitere Grenzkorrektur wurde im Westen vorgenommen: Am 23. Juli 1945 räumten britische Truppen den Kreis Blankenburg im Harz. Außerdem ist heute weitgehend unbekannt, dass ursprünglich die Schlesische Neisse und nicht die Lausitzer Neisse südlich ihrer Mündung in die Oder Demarkationslinie zum neuen Polen sein sollte. Große Teile Schlesiens wären im deutschen Staatsgebiet verblieben. Damit wäre die Sowjetzone wirtschaftlich nicht so geschwächt und zumindest ein Teil der Vertreibungstragödie vermieden worden. Alles beruhte zunächst auf einem geografischen Missverständnis, das Stalin auf der Potsdamer Konferenz geschickt gegen die Westmächte ausnutzte. Im Sommer 1945 schufen vor allem polnische Truppen schließlich auch hier vollendete Tatsachen: Die so genannte »Oder-Neisse-Grenze« mit ihren – und dies ist besonders bemerkenswert – vier geteilten Städten

Lok 52 378 vom Bw Frankfurt/Oder Vbf. (Borsig 1943/15475) der Kolonne 1 im Bahnhof Fürstenberg an der Oder 1946. Das alte Hüttenwerk, aus dem später das Eisenhüttenkombinat Ost hervorgehen wird, bildet einen imposanten Hintergrund. Auf dem Tender türmt sich hoch die Braunkohle auf. Die in der Sowjetunion vorhandene TE-378 ist eine andere bisher nicht identifizierte Lokomotive, die hier abgebildete 52 378 blieb im Lande.
Foto: Fritz Eschen, Sammlung Walluhn

Frankfurt/Oder, Küstrin, Guben und Görlitz. Einzelheiten zu diesen und anderen Geschehnissen kann der Leser wiederum den in Kapitel 2.1. enthaltenen Tagesmeldungen entnehmen.

2.1 Die Situation im Streckennetz der Deutschen Reichsbahn

In den Zeitraum Herbst 1945 bis 1947 fällt auch – bis auf eine bekannte Ausnahme – die Einstellung des Breitspurbetriebes und der Um- bzw. Rückbau entsprechender Strecken auf Regelspur. Häufig hatte man bei Hauptbahnen eines der beiden Streckengleise umgespurt, Rückbau bedeutete hier nicht selten den Verbleib nur eines Gleises mit allen negativen Folgen, die in einem späteren Kapitel näher beleuchtet werden. Die nachfolgende Zusammenstellung basiert hauptsächlich auf sowjetischen Quellen[1] und ist nicht zwingend vollständig.

1 Archivartige Sammlung von Dokumenten des Sowjetischen Militärtransportwesens in Lemberg (Lwow) und St. Petersburg.

Solche Stimmungsbilder der unmittelbaren Nachkriegszeit sind Raritäten. 52 5864 des Bw Pankow (Schichau 1944/4203) verlässt vor einem langen Güterzug an einem kalten Märztag 1948 Berlin Moabit. Bildreporter Fritz Eschen lichtete die gewaltige Dampfwolke von der Brücke Putlitzstraße aus ab.
Foto: Fritz Eschen, Sammlung Walluhn

03.07.1945:	Liquidierung der Schwarzenberger Republik durch die Rote Armee.
	Erfurt, Gotha und Raum Eisenach von US-Truppen an Rote Armee übergeben.
	Rbd Zwickau wieder aufgelöst und der Rbd Dresden angegliedert.
04.07.1945:	US-Truppen räumen fast gesamtes Thüringen und zunächst auch Westberlin.
	Amerikanische und britische Besatzungszone in Berlin eingerichtet.
	Teilung der Stadt Görlitz an der Neisse-Linie, östlicher Teil kommt unter polnische Verwaltung.
05.07.1945:	Grenzüberschreitende Strecke Reizenhain–Komotau geht außer Betrieb.
06.07.1945:	US-Armee räumt Gebiet um Meiningen und Raw Meiningen.
07.07.1945:	Notfahrplan bei der Rbd Halle tritt in Kraft.
08.07.1945:	Bildung der Länder Mecklenburg, Brandenburg, Thüringen, Sachsen-Anhalt und Sachsen.
09.07.1945:	Generaldirektion (GD) der Eisenbahnen der sowjetischen Besatzungszone errichtet.
	Wiederaufnahme des Schnellzugverkehrs in der Sowjetzone.
11.07.1945:	Teilung der Stadt Groß-Berlin in 4 Sektoren.
	Maschinenamt (MA) Nordhausen von Rbd Kassel an Rbd Halle abgetreten.
	Graf Arnimsche Waldeisenbahn Muskau enteignet und dem Rat der Stadt Muskau unterstellt.

18.07.1945:	Befehl Nr.010 SMAD (Marschall Shukow): Festlegung der Direktionssitze Berlin, Dresden, Wittenberge, Stettin, Erfurt, Halle-Ost in Cottbus, Halle-West in Halle, Schwerin, Magdeburg und Direktionsgrenzen mit insgesamt 54 Betriebsämtern als Einheitsämter nach sowjetischem Muster. Auflösung des Restbezirkes der Rbd Osten in Frankfurt/Oder.
19.07.1945:	Teilweise Wiederaufnahme des elektrischen Betriebes im mitteldeutschen Netz.
20.07.1945:	Polnische Truppen besetzen Direktionsgebäude Stettin mit Waffengewalt und erklären die deutsche Verwaltung für aufgelöst. Erster provisorischer Fahrplan der Rbd Berlin tritt in Kraft.
21.07.1945:	Rbd Pasewalk wird gegründet und übernimmt Reststrecken der Rbd Stettin. Rbd Stettin weicht geordnet nach Pasewalk aus, firmiert jetzt zunächst als »Rbd Stettin z.Zt. in Pasewalk«.
23.07.1945:	Die polnische Regierung erhebt offiziell Anspruch auf Stettin und Swinemünde. Kreis Blankenburg (Harz) von Britischen Truppen geräumt und an Rote Armee übergeben.
27.07.1945:	SMAD Befehl Nr. 17: Gründung der Zentralverwaltung für Verkehr in Berlin aus der GD der Eisenbahnen heraus mit Präsident Dr. Fitzner wirksam werdend zum 01.08.1945 mit den Teilen: Hauptverwaltung der DR Generaldirektion der Schifffahrt Generaldirektion Kraftverkehr und Straßenwesen.
30.07.1945:	Aufteilung Berlins in 4 Sektoren wird organisatorisch wirksam.
01.08.1945:	Abwicklungsstelle der Sowjetischen Militärverwaltung des Transportwesens in Karlshorst durch Generalmajor Kwaschin eröffnet.
01.08.1945:	Endgültige Festlegung der Oder-Neisse-Grenze auf der Potsdamer Konferenz.
02.08.1945:	Potsdamer Konferenz (begonnen am 11.07.1945) endet mit dem Potsdamer Abkommen. Hier beschränkt die UdSSR ihre Reparationsforderungen auf ihre Zone Deutschlands, während die drei Westzonen abgabenfrei werden. Swinemünde und Stettin von sowjetischer Zone abgetrennt und Polen zugeschlagen, Lok des Bw Swinemünde gehen vollständig an Lokbahnhof Heringsdorf über.
10.08.1945:	Erste Lokzählung in allen Rbd der Sowjetzone per SMAD-Befehl.
11.08.1945:	SMAD Befehl Nr. 8: Der Eisenbahnbetrieb wird zum 01.09.1945 durch Kapitän Aljeschin »in Volkes Hand übergeben«.
12.08.1945:	Erst jetzt wird die französische Besatzungszone in Berlin eingerichtet.
15.08.1945:	Rbd Wittenberge gegründet; Bw Hagenow-Land und Wittenberge von Rbd Hamburg übernommen und dem errichteten MA Wittenberge zugeordnet.
18.08.1945:	Rbd Magdeburg wieder errichtet; Bw Eilsleben, Halberstadt, Haldensleben, Magdeburg-Buckau, Magdeburg Hbf, Rothensee, Oebisfelde, Salzwedel, Stendal dieser Direktion zugeordnet.
29.08.1945:	SMAD-Befehl Nr. 7: Neue Rbd-Grenzen festgelegt und Einrichtung von 54 Reichsbahnämtern erneut angeordnet.
31.08.1945:	SMAD-Befehl Nr. 36: Bestandsaufnahme des Rollmaterials in sowjetischer Zone bei DR angeordnet. Diese ergibt zunächst 4928 schadhafte Lok und 32927 schadhafte Wagen bei erheblichen Zählfehlern.
01.09.1945:	SMAD-Befehl Nr. ?: Bildung von nunmehr 8 Reichsbahndirektionen bei der DR: Erfurt, Dresden, Halle, Berlin, Schwerin, Wittenberge, Magdeburg, Pasewalk. SMAD-Befehl Nr. 7 (Sokolowski): Rbd Stettin in Pasewalk wird in Rbd Pasewalk umbenannt. Dr. Fitzner wird Präsident der DR in sowjetischer Zone.
03.09.1945:	KZ Mühlberg (Elbe) als Sammellager für Deportationen in die UdSSR eröffnet.
04.09.1945:	Schwerer Unfall in Frankfurt/Oder Abstellbahnhof (Reparationszug auf P-Zug aufgefahren, ca.200 Tote)
08.09.1945:	Berlin-Erfurter Maschinenfabrik Henry Pels beginnt die Lokausbesserung.
10.09.1945:	Sämtlicher Verkehr aus den Westzonen nach Berlin ausschließlich über Helmstedt-Marienborn geleitet.
18.09.1945:	SMAD-Befehl Nr. 21: Schaffung von D1/D2 Berlin-Brest und zurück (sogenannter Blauer Express).
26.09.1945:	SMAD-Befehl Nr. ?: Auflösung der Rbd Wittenberge, Bildung der Rbd Cottbus aus dem Bereich Halle-Ost und Schadlokzählung bei den Rbd Halle und Cottbus.
01.10.1945:	SMAD-Befehl Nr. 75: Auflösung der Rbd Wittenberge und Angliederung an die Rbd Schwerin, nochmalige Anordnung zur Bildung der Rbd Cottbus aus dem Bereich Halle-Ost, nochmalige Anordnung zur Schadlokzählung in den ehemaligen Bereichen Halle-Ost und Halle-West.
03.10.1945:	Erster Fahrplan seit Kriegsende tritt in Kraft, erhebliche Einschränkungen im Zivilverkehr bei den Rbd Halle, Dresden, Erfurt zugunsten planmäßiger Kohlezüge innerhalb der sowjetischen Zone.
05.10.1945:	Endgültige Abtrennung des Gebietes Stettin von der sowjetischen Besatzungszone. Provisorischer Arbeitsbeginn der Rbd Cottbus.

06.10.1945:	Polnische Truppen besetzen Swinemünde, deutsche Eisenbahner in Bahnhof und Bw werden unter Zwang jedoch weiter auf ihren Dienstposten gehalten. Erhebliche Verkehrseinschränkungen im Zivilverkehr treten in Kraft.
10.10.1945:	Rbd Pasewalk wegen besserer Räumlichkeiten nach Greifswald verlegt. Verfügung HV 31 Bla 7: neue Zählung aller Lok in der Rbd der sowjetischen Zone.
17.10.1945:	Erste wiederausgebesserte Lok verlässt das Raw Tempelhof (trotz Abbau fast aller Anlagen).
18.10.1945:	Arbeitsbeginn der Rbd Magdeburg. AW-Gruppe Leipzig-Süd im Unterwerk Leipzig geht anstelle des kriegszerstörten Raw Engelsdorf in Betrieb.
30.10.1945:	SMAD-Befehl Nr. 124: Sequestierung des Eigentums des NS-Staates (so!) und der NSDAP, entschädigungslose Enteignung fast aller Klein- und Privatbahnen, die nicht Kreiseigentum sind, aber auch jener GmbH und AG mit Kapital in ausschließlich öffentlicher Hand.
01.11.1945:	Rbd Cottbus nimmt volle Geschäftstätigkeit auf.
04.11.1945:	Lokzählung in der gesamten sowjetischer Zone mit Stand 18.00 Uhr.
18.11.1945:	Neuabgrenzung der Rbd Magdeburg: Bw Aschersleben, Bernburg, Güsten, Köthen, Staßfurt von der Rbd Halle übernommen.
19.11.1945:	Weitere erhebliche Verkehrseinschränkungen im Zivilverkehr wegen Mangel an Betriebslok und Dienstkohlen. SMAD-Befehl Nr. 116: Reservelok aus den Kolonnen sind an Bw Küstrin für 34 Umsiedlerzüge aus Posen abzugeben.
20.11.1945:	Beginn des Militärreiseverkehrs aus den Westzonen nach West-Berlin.
29.11.1945:	Schadlokzählung bei DR erfasst 2736 Stück, die eingeteilt werden in: Gruppe 1 nicht mehr aufzuarbeitende Lok mit zu großen Schäden, Gruppe 2 prinzipiell jedoch mit großem Aufwand aufarbeitungswürdige Lok, Gruppe 3 Lok in normalen Ausbesserungsstufen, alsbald in Ausbesserung zu nehmen.
11.12.1945:	Kein Zivilverkehr bis 14.12.1945 wegen dringlicher zoneninterner Kohletransporte.
17.12.1945:	Sperrung sämtlichen zivilen Personenverkehrs aus Groß Berlin ins Umland bis 21.12.1945.
18.12.1945:	SMAD-Befehl Nr. 174: Wiederaufnahme der Lokausbesserung in den Raw Tempelhof, Wittenberge, Brandenburg-West und Rostock im 1.Quartal 1946.
19.12.1945	Schadlokzählung bei DR erfasst jetzt 3172 Stück.
10.01.1946:	Schadlokzählung bei DR erfasst jetzt 3087 Stück.
11.01.1946:	SMAD-Befehl Nr. 211/I: Anlegen der neuen Lokkartei mit Wirkung auf 01.05.1946.
17.01.1946:	Verfügung HV 31 Bla 32: Erfassung aller polnischer Lok in den Rbd der DR.
20.01.1946:	Schadlokzählung bei DR erfasst jetzt 3247 Stück.
25.01.1946:	Grenze zu Polen auf Insel Usedom in Swinemünde geschlossen, Swinemünde abgeriegelt, Eisenbahnverkehr Swinemünde–Heringsdorf dauerhaft unterbrochen.
30.01.1946:	Schadlokzählung bei DR erfasst jetzt 3483 Stück.
31.01.1946:	Polnische Regierung erhebt jetzt Anspruch auf die gesamte Insel Usedom (wird von UdSSR zurückgewiesen).
09.02.1946:	Schadlokzählung bei DR erfasst jetzt 3475 Stück.
12.02.1946:	SMAD-Befehl Nr. 59: Die Bahnbetriebswerke sind nach sowjetrussischem Muster umzuorganisieren.
07.03.1946:	Gründung der Freien Deutschen Jugend (FDJ) in der Sowjetzone.
08.03.1946:	SMA Halle macht (erstmals) elektrische Fahrleitungsanlagen als Reparationsleistung geltend.
14.03.1946:	SMAD-Befehl (Karlshorst) zum Abbau der elektrischen Anlagen in der Rbd Halle.
25.03.1946:	SMAD-Befehl (Karlshorst) zum Abbau des Raw Dessau als Reparationsleistung.
29.03.1946:	SMAD-Befehl Nr. 95: Einstellung des elektrischen Betriebes in Mitteldeutschland und Abbau der elektrischen Anlagen vom 31.03.1946 bis 05.04.1946, spätestens jedoch bis 20.04.1946. SMAD-Befehl Nr. 97: Einteilung der Industrie- und Verkehrsbetriebe in Kategorien A bis C: Kategorie A in Volkseigentum zu überführen, Kategorie B in kommunales Eigentum zu überführen, Kategorie C im bisherigen Eigentum zu belassen.
30.03.1946:	Befehl Nr. 107 SMA Thüringen in Weimar: Abbau der elektrischen Anlagen der Saalebahn bis Rbd-Grenze bei Weißenfels. Sperrung des Hauptbahnhofs Leipzig bis 04.05.1946 für jeglichen zivilen Reiseverkehr in Richtung Halle, Bitterfeld, Eilenburg und Weißenfels zum Abbau der elektrischen Anlagen.
15.04.1946:	Die polnische Regierung erhebt abermals Anspruch auf die gesamte Insel Usedom.
21.-22.04.1946:	I. Parteitag und Gründung der SED durch Zwangsvereinigung von KPD und SPD in Berlin

08.-23.05.1946: Erste Leipziger Frühjahrsmesse nach Kriegsende.
14.05.1946: SMAD-Befehl Nr. 22/98: Verlegung aller Reisezüge von Berlin Anhalter Bf. nach Berlin Schlesischer Bf. (wird nur zögerlich umgesetzt, da verkehrstechnisch kaum realisierbar).
15.05.1946: Abzug aller DR-Eisenbahner aus Swinemünde.
18.05.1946: Weisung HV 31 Bla 56: Alle örtlichen (wilden) Lokumzeichnungen der sowjetrussischen Kommandanten sind der HV mitzuteilen.
19.05.1946: Fahrplanwechseltag.
20.05.1946: Gesamtes deutsches Eisenbahnpersonal von Stettin, Insel Wollin und Strecke Ziegenort–Stettin zurückgezogen.
13.06.1946: Schwere Unwetter im gesamten Thüringer Wald führen zu zahlreichen Streckenunterbrechungen.
30.06.1946: Sowjetische Militärverwaltung sperrt Zonengrenze gegen den amerikanischen und britischen Sektor.
11.08.1946: SMAD-Befehl Nr.124: Enteignung der Privatbahnen in der sowjetischen Zone.
14.08.1946: Betriebsrechte der Eisenbahnen in Westberlin gehen an die DR über.
25.09.1946: Berlin Görlitzer Bf. und Anhalter Bf. für den Fernverkehr geschlossen, Verlegung der Fernzüge nach Berlin Schlesischer Bf.
04.11.1946: Fahrplanwechseltag.
14.11.1946: Weisung HV 31 Bla 73: Einführung einer einheitlichen Lokkartei bei HVM und den Rbd.
18.11.1946: Kesselexplosion 50 582 Bw Oebisfelde auf Bf. Haldensleben wegen Materialermüdung des Kessels aus Baustoff St47K an einer Schweißnaht in der Feuerbüchse.
03.12.1946: Provinz Sachsen in Land Sachsen-Anhalt umbenannt.
01.01.1947: Betriebsführung der Überlandstraßenbahn Hohenstein-Ernstthal–Oelsnitz geht an DR über.
11.01.1947: Anordnung der SMAD zur Neuverteilung des Lokparkes der DR (sogenannte Gattungsbereinigung).
.....01.1947: Erzbergbaugebiet Aue/Schwarzenberg zur sowjetischen militärischen Sperrzone erklärt.
01.02.1947: Reichsbahnämter als Einheitsämter aus Zusammenlegung der Betriebsämter, Verkehrsämter und Maschinenämter nach sowjetischem Muster gebildet.
25.02.1947: Auflösung des Staates Preußen durch alliierten Kontrollrat gemäß Kontrollratsgesetz Nr. 46.
07.03.1947: Versuch des Austausches von Lokomotiv-Betriebsbüchern zwischen sowjetischer und Westzonen (scheitert wegen sowjetrussischer Weigerungshaltung).
14.03.1947: Beschlussfassung der DR-Generaldirektion zur von der SMAD befohlenen Gattungsbereinigung: Der Vorgang ist mit äußerster Dringlichkeit durchzuführen.
19.03.1947: Stettin und Umgebung offiziell unter polnische Verwaltung gestellt.
21.03.1947: Preußische Provinz Brandenburg in Land Brandenburg umbenannt.
22.03.1947: Hochwasser an Oder und Lausitzer Neisse führt zu Dammbruch an der Oder bei Reitwein, Strecken Werbig–Küstrin und Eberswalde–Werbig–Frankfurt/Oder gehen nach Dammbruch außer Betrieb.
24.03.1947: Fast alle Landstriche im Oderbruch nach schwerem Hochwasser überschwemmt.
24.-25.03.1947: Konferenz der DR-Generaldirektion in Berlin zur Gattungsbereinigung des Lokomotivparks.
09.04.1947: Beginn der Gattungsbereinigung für Reisezuglok (am 26.04.1947 beendet).
10.04.1947: Beginn der Gattungsbereinigung für Güterzuglok (am 21.05.1947 beendet).
04.05.1947: Fahrplanwechseltag.
10.05.1947: Fährverkehr Warnemünde–Gedser wieder in Betrieb genommen.
26.05.1947: Sowjetische Aktiengesellschaft (SAG) Wismut mit Sitz in Aue gegründet
01.06.1947: Fährverkehr Warnemünde–Trelleborg anstelle Saßnitz–Trelleborg in Betrieb genommen.
04.06.1947: SMAD-Befehl Nr. 138: Errichtung der Deutschen Wirtschaftskommission.
09.06.1947: Beginn der Gattungsbereinigung für Tenderlok.
14.06.1947: Gründung der Deutschen Wirtschaftskommission (für sowjetische Zone) mit Sitz in Berlin.
30.06.1947: Hauptverwaltung der DR setzt zahllose Ostabgabelok (buchmäßig) vom Bestand ab.
01.07.1947: außerordentlicher Fahrplanwechsel mit erneut starken Einschränkungen im zivilen Reiseverkehr.
18.07.1947: AEG Hennigsdorf wird Sowjetisch-Deutsche Aktiengesellschaft (SAG) und in Elektromaschinenfabrik Borsig umbenannt.
30.07.1947: nochmaliger außerordentlicher Fahrplanwechsel mit weiteren Einschränkungen im zivilen Reiseverkehr.
25.08.1947: SMAD-Befehl Nr. 166: Eintragung der Fristverlängerungen in die Lokkartei und Feststellung des technischen Zustandes der Dampflok.
Verfügung DZVV HV 31 Ful 39: Ausbesserungen L3 und L4 an Fremdlok sind nicht mehr auszuführen, die Lok sind stattdessen in Schadpark zu überstellen.
20.-24.09.1947: II. Parteitag der SED in Berlin.
05.10.1947: Fahrplanwechseltag.

07.10.1947:	Zonengrenzübergangsstelle Probstzella wieder eröffnet.
09.10.1947:	SMAD-Befehl Nr. 234: Maßnahmen zur Steigerung der Arbeitsproduktivität und Verbesserung der materiellen Lage in Industrie und Verkehrswesen.
15.10.1947:	Ziegelgrabenbrücke Rügendamm wieder provisorisch befahrbar, damit endet der Inselbetrieb auf Rügen.
24.10.1947:	Personenverkehr auf Strecke Pasewalk–Stettin dauerhaft eingestellt.
31.10.1947:	Verfügung der Hauptverwaltung der DR zur Einführung des »Toten Feuerbettes« nach Methode des Bw Zittau.
16.02.1948:	außerordentlicher Fahrplanwechsel, Verkehrseinschränkungen im zivilen Personenverkehr entfallen größtenteils.
10.03.1948:	Fährverkehr Warnemünde–Trelleborg eingestellt.
15.03.1948:	Endgültige Wiederinbetriebnahme der Ziegelgrabenbrücke am Rügendamm.
16.03.1948:	Fährverkehr Saßnitz–Trelleborg wieder in Betrieb genommen.

Ebenso unvollkommen sind die Angaben über die Wiederinbetriebnahme von Regelspurstrecken ab Kriegsende. Gründlich ausgearbeitete Amtsblätter wurden in jener Zeit von zentraler Stelle nicht herausgegeben, Akten einzelner Reichsbahndirektionen sind nur unvollständig überliefert, vernichtet oder bisher in Archiven nicht aufgefunden. Gleiches trifft für Streckenschließungen zu, die aus verschiedensten Gründen stattfanden. Beides ist nachfolgend tabellarisch festgehalten. Fehlt in der verwendeten Quelle eine exakte Angabe zur zugehö-

So abenteuerlich ist die Gleislage nahe Zimmersupra auf der Nebenbahn Erfurt–Nottleben kurz nach 1950. Fast wundert es, dass hier überhaupt noch ein lokbespannter Zug fahren kann. Leichter auf Kies gebetteter Oberbau für 12 Tonnen Achslast (häufig von weit schwereren Lokomotiven befahren) bei jahrzehntelang vernachlässigter Unterhaltung. Wie hier schaut es auf vielen Nebenstrecken des Reichsbahnnetzes aus. Abgefahrene Schienenköpfe, total verschlissene Holzschwellen, vorn eine eingezogene Spurstange, im Hintergrund weitere.
Foto: Günter Barthel, Erfurt (†), Sammlung Walluhn

Wiedereinstellung der umgebauten Breitspurstrecken (1524 mm) durch sowjetische Verkehrstruppen in Mitteldeutschland:

Tag	Strecke von – über – bis
27.05.45	Berlin-Schlesischer Bf.–Berlin-Wriezener Bf. (Gleisdreieck)
05.09.45	Berlin Potsdamer Gbf.–Jüterbog
19.09.45 bis 24.09.45	Berlin Potsdamer Gbf.–Potsdam–Brandenburg–Magdeburg Elbebrücke
20.09.45	Fürstenwalde–Ketschendorf Kleinbahnhof (Konzentrationslager)
21.09.45	Berlin Stettiner Bf.–Pasewalk
22.09.45	Berlin Stettiner Bf.–Berlin-Lichtenberg
24.09.45	Berlin Görlitzer Bf.–Berlin Potsdamer Gbf.
28.09.45	Cottbus–Lübben–Berlin Görlitzer Bf.
28.09.45	Berlin-Lichtenberg–Berlin Görlitzer Bf.
28.09.45	Wildpark–Potsdam–Charlottenburg–Berlin Schlesischer Bf.–Berlin Lichtenberg
30.09.45	Berlin-Lichtenberg–Frankfurt/Oder *)
01.10.45	Berlin-Lichtenberg–Berlin-Rummelsburg
02.10.45	Küstrin Oderbrücke–Frankfurt/Oder–Berlin-Lichtenberg **)
08.10.45	Sorau–Cottbus
16.10.45 bis 23.10.45	Neubrandenburg–Güstrow–Rostock–Stralsund
02.11.45 bis 07.11.45	Stettin–Neubrandenburg
27.04.47	Berlin-Lichtenberg–Küstrin ***)

*) Unsicher, so laut deutschen Quellen.
**) So laut sowjetischen Quellen.
***) Tag auch als Wiederinbetriebnahme des zweigleisigen Normalspurbetriebes genannt.

Blockstelle Hochheim bei Erfurt. Von den einst vorhandenen vier Gleisen blieben zwei, die ehemaligen Gütergleise. Der Fotograf der Reichsbahndirektion Erfurt hielt am 21. August 1953 78 096 Bw Arnstadt (Vulcan 1917/3267) fest. Sie bespannt rückwärts fahrend einen Personenzug aus Saalfeld. Er besteht aus Durchgangswagen der Einheitsbauart mit geschlossenen und offenen Plattformen. Die wenigen verkehrenden Züge sind wie dieser allesamt sehr lang.
Foto: Ernst Schröder Rbd Erfurt, Sammlung Walluhn

Der Anhalter Bahnhof in Berlin im November 1945: Notdürftig sind die losen Trümmer weggeräumt, der Zugbetrieb ist wieder aufgenommen. 74 1221 des Bw Berlin Potsdamer Güterbahnhof (Borsig 1916/9514) wartet auf Ausfahrt. Hinter ihr hängt ein preußischer Abteilwagen. Das Empfangsgebäude, es zählte zu den schönsten in ganz Deutschland, ist eine Ruine und wird nie wieder aufgebaut.
Foto: Peter Cürlis, Sammlung Walluhn

Eröffnung und Wiederinbetriebnahme von Strecken zwischen 1945 und 1949:

Datum	Rbd	Streckenabschnitt und Bemerkungen
01.06.1945	Berlin	Alexanderplatz–Mahlsdorf (Wiedereröffnung S-Bahn)
01.09.1945	Erfurt	Neustadt b. Coburg–Sonneberg (Wiederinbetriebnahme)
15.09.1945	NME	Schöneicher Plan–Dabendorf Ost (Umgehungslinie)
....09.1945	Greifswald	Kröslin–Wolgast Hafen (Wiederaufbau auf SMA-Befehl)
31.10.1945	Beesk-Fü	Beeskow–Fürstenwalde (Wiederaufbau auf SMA-Befehl)
31.10.1945	Beesk-Fü	Petersdorf–Silberberg Waldschänke (Wiederaufbau auf SMA-Befehl)
10.12.1945	Jüt-Luck	Dahme–Hohenseefeld–Luckenwalde (Wiedereröffnung)
10.12.1945	Jüt-Luck	Hohenseefeld–Jüterbog Zinnaer Vorstadt (Wiedereröffnung)

.........1945	Musk. Wald	Anschluss Tongrube östlicher Feldesteil Mulde V Grube Hermann (600 mm)
22.02.1946	Erfurt	Vacha–Philippsthal (Wiedereröffnung des Binnenverkehrs)
05.06.1946	Berlin	Friedrichstraße–Alexanderplatz (Wiedereröffnung S-Bahn)
15.06.1946	Berlin	Umgehungsbahn Rbf. Seddin nach Strecke Berlin–Potsdam–Magdeburg
15.06.1946	Berlin	Verbindungskurve Kuhfort–Golm von Berlin-Magdeburger Bahn zur Güterumgehungsbahn
27.07.1946	MPSB	Friedland–Friedland Kiesgrube (Wiederaufbau auf SMA-Befehl)
04.04.1947	Greifswald	Gramzow–Damme (Wiederaufbau auf SMA-Befehl)
04.05.1947	Berlin	Abzweigstelle Vnk–Kaulsdorf (Wiederinbetriebnahme)
04.05.1947	Berlin	Verbindungskurve Grünau–Adlergestell Görlitzer Bahn mit Güteraußenring
31.05.1947	MPSB	Friedland Kiesgrube–Schwichtenberg (Wiederaufbau auf SMA-Befehl)
30.09.1947	Dresden	Scheibenberg–Elterlein (Wiederaufbau auf SMA-Befehl)
07.11.1947	MPSB	Friedland–Uhlenhorst–Ferdinandshof (Wiederaufbau auf SMA-Befehl)
30.04.1948	Berlin	Köpenick–Friedrichshagen (S-Bahn)
01.09.1948	Berlin	Friedrichshagen–Rahnsdorf (S-Bahn)
01.09.1948	Berlin	Mahlsdorf–Fredersdorf (S-Bahn)
03.09.1948	Schwerin	Glöwen–Havelberg (Wiedereröffnung als Schmalspurbahn 750 mm)
09.09.1948	Magdeburg	Vorsfelde–Oebisfelde (Wiedereröffnung Grenzübergang)
31.10.1948	Berlin	Fredersdorf–Strausberg (S-Bahn)
02.11.1948	Berlin	Rahnsdorf–Erkner (S-Bahn)
.........1948	Berlin	Berlin Lichtenberg Stellwerk B12–Abzweig Abs (Biesdorf Süd)
.........1948	Berlin	Abzweig Abs–Abzweig Atr (Treskowallee) (Stralsunder Kurve)
.........1948	Berlin	Abzweig Ffo (Friedrichsfelde Ost)–Stellwerk Sgo Bf. Springpfuhl
.........1948	Musk. Wald	Anschluss Grube Frieden Tagebau Mulde VI und Mulde VII der Grube Adolf (Strecke 4) (600 mm)
.........1948	Musk. Wald	Grube Adolf Anlage West–Verladestelle Bf. Halbendorf (600 mm)
03.01.1949	NME	Zossen–Abzweigstelle Zoa–Mittenwalde Nord
03.01.1949	NME	Verbindungskurve bei Schönefeld mit Berliner Güteraußenring
15.09.1945	NME	Schöneicher Plan–Dabendorf Ost (Wiederaufbau auf SMA-Befehl)
08.03.1949	GHE	Gernrode–Alexisbad–Ladestelle Fluor (Wiederaufbau auf SMA-Befehl für Güterverkehr)
11.05.1949	Erfurt	Gerstungen–Obersuhl (Wiedereröffnung Binnengüterverkehr)
12.05.1949	Dresden	Gutenfürst–Hof (Wiedereröffnung Grenzübergang für Personenverkehr)
14.05.1949	NWE	Brockenbahn (Wiedereröffnung)
16.05.1949	GHE	Gernrode–Alexisbad (Wiedereröffnung)
22.06.1949	Greifswald	Jarmen-Nord–Schmarsow (600 mm) (Aufbau auf SMA-Befehl)
01.07.1949	Dresden	Zwönitz–Stollberg (Wiederaufbau auf SMA-Befehl)
17.08.1949	Berlin	Verbindungskurve alter Berliner Güteraußenring zur Neukölln-Mittenwalder Eb.
03.10.1949	Erfurt	Walkenried–Ellrich (Wiedereröffnung Grenzübergang)
07.10.1949	Berlin	Verbindungskurve Schöneicher Plan–Mittenwalde Ost
07.12.1949	NME	Schöneicher Plan Sepa–Mittenwalde Ost

Verwendete Abkürzungen für Bahnen in der Spalte »Rbd«:

Beesk-Fü	Kreisbahn Beeskow-Fürstenwalde
GHE	Gernrode-Harzgeroder Eisenbahn
Jüt-Luck	Jüterbog-Luckenwalder Kreiskleinbahnen
MPSB	Mecklenburg-Pommersche Schmalspurbahn
Musk. Wald	Muskauer Waldeisenbahn (600 mm)
NME	Neukölln-Mittenwalder Eisenbahn
NWE	Nordhausen-Wernigeroder Eisenbahn

Schließung von Strecken zwischen 1945 und 1949:

(P) Einstellung des Personenverkehrs
(G) Einstellung des Güterverkehrs

Datum	Rbd	Streckenabschnitt und Bemerkungen (in Klammern Stillegungsgrund bzw. Verursacher)
21.03.1945	Erfurt	Wartha–Mihla (frontlagebedingt)
.....03.1945		gesamte Oderbruchbahn (frontlagebedingt)
.....04.1945	Dresden	Klingenthal–Graslitz
.....04.1945	Erfurt	Treffurt–Mihla (infolge Kriegszerstörungen)
.....04.1945	Halle	Camburg–Molau (infolge Kriegszerstörungen)
02.05.1945	Dresden	Zittau–Hermsdorf (750 mm) (frontlagebedingt)
10.05.1945	Halle/Breslau	Forst–Sagan (durch polnische Truppen gewaltsam unterbrochen)
22.06.1945	Dresden	Zittau–Reichenberg (durch tschechische Truppen unterbrochen)
01.07.1945	Altmärk. Eb.	Hanum–Zasenbeck (durch Zonengrenzziehung)
01.07.1945	Altmärk. Eb.	Diesdorf-Wittingen (durch Zonengrenzziehung)
03.07.1945	Erfurt	Eisfeld–Görsdorf (durch russisches Kommando)
03.07.1945	Erfurt	Neustadt b. Coburg–Sonnberg (durch russisches Kommando)
03.07.1945	Erfurt	Lichtenberg (Oberfranken)–Blankenstein (durch russisches Kommando)
03.07.1945		Offleben–Völpke (durch Zonengrenzziehung)
03.07.1945		Jerxheim–Gunsleben (durch Zonengrenzziehung)
03.07.1945		Jerxheim–Dedeleben (durch Zonengrenzziehung)
03.07.1945	Heud-Matt	Mattierzoll–Hessen (durch Zonengrenzziehung)
03.07.1945	Ost-Was	Hornburg–Bühne (durch Zonengrenzziehung)
03.07.1945		Vienenburg–Schauen (durch Zonengrenzziehung)
.....07.1945		Ellrich–Zorge (durch Zonengrenzziehung)
15.07.1945	Erfurt	Rentwertshausen–Mühlfeld (durch russisches Kommando)
14.08.1945	Dresden	Taubenheim-Dürrhennersdorf (750 mm) *)
24.08.1945		Anklam–Lassan (600 mm)
31.08.1945		Dedelow–Fürstenwerder (durch sowjetische Transportverwaltung)
22.09.1945		Fernbahngleise Köpenick–Erkner
.....09.1945	Schwerin	Zarrentin–Hollenbek
01.10.1945	Dresden	Herrnhut–Bernstadt (750 mm) (15.12.45 abgebaut)
04.10.1945		Fernbahngleise Zehlendorf–Potsdam (durch sowjetische Transportverwaltung)
01.11.1945	Erfurt	Eisfeld–Coburg (buchmäßig)
01.11.1945	Erfurt	Coburg–Neustadt b.Coburg–Sonneberg (buchmäßig)
01.11.1945	Erfurt	Arenshausen–Eichenberg (buchmäßig)
01.11.1945	Erfurt	Ritschenhausen–Rentwertshausen (buchmäßig)
01.11.1945	Erfurt	Eschwege–Geismar (buchmäßig)
01.11.1945	Erfurt	Neuhaus Schierschnitz–Stockheim (buchmäßig)
01.11.1945	Erfurt	Blankenstein–Marxgrün (buchmäßig)
01.11.1945	Erfurt	Heldra–Treffurt (buchmäßig)
01.11.1945	Erfurt	Wenigentaft Mansbach–Unterbreizbach (buchmäßig)
01.11.1945	Erfurt	Wenigentaft Mansbach–Kreischfeld (buchmäßig)
01.11.1945	Erfurt	Geisa–Thann (buchmäßig)
01.11.1945	Erfurt	Km 14,85–Zwinge auf Strecke Bischofferode–Herzberg (buchmäßig)
01.11.1945	Erfurt	Heiligenstadt–Heiligenstadt Ost (buchmäßig)
18.11.1945		Forst–Guben (durch sowjetische Transportverwaltung)

04.12.1945		Strasburg (Uckerm.)–XXXXXX **) (durch sowjetische Transportverwaltung)
08.12.1945		Jüterbog-Luckenwalder Kreisbahn alle Strecken (750 mm)
23.12.1945		Prenzlau–Schönermark (durch sowjetische Transportverwaltung)
.........1945	Musk.Wald	Anschluss Braunkohlentagebau Haide (600 mm)
15.02.1946	Erfurt	Pößneck–Oppurg
16.02.1946		Parchim–Sudow (durch sowjetische Transportverwaltung)
27.02.1946	MPSB	Friedland-Kiesgrube (durch sowjetische Transportverwaltung) ***)
27.02.1946	MPSB	Ferdinandshof-Große Wiese (durch sowjetische Transportverwaltung) ***)
21.03.1946	Des-Rad-Kö	Quellendorf–Radegast–Zörbig (außer Regelspurgleis Zörbig-Zörbig Zuckerfabrik)
01.04.1946	Erfurt	Erfurt Gbf.–Neudietendorf Gbf. Gütergleise (durch sowjetische Transportverwaltung)
09.04.1946	WEG (P)	Weimar Nord–Buttelstedt–Großrudestedt
11.04.1946	WEG (G)	Weimar Nord–Buttelstedt–Großrudestedt
15.04.1946	GHE	Gernrode–Alexisbad–Lindenberg–Stiege
14.05.1946	Erfurt	Hildburghausen–Heldburg–Lindenau Friedrichshall
22.06.1946		Booßen–Frankfurt/Oder Vbf. (durch sowjetische Transportverwaltung)
28.06.1946		Wriezen–Jädickendorf (!) (durch sowjetische Transportverwaltung)
08.08.1946		Neubrandenburg-Möllenhagen (durch sowjetische Transportverwaltung)
14.10.1946		Markranstädt–XXXXX (durch sowjetische Transportverwaltung) ****)
28.10.1946		Bad Lausick–Borna (durch sowjetische Transportverwaltung)
11.11.1946	Theag (P)	Weimar Nord–Großobringen
.........1946	Musk. Wald	Anschluss Förderschacht II Grube Caroline II bei Weißwasser
.........1946	Erfurt	Gütergleise Blockstelle Steinmühle–(km 155,39) Nordhausen
01.03.1947		Camburg–Molau (durch sowjetische Transportverwaltung)
08.03.1947		Glöwen–Havelberg (750 mm) (durch sowjetische Transportverwaltung)
14.03.1947		Rathenow–Kriele (750 mm) (durch sowjetische Transportverwaltung)
14.03.1947		Schulzendorf–Lindow (durch sowjetische Transportverwaltung)
15.03.47	Oderbruch	Friedrichsaue–Genschmar
18.03.1947		Bad Freienwalde–Zehden (durch sowjetische Transportverwaltung)
28.03.1947		Gransee–Neuglobsow (durch sowjetische Transportverwaltung)
12.04.1947		Rheinsberg–Zechlin (durch sowjetische Transportverwaltung)
14.04.1947		Schönermark–Gramzow–Damme (so!) (durch sowjetische Transportverwaltung)
23.04.1947		Casekow–Penkun–Oder (durch sowjetische Transportverwaltung) x)
08.06.1947		Tantow-Gartz (durch sowjetische Transportverwaltung)
20.07.1947		Barth–Zingst–Prerow (durch sowjetische Transportverwaltung)
19.08.1947	Dresden	Zwönitz–Scheibenberg
19.08.1947	Dresden	Zwönitz–Stollberg (Ergeb.)
26.08.1947	Magdeburg	Vorsfelde–Oebisfelde (Zonengrenzübergang vorübergehend geschlossen)
26.08.1947	Schwerin	Büchen–Schwanheide (Zonengrenzübergang vorübergehend geschlossen)
01.09.1947	Erfurt	Neustadt b.Coburg–Sonneberg (Zonengrenzübergang geschlossen)
08.09.1947		Belzig–Treuenbriezen (!) (durch sowjetische Transportverwaltung)
16.09.1947	Erfurt	Ludwigstadt–Probstzella (Zonengrenzübergang vorübergehend geschlossen)
16.09.1947		Friedrichroda–Georgenthal (durch sowjetische Transportverwaltung)
16.09.1947		Bufleben–Großenbehringen (durch sowjetische Transportverwaltung)
24.09.1947		Obereichsfelder Eisenbahn Silberhausen–Hüpstedt (durch sowjetische Transportverwaltung)
30.09.1947		Spremberg Westbf.–Proschim-Haidmühl (1000 mm) (durch sowjetische Transportverwaltung)

30.09.1947		Bad Lausick–Großbothen (durch sowjetische Transportverwaltung)
01.10.1947	Halle	Borna–Bad Lausick–Großbothen
05.10.1947	Erfurt	Heiligenstadt Ost–Großtöpfer
10.10.1947		Oschatz–Strehla Elbehafen (!) (750 mm) (durch sowjetische Transportverwaltung)
18.10.1947		Wilsdruff–Oberdittmannsdorf (!) (750 mm) (durch sowjetische Transportverwaltung)
22.10.1947		Meinersdorf–Thum (!) (750 mm) (durch sowjetische Transportverwaltung)
24.10.1947	(P)	Pasewalk–Stettin (durch sowjetische Transportverwaltung)
26.10.1947		Mügeln–Kroptewitz (!) (750 mm) (durch sowjetische Transportverwaltung)
01.11.1947	Erfurt	Grosstöpfer–Heiligenstadt
01.11.1947	Erfurt	Obereichsfelder Eisenbahn Strecke Silberhausen–Hüpstedt (buchmäßig)
02.11.1947	Erfurt	Kölleda–Lossa
02.11.1947	Erfurt	Ballstädt–Gräfentonna
02.11.1947	Erfurt	Bufleben–Friedrichswerth (buchmäßig)
02.11.1947	Erfurt	Friedrichroda–Georgenthal (buchmäßig)
02.11.1947	Erfurt	Heiligenstadt Ost–Großtöpfer
02.11.1947	Schwerin	Dömitz–Wittenberge
10.11.1947	Erfurt	Walkenried–Ellrich (Zonengrenzübergang vorübergehend geschlossen)
31.12.1947		Dahme–Görsdorf (750 mm)
.........1947	Musk. Wald	Anschluss Braunkohlentagebau Haide (600 mm)
18.06.1948	Erfurt (G)	Gerstungen–Obersuhl (nur Binnengüterverkehr)
24.06.1948	Magdeburg	Vorsfelde–Oebisfelde (Zonengrenzübergang erneut vorübergehend gesperrt)
27.06.1948	Dresden (P)	Gutenfürst–Hof (gesperrt durch russisches Kommando)
.........1948	Erfurt	Bufleben–Grossenbehringen
02.05.1949	Erfurt (P)	Treffurt–Falken

Verwendete Abkürzungen für Bahnen in der Spalte »Rbd«:

Altmärk.Eb.	Altmärkische Eisenbahn
Bresl	Breslau
Des-Rad-Kö	Dessau–Radegast–Köthen (750 mm)
GHE	Gernrode–Harzgeroder Eisenbahn (1000 mm)
Heud-Mat	Kleinbahn Heudeber-Mattierzoll
MPSB	Mecklenburg-Pommersche Schmalspurbahn (600 mm)
Musk. Wald	Muskauer Waldeisenbahn (600 mm)
Oderbruch	Oderbruchbahn
Ost-Was	Osterwieck–Wasserleben
Theag	Thüringer Eisenbahn AG mit Sitz Weimar
WGE	Weimar–Großrudestedter Eisenbahn (1000 mm)

*) Als Einstellungsdatum für den Personenverkehr wird auch der 01.10.1945 genannt.
**) Name des Ortes in der Quelle unleserlich.
***) Datum steht in Widerspruch zu den Abbaudaten bei Demontage der Mecklenburg-Pommerschen Schmalspurbahn.
****) Name des Ortes unleserlich, gemeint Lausen?
x) Als Abbaudatum der Bahn wird auch der 18.09.1945 genannt.

rigen Rbd oder Bahn, so ist diese natürlich auch hier fortgelassen.

Zu den bisher größten Fragezeichen in der Nachkriegsgeschichte zählen die Reparationsleistungen der Reichsbahn Ost an die Siegermacht Sowjetunion. Über Jahrzehnte konnten sich kaum Historiker oder Eisenbahnfreunde mit diesem Thema auseinandersetzen. Zudem ist die Quellenlage mangelhaft. Zielgerichteter Zugang zu entsprechenden sowjetischen Unterlagen etwa in Moskau, St. Petersburg, Königsberg, Kiew oder Lemberg ist auch heute noch unmöglich, allenfalls sind Bruchstücke bekannt geworden. Die nachfolgende Aufstellung ist lediglich bezüglich der demontierten Eisenbahnstrecken einigermaßen vollständig, alles weitere kann nur als Beispiel hundertfacher Wiederholung angesehen werden. Weitere Einzelheiten zu dieser hochinteressanten Thematik stehen im Textteil zum Berichtsjahr 1950.

2.2 Kolonnenwesen und Lokzählungen

Kolonnen- und Lokzählwesen können ebenso wie die Lokabgaben an die Besatzungsmacht im Rahmen dieser Abhandlung nur angerissen werden. Hierzu finden sich zwar in der Literatur zahlreiche Artikel, Broschüren und Bücher, die aber leider durchweg daran kranken, unvollständig oder mit vielen Fehlern behaftet zu sein. Man beschränkt sich beispielsweise ausschließlich auf die Kolonnen 1 bis 32 und 42 der sowjetischen Besatzungszone. Über die Entstehung des Kolonnenwesens, die so genannten »Ur-Kolonnen« 42 und 52, wird ebenso wenig berichtet, wie über jene in anderen sowjetischen Besatzungsgebieten.

Wassernehmen auf Bahnhof Lübbenau im November 1945: Genau beobachtet der Lokheizer mit Luftwaffen-Fliegerbrille den Füllvorgang. Lok 52 4545 Kolonne 24 (DWM Posen 1044/862) hat deshalb von ihrem Güterzug Berlin-Schöneweide–Görlitz abgekuppelt. Im Hintergrund der Begleiterwagen für die Brigade.
Foto: Peter Cürlis, Sammlung Walluhn

Bekannt gewordene Reparationsleistungen und Demontagen für die Sowjetunion:

Tag oder Zeitraum	Art der Reparationsleistung oder Demontage und Bemerkungen
17.05.45 bis 01.06.45	Einrichtungen und Anlagen des Raw Grunewald als Reparationsgut abgefahren
17.05.45 bis 02.06.45	Einrichtungen und Anlagen des Raw Tempelhof als Reparationsgut abgefahren
17.05.45 bis 24.09.45	Einrichtungen und Anlagen des Raw Potsdam als Reparationsgut abgefahren
24.05.45	Abtransport von 25 Lok aus Tempelhof nach Osten
27.05.45	Abtransport von 25 Lok aus Raw Tempelhof nach Osten
31.05.45 bis 18.09.45	Abbau Anlagen Demminer Kleinbahnen Ost und West
12.06.45	Gesamteinstellung der Mecklenburg-Pommerschen Schmalspurbahn zwecks Abbau
.....06.45 bis 20.09.45	Abbau Anlagen Meckenburg-Pommersche Schmalspurbahn *)
08.08.45 bis 01.12.45	Abbau Strecke Daber–Neuwarp (Randower Kleinbahn)
08.08.45 bis 18.09.45	Abbau Strecke Stralsund Vorstadt–Tribsees
.... 08.45 bis 18.09.45	Abbau Strecke Rathenow–Kotzen (Westhavelländische Kreisbahnen)
22.09.45 bis 12.12.45	Abbau Anlagen Schmalspurbahn Herrnhut–Bernstadt **)
27.09.45 bis 47	Abbau Anlagen Schmalspurbahn Anklam–Lassan
.... 45 bis 01.12.45	Abbau Strecke Prenzlau–Klockow (Prenzlauer Kreisbahnen)
.... 45 bis 01.12.45	Abbau Strecke Prenzlau–Löcknitz (Prenzlauer Kreisbahnen)
.... 45 bis 01.12.45	Abbau Strecke Falkenhagen–Fürstenwerder (Prenzlauer Kreisbahnen)
.... 45 bis 01.12.45	Abbau Strecke Kutzerow–Strasburg (Prenzlauer Kreisbahnen)
21.03.46 bis 46	Abbau Bahnkraftwerk Muldenstein
25.03.46 bis 23.08.46	Abbau der elektrischen Anlagen im MA Jena der Rbd Erfurt
25.03.46 bis 14.09.46	Abbau der elektrischen Anlagen im MA Weißenfels der Rbd Erfurt
.... 03.46 bis 03.46	Abbau Anlagen Schmalspurbahn Radegast–Zörbig
01.04.46 bis 46	Abbau der elektrischen Anlagen der gesamten Rbd Halle
01.04.46 bis 15.06.46	Abbau der elektrischen Anlagen auf Strecke Gnadau–Köthen
01.04.46 bis 15.07.46	Abbau der elektrischen Anlagen auf Strecke Magdeburg Neustadt Elbebrücke–Magdeburg Rothensee Vbf.
01.04.46 bis 06.08.46	Abbau der elektrischen Anlagen auf Strecke Magdeburg Hbf.–Güterglück–Zerbst
01.04.46 bis 30.08.46	Abbau der elektrischen Anlagen auf Strecke Köthen–Zöberitz Rbd Grenze
01.04.46 bis 31.08.46	Abbau der elektrischen Anlagen Strecke Gnadau–Schönebeck–Bad Salzelmen
14.04.46 bis 17.04.46	Abbau Trusetalbahn Wernshausen–Trusetal ***)
19.04.46 bis 46	Abbau der elektrischen Anlagen auf Strecke Peenemünde–Zinnowitz West
03.06.46 bis 46	Abbau Strecke Hildburghausen–Heldburg–Lindenau Friedrichshall
06.04.46 bis 30.04.46	Abbau Strecke Alexisbad–Lindenberg–Stiege der Gernrode-Harzgeroder Eb.
06.12.46	Abbau Strecke Mühlhausen–Ebeleben vorgesehen
.....01.47	Abbau Strecke Schöneicher Plan–Dabendorf Ost
06.02.47	Abtransport von 5 Beutelok Reihe 52 von Brandenburg nach Brest
13.02.47	Abtransport von 4 Beutelok Reihe 52 von Falkenberg nach Brest
25.03.47 M	Abbau Strecke Ducherow–Peenebrücke
25.03.47 M	Abbau Strecke Peenebrücke–Swinemünde Hbf.(!)
03.05.47 M	Abbau Strecke Demmin–Schmarsow–Jarmen (750 mm)
05.05.47 M	Abbau Strecke Dargezin Dorf–Züssow (750 mm)
10.05.47 M	Abbau Strecke Heldburghausen–Lindenau Friedrichshall (1000 mm)
10.05.47 M	Abbau Strecke Weimar Nord–Grossrudestedt (1000 mm)
10.05.47 M	Abbau Strecke Bufleben–Grossenbehringen ****)
10.05.47 M	Abbau Strecke Ballstädt–Gräfentonna
10.05.47 M	Abbau Strecke Miehla–Treffurt
12.05.47 M	Abbau Strecke Heiligenstadt–Grosstöpfer
12.05.47 M	Abbau Strecke Silberhausen–Hüpstedt
15.05.47 M	Abbau Strecke Sanitz–Tribsees
15.05.47 M	Abbau Strecke Stralsund–Tribsees
15.05.47 M	Abbau Strecke Gnoien–Grammow
15.05.47 M	Abbau Strecke Lietzow–Binz
15.05.47 M	Abbau Strecke Zwönitz-Scheibenberg x)

15.05.47 M	Abbau Strecke Schmarsow–Altentreptow (750 mm)
18.05.47 M	Abbau Strecke Damgarten–Barth
18.05.47 M	Abbau Strecke Kölleda–Jossa
18.05.47 M	Abbau Strecke Jarmen–Greifswald (750 mm)
18.05.47 M	Abbau Strecke Jarmen–Demmin (750 mm)
18.05.47 M	Abbau Strecke Janow–Dennin (600 mm)
20.05.47 M	Abbau Strecke Grimmen–Tribsees
20.05.47 M	Abbau Strecke Greifswald–Grimmen
20.05.47 M	Abbau Strecke Rochlitz–Narsdorf
20.05.47 M	Abbau Strecke Bad Lausick–Grossbothen
20.05.47 M	Abbau Strecke Demmin–Stavenhagen (750 mm)
20.05.47 M	Abbau Strecke Mentschow–Altentreptow (750 mm)
21.05.47 M	Abbau Strecke Rostock Hbf.–Bützow
22.05.47 M	Abbau Strecke Gellendin–Uhlenhorst (600 mm)
22.05.47 M	Abbau Strecke Greifswald–Lubmin–Kröslin (750 mm)
22.05.47 M	Abbau Strecke Stavenhagen–Bredenfeld (750 mm)
22.05.47 M	Abbau Strecke Gernrode–Stiege (1000 mm)
22.05.47 M	Abbau Strecke Alexisbad–Harzgerode (1000 mm)
24.05.47 M	Abbau Strecke Scheune–Neuwarp
28.05.47 M	Abbau Strecke Köthen–Radegast–Zörbig xx)
28.05.47 M	Abbau Strecke Radegast–Quellendorf xx)
24.09.47 bis 47	Abbau Anlagen Obereichsfelder Eisenbahn
30.09.47 M	Abbau Strecke Bad Lausick–Borna
01.06.47 M	Abbau Strecke Anklam–Lassan (600 mm)
01.06.47 M	Abbau Strecke Crenzow–Rubkow (600 mm)
01.06.47 M	Abbau Strecke Anklam–Leopoldshagen (600 mm)
10.06.47 M	Abbau Strecke Friedland–Gross Daberkow
10.06.47 M	Abbau Strecke Brohm–Jatzke (600 mm)
13.06.47 M	Abbau Strecke Wittenberge–Dömitz
13.06.47 M	Abbau Strecke Friedland–Uhlenhorst–Ferdinandshof (600 mm)
18.06.47 M	Abbau Strecke Wriezen–Golzow
18.06.47 M	Abbau Strecke Podelzig–Küstrin Kietz
22.06.47 M	Abbau Strecke Gransee–Templin–Prenzlau
28.06.47 M	Abbau Strecke Thurow–Strassburg (Ueckerm)
01.07.47 M	Abbau Strecke Fährkrug–Fürstenwerder
01.07.47 M	Abbau Strecke Saaten Neuendorf–Oderbrücke Bralitz
23.07.47 M	Abbau Strecke Herrenhut–Bernstadt (750 mm)
01.08.47 M	Abbau Strecke Neustrelitz–Waren (Müritz)–Lalendorf–Plaatz
05.08.47 M	Abbau Strecke Beelitz–Grunow
16.08.47 M	Abbau Strecke Neubuckow–Bastorf (900 mm)
18.08.47 M	Abbau Strecke Luckau–Crinitz
01.09.47 M	Abbau Strecke Taubenheim–Dürrhennersdorf (750 mm)
.....09.47 M	Abbau Strecke Wannsee–Stahnsdorf
04.11.47 M	Abbau Strecke Kotzen–Havelländischer Hauptkanal (750 mm)

M hinter dem Datum bedeutet, dass der genannte Tag in sowjetischen Akten (Militärtransportwesen Lemberg) als Tag der Vollzugmeldung der Demontage erscheint. Die Demontage selbst liegt meist erhebliche Zeit vorher, lässt sich jedoch wegen fehlender Quellen fast überall gar nicht datieren.

*) Außer Strecke Friedland–Dennin–Anklam.
Am 06.05.1946 erteilt die SMAD den Befehl zum Wiederaufbau der MPSB-Strecken Gellendin–Uhlenhorst, Friedland–Uhlenhorst, Uhlenhorst–Ferdinandshof und Abzweig Jatzke–Groß Daberkow.

**) Betrieb auf der Bahn soll bis 01. oder 10.10.1945 geführt worden sein.

***) Während des Abbruchs Arbeiten eingestellt und Bahn wideraufgebaut.

****) Die gleiche sowjetische Quelle nennt nochmals den 16.09.47!

x) Nach deutschen Quellen erst zum 19.08.47 stillgelegt.

xx) Nach deutschen Quellen schon vor dem 25.09.46 stillgelegt.

Dampflokkolonne Nummer 28 der Magdeburger Direktion steht in russischer Schrift am Führerhaus der 52 2409 des Bw Güsten (Henschel 1943/27577). Ihr Führerhaus macht einen ramponierten Eindruck und ist stark verschmutzt. Die Seitenwand ist vorn provisorisch repariert. Lokführer und Heizer sieht man die Entbehrungen der Zeit an. Die Härte des Kolonnendienstes kann heute wohl niemand mehr nachempfinden.
Foto: Willy Hofmann Rbd Magdeburg, Sammlung Walluhn

Das sowjetische Militär unterschied grundsätzlich zwischen Kolonnenlok (K), Trophäenlok (T), Kommandolok, Kurierzuglok und Brigadelok (B) und trennte sie vom Bestand des so genannten »freien Verkehrs«. Alle Fahrzeuge wurden in so genannten Zählzonen erfasst. Jene des sowjetischen Besatzungsgebietes in Deutschland hieß Zählzone Karlshorst. Darüber hinaus existierten in Ost- und Südeuropa eine Reihe weiterer Zählzonen.

Völlig unerforscht und offenbar auch unerforschbar sind die ungezählten Lokaustausche und regellosen Lokabfuhren zwischen den einzelnen Zählzonen zwischen Mitte 1945 und etwa 1947, mitunter sogar über Spurweitengrenzen hinweg. Amtliche Unterlagen der DR nennen meist nur Absetzdaten aus den weitgehend deutsch verwalteten Beständen, also keine echten Abgabetage, geschweige denn Abgabeempfangsorte. Noch heute gelten zahlreiche in den Zählungen vom September und November 1945 erfassten Lokomotiven als später verschollen und sind in keinem Land des sowjetischen Machtbereichs nachweisbar.

Hier einige Beispiele für Lokbewegungen über die Zählzonengrenzen hinweg:

52 5005 wird am 01.11.1945 vom Bw Angermünde an die Sowjetische Militärtransportverwaltung (SWAT) abgegeben, kommt um den Jahreswechsel in die Sowjetzone zurück, wird am 06.02.1946 von der Rbd Greifswald erneut an die SWAT überstellt und nach Polen abgerollt. Dort erfolgt ihre Umzeichnung zu PKP Ty 2-1059 in den Nummernbereich des sowjetischen Trophäenparks.

52 6737 ist am 21.09.1945 von der Rbd Cottbus laut Aktenlage »an die SMA abgegeben«. Irgendwann kehrt auch sie zurück, um am 24.02.1947 von Kolonne 14 Bw Angermünde erneut an die SWAT übergeben zu werden. Später erscheint sie bei SSSR als TE-6737.

Kolonnenlok wurden in Lokomotiv-Kolonnen zusammengefasst und durften im freien Verkehr nicht verwendet werden. In der Regel beherbergte eine Kolonne etwa 30 diensttaugliche Maschinen. Innerhalb der Kolonnen existierten Brigaden, das heißt in einer Gruppe organisierte Personale, die einer Lok als Personalstamm zugeordnet waren. Solche Brigaden betreuten jedoch auch Fahrzeuge außerhalb der Kolonnenbestände, die so genannten **Brigadelok**. Hingegen unterstanden **Kommandolok** grundsätzlich einem sowjetischen Transportoffizier und waren mit rein sowjetischem Personal besetzt. Sie wurden auf besondere Kommandos hin zu unterschiedlichsten militärischen Zwecken eingesetzt. **Kurierzuglok** dienten ausschließlich dem Transport besonderer Kurierzüge (zum Beispiel Stoffzüge, Dienstgut, Dienstkohlen, Kurierpost) militärischer Führungsstellen. **Trophäenlok**, auch Beutelok genannt, trugen ein »T« vor ihrer Betriebsnummer und galten als Beutegut der Besatzungsmacht. Auch diese Maschinen unterlagen besonderen betrieblichen Regelungen, liefen aber im Gegensatz zu allen anderen beschriebenen Gattungen auch vor Zügen des »freien Verkehrs«.

Zum 1. Oktober 1945 standen in der Sowjetzone zur Kolonnenbildung 809 Lokomotiven bereit, unverzüglich wurden die meist schon zum 6. August 1945 errichteten Kolonnen 1 bis 30 arbeitsfähig gemacht. Bemerkenswert erscheint die Tatsache, dass am selben Tag ein Abkommen über den Austausch und die Rückführung von Rollmaterial zwischen den vier Besatzungszonen Deutschlands geschlossen wurde, das von Ausnahmen abgesehen, Makulatur blieb.

Der Kolonnenpark war zunächst bunt gemischt, wie eine nachfolgende Stückzahlstatistik zeigt. Am 1.12.1945 setzte sich der Park wie folgt zusammen: 39 Lok Reihe 41, 18 Lok Reihe 42, 5 Lok Reihe 43, 36 Lok Reihe 44, 26 Lok Reihe 50, 368 Lok Reihe 52, 15 Lok Reihe 56, 6 Lok Reihe 57 und 143 Lok Reihe 58. Erst 1947 wurden im Rahmen der so genannten Gattungsbereinigung die Bestände auf wenige Baureihen verringert. Die Grundlage hierzu bildete der Befehl Nr.22/2593 des Chefs der Transportverwaltung SMAD vom 31.12.1946 zur Neuverteilung des Lokomotivparks. Hierdurch wurden unter anderem am 21.3.1947 alle Lok der Reihen 42 und 52 sowie 43 011 aus dem Kolonnenbestand der Rbd Erfurt an östliche Direktionen abgege-

Lokführer Gotthard Paul beweist im Juli 1946 großen Mut – oder ist es Leichtsinn? – beim Ablichten seiner Kolonnenlok 52 4919 Bw Hoyerswerda Kolonne 23 (MBA Babelsberg 1943/13989) im Stützpunkt Ruhland (Niederlausitz). Ein gutes halbes Jahr später verschwindet die Maschine in Sowjetrussland. Weiß gestrichene Radreifen sind ebenso markant wie der Kohlenkastenanbau aus Holz auf dem Tender und die beiden Werkzeugkästen dahinter. Das Anstreichen der Radreifen ist nicht etwa eine Mode der Zeit, sondern hat einen handfesten Hintergrund: Man kann Brüche in Radkörpern und Radreifen besser erkennen. Weiß gestrichene Umlaufblechkanten und Puffertellerumrandungen haben ebenso einen praktischen Sinn. Sie dienen angesichts schlechter Beleuchtungsverhältnisse der leichteren Erkennbarkeit des Fahrzeuges.
Foto: Gotthard Paul, Sammlung Walluhn

Lokbestand der Kolonnen in der sowjetischen Zone Deutschlands am 01.10.1945:

Kolonne	Bw	Lok Reihe 41	42	43	44	50	52	55	56	57	58
N 1	Bw Schöneweide	—	—	—	—	—	—	7	—	8	—
K 1	Bw Rummelsburg	—	—	—	—	—	30	—	—	—	—
K 2	Bw Karlshorst	—	—	—	7	—	—	—	—	—	18
K 3	Bw Schöneweide	—	—	—	—	—	11	—	14	—	—
K 4	Bw Lichtenberg	—	—	—	—	—	25	—	—	—	—
K 5	Bw Schöneweide	—	7	—	—	—	18	—	—	—	—
K 6	Bw Gesundbrunnen	—	—	—	—	10	15	—	—	—	—
K 7	Bw Karlshorst	—	3	9	—	—	7	—	—	—	6
K 8	Bw Rummelsburg	—	—	—	5	—	20	—	—	—	—
K 9	Bw Reichenbach	—	—	—	—	—	—	—	—	—	25
K 10	Bw Dresden-Friedrichstadt	—	—	—	—	—	—	—	—	—	25
K 11	Bw Erfurt-G	—	3	3	7	2	10	—	—	—	—
K 12	Bw Hilbersdorf	—	—	—	—	—	—	—	—	—	25
K 13	Bw Hilbersdorf	—	—	—	—	—	—	—	—	—	25
K 14	Bw Zwickau	—	—	—	—	—	—	—	—	—	25
K 15	Bw Zwickau	—	—	—	—	—	—	—	—	—	25
K 16	Bw Bitterfeld	16	—	—	—	—	14	—	—	—	—
K 17	Bw Eilenburg	9	—	—	1	—	20	—	—	—	—
K 18	Bw Wittenberg	11	—	—	—	8	11	—	—	—	—
K 19	Bw Falkenberg	—	—	—	—	22	—	—	—	—	—
K 20	Bw Senftenberg	—	—	—	—	3	22	—	—	—	—
K 21	Bw Schwerin	—	—	—	—	9	16	—	—	2	—
K 22	Bw Güstrow	2	—	—	2	3	9	5	—	3	2
K 23	Bw Hoyerswerda	—	—	—	—	—	25	—	—	—	—
K 24	Bw Cottbus	—	—	—	—	21	4	—	—	—	—
K 25	Bw Cottbus	—	—	—	—	—	25	—	—	—	—
K 26	Bw Pasewalk	—	—	—	—	2	25	—	—	—	—
K 27	Bw Leipzig-West	—	—	—	—	—	30	—	—	—	—
K 28	Bw Stassfurt-Leopoldshall	—	10	—	8	—	2	4	—	2	4
K 29	Bw Stendal	—	4	—	2	10	11	—	—	3	—
K 30a	MA Jena	—	—	—	—	1	6	—	—	—	9
K 30b	MA Weißenfels	—	—	2	—	1	11	—	—	1	1

ben und vom Bestand der Rbd Erfurt abgesetzt.

Zum 30.07.1947 erfolgte die buchmäßige Löschung der beschlagnahmten und aus der Sowjetzone abgefahrenen Lokomotiven der Baureihe 52 – häufig handelte es sich um Kolonnenlok – seitens der DR-Hauptverwaltung. Eine amtliche Liste nennt insgesamt 448 Maschinen der Direktionen Berlin, Cottbus und Greifswald, die hier aus Platzgründen nummernmäßig nicht dargestellt werden kann. Exakte Abgabetage fehlen durchweg. Dies ist sicherlich einer der Gründe, warum die immer wieder durchgeführten Bestandszählungen, deren Zählgrundlagen und Zählpraktiken wir auch heute noch nicht genau kennen, untereinander erhebliche Differenzen zeigen und vor allem auch mit den vorgeblich vorhandenen Stückzahlen an Kolonnenlok nicht in Übereinstimmung zu bringen sind. Völlig unvereinbar sind alle diese Zahlen mit heutigen Auszählungen anhand der Betriebsbücher, Lok-Karteikarten und Umsetzmeldungen. Schon seit 1946 verringerte sich die Zahl der Kolonnenlok durch nicht selten regellos scheinende und offensichtlich doch gezielte Abgaben nach Osten erheblich. Sowjetischen Quellen mit Standortangaben für 1947 lassen erkennen, dass alle östlich von Oder und Neisse beheimateten Maschinen buchstäblich »abgekniffen« und als Beute in Richtung Sowjetunion abgefahren wurden, nachdem man die Kolonnenbespannung vom Durchläufer- auf das so genannte Eimerkettenprinzip umgestellt hatte. Übrig blieben bei allen Fernkolonnen eigentlich nur Rumpfstücke. Jetzt fehlte deutschen Dienststellen jeglicher Überblick, der erst Mitte 1947 mühsam wiedergewonnen wurde.

Ergebnisse verschiedener Zählungen bei Kolonnenlok im Jahre 1946:

Datum	Gesamtzahl	Betriebslok	Reservelok	in Ausbesserung stehend
20.02.1946	857	628	54	175
28.02.1946	846	.....	.....	.....
10.08.1946	551	179	172	200
26.10.1946	604	180	250	174

Ergebnisse verschiedener allgemeiner Lokzählungen bei der DR 1946 bis 1947:

Datum	Gesamtzahl	Betriebslok	Schadparklok	Kolonnenlok	Bemerkungen
31.01.1946	6986	4056	2506 *)	424	
31.10.1946	7008	4143	2444	421	**)

*) Die Schadparkzählung vom 30.01.1946 ergibt jedoch 3843 Stück. Differenz ist nicht aufklärbar!
**) Gemäß Befehl zur Zählung aller Kolonnenlokomotiven in sämtlichen Zählzonen des Sowjetischen Militärtransportwesens am 16.10.1946 um 18.00 Uhr.

Datum	Gesamtzahl	Lok freier Verkehr	Kolonnenlok	Fremdlok	Bemerkungen
10.03.1946	7532	5490	912	1130	
31.03.1946	7609	5476	947	1186	
10.04.1946	7633	.... *)	964 **)	1239	
02.05.1946	7633	.... *)	964 **)	....	
30.05.1946	....	.... ***)	939	....	
31.12.1946	6289	....	943	1278	abweichend aber auch ****)
31.03.1947	6622	.... x)	945 xx)	....	
31.12.1947	6941 xxx)	.... xxxx)	414 y)	....	

*) In Betrieb sind 2716 Lok.
**) In Betrieb sind 800 Lok.
***) In Betrieb sind 2859 Lok.
****) Gesamtzahl 6288 Lok, 935 Kolonnenlok, 1261 Fremdlok und 17 sonstige Lok. Eine weitere Statistik gibt 7566 Lok, davon 6288 Reichsbahnlok an!
x) In Betrieb sind 2095 Lok.
xx) In Betrieb sind 831 Lok.
xxx) 6941 Vollspurlok, hinzu kommen 120 Schmalspurlok.
xxxx) In Betrieb sind 2265 Lok.
y) In Betrieb sind 347 Lok.

Die Gesamtzahl an Lokomotiven stieg bis Mitte 1946 aufgrund der Tatsache, dass immer wieder Maschinen aufgefunden wurden, die bis dahin im Bestand nicht erfasst waren. Anschließend sank die Zahl wegen großer Reparationsabgaben wieder, um 1947 erneut anzusteigen, was sich nur teilweise erklären lässt: Es scheinen erstens doch erheblich mehr Fahrzeuge aus dem Osten zurückgekehrt zu sein, als bisher bekannt. Zweitens wurden noch immer Lokomotiven aufgefunden und neu in den Bestand aufgenommen. Drittens waren 1947 schon einige Kolonnen aufgelöst worden und deren Maschinen unter Umständen in der Gesamtzahl bisher fälschlicherweise nicht enthalten.

Schließlich ist uns der Kolonnenbestand im DR-Gebiet vom 17.11.1949 überliefert, als bereits einige Kolonnen aufgelöst worden waren. Er nennt für: Die Gesamtentwicklung und Geschichte der Kolonnen, deren turbulenteste Zeit in die Jahre bis 1950 fällt, kann hier ebenfalls nur knapp und telegrammstilartig dargestellt werden. Zunächst sei darauf hingewiesen, dass der Kolonnenstandort selbst nicht zwingend identisch dem Heimat-Bw einer zugehörigen Kolonnenlok sein muss. Soweit heute erforscht, ist die Kurzgeschichte aller Kolonnen – auch solcher außerhalb der sowjetischen Besatzungszone – in nachfolgender tabellenähnlicher Auflistung dargestellt. Aufgeführt sind auch alle Kolonnen ohne Nummern, deren Zuordnung einerseits derzeit nicht möglich ist und zu denen andererseits weiterführende Aussagen fehlen. Gleiches trifft auf (eigenständige?) Transportbrigaden, -abteilungen und -kommandos zu. Erhebliche Lücken sind nicht nur hier, sondern insgesamt zum Thema Kolonnen geblieben.

Kolonne 1	Frankfurt	11 Lok	Reihe 01
Kolonne 2	Frankfurt	30 Lok	Reihe 52
Kolonne 3	Pankow	29 Lok	Reihe 50
Kolonne 4	Lichtenberg	30 Lok	Reihe 52
Kolonne 5	Schöneweide	30 Lok	Reihe 52
Kolonne 6	Pasewalk	29 Lok	Reihe 50
Kolonne 7	Karlshorst	29 Lok	Reihe 50
Kolonne 8	Frankfurt	30 Lok	Reihe 52
Kolonne 9	Cottbus	28 Lok	Reihe 52
Kolonne 10	Cottbus	30 Lok	Reihe 52
Kolonne 11	Hoyerswerda	30 Lok	Reihe 52
Kolonne 12	Angermünde	30 Lok	Reihe 52
Kolonne 13	Seddin	29 Lok	Reihe 52
Kolonne 42	Rummelsburg	12 Lok	Reihe 01

Die Entwicklung der einzelnen Lok-Kolonnen:

Kolonne 1:		
Standorte	06.08.1945 bis 05.11.1945	Bw Rummelsburg
	05.11.1945 bis 01.07.1950	Bw Frankfurt/Oder Pbf. Transit
aufgelöst	01.07.1950	
Bemerkungen	.....01.1946	Teile an Kolonne 42 abgegeben
	20.06.1946	Teile nach Bw Schöneweide verlegt
	20.06.1946 bis 1947	auch als Nahkolonne verwendet
	30.04.1949 bis 01.07.1950	gattungsrein mit Reihe 01 betrieben
Hauptlaufweg	01.01.1947	Berlin–Frankfurt/Oder–Bentschen–Posen
Lok bei den Bw		Frankfurt/Oder Pbf. (Transit), Frankfurt/Oder Vbf., Rummelsburg, Schöneweide.
Kolonne 2:		
Standorte	06.08.1945 bis 09.10.1949	Bw Berlin-Karlshorst
	09.10.1949 bis 01.07.1954	Bw Frankfurt/Oder Vbf. Transit
aufgelöst	01.07.1954	
Bemerkungen	01.11.1945 bis	auch als Passagierkolonne Berlin–Frankfurt/Oder–Brest verwendet
	20.06.1946 bis 1946	auch als Nahkolonne verwendet
	07.10.1946	teilweise nach Bw Seddin II als Einsatzbereitschaft für innere Dienste
	06.01.1947–......................	auch als Nahkolonne verwendet
Hauptlaufwege	01.01.1947	Berlin–Jüterbog, Berlin–Küstrin–Schneidemühl und Sonderdienste
Lok bei den Bw		Frankfurt/oder Vbf. (Transit), Gera (?), Karlshorst, Seddin.
Kolonne 3:		
Standorte	06.08.1945 bis 02.01.1949	Bw Berlin-Pankow
	02.01.1949 bis 08.07.1951	Bw Berlin-Pankow als Kolonne III
aufgelöst	08.07.1951	Lok zum Abstellbahnhof Rüdnitz bei Bernau verlegt
Bemerkungen	20.06.1946 bis 07.10.1946	auch als Nahkolonne verwendet
	07.10.1946 bis	teilweise nach Bw Seddin II als Einsatzbereitschaft für innere Dienste
Hauptlaufweg	01.01.1947	Berlin–Frankfurt/Oder–Posen–Kutno–Sochaszew–Warschau West
Lok beim Bw		Pankow.
Kolonne 4:		
Standorte	06.08.1945 bis 01.07.1950	Bw Berlin-Lichtenberg
	01.07.1950 bis 01.07.1954	Bw Frankfurt/Oder Vbf. Transit
aufgelöst	01.07.1954	
Bemerkungen	01.11.1945 bis	auch als Nahkolonne Berlin–Küstrin verwendet

Hauptlaufweg	01.01.1947	Berlin–Küstrin–Schneidemühl–Dirschau–Königsberg–Wirballen
Lok bei den Bw		Frankfurt/Oder Vbf. (Transit), Gesundbrunnen, Lichtenberg, (Ostbahnhof).
Kolonne 5:		
Standorte	06.08.1945 bis 01.07.1950	Bw Berlin-Schöneweide
	01.07.1950 bis 01.07.1954	Bw Frankfurt/Oder Vbf. Transit
aufgelöst	01.07.1954	
Bemerkungen		
Hauptlaufweg	01.01.1947	Berlin–Frankfurt/Oder–Reppen–Glogau–Breslau
Lok bei den Bw		Frankfurt/Oder Vbf. (Transit), Gesundbrunnen, Lichtenberg, Schöneweide, (Wustermark).
Kolonne 6:		
Standorte	06.08.1945 bis 01.09.1949	Bw Berlin-Gesundbrunnen
	01.09.1949 bis 10.08.1950	Bw Pasewalk
aufgelöst	10.08.1950	Lok zum Abstellbahnhof Ducherow verlegt
Bemerkungen	.....04.1948	Umsetzung an Bw Senftenberg vorgesehen
	20.07.1948	Umsetzung an Bw Eberswalde vorgesehen
Hauptlaufwege	01.01.1947	Berlin–Angermünde–Stettin und Berlin–Magdeburg
Lok bei den Bw		Gesundbrunnen, Karlshorst, Lichtenberg, Pankow, Pasewalk, (Stettin Hbf.).
Kolonne 7:		
Standorte	11.08.1945 bis 02.01.1949	Bw Berlin-Karlshorst
	02.01.1949 bis 10.08.1950	Bw Berlin-Karlshorst und Wustermark Rbf. als Kolonne VII
aufgelöst	10.08.1950	Lok zum Abstellbahnhof Beeskow verlegt
Bemerkungen	01.10.1945 bis	auch als Nahkolonne Halle–Berlin verwendet
	05.11.1945	Verlegung nach Bw Pankow angeordnet, aber nicht ausgeführt!
	30.04.1946	alle Lok vom Bw Tempelhof Vbf. nach Bw Karlshorst verlegt
	02.01.1949	Lok der Kolonne 15 hinzukommend
Hauptlaufweg	01.01.1947	Berlin–Jüterbog–Halle
Lok bei den Bw		Frankfurt/Oder Vbf., Karlshorst, Rummelsburg, Tempelhof Vbf., Wustermark.
Kolonne 8:		
Standorte	06.08.1945 bis 12.1947	Bw Berlin-Rummelsburg
	....12.1947 bis 01.05.1949	Bw Wustermark
	01.05.1949 bis 22.12.1950	Bw Frankfurt/Oder Pbf. Transit
	22.12.1950 bis 01.07.1954	Bw Frankfurt/Oder Vbf. Transit
aufgelöst	01.07.1954	
Bemerkungen		
Hauptlaufweg	01.01.1947	Berlin–Cottbus–Liegnitz–Breslau–Kattowitz
Lok bei den Bw		Frankfurt/Oder Pbf. und Vbf. (Transit), Karlshorst, Rummelsburg, Seddin, Tempelhof Vbf., Wustermark.
Kolonne 9:		
Standorte	01.10.1945 bis 07.09.1947	Bw Reichenbach
	02.10.1948 bis 10.08.1950	Bw Cottbus (aus Kolonne 20 neu gebildet)
aufgelöst	07.09.1947	
	10.08.1950	Lok zum Abstellbahnhof Uckro verlegt
Bemerkungen	19.03.1947	Kolonne nach Berlin verlegt?
Hauptlaufweg	01.01.1947	Berlin–Güterglück–Güsten–Sangerhausen
Lok bei den Bw		Berlin Potsdamer Gbf., Reichenbach, Cottbus.
Kolonne 10:		
Standorte	15.11.1945 bis 09.12.1947	Bw Dresden-Friedrichstadt
	02.10.1948 bis 22.12.1950	Bw Cottbus (aus Kolonne 24 neu gebildet)
	22.12.1950 bis 01.07.1954	Bw Frankfurt/Oder Vbf. Transit
aufgelöst	09.12.1947	(auch 24.11.47 genannt!)
	01.07.1954	
Bemerkungen		
Hauptlaufweg	01.01.1947	Berlin–Elsterwerda–Dresden–Bad Schandau–Aussig
Lok bei den Bw		Berlin Anhalter Bf., Dresden-Friedrichstadt, Grunewald. Cottbus, Frankfurt/Oder Pbf, und Vbf. (Transit).

Kolonne 11:		
Standorte	06.08.1945 bis 21.03.1947	Bw Erfurt-G
	02.10.1948 bis 22.12.1950	Bw Hoyerswerda (aus Kolonne 23 neu gebildet)
	22.12.1950 bis 16.01.1952	Bw Frankfurt/Oder Vbf. Transit
aufgelöst	21.03.1947	
	16.01.1952	Lok zu den Abstellbahnhöfen Rüdnitz und Beeskow verlegt
Bemerkungen	19.03.1947	Kolonne nach Berlin verlegt?
Hauptlaufweg	01.01.1947	Bebra (!)–Erfurt–Halle/Leipzig–Cottbus–Sagan–Breslau
Lok bei den Bw		Erfurt-G. Cottbus, Hoyerswerda, Frankfurt/Oder Vbf. (Transit).
Kolonne 12:		
Standorte	06.08.1945 bis 18.03.1947	Bw Chemnitz Hbf.
	18.03.1947 bis 10.08.1950	Bw Angermünde
aufgelöst	10.08.1950	Lok zum Abstellbahnhof Blumenhagen verlegt
	01.12.1950	Lok der ehemaligen Kolonne nach Frankfurt/Oder Transit umbeheimatet
Bemerkungen	19.03.1947	Kolonne nach Berlin verlegt?
Hauptlaufwege	01.01.1947	Plauen–Reichenbach–Chemnitz–Görlitz–Liegnitz–Breslau und Chemnitz–Riesa–Berlin
Lok bei den Bw		Angermünde, Chemnitz Hbf, Chemnitz-Hilbersdorf, Frankfurt/Oder Vbf. (Transit).
Kolonne 13:		
Standorte	06.08.1945 bis 18.03.1947	Bw Chemnitz Hbf.
	18.03.1947 bis 10.08.1950	Bw Seddin
aufgelöst	10.08.1950	Lok zum Abstellbahnhof Tantow verlegt
Bemerkungen	19.03.1947	Lok der Kolonne 17 hinzukommend
Hauptlaufwege	01.01.1947	Chemnitz–Komotau–Saaz–Prag
		Chemnitz–Dresden–Görlitz–Hirschberg–Glatz–Neisse–Kandrzyn–Gleiwitz
Lok bei den Bw		Frankfurt/Oder Pbf. und Vbf. (Transit), Chemnitz Hbf., Chemnitz-Hilbersdorf, Gesundbrunnen, Seddin.
Kolonne 14:		
Standorte	06.08.1945 bis 29.01.1947	Bw Zwickau
	29.01.1947 bis 01.01.1950	Bw Angermünde
aufgelöst	01.01.1950?	
Bemerkungen	.....02.1947	teilweise Bestand der Kolonne 26 hinzukommend
Hauptlaufweg	01.01.1947	Berlin–Frankfurt/Oder–Bentschen–Posen
Laufwege auch		Berlin–Angermünde–Stettin Hafen
		Berlin–Frankfurt/oder–Posen–Brest
		Berlin–Königsberg–Insterburg
Lok bei den Bw		Frankfurt/Oder Pbf. und Vbf. (Transit), Angermünde, Zwickau.
Kolonne 15:		
Standorte	02.10.1945 bis 19.01.1947	Bw Zwickau
	19.01.1947 bis 20.08.1947	Bw Berlin Lehrter Bf.
	20.08.1947 bis 02.01.1949	Bw Wustermark Rbf.
aufgelöst	02.01.1949?	
Bemerkungen	02.01.1949	Alle Lok an Kolonne 7 übergeben
Hauptlaufweg	01.01.1947	Berlin–Angermünde–Stettin–Stargard–Belgard–Danzig–Dirschau
Lok bei den Bw		Berlin Lehrter Bf., Angermünde, Schöneweide, Wustermark, Zwickau.
Kolonne 16:		
Standorte	06.08.1945 bis 10.12.1945	Bw Bitterfeld
	10.12.1945 bis 20.12.1945	Bw Berlin-Gesundbrunnen
	20.12.1945 bis 02.01.1949	Bw Berlin-Grunewald
aufgelöst.	02.01.1949	
Bemerkungen		
Hauptlaufweg	01.01.1947	Berlin–Brandenburg–Magdeburg (als Nahkolonne!)
Lok bei den Bw		Bitterfeld, Gesundbrunnen, Grunewald.
Kolonne 17:		
Standorte	06.08.1945 bis 01.02.1946	Bw Eilenburg
	01.02.1946 bis 19.03.1947	Bw Bitterfeld

aufgelöst	19.03.1947	
Bemerkungen	19.03.1947	Alle Lok an Kolonne 13 übergeben
Hauptlaufwege	01.01.1947	Bitterfeld–Wittenberg–Berlin
		Wittenberg–Falkenberg–Horka–Kohlfurt–Lauban
Lok bei den Bw		Bitterfeld, Eilenburg, Wittenberg.
Kolonne 18:		
Standorte	06.08.1945 bis 19.03.1947	Bw Wittenberg
aufgelöst	19.03.1947	
Bemerkungen		
Hauptlaufweg	01.01.1947	Sonderkolonne für Kurierzüge
Lok bei den Bw		Wittenberg und verschiedenen Bw der Rbd Greifswald.
Kolonne 19:		
Standorte	06.08.1945 bis 19.03.1947	Bw Falkenberg
aufgelöst	19.03.1947	
Bemerkungen		
Hauptlaufweg	01.01.1947	Magdeburg–Rosslau–Falkenberg–Cottbus–Sagan–Breslau–Gleiwitz
Lok bei den Bw		Falkenberg, Torgau.
Kolonne 20:		
Standorte	06.08.1945 bis 02.10.1948	Bw Senftenberg
aufgelöst	02.10.1948	
Bemerkungen	01.10.1945	als Nahkolonne Dresden–Frankfurt/Oder
	02.10.1948	Alle Lok an Kolonne 9 übergeben
Hauptlaufweg	01.01.1947	Dresden–Senftenberg–Cottbus–Guben–Frankfurt–Küstrin–Stettin
Lok bei den Bw		Cottbus, Senftenberg.
Kolonne 21:		
Standorte	06.08.1945 bis 05.02.1947	Bw Schwerin und Hagenow-Land
aufgelöst	05.02.1947	
Bemerkungen	01.10.1945	als Nahkolonne Wismar–Berlin
Hauptlaufweg	01.01.1947	Wismar–Schwerin–Wittenberge–Berlin (als Nahkolonne!)
Lok bei den Bw		Frankfurt/Oder Pbf. und Vbf. (Transit), Hagenow-Land, Schwerin.
Kolonne 22:		
Standorte	06.08.1945 bis 05.1946	Bw Güstrow
	.....05.1946 bis	Bw Hagenow-Land
	.... bis 04.04.1947	Bw Wittenberge
	04.04.1947 bis 28.04.1947	Bw ?
	28.04.1947 bis 2.1947	Bw Rostock
aufgelöst	.....12.1947	
Bemerkungen		
Hauptlaufweg	01.01.1947	Rostock–Schwerin–Wittenberge–Berlin (als Nahkolonne!)
Lok bei den Bw		Güstrow, Hagenow-Land, Rostock, Wittenberge.
Kolonne 23:		
Standorte	06.08.1945 bis 02.10.1948	Bw Hoyerswerda
aufgelöst	02.10.1948	
Bemerkungen	02.10.1948	Alle Lok an Kolonne 11 übergeben
Hauptlaufweg	01.01.1947	Wittenberg–Falkenberg–Hoyersweda–Kohlfurt–Liegnitz–Breslau–Oels–Lublinitz–Tschenstochau–Kielce
Lok bei den Bw		Cottbus, Elsterwerda, Hoyerswerda.
Kolonne 24:		
Standorte	06.08.1945 bis 1945	Bw Sangerhausen
	..........1945 bis 01.10.1948	Bw Cottbus
aufgelöst	01.10.1948	
Bemerkungen	01.10.1948	Alle Lok an Kolonne 10 übergeben
Hauptlaufweg	01.01.1947	Kassel (!)–Nordhausen–Sangerhausen–Halle–Cottbus–Sagan–Arnsdorf b.L.
Lok bei den Bw		Cottbus, Sangerhausen.

Kolonne 25:		
Standorte	06.08.1945 bis 1945	Bw Nordhausen
	..........1945 bis 10.03.1947	Bw Cottbus
aufgelöst	10.03.1947	
Bemerkungen		
Hauptlaufweg	01.01.1947	Kassel (!)–Nordhausen–Halle–Cottbus
Lok bei den Bw		Cottbus, Nordhausen.
Kolonne 26:		
Standorte	06.08.1945 bis 13.02.1947	Bw Pasewalk
aufgelöst	13.02.1947	
Bemerkungen	01.01.1947	Kolonne als »Brigade Polen« beim Bw Pasewalk
	13.02.1947	Lok teilweise an Kolonne 14 übergeben (Rest wohin?)
Hauptlaufweg	01.01.1947	Rostock–Neubrandenburg–Pasewalk–Stettin–Stargard–Kreuz–Posen–Ostrowo–Kattowitz
Laufwege auch zeitweise als Nahkolonne		
Lok bei den Bw		Halle-P, Pasewalk, Senftenberg.
Kolonne 27:		
Standorte	06.08.1945 bis	Bw Leipzig-West (nur in der Aufstellphase!)
	01.10.1945 bis 28.02.1947	Bw Engelsdorf
aufgelöst	28.02.1947	
Bemerkungen		
Hauptlaufweg	01.01.1947	Halle–Leipzig–Wittenberg–Berlin (als Nahkolonne!)
Lok bei den Bw		Engelsdorf Vbf., Halle-P (Transportbrigade), Leipzig-West, Leipzig-..... (Transportbrigade).
Kolonne 28:		
Standorte	06.08.1945 bis 01.05.1946	Bw Staßfurt-Leopoldshall
	01.05.1946 bis 28.02.1947	Bw Güsten
aufgelöst	28.02.1947	
Bemerkungen	28.02.1947	Alle Lok an Kolonne 23 übergeben
Hauptlaufweg	01.01.1947	Staßfurt–Halle–Leipzig–Riesa–Elsterwerda–Berlin
Lok bei den Bw		Aschersleben, Güsten (Transportbrigade), Staßfurt-Leopoldshall.
Kolonne 29:		
Standorte	06.08.1945 bis 01.05.1947	Bw Stendal
	01.05.1947 bis 12.1947	Bw Chemnitz Hbf.
aufgelöst	.....12.1947	
Bemerkungen		
Hauptlaufweg	01.01.1947	Stendal–Wustermark–Berlin–Küstrin–Schneidemühl
Lok bei den Bw		Gesundbrunnen, Karlshorst, Chemnitz Hbf., Stendal.
Kolonne 30:		
Standorte	06.08.1945 bis 04.12.1945	Kolonne 30a MA Jena
	06.08.1945 bis 04.12.1945	Kolonne 30b MA Weißenfels
	04.12.1945 bis 23.12.1945	Bw Tempelhof
	23.12.1945 bis 14.02.1947	Bw Weißenfels
aufgelöst	14.02.1947	
Bemerkungen	19.03.1947	Lok und Kolonnenrest nach Berlin verlegt?
Hauptlaufweg	01.01.1947	Weißenfels–Halle–Berlin (als Nahkolonne!)
Lok bei den Bw		Gera, Tempelhof Vbf., Weißenfels.
Kolonne 31:		
Standorte	31.12.1946 bis 31.05.1947	Bw Magdeburg Hbf. (besondere Betriebsreserve)
aufgelöst	31.05.1947	
Bemerkungen		
Kolonne 32:		
Standorte	31.12.1946 bis 30.04.1947	Bw Halle-P (besondere Betriebsreserve)
aufgelöst	30.04.1947	
Bemerkungen		

Kolonne 41:		
Standorte	Bw Brest Hbf.	
aufgelöst		
Bemerkungen		
Hauptlaufweg	01.01.1947	Berlin–Frankfurt/Oder–Posen–Kutno–Warschau–Lukow–Brest
Lok bei den Bw		Brest Hbf., Karlshorst.
Kolonne 42:		
Standorte	30.01.1945 bis 07.03.1946	als russische Militärkolonne
	07.03.1946 bis 18.02.1955	Bw Berlin-Rummelsburg
aufgelöst	18.02.1955	
Bemerkungen	.... bis 08.1951	Standort der Kolonne auch Danzig!
Hauptlaufweg	01.01.1947	Berlin–Frankfurt/Oder–Posen–Kutno–Warschau
Lok bei den Bw		Brest Hbf., Rummelsburg.
Kolonne 43:		
Standorte	.... bis 01.06.1948	Bw Königsberg Hbf.
aufgelöst	01.06.1948	alle Lok an Direktion Kaliningrad eingegliedert
Bemerkungen		
Hauptlaufweg	01.01.1947	Berlin–Küstrin–Schneidemühl–Dirschau–Königsberg–Eydtkau–Wirballen
Lok bei den Bw		Allenstein, Danzig-..., Dirschau, Eydtkau, Gumbinnen, Königsberg Hbf., Marienburg, Posen-...., Schneidemühl-..., Wirballen.
Kolonne 44:		
Standorte		Kolonne scheint nicht vorhanden zu sein!
Kolonne 45:		
Standorte		Bw Posen-....
aufgelöst	03.07.1954?	
Kolonne 51:		
Standorte		Bw Königsberg Hbf.
aufgelöst	12.09.1945?	
Kolonne 52:		
Standorte	03.03.1945 bis 05.08.1945	als russische Militärkolonne
	06.08.1945 bis	Rbd Dresden und Rbd Pasewalk
	.... bis 08.08.1947	Bw Siedlce
	.... bis	Bw Brest-Litowsk
aufgelöst		
Bemerkungen		
Hauptlaufweg		
Lok bei den Bw		Frankfurt/Oder Pbf. und Vbf. (Transit), Brest-Litowsk.
Kolonne 53:		
Standorte	06.08.1945 bis	Rbd Schwerin
aufgelöst		
Kolonne 54:		
Standorte	.... bis	Bw Kowno (Kaunas)
aufgelöst		
Kolonne 55:		
Standorte	05.08.1945 bis	Bw Königsberg Hbf.
aufgelöst	26.03.1951?	
Bemerkungen		
Hauptlaufweg		
Lok bei den Bw		Allenstein, Königsberg Hbf., Posen Hbf.
Kolonne 56:		
Standorte	.... bis	Bw Brest Hbf. und Przemysl
aufgelöst	01.08.1948	später wieder eingerichtet!
	01.02.1950?	
Bemerkungen		

Hauptlaufweg
Lok bei den Bw — Allenstein, Breslau-..., Brest Hbf., Kattowitz, Przemysl.

Kolonne 57:
Standorte — unbekannt, Kolonne ist jedoch vorhanden!
aufgelöst

Kolonne N1:
Standorte 06.08.1945 bis 10.05.1949 — Bw Berlin-Schöneweide
aufgelöst 31.05.1946 — später wieder eingerichtet
10.05.1949
Bemerkungen
Hauptlaufweg — Nahkolonne
Lok beim Bw — Schöneweide.

Kolonne Allenstein

Kolonne Angermünde
Hauptlaufweg — Nahkolonne

Kolonne Bialystok
Standorte .... bis 06.08.1950 — Bw Bialystok
aufgelöst 06.08.1950?

Kolonne Danzig
Standorte .... bis 24.08.1946 — Bw Danzig-....
aufgelöst 24.08.1946?

Kolonne Hoyerswerda

Kolonne Karlshorst

Kolonne Kattowitz
Standorte .... bis 06.12.1949 — Bw Kattowitz
aufgelöst 01.09.1946 — später wieder eingerichtet!
06.12.1949?

Kolonne Lichtenberg
Standorte .... bis .....04.1947 — Bw Berlin-Lichtenberg

Kolonne Przemysl

Kolonne Przeworsk
Standorte .... bis 26.01.1947 — Bw Przeworsk
aufgelöst 26.01.1947?

Kolonne Rummelsburg

Kolonne Schöneweide
Standorte .... bis .....04.1947 — Bw Berlin-Schöneweide

Kolonne Tempelhof Vbf.

Kolonnenreserve Bialystok
Standorte .... bis 06.02.1946 — Bw Bialystok

Kolonnenreserve Rbd Berlin
Standorte 09.08.1945 bis .... — Bw Berlin-Karlshorst

SMA Brigade und SMA Transportabteilung
Standorte .... bis .... — Rbd Berlin und Rbd Cottbus

Transportbrigade Seddin

Transportkommando Bentschen

Transportkommando Dirschau

Transportkommando Frankfurt/Oder

Transportkommando Karlshorst

Transportkommando Königsberg

Transportkommando Marienburg

Transportkommando Neu-Bentschen

Transportkommando Posen

Transportkommando Przemysl

Transportkommando Tarnow

Dienstliche Anweisungen unterschiedlichster Stellen zur Kolonnenproblematik können ebenfalls nur tabellarisch dargestellt werden. Ein Anspruch auf Vollständigkeit besteht nicht. Der Leser mag hieran ermessen, wie komplex die Thematik Kolonnen eigentlich ist. Eine tiefgründige Darstellung unter Nennung von Lokomotiv-Nummern würde im Gegensatz zur schon erschienenen Literatur ein eigenes, sehr umfangreiches Buch füllen. Allein den bisher fast überall unerwähnten Befehlen Nummer 5, 6 und 7 der SWAT vom 6. und 9. August 1945 wären ganze Kapitel zu widmen. Sie wiesen die überwiegend nicht realisierte Zuführung von 445 Lok aus Polen, Rumänien, Ungarn und der Tschechoslowakei an und nannten neben einer Kolonnenbildung in Breslau und Königsberg auch zeitgleich die Direktionen Pasewalk (später Greifswald) der DR und Stettin der PKP! Insgesamt waren 45 Kolonnen vorgesehen, also weit mehr, als bisher landläufig bekannt.

Verfügungen, Anordnungen und Mitteilungen zum Kolonnenwesen der Jahre 1945 bis 1949:

Datum	Aktenzeichen	Inhalt der Verfügung, Anordnung oder Mitteilung
12.07.1945	SWAT Lemberg III.O/E 9033-17	Kolonnenpersonale und Lok vorhalten für die KZ Beuthen, Peiskretscham, Krakau, Sambor, Sanok bei Przemysl, Gleiwitz, Hindenburg, Insterburg, Graudenz, Posen, Glogau, Küstrin, Guben, Scheune bei Stettin.
25.07.1945	SWAT Lemberg O/E III.25.788	Befehl zur Formierung von 30 Lok-Kolonnen in Mitteldeutschland und 15 Lok-Kolonnen im ehemaligen Ostdeutschland.
06.08.1945	SWAT Befehl Nr. 4	Formierung besonderer Kolonnen in russischer Zone Deutschlands aus zunächst 175 Lok der Reihen 50.52,55,56,57 mit 60 Lok aus Rbd Magdeburg, 90 Lok aus Rbd Erfurt, 25 Lok aus Rbd Halle. Lok sind bis 10.08.1945 bereitzustellen an die Rbd Berlin für die Kolonnen 1,2,3,4 und N.
06.08.1945	SWAT Befehl Nr. 5	160 Lok aus Polen zur Kolonnenbildung den Rbd Pasewalk und Stettin (!) zuführen, 40 Lok aus Polen zur Kolonnenbildung der Rbd Schwerin zuführen, 90 Lok aus Rumänien zur Kolonnenbildung der Rbd Schwerin zuführen, 10 Lok aus Rumänien zur Kolonnenbildung der Rbd Dresden zuführen.
09.08.1945	SMAD Befehl Nr. 4	Formierung von 30 Lokkolonnen in sowjetischer Zone Deutschlands.
09.08.1945	Weisung GD der DR III.31.310 Bl 1	Bildung der befohlenen Lok-Kolonnen bei DR ist unverzüglich vorzunehmen.
09.08.1945	SWAT Befehl Nr. 6	100 Lok aus Tschechoslowakei für Kolonnenbildung in russischer Zone zuführen, 45 Lok aus Ungarn zur Kolonnenbildung Rbd Berlin zuführen.
09.08.1945	SWAT Befehl Nr. 7	Bis zum 15.09.1945 sind folgende Kolonnenlokbestände zu formieren: 350 Lok der Rbd Berlin in 11 Kolonnen, 125 Lok der Rbd Dresden in 4 Kolonnen, 155 Lok der Rbd Halle in 5 Kolonnen, 160 Lok der Rbd Pasewalk in 5 Kolonnen, 160 Lok der Rbd Schwerin in 5 Kolonnen, 160 Lok Rbd Stettin in 5 Kolonnen (!), 160 Lok Rbd Breslau in 5 Kolonnen (!), 160 Lok Rbd Königsberg in 5 Kolonnen (!).
10.08.1945	Rbd Erfurt	Direktion stellt 60 Lok für Dienstleistung der russischen Militärregierung in Berlin.
14.08.1945	Rbd Erfurt	Direktion stellt 30 Lok für Dienstleistung der russischen Militärregierung in Berlin.
14.09.1945	SWAT Lemberg 28.125.III/O/E 7055	Befehl zur Lokzählung 18.00 Uhr in den Zählzonen Karlshorst (Rbd der DR), Bezirk Königsberg (Königsberg, Bialystok) und Bezirk Lemberg (Lemberg) sowie vormalige Rbd Danzig und in »Volkspolen«.
20.09.1945	SWAT Befehl Nr. 5	Bildung von 50 Lok-Kolonnen im gesamten russischen Besatzungsgebiet und Umbildung der bereits vorhandenen Kolonnen.
01.11.1945	SMAD Befehl Nr. 21 SWAT Befehl Nr. 290	Strenge Erfassung aller Kolonnenlok in den Zählzonen ab sofort erforderlich.

01.11.1945	SMAD Befehl Nr. ?	Kolonne 1 verlegt am 05.11.1945 nach Frankfurt/Oder, Kolonne 2 ist Passagierkolonne auf Strecke Berlin–Brest, Kolonne 4 für Strecke Berlin–Küstrin zu verwenden.
05.11.1945	SMAD Befehl Nr. 7	Kolonne 2 Bw Karlshorst ist als Passagierkolonne zu verwenden.
14.11.1945	SWAT Lemberg 23.17.O/E III.142	Befehl zur Erfassung des Ausbesserungsstandes der Lokomotiven in den Zählzonen Karlshorst, Przemysl, Ushgorod
19.11.1945	SMAD Befehl Nr. 116	Reservelok aus den Kolonnen sind an Bw Küstrin für 34 Umsiedlerzüge aus Posen bereitzustellen.
08.12.1945	SMAD Befehl Nr. ?	Bei DR in sowjetischer Zone sind je Kolonne 30 Lok zuzuordnen.
11.12.1945	SMAD Befehl Nr. 107	Der Personenkolonnenverkehr Berlin–Brest beginnt am 14.12.1945.
12.12.1945	SMAD Befehl Nr. ?	Bildung von 5 Eisenbahnausbesserungszügen für Kolonnenlok: EAZ 1 Berlin-Schöneweide EAZ 2 Berlin-Gesundbrunnen EAZ 3 Cottbus[1)] EAZ 4 Berlin-Tempelhof EAZ 5 Pasewalk
17.01.1946	SWAT Lemberg 23.17.O/E.III.123	Weisung zur Erfassung aller polnischer Lokomotiven in den Zählzonen Karlshorst, Ushgorod, Zernauti.
27.04.1946	SMAD Befehl Nr.147	Neuregelung der Kolonnenlokbestände mit folgenden Stückzahlen: K 1 27 Lok K 14 23 Lok K 2 27 Lok K 15 29 Lok K 3 30 Lok K 16 26 Lok K 4 29 Lok K 20 26 Lok K 5 20 Lok K 21 24 Lok K 6 30 Lok K 22 23 Lok K 7 29 Lok K 23 28 Lok K 8 23 Lok K 24 30 Lok K 10 28 Lok K 25 30 Lok K 13 22 Lok K 29 21 Lok
02.05.1946	SWAT Lemberg	Kolonne 4 Bw Lichtenberg und Kolonne 43 Bw Königsberg Hbf. sind zuständig für Aussiedlertransporte aus Ostpreußen, hinzu tritt unterstützend Kolonne 26.
07.08.1946	SWAT Befehl Nr. 520	Alle Kolonnenlok sind durch dauernde Zählung erfassen.
01.09.1946	SWAT Lemberg 28.12.L.O/E 3077	Abwicklungsstelle Karlshorst übergibt alle maschinentechnischen Angelegenheiten mit Ausnahme der Kolonnen- und Trophäenlok an zivile Eisenbahndienststellen der DR.
07.10.1946	SWAT Befehl Nr. 723	Kolonne 3 Bw Pankow geht an Einsatz-Bereitschaft Bw Seddin II über.
29.10.1946	SWAT Befehl Nr. 831	Abstellung von Kolonnenlok zur Abgabe an sowjetische Militäreisenbahnverwaltung und deren technische Vorbereitung.
04.11.1946	SMAD Befehl Nr. ?	Bei DR in sowjetischer Zone sind je Kolonne 5 Lok kalt in Reserve abzustellen.
20.12.1946	SMAD Befehl Nr. 198	Aufteilung der Kolonnenlok in: Fernkolonnen 1, 3, 4, 5, 6, 7, 8, 10, 13, 14, 15, 18, 19, 20, 23, 24, 25, 29 und Nahkolonnen 2, 9, 11, 12, 17, 21, 26, 27, 31, 32.
30.12.1946	SMAD-Befehl Nr. 198	Von Rbd Dresden werden 31 Lok Reihe 58 an Bw Berlin Lehrter Bf. Übergeben.
23.01.1947	SWAT Lemberg O/E.III.31 Bla 2 Karlshorst	Anweisung über Behandlung und Verteilung der Kolonnenlok der Kolonnen 1 bis 30 und 41 bis 43.
17.02.1947	SMAD Befehl Nr. ?	Bildung weiterer Eisenbahnausbesserungszüge für Kolonnenlok: EAZ 16 Berlin-Karlshorst EAZ 17 Berlin-Tempelhof
07.03.1947	SMAD Befehl Nr. 77	Überweisung von 22 Lok der Reihe 58 aus Kolonne 9 und 31 Lok der Reihe 52 aus Kolonne 12 zur Rbd Berlin.

1) Später nach Berlin-Karlshorst, am 15.09.1949 nach Bw Frankfurt/Oder Vbf. verlegt.

10.03.1947	SMAD Befehl Nr. 40	Die Kolonnenlok sind in den Raw vordringlich auszubessern.
05.04.1947	SWAT Lemberg 23.O/E III.31 Bla 119 Karlshorst	Anordnung der Gattungsbereinigung in Zählzone Karlshorst.
22.07.1947	HV der DR	Anweisung zur Absetzung aller nicht mehr vorhandener aber noch buchmäßig nachgewiesener Kolonnenlok auf Stichtag 30.07.1947.
18.02.1948	SMAD Befehl Nr. 111	Lok 52 1505 ist in deutschen Lokpark als Reserve für SMA im Reichsbahnamt 1 Berlin aufzunehmen.
04.03.1948	SMAD Befehl Nr. 49	Bei den vorhandenen Kolonnen der DR sind je 3 Lok kalt als Reserve abzustellen.
01.08.1948	SMAD Befehl Nr. ?	Es sind kalt in Reserve abzustellen: 39 Lok der Rbd Berlin aus Kolonnen 1, 2, 3, 4, 5, 6, 7, 13, 15, 14 Lok der Rbd Cottbus aus Kolonnen 20, 23, 24, 5 Lok der Rbd Greifswald aus Lokkolonne 5.
13.12.1948	SWAT Lemberg 23 O/E III.31 Bl.146 Karlshorst	Anordnung zur einheitlichen Kennzeichnung der Trophäenlok in Zählzone Karlshorst.
17.09.1949	SMAD Befehl Nr. ?	Das Bw Frankfurt/Oder Vbf. ist zur Instandsetzung von Kolonnenlok nach Muster sowjetischer Depots herzurichten (nach deutschen Maßstäben eine Nebenwerkstatt).

SMAD Sowjetische Militäradministration Deutschlands mit Sitz in Berlin-Karlshorst
SWAT Sowjetische Militärverwaltung des Transportwesens (Sowjetskaja Wojennaja Adminstrazija Transporta)

2.3 Die Problematik der Zwangsaussiedler und Vertriebenen

In engstem Zusammenhang mit dem Kolonnenwesen stehen die leidvollen Massentransporte von Zwangsaussiedlern, Vertriebenen, Zwangsarbeitern und Kriegsgefangenen in Ost-West- und West-Ost-Richtung. Neben der schon Ende 1944 einsetzenden Fluchtwelle vor der vorrückenden Roten Armee aus den Ostgebieten begann unmittelbar nach Kriegsende die unkontrollierte und regellose Vertreibung der deutschen Bevölkerung in den Gebieten östlich von Oder und Neisse sowie dem Sudetenland. Gleichzeitig fuhren die Sowjets tausende Zwangsarbeiter ostwärts. Schon bald wurde die Eisenbahn als wichtigstes Transportmittel hinzugezogen.

Am 20. November 1945 beschloss der Alliierte Kontrollrat die geregelte Aufnahme von Flüchtlingen und Vertriebenen aus den deutschen Ostgebieten. Zwei Millionen Menschen sollten in der sowjetischen Zone, 1,5 Millionen in der britischen Zone angesiedelt werden. Weitere 2,5 Millionen Menschen aus der Tschechoslowakei, insbesondere aber aus dem Sudetenland. 0,5 Millionen aus Ungarn und 0,15 Millionen aus Österreich wollte man wie folgt verteilen: 0,75 Millionen an die sowjetische Zone, 2,225 Millionen an die amerikanische Zone, 0,15 Millionen an die französische Zone. Allein zwischen 1. und 31. Dezember 1945 trafen 551 Umsiedlerzüge mit 572.501 Personen in der Sowjetzone ein, von denen viele mit Kolonnenlokomotiven befördert wurden. Zwischen 1. und 24. Januar 1946 folgen 365 derartige Züge mit 346.508 Menschen.

Das Ausmaß der Tragödie kann nur beispielgebend und ansatzweise beschrieben werden: In der Zeit vom 8. bis 24. Mai 1946 kommt es zur Ausweisung der gesamten deutschen Restbevölkerung – etwa 26.000 Menschen – aus Stadt und Kreis Landeshut (Schlesien), ihr Abtransport zur Sowjetzone erfolgt in 16 Ganzzügen, bestehend aus gedeckten Güterwagen. Ein ähnliches Szenario wiederholt sich zwischen 6. und 23. Juli 1946 bei Vertreibung der verbliebenen Deutschen aus dem schlesischen Kreis Leobschütz. Zum 30. Oktober 1946 befinden sich in ganz Deutschland schon 9,5 Millionen Vertriebene, davon 3,6 Millionen in der sowjetischen, 3,1 Millionen in der britischen, 2,7 Millionen in der amerikanischen und 0,06 Millionen in der französischen Zone sowie 0,1 Mill. in Groß-Berlin.

Wenn man einmal davon ausgeht, dass auch die Mehrzahl dieser auf westdeutsches Gebiet gelangten Personen durch Mitteldeutschland in Zügen gefahren werden musste, lässt sich erahnen, welche gewaltigen Transportleistungen die Reichsbahn zusätzlich zu den ohnehin schon bestehenden erbrachte. Erinnert sei in diesem Zusammenhang an die besonders brutale Vertreibung der überlebenden Zivilisten im sowjetisch besetzten Teil Ostpreußens. Zum 22. Oktober 1948 vermeldet das Militärtransportwesen Lemberg unter Aktenzeichen 67.Lwow 22.18/II.996 nüchtern: »Die Aussiedlung der deutschen Restbevölkerung aus dem Militärbezirk Kaliningrad ist abgeschlossen«.

Bekannt gewordene Transporte von Aussiedlern und Zwangsarbeitern überwiegend mit Kolonnenlokomotiven:

Tag bzw. Zeitraum	Art des Transportes	Strecke von-über-bis und Bemerkungen
21.06.45	Zwangsaussiedler	Danzig–Bromberg–Schneidemühl–Stettin–Scheune
20.07.45	Zwangsaussiedler	Zoppot–Bromberg–Konitz–Schneidemühl–Küstrin–Oder Zonengrenze
27.07.45	Zwangsaussiedler	Danzig-Oliva–Schneidemühl–Küstrin–Oder Zonengrenze
13.08.45	Zwangsaussiedler	Stolp–Belgard–Stettin–Scheune
17.09.45	Zwangsaussiedler	Neustettin–Frankfurt/Oder
27.09.45 bis 10.10.45	Zwangsaussiedler	Leobschütz–Neisse–Görlitz–Löbau
01.10.45 bis 07.11.45	Zwangsarbeiter zivil	Dresden–Brest–Lager Petrowsawodsk (Karelien)
05.10.45	Zwangsaussiedler	Breslau–Forst (1200 Personen, fast alle Eisenbahner)
10.10.45 bis 20.11.45	Kriegsgefangene	Lager Karpinsk (Ural)–Königsberg–Posen–Frankfurt/Oder
11.10.45 bis 03.11.45	Kriegsgefangene	Lager Kemerowo–Brest–Frankfurt/Oder
24.10.45 bis 02.11.45	Zwangsaussiedler	Breslau–Forst–Cottbus
30.10.45	Zwangsaussiedler	Stolp–Scheune
01.11.45	Zwangsaussiedler	Elbing–Dirschau–Schneidemühl–Küstrin–Zonengrenze
04.11.45	Zwangsaussiedler	Bad Polzin–Stettin–Scheune
10.11.45	Zwangsaussiedler	Mohrungen–Deutsch Eylau–Thorn–Schneidemühl–Stargard–Scheune
11.11.45 bis 22.11.45	Zwangsaussiedler	Mohrungen–Posen–Frankfurt/Oder (45 Wagen mit 4500 Personen)
13.11.45	Zwangsaussiedler	Elbing–Stettin–Scheune
20.11.45	Zwangsaussiedler	Landeshut–Zonengrenze Neisse (1300 Personen)
21.11.45	Zwangsaussiedler	Ostrowo–Posen–Stettin–Scheune
30.11.45	Zwangsaussiedler	Neustettin–Neustrelitz
	Zwangsaussiedler	Mohrungen–Zonengrenze Oder
01.12.45	Zwangsaussiedler	Mohrungen–Posen–Frankfurt/Oder
	Zwangsaussiedler	Mohrungen–Allenstein–Zonengrenze Oder
04.12.45	Zwangsaussiedler	Stolpmünde–Scheune
05.12.45	Zwangsaussiedler	Stolp–Scheune
06.12.45	Zwangsaussiedler	Neustettin–Scheune
11.12.45 bis 31.12.45	Kriegsgefangene	Lager Alschewsk–Brest–Frankfurt/Oder
15.12.45	Zwangsaussiedler	Bad Polzin–Stettin–Scheune
07.02.46	Zwangsarbeiter zivil	KZ Potulice (Westpreußen)–Frankfurt/Oder
03.03.46	Zwangsaussiedler	Glatz–sowjetische Zone
03.03.46 bis 09.03.46	Zwangsaussiedler	Treptow (Rega)–Deutsch Krone–Stettin–Scheune

11.03.46	Zwangsaussiedler	Greifenberg–Gollnow–Stargard–Stettin–Scheune
12.03.46	Zwangsaussiedler	Breslau–Görlitz
10.04.46	Zwangsaussiedler	Köslin–Zonengrenze Oder
12.04.46	Zwangsaussiedler	Köslin–Zonengrenze Oder
14.04.46	Zwangsaussiedler	Köslin–Zonengrenze Oder
16.04.46	Zwangsaussiedler	Köslin–Zonengrenze Oder
19.04.46	Zwangsaussiedler	Köslin–Zonengrenze Oder
26.04.46	Zwangsaussiedler	Köslin–Zonengrenze Oder
08.05.46	Zwangsaussiedler	Landeshut–Zonengrenze Neisse (1500 Personen)
16.05.46	Zwangsaussiedler	Landeshut–Zonengrenze Neisse (1891 Personen in 54 G-Wagen)
01.06.46 bis 06.06.46	Zwangsaussiedler	Danzig–Stettin (nach Scheune zu Fuß weiter!)
13.07.46	Zwangsaussiedler	Elbing–Stettin–Scheune
17.07.46 bis 18.07.46	Zwangsaussiedler	Stargard–Stettin (Abholung durch Lok der DR in Stettin-Frauendorf)
17.08.46	Zwangsaussiedler	Deutsch Wette–Neisse–Leobschütz–Kohlfurt–Zonengrenze Oder
	Zwangsaussiedler	Strehlen–Zonengrenze Neisse
24.08.46	Zwangsaussiedler	Breslau–Zonengrenze Neisse (1500 Personen)
27.08.46	Zwangsaussiedler	Frankenstein (Niederschles)–Reichenbach–Schweidnitz–Striegau–Jauer–Liegnitz–Lüben–Glogau–Sagan–Kohlfurt (hier Übergabe an die DR erfolgt!)
01.09.46	Zwangsaussiedler	Stolp–Stargard–Posen–Breslau–Forst
06.09.46	Kriegsgefangene	Brest–Posen–Frankfurt/Oder (100.000 Personen an einem Tag!)
10.09.46 bis 29.09.46	Zwangsarbeiter zivil	Lager Stalinogorsk–Brest–Warschau–Frankfurt/Oder
21.10.46	Zwangsarbeiter	Massenverschleppung von Fachkräften *)
22.10.46	Zwangsarbeiter	Bleicherode–Frankfurt/Oder–Warschau–Przemysl **)
23.10.46	Zwangsarbeiter	Frankfurt/Oder–Brest, Hoppegarten–Brest und Erkner–Brest
24.10.46	Zwangsarbeiter	Dessau–Brest
26.10.46	Zwangsarbeiter	Erfurt-Nord–Brest
15.12.46	Zwangsaussiedler	Stolp–Stargard–Posen–Grünberg–Forst
17.12.46 bis 24.12.46	Zwangsaussiedler	Stolp–Stargard–Grünberg–Forst (1800 Personen)
28.12.46	Zwangsarbeiter zivil	KZ Potulice–Frankfurt/Oder
16.01.47 bis 02.47	Reste Kurland-Armee	Lager Jawas–Königsberg–Frankfurt/Oder
21.01.47 bis 04.02.47	Zwangsarbeiter zivil	Lager Stalingrad–Brest–Frankfurt/Oder
29.01.47 bis 19.02.47	Zwangsarbeiter zivil	Lager Kissel (Ural)–Brest- Frankfurt/Oder
01.02.47	Zwangsarbeiter	Neubrandenburg–Frankfurt/Oder–Brest
01.02.47	Kriegsgefangene	Oranienburg–Frankfurt/Oder–Brest
03.02.47	Internierte	Bautzen–Brest
18.02.47	Internierte	Jüterbog–Grodno (Lager Hrodna)
20.02.47	Kriegsgefangene	Torgau–Frankfurt/Oder–Brest
01.04.47	Zwangsaussiedler	Königsberg (Ostpr)–Zonengrenze Oder (2300 Personen)
17.05.47	Zwangsarbeiter zivil	KZ Potulice–Frankfurt/Oder
08.07.47	Zwangsaussiedler	Sensburg (Ostpr)–Cottbus
10.07.47 bis 13.07.47	Zwangsaussiedler	Schlawe–Stargard–Arnswalde–Posen–Grünberg–Forst (1479 Personen)
07.09.47	Zwangsaussiedler	Rastenburg–Korschen–Allenstein–Thorn–Posen–Gnesen–Forst
12.09.47	Zwangsarbeiter zivil	KZ Potulice–Frankfurt/Oder
22.09.47	Zwangsarbeiter zivil	KZ Potulice–Nakel–Posen–Frankfurt/Oder
22.10.47	Zwangsaussiedler	Königsberg (Ostpr)–Zonengrenze Oder (2000 Personen)

30.10.47 bis 27.11.47	Zwangsarbeiter	Lager Anjenka–Brest–Frankfurt/Oder (800 Personen)
17.11.47	Zwangsaussiedler	Königsberg (Ostpr)–Posen–Frankfurt/Oder
27.11.47	Zwangsaussiedler	Heiligenbeil–Allenstein–Posen–Frankfurt/Oder
04.01.48	Kinder (!)	Königsberg (Ostpr)–Breslau–Görlitz
14.03.48	Zwangsaussiedler	Gumbinnen–Braunsberg–Allenstein–Osterode–Stettin–Scheune
15.03.48 bis 18.04.48	Zwangsarbeiter zivil	Lager Leninsk–Brest–Frankfurt/Oder
22.03.48 bis 28.03.48	Zwangsaussiedler	Königsberg (Ostpr)–Allenstein–Thorn–Bromberg–Posen–Stettin -Scheune
06.04.48 bis 10.04.48	Zwangsaussiedler	Tapiau–Königsberg (Ostpr)–Preußisch Eylau–Zonengrenze Oder
07.04.48	Zwangsaussiedler	Heiligenbeil–Allenstein–Posen–Frankfurt/Oder
17.05.48 bis 15.07.48	Zwangsarbeiter zivil	Lager Kuybitschew–Sysran–Pensa–Tula–Smolensk–Minsk–Brest-Litowsk–Posen–Frankfurt/Oder
17.06.48 bis 28.06.48	Zwangsarbeiter zivil	Lager Tscheljabinsk (Nr.7602)–Brest–Frankfurt/Oder
19.06.48 bis 25.06.48	Zwangsarbeiter zivil	KZ Landsberg (Warthe)–Forst–Görlitz
12.09.48	Zwangsaussiedler	Tilsit–Labiau–Königsberg (Ostpr)–Posen–Frankfurt/Oder
29.09.48	Zwangsaussiedler	Königsberg Ostbf.–Preußisch Eylau–Bartenstein–Stolp–Stettin–Schlawe–Prenzlau ***)
04.10.48	Zwangsaussiedler	Heiligenbeil–Allenstein–Posen–Frankfurt/Oder
11.10.48	Zwangsaussiedler	Königsberg (Ostpr)–Preußisch Eylau–Bartenstein–Stettin–Schlawe ****)
12.10.48 bis 28.10.48	Zwangsaussiedler	Königsberg (Ostpr)–Frankfurt/Oder
22.10.48	Zwangsaussiedler	Nakel (Potulice)–Zonengrenze Oder
31.01.49	Zwangsarbeiter zivil	KZ Potulice (Westpr)–Oberschlesien (Leobschütz)–Zonengrenze
07.04.49 bis 28.04.49	Zwangsarbeiter zivil	Lager Petrosawodsk–Brest–Frankfurt/Oder
08.04.49	Zwangsarbeiter zivil	KZ Potulice–Frankfurt/Oder
08.04.49 bis 31.08.49	Zivilisten	KZ Potulice–Frankfurt/Oder x)
11.04.49	Zwangsarbeiter zivil	KZ Potulice–Frankfurt/Oder
20.04.49	Zwangsarbeiter zivil	KZ Potulice–Nakel–Posen–Frankfurt/Oder
01.05.49	Zwangsarbeiter zivil	KZ Potulice–Frankfurt/Oder
18.05.49	Zwangsarbeiter zivil	KZ Potulice–Frankfurt/Oder
28.05.49 bis 05.06.49	Zivilisten	KZ Potulice–Posen–Frankfurt/Oder xx)
03.06.49	Zwangsarbeiter zivil	KZ Potulice–Frankfurt/Oder (1500 Personen)
22.06.49	Zwangsarbeiter zivil	Lager Lissa–Frankfurt/Oder (1600 Personen)
24.06.49	Zwangsarbeiter zivil	KZ Marienburg–Nakel–Posen–Frankfurt/Oder
01.07.49–18.07.49	Zwangsarbeiter zivil	Lager Magnitka bei Magnitogorsk–Brest–Frankfurt/Oder
14.07.49	Zwangsarbeiter zivil	KZ Potulice–Frankfurt/Oder
17.07.49	Zwangsaussiedler	Nakel (Potulice)–Zonengrenze Oder
21.07.49	Zwangsarbeiter zivil	KZ Potulice–Frankfurt/Oder
08.09.49	Zwangsarbeiter zivil	KZ Potulice–Frankfurt/Oder
03.10.49 bis 21.10.49	Zwangsarbeiter zivil	Lager Oktjabrsk–Brest–Frankfurt/Oder
19.11.49 bis 02.12.49	Zwangsarbeiter zivil	Lager Tscheljabinsk–Brest–Frankfurt/Oder

*) Von Zeiss-Werken Jena, Schott & Genossen Jena, AEG Berlin und Hennigsdorf, u.a. wurden 20.000 Wissenschaftler aus Nordhausen (Zentralwerk für V-Waffen), Berlin, Jena, Leipzig, Halle, Dessau, Bitterfelde, Leuna, Merseburg, Dessau, Wolfen, Peenemünde, Gotha in die Sowjetunion verbracht.

**) Blitzartige Verlegung der Produktionsstätte für V2-Raketen in Bleicherode nach Kapustiljar 400 Km östlich Stalingrad, Deportation aller Fachkräfte jedoch nach Gorodomlaja auf der Halbinsel im Selinger-See bei Ostaschkow.

***) Durch Augenzeugenbericht überliefert. Zug ab Bartenstein mit DR-Lok der Reihe 52 mit deutschem Personal bis Prenzlau durchgefahren!

****) Durch Augenzeugenbericht überliefert. Zug ab Bartenstein mit DR-Lok der Reihe 52 mit deutschem Personal bis Schlawe durchgefahren!

x) Insgesamt 16 Transporte, gefahren mit DR-Lok der Reihe 52 vom Bw Posen-Franowo.

xx) Insgesamt 17 Transporte, gefahren mit DR-Lok der Reihe 52 vom Bw Posen-Franowo.

Das schwer beschädigte Bahnbetriebswerk Gotha (Rbd Erfurt) im Oktober 1945: Vom Lokomotivschuppen blieben nur Ruinen, die wie ein Mahnmal in den Himmel ragen, trotzdem geht das Leben weiter. 52 1690 (vormals Bw München Hbf.) und 52 5332 Bw Gotha sind dienstfähig abgestellt, eine dritte steht im Hintergrund.
Foto: Ernst Schröder Rbd Erfurt, Sammlung Walluhn

Nur wenige Kondenslokomotiven der Baureihe 52 sind nach Kriegsende betriebsfähig. Zu ihnen zählt 52 1989 (Henschel 1944/27317), festgehalten 1946 im Bahnhof Berlin-Schöneweide. Ob die Kondensanlage zu diesem Zeitpunkt noch in Dienst ist, lässt sich nicht mehr feststellen.
Foto: Urheber unbekannt, Sammlung Walluhn

17 1042 (RBD Berlin, Bw Ostbahnhof; Henschel 1913/11495) beim Wassernehmen. Immerhin trägt diese bestens gepflegte Lok bereits ein Metallnummernschild. Hinter dem preußischen Führerhaus läuft der Kohlenstaubtender mit speichenlosen Vollrädern. Vorn auf dem Umlaufblech sitzt der zweite Hauptluftbehälter. Trotz der schlechten Zeit schauen die beiden Lokpersonale optimistisch in den Tag.
Foto: Zentrale Bildstelle der DR, Sammlung Walluhn

Die umfangreiche, aber sicher sehr unvollständige Liste zeigt, warum besonders ab 1946 sehr viele Lok in den Frankfurter Bahnbetriebswerken an der Oder stationiert wurden. Begannen und endeten doch gerade hier die Mehrzahl der Transporte per Güterwagenganzzug.

2.4 Betriebsmaschinendienst und Werkstättenwesen

Kommen wir nun zum eigentlichen Betriebsmaschinendienst, wobei die Berliner-S-Bahn ausgeklammert sein soll. Auch hier gilt das bereits gesagte: Die Zusammenhänge im Berichtszeitraum sind äußerst kompliziert und komplex. Sie können im Rahmen dieser Publikation also nur stichpunktartig dargelegt werden.

Bis Ende 1949 existierten die folgenden Reichsbahnausbesserungswerke (unterstrichen sind solche für Lok-, Kessel- und Triebwagenausbesserung): Blankenburg, Brandenburg-West, Chemnitz, Cottbus, Delitzsch, Dresden, Dessau, Eberswalde, Friedland, Greifswald, Gotha, Grunewald, Halberstadt, Halle, Jena, Leipzig, Magdeburg (Salbke), Magdeburg-Buckau, Meiningen, Niedersachswerfen, Potsdam, Rostock, Schöneweide, Stendal, Tempelhof, Wittenberge und Zwickau. Grundlegende Veränderungen zwischen 1945 und 1949 gab es nicht, lediglich das Raw Halberstadt wurde durch Umwandlung aus Bauzugwerk und Kesselschmiede des Raw Braunschweig wieder eröffnet. Die Ereignisse des Jahres 1950 dokumentiert ein späteres Kapitel. Viele der genann-

Auch am 1. August 1951 müssen große Arbeiten an Lokomotiven teilweise immer noch im Freien ausgeführt werden. Von 38 1641 (Bw Erfurt-P; Henschel 1914/12653) wird gerade der Kessel abgebaut, hierzu dienen Portalkran (rechts) und Hubvorrichtung (Bildmitte). Bei einer Entgleisung am 1. Dezember 1944 war die Feuerbüchse der Maschine ausgeglüht. Die Lok selbst wird zum 30. Juni 1951 ausgemustert und anschließend in der Werkstatt Weimar Berkaer Bahnhof zerlegt. Ihr wenig später zum Raw Leipzig abtransportierter Rahmen findet in einer unbekannten P8 Weiterverwendung. Auf dem Bild erkennt man links unten gut, dass auch die P8 Radkästen im Führerhaus hat, allerdings nicht so groß und störend wie etwa bei der P4.

Foto: Georg Hey, Weimar, Sammlung Walluhn

03 239 vom Bw Wittenberg (Borsig 1936/14618) beim Reinigen der Rauchkammer: Dieses Bild von 1946 zeigt sehr eindrucksvoll, wie schmutzig in der unmittelbaren Nachkriegszeit die Abrüstarbeiten an Dampflokomotiven sind. Windleitbleche, Umlauf, Laternen, Pufferbohle, Löschegrube – alles ist mit dickem, schwarzem Ruß überzogen. Auf der Rauchkammertür finden sich noch das alte Reichsbahn-Nummernschild aus Rotguss, es fiel den Buntmetallsammlungen im Krieg nicht zum Opfer.
Foto: Ernst Thormann Rbd Halle, Sammlung Walluhn

Die 1.000. Reparaturlok des Raw Chemnitz: Nach einer L 3 mit Wasserdruckprobe verlässt 52 6681 der Kolonne 12 Bw Hilbersdorf (Skoda 1943/1507) am 15. Oktober 1946 die Werkstatt. Die Kesselsicherheitsventile sind kurz vor dem Abblasen. Schlicht und einfach, aber in frischem Lack präsentiert sich die gerade drei Jahre alte Kriegslok. Bereits am 08.02.1947 wird sie von den Sowjets einkassiert und später in TE-6681 umgezeichnet.
Foto: Willy Seidel, Chemnitz, Sammlung Walluhn

Blick in die Werkhalle des Raw Tempelhof 1947. Im Vordergrund stehen die Radsätze der 52 7582 (Floridsdorf 1944/16930), sie gehören zur Lokomotive ganz links im Bild und nicht zur hinten stehenden Maschine. Die Radreifen sind extrem stark abgefahren und müssen nun dringend erneuert werden.
Foto: Fritz Eschen, Sammlung Walluhn

55 545 des Bw Weimar (Schwartzkopff 1909/4233) macht einen durchgehend preußischen Eindruck. Lediglich die Lichtmaschine auf dem Kesselscheitel sowie die beiden Behälter am Umlauf sind spätere Zugaben. Werkstatteisenbahner haben soeben Fristarbeiten nach Schadgruppe L1 vorgenommen. Die Aufnahme entstand am 25. März 1951.
Foto: Georg Hey, Weimar, Sammlung Walluhn

Reinigung der Rauchkammer an 58 1870 (Bw Dresden-Friedrichstadt; Linke-Hofmann 1920/2042) beim Bw Zwickau im Oktober 1949. Der Braunkohlenruß hat die gesamte Umgebung vor der Lok eingehüllt. Die Maschine selbst präsentiert sich im Zustand der Vorkriegszeit, selbst das alte Rotgussnummernschild ist erhalten geblieben.
Foto: Ernst Mäde Rbd Dresden, Sammlung Walluhn

Die Reparaturbrigade des Bw Meuselwitz setzt im Jahr 1949 die Tenderlok 86 755 instand. Vier Werkstattarbeiter bemühen sich sichtlich, das Fahrzeug wieder betriebsbereit zu bekommen. Laut Betriebsbuch handelt es sich hier jedoch nur um Fristarbeiten nach Schadgruppe L1.
Foto: Ernst Thormann Rbd Halle, Sammlung Walluhn

Nach 1949 repariert die Werkstatt Weimar Berkaer Bahnhof auch Schmalspurlokomotiven, um das Raw Meiningen zu entlasten. 99 4611 (Bw Meiningen; Jung 1891/110) auf der Schiebebühne am 04.07.1952. Abgebildet sind: Lehrling Amerling, die Jungaktivisten Harry Ossig aus Tannroda, Erwin Führich aus Bergern, als auch Georg Hey aus Weimar.
Foto: Georg Hey, Weimar, Sammlung Walluhn

Das Personal der Werkstatt Burg (Rbd Magdeburg) hat sich 1952 zu diesem Foto versammelt. Im Hintergrund steht die heute noch auf der Insel Rügen diensttuende 99 4802 (Henschel 1938/24368) mit ihrem charakteristischen Krempenschornstein. Vorn lagern die frisch aufgearbeiteten und rot lackierten Radsätze einer anderen Lokomotive.
Foto: Urheber unbekannt, Sammlung Walluhn

Raw Blankenburg	nicht genannt!
Raw Brandenburg-West	nicht genannt!
Raw Chemnitz	67 Prozent
Raw Cottbus	68 Prozent
Raw Delitzsch	nicht genannt!
Raw Dresden (Friedrichstadt)	64 Prozent
Raw Dessau	nicht genannt!
Raw Eberswalde	98 Prozent
Raw Greifswald	nicht genannt!
Raw Gotha	nicht genannt!
Raw Grunewald	nicht genannt!
Raw Halberstadt	98 Prozent
Raw Halle	61 Prozent
Raw Jena	95 Prozent
Raw Leipzig-Engelsdorf	98 Prozent
Raw Meiningen	ohne, voll betriebsfähig
Raw Niedersachswerfen	nicht genannt!
Raw Potsdam	nicht genannt!
Raw Rostock	29 Prozent
Raw Schöneweide	nicht genannt!
Raw Stendal	ohne, voll betriebsfähig
Raw Tempelhof	70 Prozent
Raw Wittenberge	29 Prozent
Raw Zwickau	82 Prozent

ten Raw waren erheblich kriegsbeschädigt oder fast völlig unbrauchbar, sprich überhaupt nicht arbeitsfähig. Am 13. Februar 1947 meldet die Hauptverwaltung der DR über den Zerstörungsgrad der Werke folgendes *(siehe Kasten links)*: Die Zahlen lassen ansatzweise erkennen, welche Widrigkeiten und Probleme im Werkstättenwesen herrschten. Wir werden in einem Folgekapitel ausführlich darauf zurückkommen. Ähnliche Verhältnisse hinsichtlich Zerstörung und eingeschränkter Betriebsfähigkeit gab es auch in den Bahnbetriebswerken.

2.5 Die Verhältnisse auf den Klein- und Privatbahnen

Schon am 18. August 1945 erkannte die SMAD den bisherigen Status der Klein- und Privatbahnen in der Sowjetzone nicht mehr an und verlangte, wenn auch verdeckt, deren Enteignung und möglichst auch ihre zentrale Verwaltung nach russischem Muster. Doch ein konsequen-

Schließung von Bahnbetriebswerken und anderweitige Veränderungen zwischen 1945 und 1949:

Bahnbetriebswerk	Datum	Auflösung bzw. Veränderung
Bw Berlin Potsdamer Gbf.	10.10.1948	geschlossen[1]
Bw Doberlug-Kirchhain	31.07.1945	aufgelöst
Bw Frankfurt/Oder Vbf.	01.10.1947	vorläufig in Bww Frankfurt/Oder umgewandelt[2]
Bw Gesundbrunnen	07.12.1948	mit Bw Pankow zu einer Wirtschaftseinheit zusammengelegt
Bw Nauen	20.08.1946	aufgelöst und Bw Wustermark angegliedert
Bw Ruhland	vor 1947	geschlossen
Bw Schlauroth	20.05.1945	umgewandelt in Werkabteilung Bw Görlitz[3]
Bw Spandau	01.02.1948	aufgelöst
Bw Wittenberg	01.08.1949	umbenannt in Bw Lutherstadt Wittenberg

1 Am 12.10.1947 letzte Dampflokomotiven abgezogen und nach Bw Berlin Anhalter Bf. sowie Bw Tempelhof umgesetzt. Seither ohne Bestand. Bw ist erheblich kriegszerstört und wird nicht wieder aufgebaut.
2 Aufgrund starker Kriegszerstörung. Ein Teil als Transit-Bw jedoch im Betrieb gehalten.
3 Am 01.01.1950 in Raw Schlauroth umgewandelt.

Schließung von Lokbahnhöfen und Änderung ihrer Zugehörigkeit zwischen 1945 und 1949:

Lokbahnhof	Datum	Auflösung bzw. Veränderung
Altenberg (Erzgeb.)	01.01.1946 05.02.1947	von Bw Dresden-Friedrichstadt an Bw Dresden-Altstadt von Bw Dresden-Altstadt an Bw Dresden-Friedrichstadt
Arnsdorf	01.01.1946	von Bw Kamenz an Bw Dresden-Friedrichstadt
Bischofswerda	01.07.1945 26.05.1946 01.08.1946	von Bw Dresden-Friedrichstadt an Bw Bautzen von Bw Bautzen an Bw Dresden-Friedrichstadt von Bw Dresden-Friedrichstadt an Bw Bautzen

Borna	.....12.1945	von Bw Leipzig Bayerischer Bf. an Bw Altenburg
Carlsfeld	01.05.1949	an Bw Kirchberg
Dürrhennersdorf	19.09.1945	auf Weisung der SMAD stillgelegt
Eisenberg	01.02.1947	von Bw Zeitz an Bw Gera
Eisfeld	01.02.1947	von Bw Meiningen an Bw Probstzella
Ellrich	.....07.1945	geschlossen
Eppendorf	26.05.1946	von Bw Hilbersdorf an Bw Buchholz
Falkenstein	26.09.1945 01.03.1949	von Bw Adorf an Bw Zwickau zum Bw aufgewertet auf Weisung der SMAD
Frauenstein	01.09.1945 01.12.1945 01.03.1946	von Bw Nossen an Bw Dresden-Altstadt von Bw Dresden-Altstadt an Bw Nossen von Bw Nossen an Bw Dresden-Altstadt
Freital (Regelspur)	01.01.1946	von Bw Dresden-Friedrichstadt an Bw Dresden-Altstadt
Geyer	01.02.1949	von Bw .... an Bw Thum
Grünstädtel	15.12.1948 01.03.1949 01.04.1949 01.05.1949	von Bw Zwickau an Bw Aue von Bw Aue an Bw Buchholz von Bw Buchholz an Bw Zwickau von Bw Zwickau an Bw Kirchberg
Großbeeren	.....02.1947	geschlossen
Großenhain Cottb. Bf.	01.02.1946	von Bw Riesa an Bw Kamenz
Hainichen	01.08.1946	von Bw Chemnitz Hbf. an Bw Nossen
Hainsberg	01.09.1945 01.12.1945 01.08.1946	von Bw Nossen an Bw Dresden-Altstadt von Bw Dresden-Altstadt an Bw Nossen von Bw Nossen an Bw Dresden-Altstadt
Hirschberg	19.08.1948	von Bw Greiz an Bw Reichenbach
Hohenstein	26.05.1946	von Bw Zittau an Bw Bad Schandau
Johanngeorgenstadt	30.05.1947	zum Sonderobjekt der sowjetischen Militärtransportabteilung erklärt
Jöhstadt	26.05.1946 01.03.1949	von Bw Hilbersdorf an Bw Buchholz von Bw Buchholz an Bw Thum
Karow (Meckl.)	nach 1945	von Bw Waren (Müritz) an Bw Parchim
Kietz	01.06.1948 01.08.1949	neu eingerichtet von Bw Berlin-Lichtenberg an Bw Frankfurt/Oder Pbf.
Kirchberg	01.05.1949	zum Bw aufgewertet
Klingenberg	01.03.1946 01.08.1946 01.07.1949	von Bw Nossen an Bw Döbeln von Bw Döbeln an Bw Freiberg von Bw Freiberg an Bw Dresden-Altstadt
Klingenthal	01.04.1948	von Bw Adorf an Bw Falkenstein
Lommatzsch	01.08.1946 01.09.1947 01.02.1948	von Bw Nossen an Bw Döbeln von Bw Döbeln an Bw Nossen von Bw Nossen an Bw Döbeln
Malliß	nach 1945	von Bw Parchim an Bw Hagenow-Land
Mehlteuer	01.08.1946	von Bw Greiz an Bw Reichenbach
Meißen-Triebischthal	01.07.1945 01.12.1945 01.08.1946	von Bw Nossen an Bw Dresden-Altstadt von Bw Dresden-Altstadt an Bw Nossen von Bw Nossen an Bw Dresden-Altstadt
Mohorn	01.08.1946	von Bw Nossen an Bw Dresden-Altstadt
Mosel	01.05.1949	von Bw Zwickau an Bw Kirchberg
Oberrittersgrün	15.12.1948 01.03.1949	von Bw Zwickau an Bw Aue von Bw Aue an Bw Buchholz

	01.04.1949	von Bw Buchholz an Bw Zwickau
	01.05.1949	von Bw Zwickau an Bw Kirchberg
Oberwiesenthal	26.05.1946	von Bw Hilbersdorf an Bw Buchholz
Olbernhau	1945	geschlossen
Ortmannsdorf	01.05.1949	von Bw Zwickau an Bw Kirchberg
Oschatz	01.03.1946	von Bw Nossen an Bw Döbeln
Plauen (V) oberer Bf.	25.05.1945	von Bw Reichenbach an Bw Adorf
	07.10.1945	von Bw Adorf an Bw Reichenbach
	26.05.1949	von Bw Reichenbach an Bw Greiz
Potschappel	30.09.1945	von Bw Nossen an Bw Dresden-Altstadt
	01.12.1945	von Bw Dresden-Altstadt an Bw Nossen
	01.08.1946	von Bw Nossen an Bw Dresden-Altstadt
Radeburg	01.09.1945	von Bw Nossen an Bw Dresden-Friedrichstadt
	06.05.1946	von Bw Dresden-Friedrichstadt an Bw Dresden-Altstadt
	01.07.1946	von Bw Dresden-Altstadt an Bw Nossen
	01.08.1946	von Bw Nossen an Bw Dresden-Altstadt
Röbel (Meckl.)	nach 1945	von Bw Waren (Müritz) an Bw Parchim
Röderau	1946	geschlossen
Sayda	01.03.1946	von Bw Nossen an Bw Döbeln
	01.05.1946	von Bw Döbeln an Bw Freiberg
Schleiz	19.08.1948	von Bw Greiz an Bw Reichenbach
Schlettau	07.10.1945	von Bw Aue an Bw Buchholz
Schmalkalden	01.02.1947	von Bw Suhl an Bw Meiningen
Schönberg	19.08.1948	von Bw Greiz an Bw Reichenbach
Schönheide (Mitte)	01.05.1949	von Bw Zwickau an Bw Kirchberg
Schwarzenberg	01.03.1949	zum Bw aufgewertet auf Weisung der SMAD
Sonneberg	.....07.1945	in folge Zonengrenzziehung vom Bw Coburg abgetrennt
	01.10.1945	an Bw Meiningen
	23.02.1946	von Bw Meiningen an Bw Probstzella
Stollberg (Erzgeb.)	01.10.1945	von Bw Chemnitz Hbf. an Bw Glauchau
	26.02.1947	von Bw Glauchau an Bw Chemnitz Hbf.
Strehla	01.03.1946	von Bw Nossen an Bw Döbeln
Taubenheim	19.09.1945	auf Weisung der SMAD stillgelegt
Tharandt	01.01.1946	von Bw Dresden-Friedrichstadt an Bw Dresden-Altstadt
	21.01.1947	von Bw Dresden-Altstadt an Bw Dresden-Friedrichstadt
Thum	26.05.1946	von Bw Hilbersdorf an Bw Buchholz
	01.02.1949	zum Bw aufgewertet
Weischlitz	19.08.1948	von Bw Adorf an Bw Reichenbach
Wermsdorf	01.03.1946	von Bw Nossen an Bw Döbeln
	01.09.1947	von Bw Döbeln an Bw Nossen
	01.02.1948	von Bw Nossen an Bw Döbeln
Wiltzschhaus	01.05.1949	von Bw Zwickau an Bw Kirchberg
Wolkenstein	26.05.1946	von Bw Hilbersdorf an Bw Buchholz
Wünschendorf	05.05.1949	von Bw Werdau an Bw Gera
	....	von Bw Gera an Bw Werdau
Wünsdorf	vor 1950	geschlossen

Ein winterliches Bild bietet der Bahnhof Erfurt-West. Die hier stationierte preußische G 7 fährt LZ in Richtung Lokbahnhof, Dampf und Qualm ziehen zum Empfangsgebäude. Der Fahrdienstleiter sitzt drinnen am warmen Kanonenofen bei kargen Stullen, die er auf Lebensmittelmarken bezogen hat. Von Eisenbahnromatik keine Spur.
Foto: Günter Barthel, Erfurt (†); Sammlung Walluhn

In Ichtershausen bei Arnstadt (Rbd Erfurt) befindet sich der Gleiskörper mitten auf der Ortsstraße. Heute ist dies unvorstellbar, damals war es Alltag. Privatkraftfahrzeuge gibt es praktisch nicht. Die Garnitur zweiachsiger Personenwagen würde in unserer Zeit jedes Museum erfreuen. Triste graue Häuserfassaden säumen die verschmutzte Pflasterstraße. Eisenbahnromantik war auch dies gewiss nicht, sondern Leben unter einfachsten Verhältnissen einer ständigen Mangelwirtschaft.
Foto: Werner Umlauft, Erfurt (†), Sammlung Walluhn

Der Lokbahnhof Tribsees der vormaligen Franzburger Südbahn (Rbd Greifswald). Der Schuppen ist in einfacher Manier erbaut, davor steht die ELNA-Maschine 91 6283, die Gleise liegen in Kiesbettung. Ganz ähnliche Verhältnisse weisen viele der 1950 übernommenen Klein- und Privatbahnen auf.
Foto: Günter Barthel, Erfurt (†), Sammlung Walluhn

Eine ehemalige Bachstein-Lok im Berkaer Bahnhof zu Weimar: 98 6051 (Bw Weimar; Jung 1901/472) mit vier aufgesteckten Petroleumlaternen. Eine elektrische Beleuchtung fehlt. Der Pflegezustand der Maschine ist ausgezeichnet. Fotograf Georg Hey ist am Aufnahmetag zugleich Lokheizer. Gleich wird die Lok einen Güterzug Richtung Bad Berka aufnehmen und wegen der hohen Zuglast die Steigung nach Nohra mehr hinauf schleudern als fahren.
Foto: Georg Hey, Weimar, Sammlung Walluhn

Anlässlich des 50. Betriebsjubiläums der am 26.05.1896 eröffneten Strecke Gerbstedt–Hettstedt hat sich das Personal vor einer D-gekuppelten Tenderlok eingefunden. Uniformen und Kleidung machen einen vorkriegsmäßigen Eindruck, einzig den Menschen sieht man hier die Entbehrungen des Jahres 1946 an.
Foto: Sammlung Prof. Dr. Christian, Erfurt (†), Sammlung Walluhn

tes Eingreifen der Besatzungsmacht unterblieb, sodass einige Bahnen bald sequestiert, schließlich enteignet oder verstaatlicht wurden, während andere ihren bisherigen Status noch Jahre behielten, bis schließlich fast alle 1949 in den inzwischen gegründeten Vereinigungen Volkseigener Betriebe (VVB) Landesbahnen aufgingen.

Die Verhältnisse sind insgesamt sehr kompliziert, teils immer noch sehr lückenhaft erforscht und zwingen zu einer tabellarischen Aufstellung jeder einzelnen Bahn am Ende dieses Kapitels. Allgemeingültige Aussagen lassen sich nur für den Geltungsbereich einzelner Länder machen.

Im Land **Brandenburg** gründete man am 19. Oktober 1946 die Generaldirektion (GD) der Provinzialbahnen Mark Brandenburg, die alle zuvor bei der Provinzialeisenbahndirektion Brandenburg zusammengefassten Bahnen in Verwaltung nahm. Am 1. August 1947 in Generaldirektion der Landesbahnen Brandenburg umbenannt, geht sie am 1. Juli 1948 in den VVB Landesbahnen Brandenburg auf.[2]

Im Land **Mecklenburg** wurde zum 1. Januar 1947 die Hauptverwaltung (HV) der Eisenbahnen des Landes Mecklenburg mit Sitz Demmin gegründet. Sie ging zum 1. Juli 1948 in den VVB Landeseigene Betriebe Industrieverwaltung Bahnen Mecklenburg auf.

Im Land **Sachsen** entstanden keine derartigen Zusammenschlüsse, da nur sehr wenige Privatbahnen existieren.

2 Als Gründungsdatum der VVB Landesbahnen Brandenburg wird jedoch auch der 07.12.1948 genannt.

Im Land **Sachsen-Anhalt** wurden am 30. Juli 1946 der Sächsische Provinzialverband (für Kleinbahnen) verstaatlicht. Wenig später kam es zum 10. Juli 1946 zur Bildung der Sächsischen Provinzialbahnen GmbH mit Sitz in Halle an der Saale, die neben jenen des Provinzialverbandes auch viele der inzwischen zu den Landesbahnen Sachsen-Anhalt zusammengeschlossenen Klein- und Privatbahnen übernahm. Die GmbH nahm am 1. Januar 1947 ihre Tätigkeit auf und ging zum 1. Juli 1948 in den VVB Landesbahnen Sachsen-Anhalt auf. Letztere wurden am 15. August 1948 in die VVB des Verkehrswesens Sachsen-Anhalt umgewandelt.

Im Land **Thüringen** schließlich überführte der SMA-Befehl Nr. 310 vom 18. Juli 1946 die Thüringer Eisenbahn-Gesellschaft Theag in die Landesbahnen Thüringen. Diese ging zum 4. November 1946 an die Hauptverwaltung Landeseigener Betriebe Thüringer Eisenbahnen AG in Weimar über. Auch nicht zur Theag gehörende Bahnen wurden von dieser Verwaltungsinstanz übernommen. Ab 8. April 1947 nannte sich diese HV Landeseigener Betriebe »Thüringer Eisenbahn Landeseigener Betrieb«. Abweichend werden als Eingliederungsdaten der Theag in amtlichen Unterlagen auch der 28. April bzw. 30. Juni 1947 genannt. Schließlich entstand auch in Thüringen am 1. Juli 1948 die VVB Landesbahnen Thüringen mit Sitz in Weimar Berkaer Bahnhof, die zunächst noch dem VVB Handel und Verkehr angegliedert waren, wenig später jedoch Eigenständigkeit erlangten.

Den Weg zur Übernahme vieler Klein- und Privatbahnen durch die DR ebnete am 9. März 1949 die Verordnung ZVOBl (Zentrales Verordnungsblatt) Nr. 23 zur »Übernahme aller nichtreichsbahneigener Bahnen des öffentlichen Verkehrs durch die DR mir Wirkung auf 01. April 1949« Parallel hierzu erschien am gleichen Tag der Beschluss S 63/49 der Deutschen Wirtschaftskommission der sowjetischen Zone zum Übergang der VVB Landesbahnen in Verwaltung und Nutznießung (nicht aber das Eigentum!) der DR. Zunächst waren auch die folgenden Bahnen vorgesehen, die später doch nicht übernommen wurden: Spremberger Stadtbahn, Stadtbahn Forst (Niederlausitz), Hafenbahn Schwerin, Hafenbahn Frankfurt/Oder, Hafenbahn Torgau und Zschornewitzer Kleinbahn.

Die Bahnen gliederte man zum 1. April 1949 den zuständigen Reichsbahnämtern der Direktionen an, wobei die Rbd Berlin und Dresden sofort übernahmen und die Rbd Greifswald ab 1. Juli 1949 eine Überleitstelle einrichtete. Die Modi der übrigen Direktionen sind nicht bekannt.

Doch nun haben wir dem Lauf der Geschichte schon etwas vorgegriffen. Gehen wir zurück ins Jahr 1948. Die Verstimmung zwischen Sowjetunion und Westmächten wird immer größer und mündet in der Berlin-Blockade. Die über 40 Jahre währende Teilung Deutschlands ist vorgezeichnet und schließlich nicht mehr abwendbar.

Nur wenige Bilder sind aus den Fünfzigerjahren von der Mecklenburg-Pommerschen Schmalspurbahn bekannt, die von sowjetrussischen Demontagen äußerst hart betroffen war. Lok 99 3652 (Jung 1941/9296) steht am Wasserkran im Gleisdreck Dennin vor ihrer Rückfahrt nach Anklam im Sommer 1954. Die schmale Spur von nur 600 Millimetern erzwingt außengelagerte Treibachsen und weit außerhalb der Radsterne angeordnete Gegengewichte. Alles auf diesem Bild macht einen friedensmäßigen Eindruck, nichts kündet von den politischen Wirren der Zeit, die gerade hier auf dem Land in Form von Enteignung und Zwangskollektivierung zu spüren sind.
Foto: Günther Barthel, Erfurt (†), Sammlung Walluhn

Veränderungen bei den Klein- und Privatbahnen sowie anderen Bahnen des öffentlichen Verkehrs zwischen 1945 und 1949:

Bahn des öffentlichen Verkehrs	Datum	Art der Veränderung
Altlandsberger Kleinbahn	01.10.1946	an GD der Provinzialbahnen Mark Brandenburg
	19.10.1946	an GD der Landesbahnen Brandenburg in Potsdam
	01.07.1948	an VVB Landesbahnen Brandenburg
	31.03.1949	Status: Volkseigentum
	01.04.1949	von DR übernommen und Rbd Berlin zugeordnet
Altmärkische Eisenbahn	01.03.1946	enteignet[1]
	30.07.1946	verstaatlicht
	01.01.1947	an Sächsische Provinzialbahnen GmbH Halle
	15.08.1948	an VVB des Verkehrswesens Sachsen-Anhalt
	31.03.1949	Status: Volkseigentum
	01.04.1949	von DR übernommen und Rbd Magdeburg zugeordnet
Arnstadt-Ichtershausen	23.10.1946	sequestiert
	01.02.1948	an HV Landeseigener Betriebe Thüringen
	17.04.1948	enteignet
	17.04.1948	an VVB Landesbahnen Thüringen
	31.03.1949	Status: Eigentum des Landes Thüringen
	01.04.1949	von DR übernommen und Rbd Erfurt zugeordnet
Aschersleben-Schneidlingen-Nienhagen	15.08.1945	sequestiert
	15.12.1946	an Sächsische Provinzialbahnen GmbH Halle
	15.08.1948	enteignet
	15.08.1948	an VVB des Verkehrswesens Sachsen-Anhalt
	31.03.1949	Status: Volkseigentum
	01.04.1949	von DR übernommen und Rbd Magdeburg zugeordnet
Bebitz-Alsleben	15.12.1946	an Sächsische Provinzialbahnen GmbH Halle
	17.04.1948	enteignet
	15.08.1948	an VVB des Verkehrswesens Sachsen-Anhalt
	31.03.1949	Status: Volkseigentum
	01.04.1949	von DR übernommen und Rbd Magdeburg zugeordnet
Beeskow-Fürstenwalde (Scharmützelseebahn)	01.10.1945	sequestiert
	01.10.1945	an Provinzialeisenbahndirektion Brandenburg
	01.10.1946	an GD der Provinzialbahnen Mark Brandenburg
	19.10.1946	an GD der Landesbahnen Brandenburg in Potsdam
	01.07.1948	an VVB Landesbahnen Brandenburg
	31.03.1949	Status: Eigentum Kreis Beeskow-Storkow
	01.04.1949	von DR übernommen und Rbd Berlin zugeordnet
Bergwitz-Kemberg	09.03.1946	sequestiert
	30.07.1946	verstaatlicht
	15.12.1946	an Sächsische Provinzialbahnen GmbH Halle
	15.08.1948	an VVB des Verkehrswesens Sachsen-Anhalt
	31.03.1949	Status: Volkseigentum
	01.04.1949	von DR übernommen und Rbd Halle zugeordnet

1 Als Datum auch 31.05.1946 genannt. Am 10.08.1946 nochmalige Enteignung durch Verordnungsblatt Nr.33 der SMAD.

Boizenburger Stadt- und Hafenbahn	01.01.1947	an HV der Eisenbahnen des Landes Mecklenburg in Demmin
	01.07.1948	an VVB Landeseigene Betriebe Mecklenburg
	31.03.1949	Status: Eigentum der Stadt Boizenburg
	01.04.1949	von DR übernommen und Rbd Schwerin zugeordnet
Brandenburger Städtebahn	01.10.1945	sequestiert
	01.10.1945	an Provinzialeisenbahndirektion Brandenburg
	05.09.1946	verstaatlicht
	01.10.1946	an GD der Provinzialbahnen Mark Brandenburg
	19.10.1946	an GD der Landesbahnen Brandenburg in Potsdam
	01.07.1948	an VVB Landesbahnen Brandenburg
	31.03.1949	Status: Volkseigentum
	01.04.1949	von DR übernommen und Rbd Berlin zugeordnet
Buckower Kleinbahn	01.10.1945	sequestiert
	01.10.1945	an Provinzialeisenbahndirektion Brandenburg
	01.10.1946	an GD der Provinzialbahnen Mark Brandenburg
	19.10.1946	an GD der Landesbahnen Brandenburg in Potsdam
	01.07.1948	an VVB Landesbahnen Brandenburg
	31.03.1949	Status: Volkseigentum
	01.04.1949	von DR übernommen und Rbd Berlin zugeordnet
Buttstädt-Rastenberg	31.03.1949	Status: Eigentum des Zweckverbandes Rastenberg
	01.04.1949	von DR übernommen und Rbd Erfurt zugeordnet
Dahme-Uckro	01.10.1945	sequestiert
	01.10.1945	an Provinzialeisenbahndirektion Brandenburg
	01.10.1946	an GD der Provinzialbahnen Mark Brandenburg
	19.10.1946	an GD der Landesbahnen Brandenburg in Potsdam
	01.07.1948	an VVB Landesbahnen Brandenburg
	31.03.1949	Status: Eigentum des Landes Brandenburg
	01.04.1949	von DR übernommen und Rbd Cottbus zugeordnet
Delitzscher Kleinbahn	30.07.1946	verstaatlicht
	01.01.1947	an Sächsische Provinzialbahnen GmbH Halle
	15.08.1948	an VVB des Verkehrswesens Sachsen-Anhalt
	31.03.1949	Status: nicht bekannt!
	01.04.1949	von DR übernommen und Rbd Halle zugeordnet
Dessau-Wörlitzer Eisenbahn	30.06.1946	enteignet
	01.01.1947	an Sächsische Provinzialbahnen GmbH Halle
	15.08.1948	an VVB des Verkehrswesens Sachsen-Anhalt
	31.03.1949	Status: Volkseigentum
	01.04.1949	von DR übernommen und Rbd Halle zugeordnet
Eberswalde-Finowfurt	01.10.1945	sequestiert
	01.10.1945	an Provinzialeisenbahndirektion Brandenburg
	01.10.1946	an GD der Provinzialbahnen Mark Brandenburg
	19.10.1946	an GD der Landesbahnen Brandenburg in Potsdam
	01.07.1948	an VVB Landesbahnen Brandenburg
	31.03.1949	Status: Volkseigentum
	01.04.1949	von DR übernommen und Rbd Greifswald zugeordnet

Ellrich-Zorge	01.07.1946	an Landesbahnen Sachsen-Anhalt
	30.07.1946	verstaatlicht
	15.08.1948	an VVB des Verkehrswesens Sachsen-Anhalt
	14.01.1949	an VVB Landesbahnen Thüringen
	31.03.1949	Status: Eigentum des Landes Thüringen
	01.04.1949	von DR übernommen und Rbd Erfurt zugeordnet
Erfurt-Nottleben	06.08.1946	an Thüringische Landeseisenbahnverwaltung Weimar
	30.07.1946	verstaatlicht
	04.11.1946	an HV Landeseigener Betriebe Thüringen
	01.07.1948	an VVB Landesbahnen Thüringen
	31.03.1949	Status: Volkseigentum
	01.04.1949	von DR übernommen und Rbd Erfurt zugeordnet
Esperstedt-Oldisleben	28.05.1946	an Thüringische Eisenbahn AG in Weimar
	06.08.1946	an Thüringische Landeseisenbahnverwaltung Weimar
	04.11.1946	an HV Landeseigener Betriebe Thüringen
	01.07.1948	an VVB Landesbahnen Thüringen
	31.03.1949	Status: Volkseigentum
	01.04.1949	von DR übernommen und Rbd Erfurt zugeordnet
Forster Stadteisenbahn	31.03.1949	Status: Eigentum der Stadt Forst
Franzburger Kreisbahnen	01.01.1947	an HV der Eisenbahnen des Landes Mecklenburg in Demmin
	01.07.1948	an VVB Landeseigene Betriebe Mecklenburg
	31.03.1949	Status: Eigentum des Landes Mecklenburg
	01.04.1949	von DR übernommen und Rbd Greifswald zugeordnet
Franzburger Südbahn	01.01.1947	an HV der Eisenbahnen des Landes Mecklenburg in Demmin
	01.07.1948	an VVB Landeseigene Betriebe Mecklenburg
	31.03.1949	Status: Eigentum des Landes Mecklenburg
	01.04.1949	von DR übernommen und Rbd Greifswald zugeordnet
Freienwalde-Zehden	30.10.1945	enteignet
	01.10.1946	an GD der Provinzialbahnen Mark Brandenburg
	19.10.1946	an GD der Landesbahnen Brandenburg in Potsdam
	01.07.1948	an VVB Landesbahnen Brandenburg
	31.03.1949	Status: Volkseigentum
	01.04.1949	von DR übernommen und Rbd Greifswald zugeordnet
Gardelegen-Haldensleben-Weferlingen	01.09.1946	an Sächsische Provinzialbahnen GmbH Halle
	15.08.1948	an VVB des Verkehrswesens Sachsen-Anhalt
	11.03.1949	enteignet
	31.03.1949	Status: Volkseigentum
	01.04.1949	von DR übernommen und Rbd Magdeburg zugeordnet
Genthiner Kleinbahn	30.07.1946	verstaatlicht
	01.01.1947	an Sächsische Provinzialbahnen GmbH Halle
	15.08.1948	an VVB des Verkehrswesens Sachsen-Anhalt
	31.03.1949	Status: Volkseigentum
	01.04.1949	von DR übernommen und Rbd Magdeburg zugeordnet
Gera-Meuselwitz-Wuitzer Eisenbahn	01.11.1947	an VVB Handel Land Thüringen
	01.07.1948	an VVB Landesbahnen Thüringen

	31.03.1949	Status: Volkseigentum
	01.04.1949	von DR übernommen und Rbd Erfurt zugeordnet
Gernrode-Harzgeroder Eisenbahn	30.06.1946	sequestiert
	01.01.1947	an Sächsische Provinzialbahnen GmbH Halle
	15.08.1948	enteignet
	15.08.1948	an VVB des Verkehrswesens Sachsen-Anhalt
	31.03.1949	Status: Volkseigentum
	01.04.1949	von DR übernommen und Rbd Magdeburg zugeordnet
Görlitzer Kreisbahn	01.07.1946	an HV Landeseigene Betriebe Sachsen
	01.01.1947	enteignet
	11.05.1948	von DR übernommen
	01.07.1948	der Rbd Dresden zugeordnet
Goldbeck-Werben-Elbe	01.03.1946	sequestiert
	15.12.1946	an Sächsische Provinzialbahnen GmbH Halle
	15.08.1948	an VVB des Verkehrswesens Sachsen-Anhalt
	31.03.1949	Status: Volkseigentum
	01.04.1949	von DR übernommen und Rbd Magdeburg zugeordnet
Gommern-Pretzien	01.03.1946	sequestiert
	01.03.1946	an Ministerium für Wirtschaft und Verkehr Sachsen-Anhalt
	01.01.1947	an Sächsische Provinzialbahnen GmbH Halle[2]
	30.09.1947	aus Sächsischen Provinzialbahnen GmbH ausgegliedert
	01.01.1949	umgewandelt in Ballerstedt Transport KG, Pretzien/Elbe
Gransee-Neuglobsow	01.10.1945	sequestiert
	01.10.1945	an Provinzialeisenbahndirektion Brandenburg
	01.10.1946	an GD der Provinzialbahnen Mark Brandenburg
	19.10.1946	an GD der Landesbahnen Brandenburg in Potsdam
	01.07.1948	an VVB Landesbahnen Brandenburg
	31.03.1949	Status: Eigentum des Landes Brandenburg
	01.04.1949	von DR übernommen und Rbd Berlin zugeordnet
Greifswald-Grimmen	01.01.1947	an HV der Eisenbahnen des Landes Mecklenburg in Demmin
	01.07.1948	an VVB Landeseigene Betriebe Mecklenburg
	31.03.1949	Status: Eigentum des Landes Mecklenburg
	01.04.1949	von DR übernommen und Rbd Greifswald zugeordnet
Greußen-Ebeleben-Keula	28.05.1946	an Thüringische Eisenbahn AG in Weimar
	06.08.1946	an Thüringische Landeseisenbahnverwaltung Weimar
	04.11.1946	an HV Landeseigener Betriebe Thüringen
	01.07.1948	an VVB Landesbahnen Thüringen
	31.03.1949	Status: Volkseigentum
	01.04.1949	von DR übernommen und Rbd Erfurt zugeordnet
Hafenbahn Schwerin	31.03.1949	Status: Eigentum der Stadt Schwerin
Hafenbahn Torgau	31.03.1949	Status: Eigentum der Stadt Torgau
Halberstadt-Blankenburger Eisenbahn	01.09.1946	enteignet
	15.12.1946	an Sächsische Provinzialbahnen GmbH Halle
	15.08.1948	an VVB des Verkehrswesens Sachsen-Anhalt

2 Am 01.01.1947 zugleich umbenannt in Kleinbahn und Kraftwerk Dümling & Ballerstedt, Pretzien Kreis Jerichow I.

	31.03.1949	Status: Volkseigentum
	01.04.1949	von DR übernommen und Rbd Magdeburg zugeordnet
Haldenslebener Eisenbahn	01.03.1946	sequestiert
	30.07.1946	verstaatlicht
	15.12.1946	an Sächsische Provinzialbahnen GmbH Halle
	15.08.1948	an VVB des Verkehrswesens Sachsen-Anhalt
	31.03.1949	Status: Volkseigentum
	01.04.1949	von DR übernommen und Rbd Magdeburg zugeordnet
Halle-Hettstedter Eisenbahn	01.03.1946	sequestiert
	15.12.1946	an Sächsische Provinzialbahnen GmbH Halle
	15.08.1948	an VVB des Verkehrswesens Sachsen-Anhalt
	31.03.1949	Status: Volkseigentum
	16.08.1949	von DR übernommen[3]
Heudeber-Mattierzoll	01.09.1946	enteignet
	01.09.1946	an Sächsische Provinzialbahnen GmbH Halle
	15.08.1948	an VVB des Verkehrswesens Sachsen-Anhalt
	31.03.1949	Status: Volkseigentum
	01.04.1949	von DR übernommen und Rbd Magdeburg zugeordnet
Hohenebra-Ebeleben	09.08.1946	an Thüringische Landeseisenbahnverwaltung Weimar
	30.09.1946	sequestiert[4]
	04.11.1946	an HV Landeseigener Betriebe Thüringen
	01.06.1948	enteignet
	01.07.1948	an VVB Landesbahnen Thüringen
	31.03.1949	Status: Volkseigentum
	01.04.1949	von DR übernommen und Rbd Erfurt zugeordnet
Horka-Rothenburg-Priebus	31.03.1949	Status: eigenständig
	01.04.1949	von DR übernommen und Rbd Dresden zugeordnet
Ilmenau-Großbreitenbach	23.10.1946	sequestiert
	01.02.1948	an HV Landeseigener Betriebe Thüringen
	17.04.1948	enteignet
	01.07.1948	an VVB Landesbahnen Thüringen
	31.03.1949	Status: Eigentum des Landes Thüringen
	01.04.1949	von DR übernommen und Rbd Erfurt zugeordnet
Industrie- und Hafenbahn Frankfurt a.d.Oder	31.03.1949	Status: Eigentum der Stadt Frankfurt/Oder
Kreisbahn Jerichow I (Burg)	15.12.1946	an Sächsische Provinzialbahnen GmbH Halle
	15.08.1948	an VVB des Verkehrswesens Sachsen-Anhalt
	31.03.1949	Status: Volkseigentum
	01.04.1949	von DR übernommen und Rbd Magdeburg zugeordnet
Jüterbog-Luckenwalder Kreisbahn	18.11.1946	enteignet
	01.03.1947	an GD der Landesbahnen Brandenburg in Potsdam
	01.07.1948	an VVB Landesbahnen Brandenburg
	31.03.1949	Status: Eigentum des Landes Brandenburg
	01.04.1949	von DR übernommen und Rbd Berlin zugeordnet

3 Der Rbd Halle mit zunächst eigener Betriebsabteilung zugeordnet.
4 Als Datum auch 23.10.1946 genannt.

Königswusterhausen-Mittenwalde-Töpchin	09.09.1946	verstaatlicht
	05.10.1947	an GD der Landesbahnen Brandenburg in Potsdam
	01.07.1948	an VVB Landesbahnen Brandenburg
	31.03.1949	Status: Volkseigentum
	01.04.1949	von DR übernommen und Rbd Berlin zugeordnet
Könnern-Rothenburg	30.07.1946	verstaatlicht
	15.12.1946	an Sächsische Provinzialbahnen GmbH Halle
	15.08.1948	an VVB des Verkehrswesens Sachsen-Anhalt
	31.03.1949	Status: Volkseigentum
	01.04.1949	von DR übernommen und Rbd Magdeburg zugeordnet
Kyffhäuser Kleinbahn	19.12.1945	an Landesbahnen Sachsen-Anhalt
	30.07.1946	verstaatlicht
	01.01.1947	an Sächsische Provinzialbahnen GmbH Halle
	15.08.1948	an VVB des Verkehrswesens Sachsen-Anhalt
	14.01.1949	an VVB Landesbahnen Thüringen
	31.03.1949	Status: Volkseigentum
	01.04.1949	von DR übernommen und Rbd Erfurt zugeordnet
Langensalzaer Eisenbahn	01.07.1946	an Landesbahnen Sachsen-Anhalt
	30.07.1946	verstaatlicht
	01.01.1947	an Sächsische Provinzialbahnen GmbH Halle
	15.08.1948	an VVB des Verkehrswesens Sachsen-Anhalt
	14.01.1949	an VVB Landesbahnen Thüringen
	31.03.1949	Status: Eigentum des Landes Thüringen
	01.04.1949	von DR übernommen und Rbd Erfurt zugeordnet
Lehniner Kleinbahn	01.10.1945	sequestiert
	01.10.1945	an Provinzialeisenbahndirektion Brandenburg
	01.10.1946	an GD der Provinzialbahnen Mark Brandenburg
	19.10.1946	an GD der Landesbahnen Brandenburg in Potsdam
	01.07.1948	an VVB Landesbahnen Brandenburg
	31.03.1949	Status: Volkseigentum
	01.04.1949	von DR übernommen und Rbd Berlin zugeordnet
Marienborn-Beendorf	01.09.1946	sequestiert
	15.12.1946	an Sächsische Provinzialbahnen GmbH Halle
	15.08.1948	an VVB des Verkehrswesens Sachsen-Anhalt
	31.03.1949	Status: eigenständig!
	01.04.1949	von DR übernommen und Rbd Magdeburg zugeordnet
Mecklenburg-Pommersche Schmalspurbahn	18.10.1946	sequestiert und Selbstverwaltung unter Landesaufsicht
	23.10.1947	enteignet
	01.07.1948	an VVB Landeseigene Betriebe Mecklenburg
	31.03.1949	Status: Volkseigentum
	01.04.1949	von DR übernommen und Rbd Greifswald zugeordnet
Mecklenburgische Bäderbahn	01.01.1947	an HV der Eisenbahnen des Landes Mecklenburg in Demmin
	01.07.1948	an VVB Landeseigene Betriebe Mecklenburg
	31.03.1949	Status: Volkseigentum
	01.04.1949	von DR übernommen und Rbd Schwerin zugeordnet

Mittweidaer Industriebahn	01.01.1949	verstaatlicht rückwirkend auf 01.01.1947
	01.01.1949	von DR übernommen und Rbd Dresden zugeordnet
Mühlhausen-Ebeleben	18.07.1946	sequestiert
	23.09.1947	an HV Landeseigener Betriebe Thüringen
	17.04.1948	enteignet
	01.07.1948	an VVB Landesbahnen Thüringen
	31.03.1949	Status: Eigentum des Landes Thüringen
	01.04.1949	von DR übernommen und Rbd Erfurt zugeordnet
Müncheberger Kleinbahn	01.10.1946	an GD der Provinzialbahnen Mark Brandenburg
	19.10.1946	an GD der Landesbahnen Brandenburg in Potsdam
	01.07.1948	an VVB Landesbahnen Brandenburg
	31.03.1949	Status: nicht bekannt!
	01.04.1949	von DR übernommen und Rbd Berlin zugeordnet
Nauendorf-Gerlebogk	01.03.1946	sequestiert
	15.12.1946	an Sächsische Provinzialbahnen GmbH Halle
	01.01.1947	enteignet
	15.08.1948	an VVB des Verkehrswesens Sachsen-Anhalt
	31.03.1949	Status: Volkseigentum
	01.04.1949	von DR übernommen und Rbd Halle zugeordnet
Neubrandenburg-Friedland	01.01.1947	an HV der Eisenbahnen des Landes Mecklenburg in Demmin
	01.07.1948	an VVB Landeseigene Betriebe Mecklenburg
	31.03.1949	Status: Volkseigentum
	01.04.1949	von DR übernommen und Rbd Greifswald zugeordnet
Neuburxdorf-Mühlberg	30.07.1946	verstaatlicht
	01.01.1947	an Sächsische Provinzialbahnen GmbH Halle
	15.08.1948	an VVB des Verkehrswesens Sachsen-Anhalt
	31.03.1949	Status: Volkseigentum
	01.04.1949	von DR übernommen und Rbd Dresden zugeordnet
Neuhaus-Brahlsdorf	01.01.1947	an HV der Eisenbahnen des Landes Mecklenburg in Demmin
	01.07.1948	an VVB Landeseigene Betriebe Mecklenburg
	31.03.1949	Status: Eigentum des Landes Mecklenburg
	01.04.1949	von DR übernommen und Rbd Schwerin zugeordnet
Neukölln-Mittenwalder Eisenbahn	wann?	sequestiert
	06.12.1946	Aufhebung der Sequestration in Westberlin durch SMAD
	01.03.1947	an GD der Landesbahnen Brandenburg in Potsdam
	04.10.1947	enteignet (außer Strecken in West-Berlin)
	01.07.1948	an VVB Landesbahnen Brandenburg
	31.03.1949	Status: Volkseigentum
	01.04.1949	von DR übernommen und Rbd Berlin zugeordnet
Niederbarnimer Eisenbahn	01.07.1950	von DR übernommen und Rbd Berlin zugeordnet
Niederlausitzer Eisenbahn	09.09.1945	enteignet
	01.10.1946	an GD der Provinzialbahnen Mark Brandenburg
	19.10.1946	an GD der Landesbahnen Brandenburg in Potsdam
	01.07.1948	an VVB Landesbahnen Brandenburg
	31.03.1949	Status: Volkseigentum

	01.04.1949	von DR übernommen und Rbd Cottbus zugeordnet
Nordhausen-Wernigeroder Eisenbahn	01.09.1946	sequestiert
	15.12.1946	an Sächsische Provinzialbahnen GmbH Halle
	15.08.1948	enteignet
	01.01.1949	an VVB des Verkehrswesens Sachsen-Anhalt
	31.03.1949	Status: Volkseigentum
	01.04.1949	von DR übernommen und Rbd Magdeburg zugeordnet
Obereichsfelder Eisenbahn	01.01.1947	an Sächsische Provinzialbahnen GmbH Halle
Oberweißbacher Bergbahn	22.11.1945	sequestiert
	20.02.1946	an Thüringische Landesbahnverwaltung Weimar
	04.11.1946	an HV Landeseigener Betriebe Thüringen
	01.07.1948	an VVB Landesbahnen Thüringen
	31.03.1949	Status: eigenständig
	01.04.1949	von DR übernommen und Rbd Erfurt zugeordnet
Oderbruchbahn	01.10.1945	sequestiert
	01.10.1945	an Provinzialeisenbahndirektion Brandenburg
	01.10.1946	an GD der Provinzialbahnen Mark Brandenburg
	19.10.1946	an GD der Landesbahnen Brandenburg in Potsdam
	01.07.1948	an VVB Landesbahnen Brandenburg
	31.03.1949	Status: Volkseigentum
	01.04.1949	von DR übernommen und Rbd Berlin zugeordnet
Oschersleben-Schöningen	01.01.1947	an Sächsische Provinzialbahnen GmbH Halle
	15.08.1948	an VVB des Verkehrswesens Sachsen-Anhalt
	31.03.1949	Status: Volkseigentum
	01.04.1949	von DR übernommen und Rbd Magdeburg zugeordnet
Osterburg-Pretzier	01.01.1947	an Sächsische Provinzialbahnen GmbH Halle
	15.08.1948	an VVB des Verkehrswesens Sachsen-Anhalt
	31.03.1949	Status: Volkseigentum
	01.04.1949	von DR übernommen und Rbd Magdeburg zugeordnet
Osterwieck-Wasserleben	01.03.1946	sequestiert
	30.07.1946	verstaatlicht
	01.01.1947	an Sächsische Provinzialbahnen GmbH Halle
	15.08.1948	an VVB des Verkehrswesens Sachsen-Anhalt
	31.03.1949	Status: Volkseigentum
	01.04.1949	von DR übernommen und Rbd Magdeburg zugeordnet
Osthavelländische Eisenbahn	01.10.1946	an GD der Provinzialbahnen Mark Brandenburg
	19.10.1945	an GD der Landesbahnen Brandenburg in Potsdam[5]
	01.10.1946	verstaatlicht
	04.10.1947	enteignet (außer Strecken in West-Berlin)
	01.07.1948	an VVB Landesbahnen Brandenburg
	30.10.1948	Strecken in West-Berlin an britische Militärverwaltung
	31.03.1949	Status: Volkseigentum
	01.04.1949	von DR übernommen und Rbd Berlin zugeordnet
Ost- und Westprignitzer Kreiskleinbahnen	01.10.1945	sequestiert

5 Strecke Bötzow–Spandau auf Westberliner Gebiet bleibt jedoch privat.

	01.10.1945	an Provinzialeisenbahndirektion Brandenburg
	01.10.1946	an GD der Provinzialbahnen Mark Brandenburg
	19.10.1945	an GD der Landesbahnen Brandenburg in Potsdam
	01.07.1948	an VVB Landesbahnen Brandenburg
	31.03.1949	Status: Eigentum des Landes Brandenburg
	01.04.1949	von DR übernommen und Rbd Schwerin zugeordnet
Pasewalk-Klockow	30.10.1945	enteignet
	14.11.1947	an GD der Landesbahnen Brandenburg in Potsdam
	01.07.1948	an VVB Landesbahnen Brandenburg
	31.03.1949	Status: Eigentum des Landes Brandenburg
	01.04.1949	von DR übernommen und Rbd Greifswald zugeordnet
Prenzlauer Kreisbahn	01.10.1946	an GD der Provinzialbahnen Mark Brandenburg
	19.10.1946	an GD der Landesbahnen Brandenburg in Potsdam
	01.07.1948	an VVB Landesbahnen Brandenburg
	31.03.1949	Status: Eigentum des Landes Brandenburg
	01.04.1949	von DR übernommen und Rbd Cottbus zugeordnet
Prettin-Annaburg	30.07.1946	verstaatlicht
	15.12.1946	an Sächsische Provinzialbahnen GmbH Halle
	15.08.1948	an VVB des Verkehrswesens Sachsen-Anhalt
	31.03.1949	Status: Volkseigentum
	01.04.1949	von DR übernommen und Rbd Halle zugeordnet
Radegast-Zörbig	01.01.1946	enteignet
Rathenow-Senske-Nauen	31.03.1945	Status: Eigentum Kreis Osthavelland
	01.04.1945	von DR übernommen und Rbd Berlin zugeordnet
Rennsteig-Frauenwald	01.07.1946	an Landesbahnen Sachsen-Anhalt
	30.07.1946	verstaatlicht
	01.01.1947	an Sächsische Provinzialbahnen GmbH Halle
	15.08.1948	an VVB des Verkehrswesens Sachsen-Anhalt
	14.01.1949	an VVB Landesbahnen Thüringen
	31.03.1949	Status: Eigentum des Landes Thüringen
	01.04.1949	on DR übernommen und Rbd Erfurt zugeordnet
Rügensche Kleinbahnen	01.01.1947	an HV der Eisenbahnen des Landes Mecklenburg in Demmin
	01.07.1948	an VVB Landeseigene Betriebe Mecklenburg
	31.03.1949	Status: Eigentum des Landes Mecklenburg
	01.04.1949	von DR übernommen und Rbd Greifswald zugeordnet
Ruppiner Eisenbahn	18.11.1946	an GD der Landesbahnen Brandenburg in Potsdam
	01.07.1948	an VVB Landesbahnen Brandenburg
	31.03.1949	Status: Volkseigentum
	01.04.1949	von DR übernommen und Rbd Berlin/Schwerin zugeordnet
Salzwedeler Kleinbahn	27.04.1946	an Landesbahnen Sachsen-Anhalt
	30.07.1946	verstaatlicht
	15.12.1946	an Sächsische Provinzialbahnen GmbH Halle
	15.08.1948	an VVB des Verkehrswesens Sachsen-Anhalt
	31.03.1949	Status: Volkseigentum
	01.04.1949	von DR übernommen und Rbd Magdeburg zugeordnet

Schildau-Mockreha	30.07.1946	verstaatlicht
	31.03.1949	Status: Volkseigentum
	01.04.1949	von DR übernommen und Rbd Dresden zugeordnet
Schleizer Kleinbahn	31.03.1949	Status: eigenständig
	01.04.1949	von DR übernommen und Rbd Dresden zugeordnet
Schönermark-Damme	01.10.1945	sequestiert
	01.10.1945	an Provinzialeisenbahndirektion Brandenburg
	01.10.1946	an GD der Provinzialbahnen Mark Brandenburg
	19.10.1946	an GD der Landesbahnen Brandenburg in Potsdam
	01.07.1948	an VVB Landesbahnen Brandenburg
	31.03.1949	Status: Eigentum der Kreise Angermünde und Prenzlau
	01.04.1949	von DR übernommen und Rbd Greifswald zugeordnet
Spreewaldbahn	30.10.1945	enteignet
	01.10.1946	an GD der Provinzialbahnen Mark Brandenburg
	19.10.1946	an GD der Landesbahnen Brandenburg in Potsdam
	01.07.1948	an VVB Landesbahnen Brandenburg
	31.03.1949	Status: Volkseigentum
	01.04.1949	von DR übernommen und Rbd Cottbus zugeordnet
Spremberger Stadtbahn	16.08.1948	verstaatlicht
	31.03.1949	Status: Eigentum der Stadt Spremberg
Stendaler Eisenbahn	15.12.1946	an Sächsische Provinzialbahnen GmbH Halle
	15.08.1948	an VVB des Verkehrswesens Sachsen-Anhalt
	31.03.1949	Status: Volkseigentum
	01.04.1949	von DR übernommen und Rbd Magdeburg zugeordnet
Stendal-Tangermünder Eisenbahn	06.03.1946	sequestiert
	01.01.1947	an Sächsische Provinzialbahnen GmbH Halle
	15.08.1948	an VVB des Verkehrswesens Sachsen-Anhalt
	31.03.1949	Status: Volkseigentum
	01.04.1949	von DR übernommen und Rbd Magdeburg zugeordnet
Strausberger Eisenbahn	01.01.1950	verstaatlicht
Strausberg-Herzfelde	01.10.1946	an GD der Provinzialbahnen Mark Brandenburg
	19.10.1946	an GD der Landesbahnen Brandenburg in Potsdam
	01.07.1948	an VVB Landesbahnen Brandenburg
	31.03.1949	Status: Volkseigentum
	01.04.1949	von DR übernommen und Rbd Berlin zugeordnet
Teltower Eisenbahn	01.10.1946	an GD der Provinzialbahnen Mark Brandenburg
	19.10.1946	an GD der Landesbahnen Brandenburg in Potsdam
	01.07.1948	an VVB Landesbahnen Brandenburg
	31.03.1949	Status: nicht bekannt!
	01.04.1949	von DR übernommen und Rbd Berlin zugeordnet
Trusetalbahn Wernshausen-Trusetal	31.03.1949	Status: Eigentum des Landkreises Schmalkalden
	01.04.1949	von DR übernommen und Rbd Erfurt zugeordnet
Wallwitz-Wettin	30.07.1946	verstaatlicht
	15.12.1946	an Sächsische Provinzialbahnen GmbH Halle
	15.08.1948	an VVB des Verkehrswesens Sachsen-Anhalt

	31.03.1949	Status: Volkseigentum
	01.04.1949	von DR übernommen und Rbd Magdeburg zugeordnet
Wegenstedt-Calvörde	31.03.1949	Status: Volkseigentum
	01.04.1949	von DR übernommen und Rbd Magdeburg zugeordnet
Weimar-Berka-Blankenhain	28.05.1946	an Thüringische Eisenbahn AG in Weimar
	18.07.1946	sequestiert
	06.08.1946	an Thüringische Landeseisenbahnverwaltung Weimar
	04.11.1946	an HV Landeseigener Betriebe Thüringen
	01.07.1948	an VVB Landesbahnen Thüringen
	31.03.1949	Status: Volkseigentum
	01.04.1949	von DR übernommen und Rbd Erfurt zugeordnet
Weimar-Buttelstedt-Rastenberg	20.11.1945	sequestiert
	06.08.1946	an Thüringische Landeseisenbahnverwaltung Weimar
	04.11.1946	an HV Landeseigener Betriebe Thüringen
Wenigentaft-Oechsen	28.05.1946	an Thüringische Eisenbahn AG in Weimar
	04.11.1946	sequestiert
	04.11.1946	an HV Landeseigener Betriebe Thüringen
	01.07.1948	an VVB Landesbahnen Thüringen
	31.03.1949	Status: Eigentum des Landes Thüringen
	01.04.1949	von DR übernommen und Rbd Erfurt zugeordnet
Westhavelländische Eisenbahn	01.10.1946	an GD der Provinzialbahnen Mark Brandenburg
	19.10.1946	an GD der Landesbahnen Brandenburg in Potsdam
	01.07.1948	an VVB Landesbahnen Brandenburg
	31.03.1949	Status: Volkseigentum
	01.04.1949	von DR übernommen und Rbd Berlin zugeordnet
Wolmirstedt-Colbitz	30.07.1946	verstaatlicht
	01.01.1947	an Sächsische Provinzialbahnen GmbH Halle
	15.08.1948	an VVB des Verkehrswesens Sachsen-Anhalt
	31.03.1949	Status: Volkseigentum
	01.04.1949	von DR übernommen und Rbd Magdeburg zugeordnet
Wutha-Ruhla	28.05.1946	an Thüringische Eisenbahn AG in Weimar
	18.07.1946	sequestiert
	06.08.1946	an Thüringische Landeseisenbahnverwaltung Weimar
	04.11.1946	an HV Landeseigener Betriebe Thüringen
	01.07.1948	an VVB Landesbahnen Thüringen
	31.03.1949	Status: Eigentum des Landes Thüringen
	01.04.1949	von DR übernommen und Rbd Erfurt zugeordnet
Zschornewitzer Kleinbahn	22.03.1946	enteignet und an SAG für Brennstoffindustrie
	31.03.1949	Status: Volkseigentum

3 Der Weg in die deutsche Teilung

Für die schweren Wismut-Züge dirigierte die Rbd Dresden zeitweise alle betriebsfähigen 84er nach Schwarzenberg ins Westerzgebirge. 84 007 (Schwartzkopff 1937/10658) mit flacher Rauchkammertür macht einen erstklassigen Eindruck. Alles spiegelt und blitzt wie bei einem Besuch des Königs im alten Sachsen. Die lange Losung am Wasserkasten holt den Betrachter in die Wirklichkeit zurück: »Deutsche Patrioten! Verwirklicht die Vorschläge der Sowjetunion zur baldigen Lösung der deutschen Frage!«.
Foto: Zentrale Bildstelle DR, Sammlung Walluhn

Endlos wird besonders von den entgegengesetzten politischen Lagern seit Jahrzehnten – nicht selten mit viel Polemik – darüber diskutiert, wer oder was Schuld an der Teilung Deutschlands hat. Es scheint müßig, über eine Schuldfrage nachzudenken. Die Tatsache, dass die Sowjetzone einerseits, die drei Westzonen andererseits untrennbar zu den beiden Machtblöcken UdSSR beziehungsweise USA gehörten und letztendlich eine »österreichische Lösung« nicht gefunden werden konnte, musste zwingend eine Spaltung der verbliebenen Teile des Deutschen Reiches mit sich bringen. In diesem Kapitel geht es daher einzig um geschichtliche Fakten, die über Währungsreform und Berlin-Krise letztendlich zur Gründung der beiden deutschen Staaten führten.

Aus Anlass des 100. Jahrestages der Revolution von 1848 konstituierte sich am 18. März 1948 in Ost-Berlin der so genannte Deutsche Volksrat. Zwei Tage später trat die Sowjetunion aus dem Alliierten Kontrollrat aus, der daraufhin seine Tätigkeit beendete. Von nun an war die deutsche Teilung nicht mehr aufzuhalten. Wichtige Ereignisse sind nachfolgend stichpunktartig festgehalten:

01.04.1948: Die SMAD verschärft die Bestimmungen im Interzonenverkehr drastisch und behindert ihn damit erheblich.
20.06.1948: Währungsreform in Westdeutschland.
23.06.1948: Einführung der Ostwährung in der Sowjetzone, gleichzeitig ordnet die SMAD die Ostwährung für Gesamt-Berlin an.
24.06.1948: Berlinverkehr durch die Sowjetzone abgebrochen, **Beginn der Berlin-Blockade**.
26.06.1948: Übergänge Marienborn und Griebnitzsee vollständig gesperrt.
08.07.1948: Ende der Reparationslieferungen aus den Westzonen an die Sowjetunion (nie wieder aufgenommen, ab jetzt zahlt die Sowjetzone bzw. die DDR allein, bis Ende 1989 insgesamt 724 Milliarden Valuta-Mark!).
24.07.1948: Anordnung der Deutschen Wirtschaftskommission zur Einführung der Mark der Deutschen Notenbank MDN.
26.07.1948: Gründung der Bundesrepublik Deutschland wird in Frankfurt/M beschlossen.
04.08.1948: vollständige Berlin-Blockade nach Sperrung der Wasser- und Landstraßen.
10.08.1948: Bildung der Trizone in Westdeutschland.
13.09.1948: Beginn der Gegenblockade für Industriegüter und Rohstoffe von den Westzonen an die Sowjetzone.
30.11.1948: gemeinsame Verwaltung der Alliierten über Groß-Berlin endgültig beendet.
01.12.1948: Flughafen Tegel wegen der Berlin-Blockade eröffnet.
04.05.1949: Jessup-Malik-Abkommen über die Wiederaufnahme des Berlin-Verkehrs.
08.05.1949: bundesdeutsches Grundgesetz durch Parlamentarischen Rat verabschiedet.
12.05.1949: Wiederaufnahme des Verkehrs nach **Ende der Berlin-Blockade**.
15.05.1949–16.05.1949: zweiter deutscher Volksrat in Sowjetzone gewählt.
23.05.1949: Das bundesdeutsche Grundgesetz wird verkündet und tritt in Kraft. Bonn wird vorläufige Hauptstadt der Bundesrepublik (vorgesehen war zunächst Frankfurt/Main).
03.08.1949: erste Auseinandersetzung an der Zonengrenze Mitteldeutschlands mit Waffengewalt.
14.08.1949: erste Bundestagswahl in Westdeutschland.
01.09.1949: zweite Auseinandersetzung an der Zonengrenze Mitteldeutschlands mit Waffengewalt.
07.09.1949: **Gründung der Bundesrepublik Deutschland.** Erster deutscher Bundestag konstituiert sich und wählt Konrad Adenauer zum Bundeskanzler.
15.09.1949: Konrad Adenauer wird zum Bundeskanzler ernannt.

Die Gründung der Bundesrepublik Deutschland aus der Trizone – von SED-Politikern im Kalten Krieg lange als »Bonner Separatstaat« bezeichnet – vollzog die Teilung Nachkriegsdeutschlands schließlich endgültig. Von nun an gingen auch die Reichsbahn West und Ost getrennte Wege. Wirtschaftliche Zwänge und Befehle der sowjetischen Militärverwaltung SMAD bestimmten das Bild der Staatseisenbahn in der späteren DDR. Die Entwicklung seit April 1948 in der sowjetischen Zone soll hier ebenfalls stichpunktartig betrachtet werden.

01.04.1948: Deutsche Zentralverwaltung des Verkehrs in Hauptverwaltung Verkehr umgewandelt.
01.04.1948: Hauptverwaltung der DR wieder zu Generaldirektion der DR umgewandelt.
03.04.1948: SMAD sperrt die Strecken Berlin-Hamburg und Berlin-Nürnberg für zivilen Güterdurchgangsverkehr.
28.04.1948: SMAD-Befehl Nr. 64: Alle Klein- und Privatbahnen in sowjetischer Zone und im sowjetischen Sektor Berlins sind in Volkseigentum zu überführen und von DR zu übernehmen.
30.04.1948: Lokomotivbau MBA Babelsberg liefert erste Nachkriegslok (spätere 99 1401) für die DR aus.
05.05.1948: Ausschuss zum Schutze des Volkseigentums durch Beschluss der Deutschen Wirtschaftskommission Berlin unter Erich Mielke als Vorläufer späteren des MfS gebildet.
09.05.1948: Fahrplanwechseltag.
01.07.1948: SMAD-Befehl Nr. 76: Zentrale Zusammenfassung der wichtigen Industriebetriebe der sowjetischen Zone, enteignete Betriebe werden in Industrievereinigungen zusammengezogen.
10.09.1948: Wiederaufnahme des Dieseltriebwagenverkehrs auf Strecke Berlin–Hamburg.
03.10.1948: Fahrplanwechseltag.
15.12.1948: Reichsbahnamt Aue gegründet (wegen Sonderstellung der SAG Wismut).
19.01.1949: Generaldirektor der DR Willi Besener durch Willi Kreikemeyer ersetzt.

»Wir fordern Friedensvertrag«. 89 6108 Bw Ketzin (Jung 1900/426) am 22. Mai 1952 auf Bahnhof Nauen. Ein alter Lokführer, ein ganz junger Heizer und ganz rechts vermutlich der Zugführer. Schwere Zeiten und trotzdem Optimismus. Was mag sie gerade bewegen? Ganz sicher nicht die Parole am Wasserkasten.
Foto: Zentrale Bildstelle DR, Sammlung Walluhn

Am 28. Januar 1949 fand die erste Parteikonferenz der SED (Umbau in eine Partei des so genannten neuen Typus) statt. Sie leitete eine Politik der noch stärkeren Abgrenzung von den vormaligen Westzonen ein und bereitete die Gründung eines zweiten deutschen Staates vor.

01.05.1949:	Eisenbahnerzeitung »Fahrt Frei« gegründet. Eisenbahn-Grenzabkommen Sowjetzone mit Polen verabschiedet.
25.04.1949:	Sowjetische Militärtransportabteilung erteilt erste Anordnung zur Übergabe von Lok aus Zählzone Karlshorst an die Polnischen Staatsbahnen PKP über die Polnische Militärmission.
15.05.1949:	Fahrplanwechseltag.
19.05.1949–28.05.1949:	Eisenbahnerstreik in Berlin (überwiegend Westberlin, zeitweise bürgerkriegsähnliche Ausschreitungen)
06.08.1949:	Lokomotivbau Elektrotechnische Werke Hennigsdorf nimmt den Ellokbau für die UdSSR auf.
30.08.1949–04.09.1949:	Leipziger Herbstmesse (91 Sonderzüge bei erheblichem Verkehrsaufkommen)
03.09.1949:	Abkommen der Bahnverwaltungen in sowjetischer Zone und der westdeutschen Trizone über den Interzonenverkehr.
11.09.1949:	Aufnahme des vereinbarten Interzonenverkehrs.
24.09.1949:	Beginn der Umleitung des Güterverkehrs um Westberlin herum.
03.10.1949:	Fahrplanwechseltag. Offenbacher Abkommen zwischen DB und DR betreffend Grenzübergänge und Interzonenzüge.

Schließlich kam es am 7. Oktober 1949 exakt einen Monat nach Errichtung der Bundesrepublik zur Gründung der Deutschen Demokratischen Republik, wobei sich der zweite deutsche Volksrat selbst zur provisorischen Volkskammer ernannte. Die Teilung Deutschlands sollte auf 40 Jahre zementiert sein, ein Friedensvertrag, wie ihn die Potsdamer Konferenz gefordert hatte, kam nie zustande.

10.10.1949:	Sowjetische Militäradministration (SMAD) in Karlshorst offiziell aufgelöst, sie wird durch die sowjetische Kontrollkommission ersetzt.
12.10.1949:	Provisorische Regierung und provisorische Volkskammer der DDR in Berlin gebildet. Ministerium für Verkehr der DDR gegründet, Minister ist der parteilose Prof. Dr. Reingruber.
23.11.1949:	EAZ (Eisenbahn-Ausbesserungszug) 16 von Berlin-Karlshorst nach Bw Frankfurt/Oder Vbf. verlegt.
30.11.1949:	Raw Stendal vollendet 300ste ausgebesserte Dampflok seit Kriegsende.
12.12.1949:	Umzeichnungsplan der Privatbahnlokomotiven auf DR-Nummern herausgegeben.
22.12.1949:	Gründung der Filmstelle des Ministeriums für Verkehr der DDR in Berlin.
24.12.1949:	Umzeichnungsplan der Privatbahntriebwagen auf DR-Nummern herausgegeben.

Schon vor der ersten Parteikonferenz der SED im Januar 1949 zeichneten sich »Schwerlastbewegung« und »Tonnenideologie« nach sowjetrussischem Muster ab. Sie wurden mehr und mehr zu einem bestimmenden Faktor im Betriebsgeschehen der DR.

13.10.1948:	Der Bergmann Adolf Hennecke erfüllt (angeblich) seine Tagesnorm für Steinkohleförderung im Karl-Liebknecht-Schacht Lugau zu 387 Prozent.
18.11.1948:	Probefahrt Schwerlastzug Senftenberg-Lübbenau Last 1843t anstelle 1200t mit Lok 52 7248 des Bw Senftenberg.
23.11.1948:	Beginn der Schwerlastbewegung (auf Strecke Senftenberg-Berlin Schöneweide), erster Schwerlastzug Senftenberg-Schöneweide Last 2019t mit Lok 52 7248.
03.12.1948:	Probefahrt Schwerlastzug Senftenberg-Schöneweide Last 2019t anstelle 1200t mit Lok 52 7248 des Bw Senftenberg.
31.12.1948:	Schwerlastzug Lübbenau-Schöneweide Last 3030t anstatt 1800t mit Lok 43 013 des Bw Lübbenau.
21.05.1949–23.05.1949:	Langlaufversuch 44 116 Bw Leipzig-Wahren auf Leipzig-Dessau-Seddin-Nauen-Wittenberge-Schwerin-Rostock-Warnemünde und zurück (verläuft wenig erfolgreich, Zug stark verspätet).
Mai1949:	Beginn der Langlaufbewegung bei den Bw Leipzig-Wahren und Engelsdorf.
02.06.1949:	Langlaufversuch 44 116 Bw Leipzig-Wahren auf Leipzig–Dessau–Seddin–Nauen–Wittenberge–Schwerin–Rostock (fehlgeschlagen, Zug wegen Dampfmangel liegengeblieben).

Der Kreuzungsbahnhof Schlotheim in Thüringen (Rbd Erfurt): Hier treffen wir auf die ehemalige Mühlhausen-Ebelebener Eisenbahn. Empfangsgebäude (links) in dunkelrotem Klinker nach preußischem Stil, 15-Tonnen-Oberbau und verwinkelte Gleiskonfiguration mit hohem Unterhaltungsaufwand. ***Foto: Günter Barthel, Erfurt (†), Sammlung Verfasser***

Die wirtschaftlichen und politischen Rahmenbedingungen

Der Bahnhofsvorplatz der Direktionshauptstadt Erfurt: Auch wenn das Foto 1958 entstand, gibt es mit Ausnahme der modernen Straßenlaternen einen Eindruck von den Verhältnissen des Berichtsjahres 1950. Ausschließlich dienstlich verwendete Vorkriegs-PKW bestimmen das Bild. Zahllose Eisenbahner in Uniform sind in militärischer Formation angetreten und begehen einen staatlichen Feiertag.
Foto: Werner Lehmitz Rbd Erfurt, Sammlung Walluhn

4.1 Die Deutsche Demokratische Republik in ihrem ersten Jahr

Jener 7. Oktober 1949 – 40 Jahre lang mit Festakten und pompösen Berliner Paraden begangen – gilt als Geburtstag der DDR und zementierte zusammen mit der vorausgegangenen Gründung der Bundesrepublik die Teilung Deutschlands auf vier Jahrzehnte. Noch am selben Tag ernannte sich der Deutsche Volksrat mit Sitz in Berlin selbst (!) zur provisorischen Volkskammer. Bereits wenige Tage später, am 10. Oktober 1949 wurde offiziell die Sowjetische Militäradministration Deutschlands (SMAD) mit Sitz Berlin-Karlshorst aufgelöst, sie stellte ihre Tätigkeit jedoch erst zum 11. November 1949 ein. Souveränität erhielt der neue Staat damit freilich nicht, anstelle der SMAD trat an jenem 11. November die Sowjetische Kontrollkommission, deren Name schon eindeutig für sich spricht.

Im Hintergrund blieb die in allen Ostblockstaaten existente Sowjetische Militärverwaltung des Verkehrswesens (Sowjetskaja Wojennaja Administrazija Transporta) in ihrer gesamten Struktur bestehen. Ihr Sitz war und blieb ebenfalls Karlshorst. Später wurde sie Bestandteil der »Gruppe der Sowjetischen Streitkräfte in Deutschland« (GSSD) mit Domizil in Wünsdorf und blieb bis zum Ende der DDR 1990 – vom Zivilleben weitgehend unbemerkt – voll funktionstüchtig, vor allem auf Ebene der Reichsbahndirektionen.

Alltag am und vor dem Hauptwerktor des Raw Stendal am 11. Oktober 1950. Die vier Tage später stattfindende Wahl zur endgültigen Volkskammer der DDR treibt aus heutiger Sicht allerlei Stilblüten. Wir wissen nicht was die Menschen denken, kritiklos dürften die Meinungen jedoch nicht gewesen sein. Die Parolen lauteten: »Die Volkswahl – ein Schlag ins Gesicht unserer Gegner.« – »Wir Eisenbahner stimmen am 15. Oktober einmütig und geschlossen für die Kandidaten der Nationalen Front des demokratischen Deutschland.« – »Die Antwort der Nationalen Front auf den Verräter Adenauer.«
Foto: Zentrale Bildstelle DR, Sammlung Walluhn

Die Deutsche Demokratische Republik im wertenden Rückblick

Der 7. Oktober 1949 ist allen Bürgern Mitteldeutschlands als Gründungstag der DDR wohlbekannt. Nun kann man politisch unterschiedlichster Meinung sein, Tatsache ist jedoch, jener 7. Oktober war zunächst nicht viel mehr ein »Umwandlungstag« oder auch »Umbenennungstag« der sowjetischen Besatzungszone Deutschlands. Die »Zone« wie man lange Zeit besonders in Westdeutschland und bewusst in Anführungszeichen sagte oder schrieb, blieb 1950 ebenso wie 1955 und später ein Satellit Moskaus mit einer dem Kreml weitgehend hörigen Marionettenregierung. Die letzte dieser Regierungen unter Staats- und Parteichef Erich Honecker erteilte obskurerweise der ab 1985 praktizierten »Glasnost« und »Perestroika« Gorbatschows eine Abfuhr und hinterließ im 40. Jahr der Deutschen Demokratischen Republik zumindest gesellschaftlich einen gründlichen Scherbenhaufen mit seinen allbekannten und heute noch mehr als deutlich zu spürenden Folgen. Nein, es ist nicht mein Ansinnen, die DDR schlecht zu reden oder – besser ausgedrückt – schlecht zu schreiben. Als Kind dieser Republik – dort geboren, aufgewachsen, zur Schule, zum Militärdienst, zum Studium und zur Arbeit gegangen – ich habe sehr wohl zu unterscheiden gelernt zwischen Heimat und Staatsdoktrin einerseits sowie streitbaren Begriffen wie Plan- oder Marktwirtschaft, Freiheit oder Unfreiheit, sozialer Verantwortung oder grenzenlosem Profitstreben aber auch Fachwissen und Polemik andererseits. In einem Satz: Die DDR war an sich weder gut noch schlecht, war weder schwarz noch weiß, war weder ein Rechts- noch ein Unrechtsstaat, sondern in ihrer inneren Widersprüchlichkeit nuancenreich, in vielen Graustufen gezeichnet, behaftet gleichzeitig mit äußerst üblen diktatorischen Unterdrückungsmechanismen und heimatlicher Liebenswürdigkeit, zuletzt unter Machthaber Honecker und seinen Vasallen ein Gemisch aus Poststalinisums, aufkeimender Opposition, Mangelwirtschaft und grundabsicherndem Sozialstaat ohne offene Arbeitslosigkeit. Ein Stück gesamtdeutscher Nachkriegsrealität eben, das über zehn Jahre nach seinem Ende verdient – wenn auch von mir nur ausschnittweise – möglichst realitätsnah niedergeschrieben zu werden. Wie bemerkte treffend 1999 ein Leser meiner in der »Lok-Rundschau« veröffentlichten Chronik: »Geschichte ist nicht das, was man wünscht, es sei geschehen, sondern das, was geschehen ist«. Unter diesem Leitmotiv soll auch diese Publikation stehen.

Kurz nach der Staatsgründung, am 12. Oktober 1949, konstituierten sich in Berlin die provisorische Regierung unter Vorsitz von Walter Ulbricht und auch die schon bestehende provisorische Volkskammer neu. Diese Kammer, angeblich höchstes Machtorgan mit 434 Abgeordneten und 66 Vertretern Berlins, war von nun an bis Ende 1989 nichts weiter als ein Marionettentheater jahrzehntelang moskautreuer, zuletzt überwiegend poststalinistischer Mitglieder des SED-Machtzentrums. Der ebenfalls geschaffene Staatsrat sollte als Organ der Volkskammer dienen, der Ministerrat als seine Exekutive. Die Realitäten waren allerdings andere.

03 186 (Bw Halle-P; Schwartzkopff 1935/10327) ist soeben mit einem Schnellzug aus der Saalestadt Halle in Weimar eingetroffen. Wir schreiben den 01. August 1952. »Es lebe Stalin, der allen Völkern den Weg zu Frieden und Glück weist.« Was mag der ältere Herr, der vielleicht noch zu Kaisers Zeiten in die Schule gegangen ist, über die Parole denken? Immerhin befindet sich auf diesem Tender Steinkohle. Frieden und Glück für den Heizer möchte man sagen.
Foto: Georg Hey, Weimar, Sammlung Walluhn

»Rettet die Nation, fordert gesamtdeutsche Wahlen!« Die Parole am Tender von 42 853 (Bw Angermünde; Schwartzkopff 1945/13272) scheint noch heute aktuell zu sein. Aufnahme auf der Drehscheibe des Bw Berlin-Pankow am 13.11.1951.
Foto: Zentrale Bildstelle DR, Sammlung Walluhn

Der Personenkult im Stalinismus war im allgemeinen Tagesgeschehen meist wenig fühlbar. Hier jedoch erleben wir ihn in Reinkultur. 44 104 (Krupp 1938/1878) vom »FDJ-Jugendaktiv Walter Ulbricht« präsentiert sich in bestem Pflegezustand. Am Tender die Staatsflaggen einiger so genannter Brüderländer, am Witte-Windleitblech das bekränzte Bildnis Ulbrichts, Girlanden am Kessel. Auf dem Führerstand mindestens fünf Eisenbahner. Weiß gestrichene Ränder am Umlaufblech, am Führerhaustritt und am Tenderseitenblech lassen Erinnerungen an die Kolonnenlokomotiven der unmittelbaren Nachkriegsjahre wach werden.
Foto: Zentrale Bildstelle DR, Sammlung Walluhn

52 2614 des Bw Pankow (Henschel 1942/27792) auf der Baustelle Berliner Außenring am 20. August 1952. Eine Kriegslok ohne Windleitbleche als Friedenslok. »Vorwärts zum Aufbau des Sozialismus«, lautet die Aufschrift. Man mag politisch denken wie man will, aber es geht in jener Zeit unbestritten vorwärts. Das neugierig zum Fotografen herüberschauende Personal ist angesichts der großen wirtschaftlichen Umwälzungen nur marginal. Wie es innerlich zum Zeitgeschehen steht, ob es gar mit der Flucht in den Westen liebäugelt, das bleibt sein Geheimnis.
Foto: Zentrale Bildstelle DR, Sammlung Walluhn

Die bestens gepflegte G12-Lok 58 2096 vom Bw Dresden-Friedrichstadt (Hanomag 1921/9459) wartet 1951 in Senftenberg vor einem Sonderzug zu den Weltfestspielen in Berlin auf Weiterfahrt. Hoch türmt sich die Kohle über den Bretteraufsatz des preußischen 20-Kubikmeter-Tenders – und ganz sicher auch über das Lichtraumprofil hinaus – auf. Am Tenderblech eine passende Losung: »Die Weltfestspiele der Jugend und Studenten in Berlin vertiefen die Völkerfreundschaft.« Die vom 3. bis 19. August 1951 stattfindenden Dritten Weltfestspiele der Jugend und Studenten waren kein diktatorisch angeordneter Akt, sondern – im Gegensatz zu späteren Jahrzehnten – weitgehend freiwillig besucht und von sehr viel Engagement junger Menschen geprägt.
Foto: Willy Fritzsch, Chemnitz

Blick über den Hauptbahnhof Leipzig mit seinen notdürftig reparierten, glaslosen Bahnsteighallen. Hier entstanden um 1950 erstaunlich viele Lichtbilder. Lok 03 162 Bw Halle-P (Henschel 1934/22237) fährt gerade mit einem Schnellzug nach Berlin aus. Die starke Qualmwolke kündet von minderwertiger Braunkohle. Wer es kennt, dem liegt beim Betrachten dieses Fotos noch heute der Geruch unvergesslich in der Nase. Von der 1946 abgebauten elektrischen Fahrleitung ist nichts mehr erkennbar.
Foto: Fritz Eschen, Sammlung Walluhn

Ebenfalls am 12. Oktober 1949 entstanden auch die Ministerien, unter ihnen das Ministerium für Verkehr (MfV), zu dessen Minister der parteilose Professor Dr. Reingruber ernannt wurde. Dem MfV wurde wiederum die am 9. Juli 1945 gebildete Generaldirektion (GD) der Eisenbahnen der sowjetischen Besatzungszone unterstellt[1]. Generaldirektor war bis zum 19. Januar 1949 Willi Besener, der bei den Sowjets in Ungnade fiel und in Willi Kreikemeyer seinen Nachfolger fand[2].

Aus dem Ministerium des Inneren ging zum 8. Februar 1950 das berüchtigte Ministerium für Staatssicherheit hervor, zu dessen Minister am 17. Februar 1950 Wilhelm Zaisser ernannt wurde[3]. Ganz eindeutig beherrschte schon 1950 der Stalinisumus die gesamte Gesellschaft, und vor diesem Hintergrund ist auch jede nie von politischen Zwängen freie Fachentscheidung bei der Deutschen Reichsbahn zu werten.

Auf dem III. Parteitag der SED (20. bis 24. Juli 1950) beschlossen die Delegierten den, so wörtlich, »Aufbau der Grundlagen des Sozialismus« auf Basis des ersten Fünfjahrplanes nach sowjetrussischem Vorbild. Wie schnell und wie weit Wunsch und Realität schon bald auseinander klafften, bewiesen sowohl die steigenden Flüchtlingszahlen in die Bundesrepublik als auch die Ereignisse vom 17. und 18. Juni 1953. Der Aderlass an Fachkräften konnte trotz verschärften Grenzregimes zu Westdeutschland bis 1961 weder wirksam gebremst noch je wieder vollkommen ausgeglichen werden. Das von der SED-Führung angestrebte »hohe Tempo bei der Entwicklung der Produktivkräfte« führte nicht selten zu übereiltem, hastigem Arbeitsstil auf Großbaustellen und allerlei anderen Stilblüten, wie der noch zu schildernden überzogenen »Schwerlastbewegung« (500.000er Bewegung). Herausragendes Thema dieses dritten Parteitages war die »Herstellung der Einheit Deutschlands auf demokratischer Grundlage«, wie auch immer man sich dies in Ost-Berlin vorgestellt haben mag.

Der Ende Juni 1950 beginnende Korea-Krieg hatte zwar keine direkten Auswirkun-

---

1 Das Amtsblatt der DR teilte jedoch mit, dass am 01.04.1948 die Hauptverwaltung (HV) DR in die Generaldirektion (GD) DR umgewandelt worden sei. Dies bedeutet, dass die zum 09.07.1945 gebildete GD zwischenzeitlich zu einer HV wurde. Das Ministerium für Verkehr wurde am 30.04.1953 aufgelöst und stattdessen ein Ministerium für Eisenbahnwesen errichtet, welches wiederum schon am 26.11.1954 im neu geschaffenen Ministerium für Verkehrswesen aufging.

2 Willi Kreikemeyer erging es nicht besser, bereits am 27.08.1950 verhaftet, wurde auch er zur Unperson und verschwand als Deportierter spurlos in der Sowjetunion.

3 Auch Wilhelm Zaisser konnte sich im Amt nicht lange halten, er wurde Opfer stalinistischer Säuberungen und alsbald durch Werner Wollweber ersetzt, dem das gleiche Schicksal wiederfuhr. Sein Nachfolger wiederum, der linientreue »Tschekist« Erich Mielke, dürfte kaum einem Leser unbekannt sein.

Die Aktivistenlok Nummer 5 des Bw G Halle, 44 1215 (Schichau 1942/3559), rüstet zu neuer Fahrt. Die Zylinderhähne sind leicht geöffnet und wärmen den Zylinderkörper vor, die Luftpumpe links arbeitet auf vollen Touren. Rechts auf der Pufferbohle befindet sich noch immer vom Kriege her eine Laterne mit Verdunkelungsaufsatz. ***Foto: Zentrale Bildstelle DR, Sammlung Walluhn***

gen auf die DDR, verschärfte aber die Gangart der Regierung Ulbricht gegenüber Westdeutschland ebenso wie gegen missliebige Personen im eigenen Volk, deren Zahl täglich stieg. Die Schauprozesse insbesondere zwischen 1950 und 1953 unter der berüchtigten Justizministerin Hilde Benjamin legen Zeugnis vom »Demokratieverständnis« der stalintreuen und SED-dominierten DDR-Regierung ab: Tausende oftmals unschuldige Menschen oder solche mit Bagatellvergehen verschwanden auf Jahre hinter den Mauern der ebenso berüchtigten Zuchthäuser wie Brandenburg-Görden, Waldheim, Hohenmölsen, Gräfentonna oder Bautzen.

Noch herrschten im ehemaligen Mitteldeutschland die alten Länderstrukturen mit Landtagen und landeseigenen Ämtern, deren Zerschlagung und Umwandlung in Bezirke und Kreise erst 1952 gelang. Es existierten: Sachsen, Thüringen, Sachsen-Anhalt, Brandenburg, Mecklenburg[4] und Groß-Berlin, Letzteres vollständig unter alliiertem Status stehend. Absurd sind hierbei drei Dinge: Erstens wurde Ost-Berlin zur Hauptstadt der DDR erklärt, was nach Besatzungsrecht überhaupt nicht zulässig war. Zweitens wurde schon 1945 der Raum Görlitz, das so genannte Restschlesien, stillschweigend dem Land Sachsen zugeschlagen, zu dem es nie gehört hatte. Drittens existierten im Gebiet Aue/Schlema, Schwarzenberg/Johanngeorgenstadt und Annaberg/Niederschlag vollständig abgeschottete Sperrgebiete der So-

4 Bis 1947 wie auch heute wieder Mecklenburg-Vorpommern genannt.

wjetischen Aktiengesellschaft (SAG) Wismut, die nur bedingt Länder- und staatlicher Hoheit unterstanden, sondern weitgehend von sowjetrussischem Militär verwaltet wurden[5].

Die Gesamtfläche der neugeschaffenen DDR betrug nur 108.304 km², die Einwohnerzahl lag bei etwa 18 Millionen (bei starker Konzentration im Süden sowie dem Großraum Berlin) und hatte aufgrund anhaltender Flucht in den Westen insgesamt eine fallende Tendenz.

Das Land verfügte nur über wenig Bodenschätze. An erster Stelle stand die **Braunkohle** aus den drei Revieren Leipzig (Borna, Böhlen-Espenhain), Zeitz-Altenburg, und Cottbus (Senftenberg-Spremberg) sowie den Tagebauen um Bitterfeld, Gräfenhainichen-Zschornewitz, Köthen, Oberröblingen, Nachterstedt und einer Vielzahl kleinerer Reviere mit dem insgesamt weltweit größten Abbauvolumen. Der Großtagebau Welzow im Bereich der Reichsbahndirektion (Rbd) Cottbus befand sich im Aufbau, ebenso das Kombinat »Schwarze Pumpe« Senftenberg zur Gewinnung von Mineralölprodukten aus diesem in unmittelbarer Nähe geförderten Rohstoff. Braunkohle war der Hauptlieferant für Elektroenergie, Gas, Benzin, Benzol, Teer und Syntheseöle, hergestellt vorrangig in den Großkraftwerken, Schwelereien, Kokereien[6], Synthesegasanstalten und Hydrierwerken im Raum Halle-Leipzig (Leuna, Buna) sowie für die Karbidchemie im Raum Bitterfeld und Wolfen. Landeseigene Vorkommen an Erdöl und Erdgas gab es praktisch nicht. **Stein- und Kalisalze** wurden in vier Revieren gewonnen:

1. Werragebiet um Merkers (Rhön);
2. Raum Nordthüringen/Eichsfeld in Sondershausen, Sollstedt, Bischofferode, Bleicherode, Menteroda;
3. Gebiet von Teutschenthal und Roßleben;
4. Förderstätten von Bernburg und Staßfurt.

Auch hier erreichte das Gesamtfördervolumen 1950 Weltspitze.

Als streng geheim eingestuft war der Abbau von **Uranerzen** (Pechblende) bei der SAG Wismut in vorerst zwei Revieren: Raum Aue-Schwarzenberg-Johanngeorgenstadt[7] und Gebiet Ronneburg-Seelingstädt.

Die Fördermengen an **Steinkohle** durch Bergbau deckten noch nicht einmal mehr den örtlichen Bedarf; die drei Reviere Zwickau, Oelsnitz-Lugau und Freital-Döhlen waren im Betrieb längst unwirtschaftlich, aber unverzichtbar. Ebenso verhielt es sich mit der Förderung von **Eisenerz** in den Fördergebieten Badeleben (Harzvorland) sowie Kamsdorf (Thüringer Wald). Die gewonnenen Mengen waren bei hohen Kosten minimal, das Land war zwingend auf Importe – vorrangig aus der Sowjetunion – angewiesen. Auch der **Kupferschieferbergbau** befand sich auf dem Rückzug, sein einziges Revier lag im Raum Sangerhausen-Hettstedt-Mansfeld-Eisleben, die Ausbeuten waren im Vergleich zu ausländischen Lagerstätten mager, aber insbesondere für die Elektroindustrie lebenswichtig. Gleichfalls unbedeutend aber unverzichtbar waren der Abbau von **Zinn-, Zink-, Blei-** und **Nickelerzen** im Erzgebirge und dessen Vorland. Weitere wichtige Produkte, die auch in den Export gingen, stellten Kalk, Kreide, Gips und Natursteine wie Granit, Sandstein, Schiefer, Basalt, Diabas und Porphyr dar. Für den Transport all dieser Rohstoffe war an erster Stelle die fast vollständig dampfbetriebene Eisenbahn verantwortlich.

Der eingangs erwähnte III. Parteitag der SED vom Sommer 1950 beschloss den vorrangigen Aufbau einer nach der Teilung Deutschlands weitgehend fehlenden metallurgischen und chemischen Schwerindustrie, allerdings zu Lasten anderer wichtiger Wirtschaftszweige. Dieser Auf- und Ausbau einer bislang faktisch nicht vorhandenen Grundstoffindustrie wurde mit großer Eile und erheblichem Arbeitskräfteeinsatz noch im selben Jahr begonnen. Wichtigstes Projekt stellte das Eisenhüttenkombinat Stalin in Fürstenberg an der Oder (Stalinstadt, später Eisenhüttenstadt) dar, wobei der Baubeginn des ersten Hochofens offiziell auf den 1. Januar 1951 datiert ist.

5 Ein Sperrgebiet im Sperrgebiet (!) war der zum Bahnbetriebswerk aufgewertete Lokbahnhof Johanngeorgenstadt, dessen Fahrzeugpark – Lok der Reihen 86 und 89 – nicht einmal zum Reichsbahnbestand gehörte.

6 Braunkohle wird im Verfahren der Tieftemperaturentgasung verschwelt, Steinkohle hingegen hauptsächlich in Hochtemperaturentgasung verkokt.

7 Bedeutendste Anlagen: Objekt 1 Johanngeorgenstadt, Objekt 2 Oberschlema.

Auf der Großbaustelle Berliner Außenring bei Birkenwerder am 24. Juni 1952: Lok 52 183 des Bw Pankow (Schwartzkopff 1943/12188) hat einen Kieszug gebracht. Sehr gut erkennbar der Floridsdorfer Kastentender mit nur schmalem Bretteraufbau. Um die Einhaltung des Lichtraumprofils schert man sich offenbar nicht. Geladen ist Rohbraunkohle, die der Heizer mit dem Spritzschlauch genässt hat.
Foto: Zentrale Bildstelle DR, Sammlung Walluhn

Umfangreiche Vorarbeiten gab es freilich schon früher. Andere Vorhaben, wie der Ausbau des Stahl- und Walzwerkes Brandenburg, begannen bereits Anfang 1950.

Bedeutende Betriebe der Metallurgie waren im Jahr 1950 neben den schon genannten die Stahl- und Walzwerke Kirchmöser, Calbe (Saale), Riesa, Gröditz, Freital, Thale, Hennigsdorf, Unterwellenborn (Maximilianshütte), die Hüttenwerke Thale und Ilsenburg, die Nickelhütte St. Egidien, die Zinkhütte Freiberg (Sachsen) sowie die Kupferhütte Hettstedt-Helbra.

Zentrum des Schwermaschinenbaues war Magdeburg mit den Werken Krupp-Gruson in Salbke und R. Wolf in Buckau, die später zum VEB Schwermaschinenbau »Karl-Liebknecht« zusammengeschlossen wurden. Unter den Eisenbahnfreunden machte sie der Bau zahlreicher Ersatzkessel für Reichsbahnlokomotiven ab 1957 bekannt.

Lokomotivfabriken befanden sich nur noch in Hennigsdorf und Babelsberg[8], sie produzierten jedoch weitgehend Fahrzeuge für die Siegermacht Sowjetunion und auch für Polen. Lieferungen an die DR kamen 1950 nicht vor. Nicht anders verhielt es sich im Waggonbau mit seinen Standorten Ammendorf bei Halle, Bautzen, Niesky, Dessau und Görlitz.

Besonders problematisch erwies sich die Situation an der Ostseeküste. Der einzig vorhandene leistungsfähige Überseehafen Stettin – ursprünglich war vorgesehen, den Raum Stettin der sowjetischen Zone Deutschlands zu belassen – fiel im Sommer 1945 unter sowjetrussischer Duldung mit Teilen der Insel Usedom gewaltsam an Polen. Es standen 1950 deshalb nur die wenig leistungsfähigen Häfen und Werften Warnemünde (alt), Rostock (alt), Wismar, Stralsund, Saßnitz und Wolgast zur Verfügung. An Neubauten war wegen fehlender Kapazitäten auf Jahre nicht zu denken.

Probleme bereitete die Tatsache, dass abgesehen von der Inselregion Berlin, bis Kriegsausbruch 1939 weitgehend nur der Süden industrialisiert worden war, während der Norden überwiegend agrarisch blieb. Vor allem in Sachsen und Thüringen konzentrierten sich die Bereiche Textil- und Leichtindustrie, während in Brandenburg und Mecklenburg Land-, See- und Forstwirtschaft, bei 90 Pro-

8 Es handelt sich um Borsig (vormals AEG) Hennigsdorf mit Werk Spandau und ehemals Orenstein & Koppel Drewitz-Babelsberg. Die Borsig-Stammwerke in Tegel fielen Luftangriffen zum Opfer, BMAG-Schwartzkopff in Wildau wurde als Reparation fast vollständig in die Sowjetunion – nämlich nach Saratow – verbracht.

zent Anteil an Kleinbetrieben – 1946/47 waren lediglich Großbauern und Rittergüter enteignet worden, LPG und VEG existierten noch kaum – dominierten. Rostock und Saßnitz waren neben den Werften aufgrund ihrer Lage an der Ostsee auch stark von der Fischverarbeitung geprägt.

Ob die 1950 ebenfalls erfolgte Aufnahme der DDR in den Rat für gegenseitige Wirtschaftshilfe zur wesentlichen Linderung der ökonomischen Probleme beitrug, ist sehr zweifelhaft. Die auf Stalins Initiative beschlossene Senkung der Reparationsleistungen – in typischer Manier eines großmächtigen Diktators – hatte einzig zum Ziel, ein völliges Ausbluten der DDR und den auch in den westdeutschen Zeitungen beschworenen Zusammenbruch binnen Jahresfrist zu verhindern. Aus dem selben Grund begannen auch ab Juli 1950 verstärkte Warenlieferungen aus der Sowjetunion in die ehemalige »Zone«, denn die Lage in der DDR war zu diesem Zeitpunkt sehr ernst und instabiler, als man offiziell je zugab. Andererseits wurde ab 1951/52 ein deutlicher Wirtschaftsaufschwung erkennbar. Die Not der ersten Nachkriegsjahre war überwunden. Aktivistenbewegung, Nationales Aufbauwerk (NAW) und Initiativen der Freien Deutschen Jugend (FDJ) bildeten durchaus einen erheblichen Faktor dieser Aufwärtsentwicklung, der zwar ideologisch im Sinne der Machthaber gefärbt war, aber ganz sicher nicht als politisches Druck- und Treibmittel gegen die Bevölkerung eingesetzt wurde.

Gerade das Nationale Aufbauwerk leistete bei der Überwindung oftmals verheerender Kriegsschäden in Industriebetrieben, Innenstädten und bei Verkehrsanlagen entscheiden-

52 3192 (Bw Frankfurt/Oder Vbf.; Jung 1943/11203) passiert am 1. September 1952 mit ihrem Güterzug eine Behelfsbrücke der Großbaustelle Berliner Außenring. Ein Augenblicksbild, das sich nicht oder nur unwesentlich vom Berichtsjahr 1950 unterscheidet. Die Losung an diesem Wannentender bleibt uns leider verborgen, dürfte aber wie fast überall politischen Charakter tragen.
Foto: Zentrale Bildstelle DR, Sammlung Walluhn

Spreekanal und Museumsinsel in Berlin am 12. Dezember 1951. Eine preußische P8 befährt mit einem Schnellzug aus dem Bahnhof Friedrichstraße kommend den Stadtbahn-Viadukt. »Mit dem Weltgewerkschaftsbund für den Frieden der Welt«, steht leider kaum lesbar am Tender.
Foto: Zentrale Bildstelle DR, Sammlung Walluhn

des. Im Gegenteil, es motivierte die Menschen schon weit vor 1950 zum Neubeginn, ganz so, wie damals in der Nationalhymne der DDR besungen: »Auferstanden aus Ruinen und der Zukunft zugewandt.«.

Vergessen wir auch nicht, dass genauso wie in Westdeutschland die Flüchtlinge und Vertriebenen aus den abgetrennten Ostgebieten beziehungsweise dem Sudetenland einen bedeutenden Anteil zum Wiederaufbau des Landes leisteten, wenn auch im Gegensatz zur Bundesrepublik die offizielle Berichterstattung und Geschichtsschreibung in der DDR diesen Tatbestand bewusst verschwieg. Einen bedeutenden Beitrag unter heute nicht mehr vorstellbaren Bedingungen des Mangels an Material, Werkzeugen und Fachkräften leisteten auch die zu Bau-Unionen zusammengeschlossenen mittelständischen Betriebe, denen – allerdings erst nach 1950 – immer wieder leihweise Lokomotiven auf Zeit aber auch unbefristet durch Umsetzung zugewiesen wurden.

4.2 Die Situation im Eisenbahnwesen 1950

Die Sektorengrenzen der Nachkriegszeit einerseits, aber auch die im vorhergehenden Kapitel beschriebenen wirtschaftlich-industriellen Verhältnisse andererseits führten zu einer völligen Umkehrung der Verkehrsströme von ehemals West-Ost nach jetzt Nord-Süd, genauso wie in der Bundesrepublik oder im neugeschaffenen »Volkspolen«. Welche zusätzlichen Belastungen sich hieraus für die in den Kriegs- und Nachkriegsjahren arg gebeutelte Reichsbahn ergaben, wird sich noch an vielen Stellen in den folgenden Kapitel zeigen.

Zugerichtet war die Eisenbahn in der DDR nicht nur durch erhebliche Kriegszerstörungen, von denen ein erheblicher Teil bis 1950 noch gar nicht behoben worden war, sondern auch durch die Tätigkeit der sowjetrussischen Reparationskommission von 1945 bis 1948. Neben der entschädigungslosen Abfuhr erheblicher Bestände dienstfähiger, mitunter fast neuer Lokomotiven und Waggons, der vollständigen Demontage des mitteldeutschen elektrischen Netzes, der Ausplünderung von Lokfabriken und Ausbesserungswerken, fällt der rigorose Ausbau zweiter Gleise auf, von dem sich die Eisenbahn bis heute (!) nicht erholt hat.

Ab 1948 verblieben nur wenige kürzere Strecken im Raum Berlin, Halle-Leipzig, Zwickau, Dresden und Magdeburg zweigleisig, der Norden schließlich trug die Hauptlast: Hier blieb keine einzige Bahnstrecke mit zweitem Gleis erhalten, einige Verbindungen wurden gar völlig demontiert[9]. Lediglich die äußerst wichtige Hauptbahn Neudietendorf–Erfurt – Weißenfels – Halle – Bitterfeld – Wittenberg bleibt überwiegend im ursprünglichen

9 Nur zu oft wurde das gewonnene Oberbaumaterial auf russischen Bahnen überhaupt nicht weiterverwendet. Der 1945 zur Zwangsarbeit nach Russland verschleppte Werner Rödiger aus Ilmenau weiß von fußballfeldgroßen Lagerplätzen nahe Brest-Litowsk zu berichten, deren gehortetes Schwellen- und Schienenmaterial über Jahre wild aufgestapelt einfach da lag und schließlich ungenutzt verrottete.

Blick vom Segmentlokschuppen in Göschwitz auf den Lokbahnhof. Auf der Drehscheibe steht eine bestens geputzte preußische P8. Hinten rechts sieht man das Zementwerk mit einem kegelförmigen Luftschutzbunker. Links werden Güterwagen rangiert.
Foto: Georg Hey, Weimar, Sammlung Walluhn

Der Bahnhof Hetzdorf (Rbd Dresden) unterhalb des bekannten gleichnamigen Steinviaduktes. Auch hier herrschen einfachste Verhältnisse. Links die obligatorischen Braunkohlenbriketts, vorn uralte Gepäckkarren, hinten ein Schmalspurzug nach Eppendorf. Alle Gleise sind stark verschlammt, überaltert und eigentlich längst erneuerungsbedürftig.
Foto: W. Raddatz Rbd Dresden, Sammlung Walluhn

Noch 1950 führen Bahnbetriebswerke anstelle der Raw große Ausbesserungen durch. 38 1470 (Schwartzkopff 1913/5014) steht ausgeachst im Bw Erfurt-P am 6. Juli 1950. Acht Werkstatteisenbahner hantieren an der Lokomotive, sie führen eine Gesundungs-L0 aus (29.06. bis 17.07.1950). Dabei war diese P8 gerade erst vor einem halbem Jahr (28.01.1950) vom Raw Leipzig aus der Hauptuntersuchung gekommen.
Foto: Ernst Schröder Rbd Erfurt, Sammlung Walluhn

Auf der Buchenwaldbahn nach Schöndorf ist am 03.08.1950 die ehemalige Bachstein-Lok 92 6579 (Bw Weimar; Henschel 1922/19036) schwer entgleist. Ursache scheint die im Bild erkennbare Gleisverwerfung auf der Brücke zu sein. Lediglich die benachbarte Stützmauer hat die Maschine vor einem Totalabsturz mit fatalen Folgen bewahrt.
Foto: Werner Lehmitz Rbd Erfurt, Sammlung Walluhn

Zustand[10]. Aber nicht nur Streckengleise, sondern auch Bahnhofsanlagen wurden in erheblichem Maß demontiert.

Heute scheint kaum vorstellbar, dass die Reichsbahn nach diesen Demontagen als Hauptverkehrsträger nicht zusammenbrach. Zahlreiche teils sehr schwere Unfälle um 1950 zeugen von den enormen Schwierigkeiten, die das Personal bewältigen musste: Fehlender Streckenblock auf zurückgebauten Gleisanlagen, fehlende Signalabhängigkeiten, hoch- und überbelastete Fahrzeuge, Druck durch Parteistellen und sowjetische Transportoffiziere auf Mitarbeiter, Ernährungsmangel, fehlende Arbeitskräfte und teils überdehnte Dienstschichten. Fast die gesamte Last des Verkehrs lag auf der Eisenbahn, den das Straßennetz stammte weitgehend aus den Jahren vor 1939 und war im Norden völlig unterentwickelt. Im Süden war es dagegen relativ gut ausgebaut, aber dennoch – besonders im Erzgebirge und im Thüringer Wald – nicht genügend leistungsfähig. Autobahnen waren kaum vorhanden und hatten sich ebenso wie die Bahn von Kriegsschäden bisher nicht durchgreifend erholt[11].

Eisenbahngeschichtlich ist das Jahr 1950 allein wegen der endgültigen Eingliederung vormaliger Klein- und Privatbahnen in den Bestand der DR[12] interessant. Zu beachten ist hierbei allerdings, dass die Niederbarnimer Eisenbahn (ausschließlich aller in Westberlin gelegenen Streckenteile) erst zum 01.07.1950, die Muskauer Waldeisenbahn mit Betriebshof Krauschwitz gar erst zum 01.01.1951 zur DR übergingen. Letztere ist in unserer Lokstatistik darum auch nicht mit erfasst. Schon am 01.04.1949 hat die DR alle ehemaligen Privatbahnen der sowjetischen Zone, die Bestandteil der VVB (Vereinigung Volkseigene Betriebe) Landesbahnen[13] waren, in Verwaltung und Nutznießung – nicht aber in ihr Eigentum![14] –

10 Lediglich der Abschnitt Neudietendorf–Erfurt wurde von 4 auf 2 Gleise zurückgebaut.

11 Auch hier fielen hauptsächlich 1945 gesprengte, bisher nur teilweise oder überhaupt nicht instandgesetzte Brücken und Viadukte ins Gewicht.

12 Übernahme in den Grundmittelbestand am 01.01.1950. Die Streckenlänge betrug 2473 km Regelspur und 783 km Schmalspur 600, 750, 900 und 1000 mm. Davon waren bis 01.01.1950 insgesamt 153 Kilometer Strecke Wiederaufbau der ab 1946 als Reparation abgebauten 868 Kilometer.

13 Die VVB Landesbahnen waren laut SMAD-Befehl Nummer 76/48 über die zentrale Zusammenfassung enteigneter Betrieb in Industrievereinigungen zum 01.07.1948 gegründet wie folgt:

Mecklenburg:	VVB Landeseigene Betriebe Industrieverwaltung Bahnen Mecklenburg
Brandenburg:	VVB Landesbahnen Brandenburg (aus der Generaldirektion der Landesbahnen Provinz Brandenburg)
Sachsen-Anhalt:	VVB Landesbahnen Sachsen-Anhalt (aus der Sächsischen Provinzialbahnen GmbH)
Thüringen:	VVB Landesbahnen Thüringen (aus den Thüringer Eisenbahnen, Landeseigener Betrieb)
Sachsen:	bildet keine VVB Landesbahnen

14 Eine Eigentumsübernahme erfolgte bis 1990 zu keinem Zeitpunkt, ein rechtlich hochinteressanter Aspekt.

Die Probstzellaer 95 041 (Hanomag 1924/10256) ist durch die Rückwand des Lokschuppens in Lauscha gefahren und abgestürzt. Das anschließende Bergen gestaltet sich äußerst problematisch und gelingt nur durch den Bau einer aufwendigen Hilfskonstruktion. Aufnahme vom 14. März 1950.
Foto: Werner Lehmitz Rbd Erfurt, Sammlung Walluhn

übernommen und den Reichsbahnämtern zugeordnet[15]. Am 12.12.1949 erschien ein Umzeichnungsplan für Lokomotiven, am 24.12. 1949 ein solcher für Triebwagen. Praktisch umgezeichnet hatten die zuständigen Dienststellen aber erst ab Anfang 1950, zunächst fast nur in Form weißer Farbanschriften.

In das Jahr 1950 fiel auch die Einführung der Luinin-Methode. Lunin, ein Moskauer Lokführer, hatte eine an sich recht sinnreiche Pflegemethode ersonnen, die bei konsequenter Anwendung Betriebsstörungen an Dampflokomotiven sehr wirksam vorbeugt als auch zur Verlängerung der Lebensdauer vieler Verschleißteile führt. Ebenso kamen die Maschinenpflegemethoden nach dem Vorbild von Nina Nasarowa und ihrem deutschen »Gegenstück« Frieda Hockauf in die Tagesordnung: Viele Betriebslokomotiven trugen bald den berühmten »roten Wimpel« an beiden Führerhausseitenwänden, eine dreieckige Blechtafel mit rotem Grund, weißer Umrandung, und Inschrift »In persönlicher Pflege Lokbrigade [...]«. Es war üblich, drei Personale fest einer Lok zuzuteilen, die nach sowjetischem Vorbild die nach ihrem Leiter benannte Brigade bildeten. Frei jeder politischen Polemik betrachtet, trugen sowohl Lokbrigaden als auch Pflegemethoden erheblich zur Gesundung des Fahrzeugparks bei. Auch konnte sich der technische und Reinigungszustand mancher Maschine, besser gesagt vieler Maschinen, sehen

15 Im Jahr 1948 war zunächst vorgesehen, die meisten Privatbahnen bei den VVB Landesbahnen zu belassen und kommunal zu betreiben. Nur einige wenige für den Betrieb der Reichsbahn wichtige sollten in deren Bestand gehen, so Weimar–Berka–Blankenhain. Fast alle Klein- und Privatbahnen der sowjetischen Zone Deutschlands, die nicht Kreiseigentum darstellten, aber grundsätzlich auch solche, deren Kapital sich in Form von GmbH und AG in öffentlicher Hand befanden, wurden schon mit SMAD-Befehl Nummer 124 vom 30.10.1945 entschädigungslos enteignet. Grundlage der Übernahme vom 01.04.1949 ist der Beschluss Nummer S 63/49 der Deutschen Wirtschaftskommission vom 09.03.1949, welcher auch die Übernahme der schließlich doch in kommunaler Trägerschaft verbliebenen Spremberger Stadtbahn, Stadtbahn Forst (Niederlausitz), Hafenbahnen Schwerin, Frankfurt/Oder und Torgau, sowie der Zschornewitzer Kleinbahn vorsah.

Berlin Schlesischer Bahnhof am 10. August 1950: 17 1052 (Henschel 1913/11508) wartet vor dem Sonderzug zum Zweiten Weltstudentenkongress in Prag auf Ausfahrt. Zahlreiche Pressefotografen sind zugegen. Die Maschine macht im Gegensatz zum Gleiskörper einen ausgezeichneten Eindruck, die Bahnsteighalle ist repariert und wieder mit Glas versehen.
Foto: Zentrale Bildstelle DR, Sammlung Walluhn

lassen. Die störungsfreien Laufleistungen erreichten zwar keine der immer wieder behaupteten »eine Million und mehr« Kilometer, aber durchaus respektable Werte, wie man leicht erkennt, wenn man Betriebsbücher gründlich auswertet. Die Methoden nach Lunin und Nasarowa könnten heute sicher auch der Deutsche Bahn AG oder ihren drei Tochterunternehmen mit Fahrzeugbestand angesichts vieler buchstäblich nicht nur äußerlich vergammelter Lokomotiven und häufiger Betriebsstörungen nützen.

Auch im Kolonnenwesen trat 1950 eine entscheidende Veränderung ein. Ab 01.07.1950 wurden die Kolonnen nur noch im Transit durch Polen hin zu den Übergabebahnhöfen Brest[16] und Gerdauen[17] verwendet. Am selben Tag erfolgte die Auflösung der Kolonne 1 Bw Frankfurt/Oder Pbf. und die Verlegung der Kolonnen 4 und 5 Bw Berlin-Lichtenberg bzw. Bw Berlin-Schöneweide zum Bw Frankfurt/Oder Vbf. (Transit). Zum 10.08.1950 wurden die Kolonnen 6, 7, 9, 12 und 13 aufgelöst, ihre Lokbestände rollten spätestens zu diesem Zeitpunkt zu den im Überblick genannten Abstellplätzen. Kolonne 3 Bw Pankow schied nicht – wie in der Literatur hartnäckig behauptet – bereits 1950, sondern erst zum 08.07.1951 aus. Neben Beeskow, Ducherow, Uckro und Tantow fungierten auch Straßburg (Ueckermark) und Rüdnitz (Vorpommern) als bewachte Abstellbahnhöfe, deren Fahrzeugpark regelmäßig umgewälzt wurde[18].

16 Übergabestelle zur Bjelorussischen Eisenbahn.
17 Übergabestelle zur Litauischen (Kaliningrader) Eisenbahn.
18 Das Umwälzen bestand aus Konservieren, Hinterstellen, nach festgelegter Abstellzeit kurz wieder in Betrieb nehmen, schließlich erneut Konservieren.

Wichtige Ereignisse des Jahres 1950 im Überblick

01.01.1950: Endgültige Eingliederung der ehemaligen Privatbahnen durch die DR, Übernahme in den Grundmittelbestand.
01.01.1950: Auflösung der Abwicklungsstelle Karlshorst der Sowjetischen Militärtransportabteilung (Aktenzeichen Lwow 23.12.O/E 7763.2).
01.01.1950: Kolonne 14 Bw Angermünde aufgelöst[1].
30.01.1950: Russisches Sammellager (KZ) Forst Zinna geschlossen.
06.02.1950: Eisen- und Stahllieferungen aus der Bundesrepublik in die DDR werden eingestellt
08.02.1950: Gründung des Ministeriums für Staatssicherheit der DDR aus dem Ministerium des Innern heraus.
15.02.1950: Beginn der ersten Ausbaustufe des neuen Stahl- und Walzwerkes Brandenburg.
17.02.1950: Wilhelm Zaisser wird Minister für Staatssicherheit der DDR.
26.02.1950: Aussiedlungstransport Schlawe-Stettin-Scheune (600 Personen in 40 G-Wagen)[2].
03.03.1950: Zschornewitzer Kleinbahn an VEB Kohlenverwaltung Bitterfeld übergeben und zur Grubenanschlussbahn abgestuft.
10.03.1950: Straflager (KZ) Sachsenhausen geschlossen.
01.04.1950: Beginn der sogenannten »500er Bewegung« (500 Km pro Tag und Lok im Güterzugdienst).
10.04.1950: Schwerlastzug Krippen–Dresden-Reick bei 2910 Tonnen Gewicht mit Lok 58 1206 befördert.
20.04.1950: Gesetz zur Regelung des bargeldlosen Zahlungsverkehrs innerhalb der DDR-Wirtschaft, so auch im Verkehrswesen, wirksam ab 01.01.1951 unter Einführung des sogenannten Verrechnungsverkehrs.
04.05.1950: Beginn des ersten Wettbewerbszeitraumes der »500-er Bewegung«.
14.05.1950: Fahrplanwechseltag.
15.05.1950: UdSSR senkt Reparationsforderungen an die DDR auf 50 % (für die Jahre 1951 bis 1965).
31.05.1950: Ende des ersten Wettbewerbszeitraumes der »500-er Bewegung«.
01.06.1950: Lokversuchsstelle Halle (Saale), die spätere VES/M Halle, gegründet
01.06.1950: Kindereisenbahn (spätere Pioniereisenbahn) Dresden eröffnet.
05.06.1950: »500-er Bewegung« durch Lokpersonal des Bw Leipzig-Wahren in der Rbd Halle eröffnet.
06.06.1950: Abkommen zwischen DDR und Polen über die sogenannte Oder-Neiße-Grenze.
25.06.1950: Beginn des Korea-Krieges[3].
27.06.1950 bis 30.06.1950: Erstes Deutschlandtreffen der Jugend in Berlin[4].
28.06.1950 bis 29.06.1950: Vertrag zwischen Niederbarnimer Eisenbahn und DR über Verwaltung und Betrieb der Strecken der NBE durch die Reichsbahn[5].
29.06.1950: Kriegsbeuteabkommen zwischen UdSSR und DDR erneuert[6].
01.07.1950: **Kolonne 1** Bw Frankfurt/Oder Pbf. (Transit) aufgelöst.
Kolonne 4 von Bw Berlin-Lichtenberg nach Bw Frankfurt/Oder Vbf. (Transit) verlegt.
Kolonne 5 von Bw Berlin-Schöneweide nach Bw Frankfurt/Oder Vbf. (Transit) verlegt.
01.07.1950: Kolonnen ab jetzt nur noch im Transit durch Polen nach Brest und Gerdauen verwendet.
01.07.1950: Niederbarnimer Eisenbahn einschließlich der Industriebahn Tegel-Friedrichsfelde, Eisenbahnen Wilhelmsruh-Liebenwalde und Basdorf-Groß Schönebeck an DR[7].
01.07.1950: Ende der Dampflokbeheimatung beim Bw Potsdam.
06.07.1950: Grenzabkommen zwischen DDR und Polen in Görlitz bezüglich der Oder-Neiße-Linie
07.07.1950 bis 17.09.1950: erste Gartenbauausstellung in Erfurt, dazu Kindereisenbahn mit 2 Einheits-Liliputlok auf 381mm-Spurweite aus Dresden ausgeliehen.
11.07.1950: Verfügung der Generaldirektion DR 42/43 M 24 Blwa: Die Anschriften aller Trophäenlok sind zu löschen.
12.07.1950: Verfügung der Generaldirektion DR zur Auflösung der Kolonnen 3, 6, 7, 9, 12 und 13.
20.07.1950: Abschluss der ersten Ausbaustufe des neuen Stahl- und Walzwerkes Brandenburg.
20.07.1950 bis 24.07.1950: III. Parteitag der SED (hierbei 1. Fünfjahrplan beschlossen).
21.07.1950: Beginn der zweiten Ausbaustufe des neuen Stahl- und Walzwerkes Brandenburg[8].
25.07.1950: Walter Ulbricht wird Generalsekretär der SED
27.07.1950: Generaldirektion der DR erteilt zweite Anordnung zur Rückgabe polnischer Fremdlok an die PKP.
29.07.1950: Niederbarnimer Eisenbahn geht in treuhänderische Verwaltung der DR über
01.08.1950: umfassende Gebietsreform in der DDR, neben anderen werden umbenannt:

Wiltzschhaus	in Schönheide-Süd
Schönheiderhammer	in Schönheide-Ost
Neuheide	in Schönheide-Nord
Oberschönheide	in Schönheide-West
Buchholz und Annaberg	in Annaberg-Buchholz[9].

10.08.1950: **Kolonne 6** Bw Gesundbrunnen aufgelöst, Lok zum Abstellbahnhof Ducherow verlegt.
Kolonne 7 Bw Karlshorst aufgelöst, Lok zum Abstellbahnhof Beeskow verlegt.
Kolonne 9 Bw Cottbus aufgelöst, Lok zum Abstellbahnhof Uckro verlegt.
Kolonne 12 Bw Angermünde aufgelöst, Lok zum Abstellbahnhof Tantow verlegt.
Kolonne 13 Bw Seddin aufgelöst, Lok zum Abstellbahnhof Tantow verlegt.

18.08.1950: Baubeginn am Eisenhüttenkombinat »J. W. Stalin« in Fürstenberg (Oder).

21.08.1950: Grundsteinlegung der Stadt Eisenhüttenstadt[10].

16.09.1950: Anordnung der DDR-Regierung zum Wiederaufbau der im Krieg zerstörten Stadt Dresden.

29.09.1950: DDR wird Mitglied des Rates für gegenseitige Wirtschafshilfe RGW

01.10.1950: Ende Dampflokbeheimatung bei den Bw Leipzig-Nord und Torgau.

01.10.1950: Ende Dampflokunterhaltung beim Bw Berlin Görlitzer Bahnhof.

05.10.1950: **Eisenbahn-Ausbesserungszug 6** aufgelöst und dem Bw Lichtenberg angegliedert.

06.10.1950: Verfügung der Generaldirektion DR IV.42.M.69 Bla:
Die Selbstanfertigung von Loknummernschildern durch die Bw ist ab sofort untersagt.

07.10.1950: Das Raw Zwickau erhält Ehrennamen »7. Oktober«.

08.10.1950: Umbenennung: Rabenstein in Chemnitz-Rabenstein.

08.10.1950: Fahrplanwechseltag.

12.10.1950: Verfügung der Generaldirektion DR (52.3 Fulf 78/50): Wiederausrüstung der Lok mit anschraubbaren Metallschildern.

15.10.1950: Erste Wahlen zur (endgültigen) Volkskammer der DDR und zur Nationalen Front.

30.10.1950: Elstertalbrücke an der Strecke Reichenbach-Plauen endgültig fertiggestellt.

01.11.1950: Umbenennung: Klotzsche in Dresden-Klotzsche.

01.12.1950: Zahlreiche Umbenennungen bei der DR:

Berlin Schles. Bf.	in Berlin Ostbahnhof
Berlin Schles. Gbf.	in Berlin Ost Gbf.
Berlin Ostbahnhof	in Berlin Wriezener Bf.
Berlin Stettiner Bf.	in Berlin Nordbahnhof
Berlin Nordbahnhof	in Berlin Eberswalder Straße
Lübben Reichsbahn	in Lübben Hbf.
Uckro Reichsbahn	in Uckro
Uckro Süd	in Uckro!

21.12.1950: Der Umbau des ehemaligen Schlesischen Bahnhofs zu Berlin ist zu Ehren Stalins Geburtstages vorfristig beendet.

21.12.1950: VT-Betrieb auf Strecke Berlin Friedrichstraße-Dresden-Prag ist ebenfalls zu Ehren Stalins Geburtstages aufgenommen.

22.12.1950: **Kolonne 8:** vom Bw Frankfurt/Oder Pbf. Transit an Bw Frankfurt/Oder Vbf. Transit verlegt.
Kolonne 10: vom Bw Cottbus an Bw Frankfurt/Oder Vbf. Transit verlegt.
Kolonne 11 vom Bw Hoyerswerda an Bw Frankfurt/Oder Vbf. Transit verlegt.

23.12.1950: Umbeheimatung aller Dampflok aus dem Bw Karlshorst ins Bw Rummelsburg[11]

23.12.1950: Umbenennung: Herges-Auwallenburg in Trusetal.

Drei bedeutende Ereignisse zu Jahresbeginn 1951 sollen hier mit genannt sein:

01.01.1951: Einführung des Rechnungswesens der Volkseigenen Wirtschaft bei der DR.

01.01.1951: Baubeginn am Hochofen 1 des Eisenhüttenkombinates Ost in Fürstenberg (Oder).

05.02.1951: Neuordnung der Zugehörigkeit von Bw und Lokbahnhöfen zu den Reichsbahnämtern.

1 Datum ist unsicher. Am 01.07.1950 Kolonne 14 nicht mehr vorhanden.
2 Einziger noch 1950 nachgewiesener Transport, wohl einer der letzten dieser Art in der deutschen Vertreibungsgeschichte.
3 Endet mit Waffenstillstand am 27.07.1953, Europa schlittert nur knapp an einem neuen Weltkrieg vorbei!
4 Die Reichsbahn fährt zahlreiche Sonderzüge.
5 Die Lokomotiven der Niederbarnimer Eisenbahn sind deshalb in unserem Verzeichnis unter Bw Basdorf mit aufgenommen, auch wenn sie die hier angegebenen Betriebsnummern am 01.07.1950 praktisch noch nicht tragen.
6 Dies bedeutet für die DDR leichte Lockerungen der verdeckten aber immer noch zusätzlich zu leistenden Reparationen.
7 Jedoch ohne die Streckenteile in West-Berlin, sie bleiben unangetastet.
8 Beendet erst am 14.07.1953.
9 Das Bw Buchholz (Sachs.) wird jedoch erst zum 01.05.1955 in Annaberg-Buchholz umbenannt.
10 Gleichzeitig wird Fürstenberg an der Oder in Eisenhüttenstadt–später Stalinstadt–umbenannt.
11 Als Datum auch 31.12.1950 genannt. Karlshorst wird in ein Diesellok- und Treibwagen Bw umgewandelt.

Die allgemeine Organisation des Betriebsmaschinendienstes im Jahr 1950

3000. Reparaturlok des Raw Chemnitz: 03 133 vom Bw Halle-P (Henschel 1933/22213) bildet am 22. Juni 1951 die imposante Kulisse einer kleinen Feierstunde im Werkhof. Links im Bild der amtierende Werkleiter Werner Lößner, er gibt Hans Illus symbolisch die Hand. Die restlichen Personen sind unbekannt.
Foto. Willy Seidel, Chemnitz, Sammlung Walluhn

5.1 Bahnbetriebswerke, Ausbesserungswerke und Werkstätten

Im Berichtsjahr 1950 gab es die eingangs schon erwähnten acht Reichsbahndirektionen, die in Amtsbezirke gegliedert waren. Schon am 18. Juli 1945 waren auf den Befehl Nummer 010 SMA (Marschall Shukow) 54 Betriebsämter als Einheitsämter nach sowjetischem Muster geschaffen worden. Bald danach fielen auch die Maschinenämter fort. Direktions- und Ämtergrenzen verschoben sich mehrfach, so am 5. Februar 1951 und am 1. Januar 1955. Auf Einzelheiten hierzu soll hier aber nicht eingegangen werden, sie würden den Rahmen dieser Arbeit sprengen. Beachten wir für 1950, dass Brandenburg zur Rbd Berlin, der Großraum Görlitz-Bautzen-Zittau zur Rbd Dresden, Zeitz zur Rbd Erfurt und die Betriebswerke Neuruppin, Neustrelitz so-

Zugehörigkeit der Bahnbetriebswerke zu den Reichsbahndirektionen am 01. Juli 1950:

Reichsbahndirektion Berlin:
Bw Basdorf, Berlin Anhalter Bahnhof, Berlin Görlitzer Bahnhof, Berlin Lehrter Bahnhof, Berlin Schlesischer Bahnhof, Berlin Stettiner Bahnhof, Brandenburg Hbf., Brandenburg-Altstadt, Frankfurt/Oder Pbf, Frankfurt/Oder Rbf., Gesundbrunnen, Grunewald, Jüterbog, Lichtenberg, Karlshorst, Pankow, Potsdam, Rummelsburg, Schöneweide, Seddin, Tempelhof Vbf., Wriezen, Wustermark Vbf[1].

Reichsbahndirektion Cottbus:
Bw Cottbus, Elsterwerda, Finsterwalde, Forst (Niederlausitz), Guben, Hoyerswerda, Lübbenau, Luckau, Senftenberg, Straupitz (Spreewald).

Reichsbahndirektion Dresden:
Bw Adorf (Vogtl.), Aue (Sachs), Buchholz (Sachs), Bad Schandau, Bautzen, Chemnitz Hbf., Döbeln, Dresden-Altstadt, Dresden-Friedrichstadt, Dresden-Pieschen, Falkenstein, Flöha, Freiberg (Sachs), Glauchau, Görlitz, Greiz, Hilbersdorf, Kamenz (Sachs), Kirchberg (Sachs), Nossen, Pirna, Pockau-Lengefeld, Reichenbach, Riesa, Rochlitz, Schwarzenberg, Werdau, Zittau, Zwickau.

Reichsbahndirektion Erfurt:
Bw Arnstadt, Artern, Eisenach, Erfurt-P, Erfurt-G, Gehren, Gera, Gera-Pforten, Gerstungen, Gotha, Meiningen, Naumburg, Nordhausen, Probstzella, Saalfeld, Sangerhausen, Suhl, Vacha, Weimar, Weimar Berkaer Bahnhof, Weißenfels, Zeitz[2].

Reichsbahndirektion Greifswald:
Bw Angermünde, Barth, Eberswalde, Heringsdorf, Neubrandenburg, Neuruppin, Neustrelitz, Pasewalk, Prenzlau, Putbus, Sassnitz, Stralsund.

Reichsbahndirektion Halle:
Bw Altenburg, Bitterfeld, Dessau, Eilenburg, Engelsdorf, Falkenberg, Großkorbetha, Halle-P, Halle-G, Halle-Klaustor, Leipzig Bayerischer Bahnhof, Leipzig-Plagwitz, Leipzig-Wahren, Leipzig-Nord, Leipzig-Süd, Leipzig-West, Merseburg, Meuselwitz, Oberröblingen, Rosslau, Torgau, Wittenberg[3].

Reichsbahndirektion Magdeburg:
Bw Aschersleben, Bernburg, Blankenburg (Harz), Burg, Eilsleben, Güsten, Halberstadt, Haldensleben, Jerichow, Ketzin, Köthen, Magdeburg Hbf., Magdeburg-Buckau, Magdeburg-Rothensee, Oebisfelde, Oschersleben, Rosslau, Salzwedel, Stassfurt, Stendal, Wernigerode.

Reichsbahndirektion Schwerin:
Bw Güstrow, Hagenow-Land, Parchim, Perleberg, Rostock, Schwerin, Waren (Müritz), Wismar, Wittenberge, Wittstock.

Fußnoten

1 Für das Bw Berlin Stettiner Bahnhof lässt sich am 01.07.1950 kein eigener Lokbestand mehr nachweisen.
2 Die Lokbeheimatung bei den Bw Weimar Berkaer Bf. und Gehren endet schon am 31.12.1949, sie erscheinen deshalb in unserem Einzelnummernverzeichnis nicht.
3 Obwohl bereits am 19.05.1949 aufgelöst (Angabe unsicher, als Datum der Auflösung wird auch der 01.01.1961 genannt!), erscheinen die Bestände von Großkorbetha im gesamten Jahr 1950 noch unter »Bw Großkorbetha«. Wir führen es daher in unserem Einzelnummernverzeichnis.

Schließung von Bahnbetriebswerken und anderweitige Veränderungen im Jahr 1950 und kurz zuvor:

Bahnbetriebswerk	Datum	Auflösung bzw. Veränderung
Artern	30.11.1950	aufgelöst und Bw Sangerhausen angegliedert
Berlin Schlesischer Bf.	01.12.1950	umbenannt in Bw Berlin-Ostbahnhof
Finsterwalde	31.10.1950	aufgelöst und Bw Senftenberg angegliedert
Flöha	08.10.1950	Triebwagen-Teil dem Bw Chemnitz Hbf. angegliedert
Frankfurt/Oder Vbf.	21.12.1950	nimmt Betrieb wieder auf[1]
Friedland (Meckl)	01.01.1950	aufgelöst und Bw Neubrandenburg angegliedert[2]
Großbreitenbach (Thür)	31.12.1949	aufgelöst und Bw Arnstadt angegliedert[3]
Großkorbetha	19.05.1949	aufgelöst und Bw Halle-P als auch Merseburg angegliedert[4]
Jarmen	01.01.1950	aufgelöst[5]
Leipzig-Nord	30.10.1950	aufgelöst und Bw Leipzig-West angegliedert
Meuselwitz (Thür)	01.11.1950	aufgelöst und Bw Altenburg angegliedert
Müncheberg	01.03.1950	aufgelöst und Bw Frankfurt/Oder Pbf. angegliedert
Perleberg	01.10.1950	aufgelöst und Bw Wittenberge angegliedert
Potsdam	28.09.1950	aufgelöst und Bw Brandenburg angegliedert
Salzwedel-Neustadt	01.05.1950	aufgelöst und Bw Salzwedel angegliedert[6]
Stendal-Ost	31.12.1949	aufgelöst und Bw Stendal angegliedert[7]
Torgau	01.11.1950	aufgelöst und Bw Falkenberg angegliedert

Veränderungen bezüglich der Raw und gleichgestellter Werkstätten:

Hauptwerkst. Blankenburg	01.01.1950	umgewandelt in Bw Blankenburg und Raw Blankenburg[8]
Hauptwerkst. Haldensleben	01.01.1950	umgewandelt in Bw Haldensleben[9]
Hauptwerkst. Jerichow	01.01.1950	umgewandelt in Bw Jerichow[10]
Hauptwerkst. Nietleben	01.01.1950	zur Werkabteilung des Raw Halle abgewertet[11]
Wabt. Schlauroth	01.01.1950	von Werkabteilung des Bw Görlitz zum Raw aufgewertet
Sachsenwerk Stendal	01.01.1950	zur Werkabteilung des Raw Stendal abgewertet[12]
Raw Friedland (Meckl)	01.01.1950	zur Werkabteilung des Raw Malchin abgewertet[13]
Raw Rostock	01.09.1950	geschlossen und in VEB Dieselmotorenwerk Rostock umgewandelt

1 Die Anlagen wurden Anfang 1945 während der sowjetischen Berlin-Offensive völlig zerstört.
2 Betriebswerkstatt der Mecklenburg-Pommerschen Schmalspurbahn (600 mm-Spurweite).
3 Betriebswerkstatt der Ilmenau-Großbreitenbacher Eisenbahn.
4 Auch nach der vorgeblichen Schließung als selbständige Dienststelle 1949 ist in Betriebsbüchern bzw. Umsetzmeldungen bis etwa 1955/56 der Eintrag »Bw Großkorbetha« zu finden! Als spätestes Datum der Auflösung wird neuerdings der 01.01.1961 genannt.
5 Betriebswerkstatt der 1949 wiederaufgebauten 600-mm Schmalspurstrecke Jarmen Nord-Schmarsow.
6 Betriebswerkstatt der Salzwedeler Kleinbahn.
7 Betriebswerkstatt der Stendaler Kleinbahn.
8 Vormals Halberstadt-Blankenburger Eisenbahn.
9 Vormals Eisenbahn Gardelegen-Haldensleben-Weferlingen und Haldenslebener Eisenbahn.
10 Vormals Hauptwerkstatt der Genthiner Kleinbahn.
11 Vormals Halle-Hettstedter Eisenbahn.
12 Vormals Hauptwerkstatt der Bahnen des Provinzialverbandes Merseburg.
13 Vormals Hauptwerkstatt der Mecklenburg-Pommerschen Schmalspurbahn.

wie Neubrandenburg zur Rbd Greifswald zählten. Häufig werden in der Literatur gerade diese Bw falsch zugeordnet. Die beigestellten Tabellen geben Auskunft über die Zugehörigkeit der **Bahnbetriebswerke** zu den Direktionen sowie **organisatorische Veränderungen** bezüglich der Bw und Lokbahnhöfe[1].

1 Die Angaben zu den Lokbahnhöfen sind nicht zwingend vollständig, es liegen zu wenig Quellen vor.

Schließung von Lokbahnhöfen und Änderung ihrer Zugehörigkeit im Jahre 1950:

Lokbahnhof	Datum	Auflösung bzw. Veränderung
Altlandsberg	01.01.1950	an Bw Berlin-Lichtenberg[1]
Alsleben	01.01.1950	an Bw Bitterfeld[2]
Anklam-West	01.01.1950	von Bw Friedland an Bw Pasewalk[3]
Aschersleben ASN	01.01.1950	an Bw Aschersleben[4]
Barth	01.01.1950	zum Bw aufgewertet[5]
Basdorf	01.01.1951	zum Bw aufgewertet[6]
Beendorf	01.01.1950	an Bw Eilsleben[7]
Bertsdorf	01.11.1950	geschlossen[8]
Blankenburg	01.01.1950	zum Bw aufgewertet[9]
Boizenburg	01.01.1950	an Bw Hagenow-Land[10]
Brahlsdorf	01.01.1950	an Bw Hagenow-Land[11]
Brandenburg-Altstadt	01.01.1950	zum Bw aufgewertet[12]
Calbe (Milde)	01.01.1950	an Bw Salzwedel[13]
Calvörde	01.01.1950	an Bw Halberstadt[14]
Colbitz	01.01.1950	an Bw Magdeburg-Rothensee[15]
Delitzsch-West	01.01.1950	an Bw Bitterfeld[16]
Dessau Wörlitzer Bf.	01.01.1950	an Bw Dessau[17]
Doberlug-Kirchhain	01.11.1950	von Bw Finsterwalde an Bw Elsterwerda
Dürrröhrsdorf	01.08.1950	geschlossen
Ebeleben	01.01.1950	an Bw Gotha[18]
Eibenstock oberer Bf.	01.08.1950	geschlossen
Eppendorf	01.04.1950	von Bw Buchholz (Sa) an Bw Hilbersdorf
Erfurt-West	01.01.1950	an Bw Erfurt-P[19]
Erkner	01.09.1950	wieder zum Bw aufgewertet[20]
Frauenwald	01.01.1950	an Bw Arnstadt[21]
Friedland	01.01.1950	an Bw Neubrandenburg[22]
Gehren	01.01.1950	an Bw Arnstadt[23]

1 Vormals Altlandsberger Kleinbahn.
2 Vormals Kleinbahn Debitz-Alsleben.
3 Vormals Mecklenburg-Pommersche Schmalspurbahn
4 Vormals Aschersleben-Schneidlingen-Nienhagener Eisenbahn.
5 Vormals Werkstatt der Franzburger Kleinbahn.
6 Vormals Werkstatt der Niederbarnimer Eisenbahn.
7 Vormals Kleinbahn Marienborn-Beendorf.
8 Lokbahnhof der Zittau-Oybin-Johnsdorfer Eisenbahn (750-mm Spurweite).
9 Vormals Halberstadt-Blankenburger Eisenbahn.
10 Vormals Boizenburger Stadt- und Hafenbahn.
11 Vormals Kleinbahn Neuhaus-Brahlsdorf.
12 Vormals Werksatt der Brandenburger Städtebahn.
13 Vormals Altmärkische Eisenbahn.
14 Vormals Kleinbahn Wegenstedt-Calvörde.
15 Vormals Kleinbahn Wolmirstedt-Colbitz.
16 Vormals Delitzscher Kleinbahn.
17 Vormals Dessau-Wörlitzer Eisenbahn.
18 Vormals Mühlhausen-Ebeleben, Hohenebra-Ebeleben und Greußen-Keula-Ebeleben.
19 Vormals Kleinbahn Erfurt-Nottleben.
20 Wurde am 01.02.1947 als eigenständiges Bw aufgelöst und Bw Rummelsburg angegliedert.
21 Vormals Kleinbahn Rennsteig-Frauenwald.
22 Vormals Neubrandenburg-Friedländer Eisenbahn und Mecklenburg-Pommersche Schmalspurbahn.
23 Vormals Ilmenau-Großbreitenbacher Eisenbahn. Lokbestand an Bw Arnstadt, Betriebswerkstatt bleibt bis 1951 erhalten.

Gera-Pforten	01.01.1950	an Bw Gera[24]
Gerbstedt	01.01.1950	an Bw Halle-Klaustor[25]
Gerlebogk	01.01.1950	an Bw Aschersleben[26]
Gernrode	01.01.1950	an Bw Wernigerode[27]
Gottleuba	01.08.1950	geschlossen
Grimmen	01.01.1950	an Bw Barth[28]
Grünstädtel	01.04.1950	von Bw Kirchberg an Bw Buchholz (Sa)
Haldensleben	01.01.1950	zum Bw aufgewertet[29]
Halle-Klaustor	01.01.1950	zum Bw aufgewertet[30]
Haussömmern	01.01.1950	an Bw Gotha[31]
Hessen	01.01.1950	an Bw Halberstadt[32]
Ichtershausen	01.01.1950	an Bw Arnstadt[33]
Jerichow	01.01.1950	zum Bw aufgewertet[34]
Johanngeorgenstadt	01.09.1950	neu eingerichtet für Zivilverkehr[35]
Ketzin	01.01.1950	zum Bw aufgewertet[36]
Kemberg	01.01.1950	an Bw Wittenberg[37]
Keula	01.01.1950	geschlossen[38]
Kipsdorf	01.08.1950	geschlossen
Klingenberg-Colmnitz	01.11.1950	von Bw Dresden-Altstadt an Bw Nossen
Klockow	01.01.1950	an Bw Prenzlau[39]
Könnern	01.01.1950	an Bw Aschersleben[40]
Krauschwitz	01.01.1951	zur Werkstatt im Status eines Bw aufgewertet[41]
Lehnin	01.01.1950	an Bw Seddin[42]
Löbejün	01.01.1950	an Bw Aschersleben[43]
Lommatzsch	01.11.1950	von Bw Döbeln an Bw Nossen
Mittelwalde	01.01.1950	an Bw Schöneweide[44]
Nauen	01.01.1950	an Bw Ketzin[45]
Neuburxdorf	01.01.1950	an Bw Riesa[46]

24 Vormals Gera Pforten-Wuitz Mumsdorfer Eisenbahn.
25 Vormals Halle-Hettstedter Eisenbahn. Laut Akten Rbd Halle zunächst an Bw Nietleben, welches in keiner anderen Quelle genannt wird!
26 Vormals Kleinbahn Nauendorf-Gerlebogk.
27 Vormals Gernrode-Harzgeroder Eisenbahn.
28 Vormals Greifswald-Grimmener Eisenbahn.
29 Vormals Eisenbahn Gardelegen-Haldensleben-Weferlingen und Haldenslebener Eisenbahn.
30 Vormals Halle-Hettstedter Eisenbahn.
31 Vormals Langensalzaer Kleinbahn.
32 Vormals Eisenbahn Heudeber-Mattierzoll.
33 Vormals Arnstadt-Ichtershäuser Eisenbahn.
34 Vormals Werkstatt der Genthiner Eisenbahn.
35 Der Lokbahnhof gelangte am 30.05.1947 als Sonderobjekt zur Sowjetischen Militärtransportabteilung für SAG Wismut und war vom Betrieb der Deutschen Reichsbahn streng abgeschirmt. In unserem Einzelnummernverzeichnis sind die hier beheimateten Lok gesondert ausgewiesen.
36 Vormals Werkstatt der Osthavelländischen Kreisbahnen.
37 Vormals Kleinbahn Bergwitz-Kemberg.
38 Gebäude der Maschinenausleihstation (MAS) Ebeleben übergeben.
39 Vormals Kleinbahn Pasewalk-Klockow.
40 Vormals Könnern-Rothenburger Eisenbahn.
41 Vormals Werkstatt der Waldeisenbahn Muskau.
42 Vormals Lehniner Kleinbahn.
43 Vormals Nauendorf-Gerlebogker Eisenbahn.
44 Vormals Königswusterhausen-Mittenwalde-Töpchiner Eisenbahn.
45 Vormals Kleinbahn Rathenow-Senske-Nauen.
46 Vormals Kleinbahn Neuburxdorf-Mühlberg.

Neuruppin	01.01.1950	zum Bw aufgewertet[47]
Oberrittersgrün	01.04.1950	von Bw Kirchberg an Bw Buchholz (Sa)
Oberwiesenthal	01.04.1950	von Bw Buchholz (Sa) an Bw Kirchberg
Oechsen	01.01.1950	an Bw Vacha[48]
Oldisleben	01.01.1950	an Bw Artern[49]
Oschatz	01.11.1950	von Bw Döbeln an Bw Riesa
Osterburg	01.01.1950	an Bw Stendal[50]
Osterwieck	01.01.1950	an Bw Halberstadt[51]
Potsdam	1950	von Bw Brandenburg weggenommen, seither eigenständig[52]
Perleberg-Süd	01.01.1950	von Bw Perleberg an Bw Wittenberge[53]
Prettin	01.01.1950	an Bw Falkenberg[54]
Putbus	01.01.1950	zum Bw aufgewertet[55]
Putlitz	01.10.1950	von Bw Perleberg an Bw Wittenberge
Roskow	01.01.1950	an Bw Ketzin[56]
Rothenburg (b.Könnern)	01.01.1950	an Bw Aschersleben[57]
Rothenburg (Lausitz)	01.01.1950	an Bw Hoyerswerda[58]
Ruhla	01.01.1950	an Bw Gotha[59]
Schildau	01.01.1950	an Bw Torgau[60]
	01.11.1950	von Bw Torgau an Bw Falkenberg
Stollberg (Erzgeb)	01.08.1950	von Bw Chemnitz Hbf. an Bw Glauchau
Straußberg	01.01.1950	an Bw Berlin-Lichtenberg[61]
Straupitz	01.01.1950	zum Bw aufgewertet[62]
Strehla	01.11.1950	von Bw Döbeln an Bw Riesa
Tangermünde	01.01.1950	an Bw Stendal[63]
Tegel	01.07.1950	an Bw Basdorf[64]
Teltow	01.01.1950	an Bw Tempelhof Vbf.[65]
Uckro	01.01.1950	an Bw Luckau[66]
Weimar Berkaer Bf.	01.01.1950	an Bw Weimar[67]
Werben	01.01.1950	an Bw Stendal[68]
Wermsdorf	01.08.1950	geschlossen

47 Vormals Werkstatt der Ruppiner Eisenbahn.
48 Vormals Wenigentaft-Oechsener Eisenbahn.
49 Vormals Kleinbahn Esperstedt-Oldisleben, bei Übernahme ohne eigenen Lokbestand.
50 Vormals Kleinbahn Osterburg-Pretzier.
51 Vormals Osterwieck-Wasserlebener Eisenbahn.
52 Direkt dem Reichsbahnamt unterstellt, jedoch schon ab 05.02.1951 wieder beim Bw Brandenburg.
53 Vormals Ost- und Westprignitzer Kreiskleinbahnen.
54 Vormals Kleinbahn Annaburg-Prettin.
55 Vormals Werkstatt der Rügenschen Bahnen.
56 Vormals Westhavelländische Eisenbahn.
57 Vormals Kleinbahn Rothenburg-Könnern.
58 Vormals Eisenbahn Horka-Rothenburg-Priebus.
59 Vormals Wutha-Ruhlaer Eisenbahn.
60 Vormals Kleinbahn Schildau-Mockrehna.
61 Vormals Kleinbahn Straußberg-Herzfelde.
62 Vormals Werkstatt der Spreewaldbahn.
63 Vormals Stendal-Tangermünder Eisenbahn.
64 Vormals Niederbarnimer Eisenbahn. Obwohl in Westberlin liegend und zum nicht übernommenen Streckenteil gehörend, in amtlichen DR-Unterlagen 1950 genannt!
65 Vormals Teltower Eisenbahn.
66 Vormals Dahme-Uckroer Eisenbahn.
67 Vormals Weimar-Berka-Blankenhainer Eisenbahn. Lokbestand an Bw Weimar, Betriebswerkstatt bleibt bis 1951 erhalten.
68 Vormals Kleinbahn Goldbeck-Werben-Elbe.

Wernigerode	01.01.1950	an Bw Halberstadt[69]
Wernigerode (Westerntor)	01.01.1950	zum Bw aufgewertet[70]
Wernshausen	01.01.1950	an Bw Meiningen[71]
Wettin	01.01.1950	an Bw Aschersleben[72]
Wörlitz	01.01.1950	an Bw Dessau[73]
Wünschendorf	01.11.1950	von Bw Zwickau an Bw Werdau
Zwönitz	.........1950?	geschlossen[74]

Neben Dürrröhrsdorf, Eibenstock oberer Bahnhof, Gottleuba, Kipsdorf und Wermsdorf war vorgesehen, zum 01.08.1950 auch die Lokbahnhöfe Bienenmühle, Ebersbach, Frauenstein, Mohorn, Stollberg und Waldheim zu schließen (Vorgang 42 M 1 Bl Rbd Dresden).

69 Vormals Nordhausen-Wernigeroder Eisenbahn, aber nur Regelspurteil.
70 Vormals Werkstatt der Nordhausen-Wernigeroder Eisenbahn.
71 Vormals Trusetalbahn Wernshausen-Trusetal.
72 Vormals Kleinbahn Wallwitz-Wettin.
73 Vormals Dessau-Wörlitzer Eisenbahn.
74 Unsicher. Datum konnte auch vor Ort bislang nicht geklärt werden.

5.2 Eröffnung und Schließung von Strecken im Jahre 1950

In engen Grenzen hielten sich 1950 die **Streckenneubauten und -wiedereröffnungen**. Sie betrafen überwiegend die Rbd Berlin. Neben zwei neu errichteten Teilstrecken des nördlichen Berliner Außenringes handelte es sich um Betriebswiederaufnahmen im südlichen Teil Berlins (S-Bahn) sowie zwei Linien ausgehend von Bad Freienwalde im Oderbruch, die 1945 beim Endkampf um Berlin völlig zerstört wurden. Eine Nebenstrecke der Rbd Dresden verlor 1950 den Personenverkehr, während der Inbetriebnahme der neuen Hauptbahn Schwarzenberg–Johanngeorgenstadt erhebliche Bedeutung im Wismut-Verkehr zukam. Weitere Veränderungen sind, abgesehen von der Wiederherstellung des schmalspurigen Abschnittes Alexisbad-Harzgerode (Rbd Magdeburg), nicht bekannt. Auf den Maschinendienst, speziell Lokbeheimatungen, hatten diese Vorgänge aber zunächst nur geringen Einfluss.

Eröffnung und Wiederinbetriebnahme von Strecken im Jahre 1950:

Datum	Rbd	Streckenabschnitt und Bemerkungen
01.04.1950	Berlin	Berlin Karow-Springpfuhl (Teil des Berliner Außenringes)
> 30.04.1950	Berlin	Grünau-Königs Wusterhausen (S-Bahn Berlin)
> 06.05.1950	Berlin	Abzweig Basdorf-Berlin Karow-Blankenburg (wie vor)
.....06.1950	Magdeburg	Alexisbad-Harzgerode (Wiederinbetriebnahme 1000 mm)
> 07.07.1950	Berlin	Lichterfelde Süd-Teltow (S-Bahn Berlin)
> 14.08.1950	Berlin	Spandau West-Falkensee (S-Bahn Berlin)
27.09.1950	Erfurt	Worbis-Teistungen (Wiederinbetriebnahme)[1]
08.10.1950	Berlin	Bad Freienwalde-Oderberg-Bralitz (Wiederinbetriebnahme)
08.10.1950	Berlin	Bad Freienwalde-Hohenwutzen (Wiederinbetriebnahme)
20.10.1950	Dresden	Schwarzenberg-Johanngeorgenstadt (neue Linie)

Schließung von Strecken im Jahre 1950:

Datum	Rbd	Streckenabschnitt und Bemerkungen
20.10.1950	Dresden	Schwarzenberg-Johanngeorgenstadt (alte Linie)
29.10.1950	Dresden	Wüstenbrand-Limbach Oberfrohna (Personenverkehr)
..........1950	Magdeburg	Peulingen-Bismarck Anschlussbahnhof

1 Im Amtsblatt der DR jedoch nicht enthalten!

6 Der Dienst mit Dampflokomotiven

Insgesamt kennzeichnete den Betriebsmaschinendienst im Jahr 1950 eine zunehmende Gesundung des Fahrzeugparks. Besonders unter den Güterzuglokomotiven fällt der geringe Bestand an Schadlokomotiven auf, wobei zu beachten ist, dass nicht etwa alle Maschinen außerhalb dieses Schadparkes auch betriebsfähig waren. Nicht wenige standen zur Aufnahme in ein Raw bereit oder warteten auf Ersatzteile. Und an diesen mangelte es gewaltig! So mancher Werkmeister erzählt noch heute von den täglichen Problemen mit fehlenden Treib- und Kuppelstangen, Schiebern, Pumpen, Siederohren, Kesselarmaturen, Zentralschmierapparaten oder Kleinteilen der Druckluftbremsen, um nur einige zu nennen.

Die Hauptlast des Schnell- und Personenverkehrs trug, wie schon nach dem Ersten Weltkrieg, die preußische P8. Von diesen Maschinen war aber ein Großteil zu diesem Zeitpunkt bereits 30 und mehr Jahre alt. Im Güterzugdienst mangelte es an leistungsfähigen Neubaulokomotiven der Reihen 44 und 50, die in ihrer großen Masse Westdeutschland zugefallen waren. Auf Jahrzehnte unverzichtbar blieben deshalb Länderbahnmaschinen wie G8, G8.1, G10 und vor allem G12, ebenso die als Splittergattung vorhandenen Baureihen 42 und 43, vorrangig aber die nur für wenige Lebensjahre konstruierten und in großer Zahl zur Verfügung stehenden Lokomotiven der Baureihe 52. Die beginnende, zum Teil unsinnig überzogene Schwerlastbewegung setzte gerade diesen Lokomotiven erheblich zu, und so manche 50 oder 52 quittiert die »Tonnenschinderei« zwanzig Jahre später mit massiv auftretenden Rahmenrissen.

Besonders schlimm scheint die Situation auf den soeben übernommenen Klein- und Privatbahnen gewesen zu sein. Zahllose Lok gehörten Splittergattungen an beziehungsweise waren Unikate. Sie konnten nicht ausgemustert oder an die Industrie verkauft werden, da täglich ein akuter Mangel an Betriebslokomotiven herrschte. An manchem Exemplar fand sich keine einzige genormte Ar-

Vom Dach des Lokschuppens hat uns Georg Hey den Berkaer Bahnhof zu Weimar bildlich festgehalten. Ruß und Qualm allerorten. Hinten ein gerade zum Hauptbahnhof ausfahrender langer Personenzug von einer Lok Baureihe 58 Tender voran laufend gezogen. Die leidige Braunkohlenfeuerung hat alles in Schmutz gehüllt.
Foto: Georg Hey, Weimar, Sammlung Walluhn

»Deutsche Reichsbahn Brigade Weber. In persönlicher Pflege RBD Erfurt Bw Weimar«. 38 1239 in zweiter Nummernbesetzung und nicht genormt (Henschel 1918/15693, vormals PKP Ok 1-105); neben dem Nummernschild der rote Punkt als Hinweis auf die eingebaute Stahlfeuerbüchse. Auf diesem Bild ist alles preußisch, als sei die Zeit Jahrzehnte lang stehen geblieben, doch die Aufnahme entstand in Weimar am 18. Mai 1952.
Foto: Georg Hey, Weimar, Sammlung Walluhn

matur, Reparaturen erforderten viel Handarbeit und Einzelanfertigung von Ersatzstücken. Manches Raw vollbrachte um 1950 wahre Meisterleistungen, diese Maschinen im betriebstüchtigen Zustand zu halten.

Eine erhebliche Belastung bildeten auch die über 900 hinterstellten Fremdlokomotiven. Kaum eine war im Jahr 1950 noch betriebsfähig, sie füllten die Abstellbahnhöfe, blockierten Betriebsgleise in Rangierbahnhöfen, Betriebswerken oder standen auf Unterwegsstationen herum, man denke zum Beispiel an Grimmenthal, Ritschenhausen (Rbd Erfurt), Haldensleben, Wegeleben, Staßfurt, Sandersleben (Rbd Magdeburg), Klitzschmar (Rbd Halle), Ducherow (Rbd Greifswald) oder Hagenow-Land (Rbd Schwerin).

Die Tücken im komplizierten Zusammenspiel zwischen Mensch und Maschine liegen – bis heute – im Detail. Tagtäglich befassten sich damals tausende Eisenbahner im Fahrdienst und in den Werkstätten zwangsweise mit Problemen, die aus heutiger Sicht mit 50 Jahren Abstand kaum noch nachvollzogen werden können. Sie sind auch viel zu wenig bekannt, nicht zuletzt deshalb, weil es die einschlägigen Sachbücher häufig bei Zahlenfriedhöfen oder bei flüchtig hingeworfenen Sätzen belassen und allzu oft unkommentiert bunte Bilder aneinander reihen beziehungsweise die Dampflokzeit postum nostalgisch verklären.

Ein Relikt aus uralter Privatbahnzeit im Bahnhof Kraftsdorf (Strecke Göschwitz–Gera). Der Wasserkran, Baujahr 1876, wurde einst von der Weimar-Geraer Eisenbahngesellschaft aufgestellt, ist noch am 9. Mai 1952 voll im Betrieb.
Foto: Georg Hey, Weimar, Sammlung Walluhn

6.1 Technische Probleme der Zeit

Das Hauptproblem der Nachkriegsjahre war – auch 1950 – die **Feuerung** der Dampflokomotiven. Da Steinkohle in ausreichender Menge nicht verfügbar war[1], wurde teilweise mit Brikett, meist jedoch mit Rohbraunkohle gefahren. Nun ist aber Braunkohle nicht gleich Braunkohle, die alten Personale wissen das nur zu genau. Solche aus dem Bitterfelder Revier besitzt den geringsten Heizwert, nicht einmal ein Drittel von dem der Oberschlesischen Steinkohle, bei oft mehr als 50 Prozent Wassergehalt. Der Heizer benötigte für den Dienst vergleichsweise die dreifache Menge – eine Knochenschinderei.

Senftenberger Braunkohle[2] besitzt den doppelten Heizwert der Bitterfelder, gast aber stark. Sie brennt daher mit langer Flamme und entwickelt dabei doppelte Aschemengen. Kohle aus dem Revier von Borna bei Leipzig liegt im Heizwert bei etwa 70 Prozent (!) gegenüber Oberschlesischer Steinkohle, zeichnet sich aber durch erheblichen Schwefelgehalt aus. Sie greift beim Verfeuern Siederohre und Feuerbüchsen – besonders kupferne – stark an und zerbröselt außerdem schnell.

1 Seit der Währungsreform in den Westzonen, also vom 20.06.1948 an, konnte Steinkohle aus dem Ruhrgebiet nicht mehr bezogen werden.
2 So genannte Hartbraunkohle; sie besitzt dichtes Gefüge und relativ wenig Fremdeinschlüsse.

Schadlokomotive 01 089 (Krupp 1930/1169) ist am Rand des Bahnbetriebswerkes Erfurt-P hinterstellt. Treib- und erste Kuppelachse, Schleppachse aber auch das gesamte Gestänge und die Speisepumpe wurden als dringend benötigte Ersatzteile abgebaut. Die Kesselbekleidung fehlt in großen Teilen, Knorr-Vorwärmer, Sandfallrohre, Dampfdombekleidung, Lichtmaschine, vorderer Pufferträger, Schieber, Kolbenstangenschmierung und Führerstandsfenster sind ebenfalls ausgebaut. Hinter dem Führerhaus steht ein alter französischer Tender amerikanischen Baustils. Kaum zu glauben, dass diese Maschine später wieder in Fahrt kommen wird. Aufnahme vom 28. März 1953.
Foto: Werner Lehmitz Rbd Erfurt, Sammlung Walluhn

Nachterstedter Braunkohle war mit ihrem Kalkeinschlüssen besonders gefürchtet, sie verschlackte den Rost sehr stark, seine anschließende Reinigung wurde zur quälenden Strafarbeit. Nicht selten trat während der Dienstschichten Dampfmangel ein. Einigermaßen erträglich war Kohle aus dem Lausitzer Meurostollen. Wieder andere Kohlesorten waren braun statt schwarz, qualmten und rußten stark, hatten Holzeinschlüsse[3] oder einen hohen Salzgehalt[4].

Im Schnellzugdienst verwendete man, so irgend möglich, die gute oberschlesische Steinkohle, ein idealer Lokomotivbrennstoff, der allerdings importiert werden musste[5]. Nicht zuletzt war diese Kohle einer der Gründe, das Verhältnis zu Polen im Jahr 1950 mit Anerkennung der so genannten Oder-Neiße-Grenze zu normalisieren. Zwickauer Steinkohle hingegen hatte einen hohen Schiefergehalt, schlackte stark und entwickelte erst spät nach dem Aufwerfen Wärme. Sie setzte außerdem gern den Rost zu und war im »Toten Feuerbett« überhaupt nicht zu gebrauchen, nicht einmal als Braunkohlenzusatz.

Steinkohle aus der Sowjetunion machte Personal und Lok ebenfalls keine Freude, schon während des Ostkrieges 1941 bis 1944 hatte man mit ihr unangenehme Erfahrungen gemacht. Man denke nur an die Donjezk-Kohle,

3 So genannte Weichbraunkohle; sie hat holzige Anteile, die so genannten Xylite oder Lignite, ist erdig, teils knorpelig (Knorpelkohle) und von relativ geringem Heizwert. Solche Kohle neigt außerdem zu starkem Funkenflug. Sie war bei den Personalen als »Blumenerde« verrufen.

4 So genannte Salzkohle; sie ist weitgehend ungeeignet zur Brikettherstellung, hat starken Schlackeanfall und wurde deshalb von den Lokpersonalen überhaupt nicht geschätzt. Auch leistet sie der Abzehrung von Feuerbüchse und Rohren aufgrund ihres hohen Salzgehaltes raschen Vorschub.

5 Diese Steinkohle blieb auch 1950 noch weitgehend Lokomotiven im so genannten »Interzonenverkehr« vorbehalten. Ersatzweise wurden im Schnellzugdienst oft Braunkohlenbrikett verfeuert.

Berlin Anhalter Personenbahnhof im Oktober 1945: Vor einem Personenzug steht 50 901 (Krupp 1940/2362) des Bw Zwickau mit geöffneten Zylinderhähnen. Braunkohlenruß überall, ein Nummernschild aus Blech mit aufgemalten Ziffern, eine defekte Glasscheibe in der rechten – vom Betrachter aus gesehen linken – Loklaterne. Im Hintergrund die Ruine der einst pompösen wilhelminischen Empfangshalle.
Foto: Peter Cürlis, Sammlung Walluhn

die vor Verwendung erst in Öl getränkt werden musste. Besonders in einigen alten Länderbahnlokomotiven wie T3, G7 oder T11 war Braunkohle äußerst schlecht zu verwerten, da die relativ stark nach vorn geneigten Roste den Brennstoff an die Rohrwand rutschen oder auf dem Wege dorthin »zerbröseln« und anschließend durch die Rostspalten fallen ließen. Die Folge waren verstopfte Rohre, ausgeglühte Aschkästen und leckende Feuerbüchsrohrwände, das so genannte Rohrlaufen.

Vereinzelt hatten Bahnbetriebswerke Aschkasteneinspritzeinrichtungen ersonnen und oftmals ohne höhere Weisung in Lokomotiven eingebaut. Wichtigste und wohl am weitesten verbreitete Neuerung der Nachkriegszeit war das **»Tote Feuerbett«** nach Methode Bw Zittau, offiziell eingeführt mit Verfügung der Hauptverwaltung der DR vom 31.10.1947. Eigentlich handelt es sich dabei um überhaupt keine neue Erfindung, das Verfahren war schon um 1925 auf den Bahnen in Böhmen und Mähren bekannt gewesen, wo man überwiegend einheimische Braunkohle verfeuert hatte. Für das tote Feuerbett wird zunächst auf den Rost eine dünne Schicht Steine und dann Kohle aufgebracht. Die Steine – an ihrer Stelle verwendet man auch zerkleinerte alte Feuerschirme oder Feuerbüchsausmauerungen – verhindern das Durchfallen feinkörniger Braunkohlestücke in den Aschkasten und dienen zugleich als Wärmespeicher[6]. Frisch aufgeworfene Kohle

6 Die Behauptung in »Chronik des deutschen Verkehrs 1949» (München 2000), das Tote Feuerbett sei ein Versuch gewesen, ist unzutreffend. Es war nach dem Krieg allgemein verbreitet und fand bei allen Dampflokbaureihen Anwendung. Eine ebenfalls weite Verbreitung erfuhr der so genannte Kulka-Rost mit seinen für Braunkohlenbetrieb verengten Roststäben.

52 6427 vom Bw Berlin Anhalter Bahnhof (Schwartzkopff 1944/ 12980) rangiert einen schweren Zug mit Braunkohlenbrikett im Anhalter Güterbahnhof. Die Kesselsicherheitsventile säuseln und zeigen Spitzendruck an. An der Rauchkammer ist noch immer die aus dem Krieg stammende Bw-Abkürzung »Ahb« erkennbar. Der Kohlenkasten am Tender ist wie bei vielen Lokomotiven hinten durch einen Bretterverschlag erweitert.
Foto: Walter Ries, Berlin, Sammlung Walluhn

brennt so schneller an und rußt weniger stark. Bei Verschlackung des Feuers verkehrt sich der gewünschte Effekt allerdings ins Gegenteil: Es kommt zu hartnäckigem Verbacken und nicht selten zu Dampfmangel während des Dienstes. Vor allem bei Lokomotiven ohne Kipprost gestaltet sich das anschließende Herausbrechen dieser Mischung aus Schlacke und Steinen zur Knochenschinderei für den Heizer. Und schließlich führte das Zusammenspiel der Braunkohlefeuerung mit Mängeln an Aschkästen, Rauchkammertüren und Funkenfängern in den Sommermonaten aufgrund des Funkenauswurfes immer wieder zu Waldbränden entlang der Eisenbahnstrecken.

Ähnlich problematisch wie mit der Kohle verhielt es sich mit dem **Speisewasser**. Eine chemische Innenaufbereitung – zum Beispiel mit Sodaphos K – war 1950 noch unbekannt. Vor allem in Gebirgsgegenden herrschten erhebliche Härtegrade, Spitzenreiter waren Bw wie Sangerhausen, Güsten, Blankenburg oder auch Eisenach, Gerstungen, Meiningen. So traten in Hinterkesseln häufig Steinnester auf, die undichte und abgerissene Stehbolzen zur Folge hatten, aber auch – und dies geschah vor allem bei Lokomotiven der Baureihe 52 – Ausbeulungen des Feuerbüchsbleches zwischen den Stehbolzenfeldern, so genannte Matratzenbildungen, bewirkten. Für Abhilfe sorgte eigentlich nur das (vorbeugende) Auswaschen, und nicht umsonst hatte kurz nach dem Krieg die Sowjetische Militäradministration das Großauswaschen eingeführt. Zu Beginn der 50er-Jahre wurden Kessel schließlich beim Bw Seddin in einer speziellen Anlage ausgesäuert, das heißt, der Kalk mittels Säureeinwirkung entfernt[7].

Nicht weniger Schwierigkeiten bereitet der **Verschleiß** von Lokomotivteilen. So war man besonders im Hinblick auf die angespannte Ersatzteillage bemüht, diesen so gering wie möglich zu halten. Ebenso versuchten Personale und Werkstätten dem starken Funkenflug Einhalt zu gebieten. So genannte »Neuerermethoden« schossen wie Pilze aus dem Boden, aber nur wenige waren brauchbar und wurden dauerhaft eingeführt. Die Wichtigsten seien an dieser Stelle genannt:

1947 Aschkasteneinspritzeinrichtung Bauart Bw Gera
1948 Rauchkammereinspritzeinrichtung und Rußfeger Bauart Emmerich
1949 Stangenlagerschmierung Bauart Ostermann Bw Erfurt-P
1950 Einrichtung zur Vermeidung von Funkenflug Bauart Ostermann-Biesen Bw Erfurt-P

7 Genannt Aussäuern; von diesem Verfahren kommt man spätestens nach Einführung der Speisewasserinnenaufbereitung rasch wieder ab, da es die Kesselmetalle unverhältnismäßig stark angreift.

Einen weniger guten Eindruck macht 58 2507 (Warschau 1928/132), in Nordhausen am 18.11.1953 abgelichtet. Die Treibstange liegt auf dem Umlauf, das gesamte Gestänge abgesehen von einigen Steuerungsteilen fehlt, ebenso Speisepumpe, Loklaternen und Teile der Kesselarmatur. Am Führerhaus erkennen wir das mit Blech verschlossene vordere Fenster und am Dampfdom ein großes Fabrikschild, für das sich damals niemand interessiert. Heute wäre es unbezahlbar. Wie viele polnische Lokomotiven trägt auch diese Stangenpuffer, welche an deutschen Maschinen längst durch Hülsenpuffer Bauart Siegen ersetzt waren. Im Rahmen einer großen Abgabewelle gelangt auch 58 2507 am 12.09.1955 wieder zur PKP.
Foto: Werner Lehmitz Rbd Erfurt, Sammlung Walluhn

Auch deuteten sich bereits 1950, also sechs bis acht Jahre nach Indienststellung, erste Kesselprobleme bei der Reihe 52 ein, die in der Folgezeit noch erhebliches Kopfzerbrechen bereiten sollten: Feuerbüchsdecken und Seitenwände begannen Verwerfungen und Matratzenbildung zu zeigen, deren Ursache lange verborgen blieb und die letztendlich in der Anordnung der Stehbolzen sowie den fehlenden bzw. zu wenigen Gelenkstehbolzen zu suchen waren. Die etwas jüngere Reihe 42 krankte am selben Problem, allerdings noch viel stärker, da ihr Hinterkessel überhaupt keine Gelenkstehbolzen aufwies. Der Werkstättendienst steuerte gegen: **Versuchslok 52 6740** verließ am 15. Dezember 1950 das Raw Stendal **mit Gelenkstehbolzen als Kugelkopfbolzen mit aufgeschweißten Kugelkappen**. Weitere Lokomotiven wurden so ausgerüstet, aber aus Materialmangel längst nicht alle.

1951 begannen schließlich umfangreiche Versuche mit verchromten Gleitbahnen für Kreuzköpfe und Schieber, die bis Ende des Jahrzehnts andauerten. In die Zeit um 1950 fiel auch die Einführung der verbesserten »Spurkranzschmierung Bauart Heyder Bw Probstzella« zur Minderung des Radreifenverschleißes, vorrangig auf krümmungsreichen Gebirgsbahnen im Thüringer Wald, Erzgebirge und Harz.

Immer wieder bereiteten auch die **Bremsen** Probleme. So konnten Bremshunderstel nicht eingehalten werden, da sich in Güterzügen Wagen fremdländischer Bauarten und in zu hoher Zahl solche ohne Bremsen befanden. Es mangelte, wie in allen anderen Bereichen, an Ersatzteilen. Schließlich gab es vereinzelt sogar noch Lokomotiven ohne Druckluftbremsen, etwa ehemals polnische 55.0 bzw. 55.7 (G7.1 bzw. G7.2), die nur mit Dampf- und Tenderhandbremsen ausgerüstet waren. Das Versagen von oftmals mit Wartungsmängeln behafteten Luftpumpen führte zu zahllosen Betriebsgefährdungen und Unfällen.

Neben Bremsversagen sorgten **Heißläufer** in Gleitlagern, die mitunter zu **Wagenbränden** führten, für einen Großteil der Zuglaufstörungen. Letztendlich seien auch die **Schienenbrüche** und **Weichenschäden** erwähnt, die der Nachkriegsreichsbahn besonders in den Wintermonaten tüchtig zusätzliche Schwierigkeiten bereiteten.

Auch waren vielfach überlange **Dienstschichten** und **Versorgungsmängel** der Personale nicht zu übersehen. Zwar hatte sich 1950 die Verpflegungslage gebessert, von gesunder und ausreichender Ernährung kann aber keine Rede sein. Malzkaffee und Bockwürste, Linseneintopf und Kartoffelpuffer bildeten die Hauptgerichte in Eisenbahnerkantinen. Unter solchen Bedingungen zwölf oder 14 Stunden Dienst auf einer zudem braunkohlengefeuerten Lokomotive zu tun, war alles andere als die heute vielbeschworene Dampflokromantik. Ganz zu schweigen von den kargen Einkünften, die meist zwischen 250 und 400 Mark im Monat lagen und nur zur Deckung der nötigsten Lebenshaltungskosten in den Familien ausreichten.

Die eingangs erwähnte **»Schwerlastbewegung«** erfuhr 1950 ihre Blütezeit. Sie begann flächendeckend[8] Anfang April 1950 im Vorfeld des dritten Parteitages der SED. Was zunächst sinnvoll angedacht worden war, nämlich mit jeder Güterzuglok 500 Kilometer pro Tag Streckendienst zu leisten, lief rasch aus dem Ruder und endete schließlich 1951 in der so genannten »500.000er Bewegung». Dabei ging es darum, möglichst überschwere Züge auf äußerst langen Abschnitten, also ohne Lokwechsel, zu befördern[9]. Es sind uns Berichte über Fahrten von 4000- und gar 6000-Tonnen-Güterzügen zwischen Senftenberg oder Lübbenau und Berlin überliefert. Das war nichts anderes, als falsch verstandene Tonnenideologie. Auf völlig irrealer Basis versuchte man, mit Lokomotiven der Baureihe 44 von Leipzig-Wahren bis Rostock ohne Umspann durchzufahren[10]. Vergeblich, wie sich schnell herausstellte. Fast immer mussten »Überlastfuhren« im Ausgangsbahnhof angeschoben werden, man »garantierte« dann unterwegs stets »grüne Signale», im anderen Fall war eine Zuglaufstörung meist vorprogrammiert[11]. Aber auch überall freie Fahrt zeigende Signalisierung ließ manchen Schwerlastzug – an einer kritischen Steigung etwa – liegen bleiben, dieser blockierte anschließend lange die auf ein Gleis rückgebaute Strecke. Eine Ersatzlok oder Dampfkochen im Stand wurde nötig, und im Endeffekt wären zwei Güterzüge hintereinander sinnvoller gewesen.

Die vor solchen Schwerlastzügen verwendeten robusten Lokomotiven der Baureihen 43, 44, 50, 52 und 58 reagierten zwar nicht mit Kesselschäden, da die durchweg verwendete Braunkohle Dampfentwicklung und Heizflächenbelastung über ein bestimmtes Maß hinaus unmöglich machten, aber gern mit verspäteten Rahmenschäden, meist Jahre oder Jahrzehnte danach. Es häuften sich auch

8 Wenn auch noch nicht als Schwerlastbewegung bezeichnet, gehen ihre Anfänge ins Jahr 1948 zurück. Ihr Beginn liegt in der Rbd Cottbus. Vorbild hierfür war der sowjetische, interessanterweise aus dem Baltikum stammende, Lokführer Kriwonos. Die ersten Schwerlastzüge waren:

18.11.1948 von Senftenberg nach Lübbenau mit 52 7248 Bw Senftenberg und 1834 t Last anstatt 1200 t.

03.12.1948 von Senftenberg nach Berlin-Schöneweide mit gleicher Lok und 2019 t Last anstatt 1200 t.

31.12.1948 von Lübbenau nach Berlin-Schöneweide mit 43 013 Bw Lübbenau und 3030 t Last anstatt 1800 t.

Die Schwerlastbewegung ebbt etwa Mitte 1955 ab, viele Schwerlastzüge werden jetzt zu einfachen Regelzügen.

9 Diese Bewegung vereinigte Schwerlast und Langlauf (500.000 Tonnenkilometer pro Lok und Tag); sie vollzog sich erstmals vom 01.03. bis 31.12.1951 in drei Wettbewerbszeiträumen. Als sich im Jahresverlauf 1956 die Loklage gebessert hatte und das mitteldeutsche elektrische Netz wieder teilweise in Betrieb gegangen war, wurde es still um die 500.000er Bewegung.

10 Kollektiv Columbus unter Lokführer Paul Heine, Bw Leipzig-Wahren. Dieser Personenkreis trug nicht unmaßgeblich dazu bei, dass Leipzig-Wahren (anstatt sinnvoller und wie ursprünglich geplant Chemnitz-Hilbersdorf) als künftiges Kohlenstaub-Bw ausgewählt wurde.

11 Die Behauptung in »Chronik des deutschen Verkehrs 1949« (München 2000), dass Schwerlastzüge von der Zuglok stets selbst wieder in Gang zu bringen gewesen seien, stimmt nicht. Ebenso unzutreffend ist die Behauptung über kritische Äußerungen des Lokführers Paul Heine, die angeblich »starker Tobak« seien. Heine hatte durchaus Recht mit seiner Behauptung, dass es seitens konservativ eingestellter Eisenbahner (oft genug ehemaliger Beamter) um 1950 erhebliche Widerstände gegen Schwerlast- und Langlaufbewegung gab. Es sind etliche Fälle von Sabotage durch Einbringen von Sand in Gleitlager (seit dem Partisanenkrieg in Russland bestens bekannt), Ablegen von Hemmschuhen unter abfahrbereite Züge und angezogene Handbremsen von Güterwagen ebenso überliefert wie bewusst nicht auf Fahrt gestellte Signale an kritischen Steigungsabschnitten.

Reparaturen im Gewerk, vor allem an Achs- und Stangenlagern. Weitere Probleme der überschweren Züge waren die verlängerten Bremswege (Überfahren von Hauptsignalen), undichte und überlange Bremsleitungen sowie häufig schlecht funktionierende Bremsen einzelner Wagen. Letztere bildeten nicht selten die Ursache von Zugtrennungen durch Kupplungsbruch.

Die Schwerlastbewegung aber insgesamt als »ideologischen Tobak« abzutun, wie es leider immer wieder in neuerer Literatur geschieht, ist fehl am Platz. Unter den Bedingungen der Jahre um 1950 blieb dem Eisenbahnbetrieb der DDR gar keine andere Wahl, als überschwere Güterzüge zu fahren. Eine sinnvolle Maßnahme immer dann, wenn die Zuglast in erträglichen Grenzen – sprich um 2000 bis 2800 Tonnen – lag. Ebenso brauchbar war eine maßvolle **»Langlaufbewegung«**, die mit der Schwerlastbewegung einherging[12]. Langläufe gepaart mit durchdachtem Ringverkehr erhöhten die Durchlassfähigkeit der eingleisigen Strecken erheblich, da die Zahl der Gegenzüge stark sank. Beispiele für nicht selten direktionsübergeifende Ringverkehre waren:

Rbd Halle: Leipzig–Bitterfeld–Wittenberg–Falkenberg–Eilenburg–Halle–Leipzig.
Rbd Dresden: Dresden–Priestewitz–Riesa–Döbeln–Meißen–Dresden.
Rbd Halle/Rbd Dresden: Dresden–Priestewitz–Riesa–Leipzig–Großbothen–Döbeln–Meißen–Dresden.
Rbd Halle/Rbd Magdeburg/Raw Schwerin: Halle–Bitterfeld–Rosslau–Belzig–Brandenburg –Neustadt a. d. Dosse–Güstrow–Rostock–Wittenberge–Stendal–Magdeburg–Köthen–Halle.

Ein Kapitel für sich, geeignet ein ganzes Buch zu füllen, waren die Zustände im **Werkstättenwesen**. Dampflokausbesserung fand in den Raw Blankenburg, Chemnitz, Cottbus, Halberstadt, Halle, Leipzig (Engelsdorf), Meiningen, Schlauroth, Zwickau und Wittenberge statt, wobei auch vereinzelt noch Bahnbetriebswerke Schadgruppen L3 und L4 ausführten. L2 und L0 wurden hingegen sehr häufig in den Bw realisiert. Die Eisenbahnausbesserungszüge hatten 1950 ihre Arbeit jedoch bereits eingestellt.

Es mangelte schlichtweg an allem und jedem. Die Raw leisteten sich gegenseitig Hilfe, sie tauschten mittels Stoff- und Kurierzügen regelmäßig Ersatzteile und Verbrauchsmittel, wie Schmierstoffe und Farben, aus. Viele Werkstätten hatten ihre Kriegsschäden nicht überwunden und litten zudem an Verlust von Material durch Demontagen der 40er-Jahre[13] und Arbeitskräfteschwund durch nach Westen abwanderndes Fachpersonal. Es fehlte vielfach an Werkzeug und Spezialgerät, wie

12 Die Langlaufbewegung, alsbald »500er Bewegung« genannt (500 Kilometer pro Lok und Tag), fand im Mai 1949 ihren zunächst bescheidenen Anfang bei den Bw Engelsdorf und Leipzig-Wahren. Zu den erfolgreichen Teilnehmern des ersten Wettbewerbszeitraumes vom 04.05.1950 (praktisch erst ab 05.06.1950!) bis 31.05.1950 und Siegerehrung vom 14.06.1950 gehörten: 52 1146 Bw Falkenberg, 52 2467 Bw Senftenberg, 52 1976 Bw Cottbus, 44 114 Bw Weißenfels, 57 2111 Bw Rostock, 57 1912 Bw Güstrow, 42 805 Bw Pasewalk, 44 1040 Bw Leipzig-Wahren, 42 814 Bw Angermünde, 44 1090 Bw Erfurt-G, 50 1768 und 50 1030 Bw Magdeburg-Rothensee, 44 116 Bw Leipzig-Wahren, 52 6873 Bw Seddin, 52 5905 Kolonne 11 Hoyerswerda.
Ab 17.02.1951 gibt es eine »250-er Bewegung« für den Nahverkehr, begonnen mit 94 2057 Bw Zittau auf der Strecke Zittau-Bischofswerda. Diese Form verflacht jedoch recht bald wieder.

13 Der Kahlschlag durch unkontrollierte und gezielte Demontagen ist dramatisch. Von sowjetrussischen Verkehrstruppen wurde mitgenommen, was brauchbar erschien. Aus den Ausbesserungswerken verschwanden Radsatzdrehbänke, Bohrmaschinen, Fräsmaschinen, Drehmaschinen, Hobelmaschinen, Schweißanlagen, Pressen aller Art, Anlagen zum Aufziehen von Radreifen, Maschinen zum Aufpressen von Radkörpern und Zapfen, Luftdruckaggregate, Prüf- und Messgeräte, vor allem aber auch Kleinwerkzeuge wie Hämmer, Zangen, Schraubenzieher, Schraubenschlüssel, Feilen, Sägen, Bohrer, Fräser, Halbzeuge aus Stahl, Kupfer, Blei, Messing, Zinn, Zink, Aluminium sowie Asbest. Begehrt waren Feuerbüchsteile, aber auch Muttern, Bolzen oder Schrauben. Damit nicht genug, Massen von Büromöbeln aller Art, ja selbst Türen und Fenster, Wasserhähne, Toiletteneinrichtungen verschwanden gen Osten ebenso wie Fahrräder, Rundfunkgeräte, Grammophone, Schreibmaschinen, Uhren aller Größen oder Polstermöbel. Auf den Beschlagnahmelisten erscheint ferner Elektrozubehör, wie Kabel, Relais, Röhren neben Elektromotoren, Generatoren, Lautsprecher- und Verstärkeranlagen, Fernmelde- und Sicherungstechnik. Äußerst begehrt waren auch Puffer, Teile von Luftdruckbremsanlagen, Güterwagentüren Fenster und Inneneinrichtungen von Personenwagen. Daneben wurden in den Bw und Raw Zeichnungen, Planunterlagen, Werkbücher, Betriebsbücher, Werkkarteien und anderes Schriftgut beschlagnahmt, teilweise sinn- und planlos. Das meiste Material wurde in die Sowjetunion verbracht. Welche Stilblüten diese Praxis trieb, zeigt das Beispiel Raw Cottbus: Von hier gelangten um 1946/47 gar die im Archiv eingelagerten Betriebsbücher der vor 1939 ausgemusterten 38 und 55 in den Osten. Pläne von Bahnhöfen, Werkstätten und Bw wurden zu (geheimen) Verschlusssachen deklariert und eingezogen. Der entstandene Gesamtschaden kann nicht einmal geschätzt werden. Die Grenze zwischen (legaler) Beschlagnahme und Diebstahl durch untergeordnete Offiziere der Sowjetarmee ist verschwommen. 1950 hatten sich die Verhältnisse normalisiert: Die Abgaben seitens der DR waren beendet, die von Industrie und Wirtschaft verliefen in einigermaßen planbarem Rahmen.

Drehbänken, Pressen, Hobel-, Fräs-, Säge- und Abkantmaschinen, aber auch profanen Dingen, wie Schraubenschlüsseln, Feilen, Sägeblättern, Schrauben, Bolzen, Stiften oder Nägeln. Radsatzdrehbänke waren kaum mehr vorhanden. Harte und schwere Handarbeit war angesagt. Improvisationstalent löste manches Problem. Der allgemeine Mangel an Buntmetallen sowie hochwertigen Stählen, vor allem Nickel-, Vanadium-, Titan- und Chromlegierungen im Zusammenspiel mit fehlenden Groß- oder Spezialmaschinen erzeugte bis in die 60er-Jahre andauernde Engpässe an Radreifen (besonders für Schnellzuglokomotiven), Achswellen (besonders Kropfachswellen für Mehrzylinderlokomotiven), Kurbelzapfen, Treib-, Kuppel- und sonstige Stangen, Gleitbahnen, Kreuzköpfen, Schiebern, Bremsgestängen, Kesselarmaturen, Bosch-Zentralölern, Blattfedern und vielem mehr. Die DDR-Industrie sollte es bis zum Niedergang ihres Staates 1989 neben anderem nicht fertig bringen, auch nur einen Barrenrahmen zu produzieren!

Zum Glück bereitete dieser Großtauschteil um 1950 noch keine Probleme, Risse wurden gewöhnlich verschweißt, größere Schäden mit Flicken ausgebessert. Nicht wenige Lokomotiven standen halbfertig in den Raw und konnten nicht komplettiert werden, weil die Stangen oder Radsätze fehlten. So baute man von gerade zur Ausbesserung eingehenden Lokomotiven diese Teile ab und gab sie der fertigzustellenden Lok bei. Immer wieder kam es hierbei zu Fehlern in den Stichmaßen, sodass die Lokomotiven nun klopften, schlingerten, zuckten oder stark stießen, kurz gesagt unruhig liefen.

Lose Radreifen wurden wie im Krieg durch Blechunterlagen behelfsmäßig befestigt, was aber nur für kurze Betriebszeit Bestand hatte. Unkritisch hingegen war der freizügige Tausch von Luft- und Speisepumpen. Einzelne Maschinen erhielten anstelle der Kolbenspeisepumpe eine zweite Strahlpumpe[14]. Ständiges Fehlen von Zinn, Zink und Blei hatte zur Folge, dass die ohnehin schon anfälligen Dünngusslager der Achsen und Stangen teilweise in äußerst schlechter Qualität ausfielen und im Betrieb zu Heißläufern führten. Zuglaufstörungen waren häufig die unangenehme Folge. In diesem Zusammenhang stand auch die (Wieder-) Einführung der Achslageroberschmierung (Verfügung 21 HM Ful 17 vom 10.09.1948).

Zu schaffen machten den Raw immer wieder vorzeitig auslaufende Schmelzpfropfen in den Feuerbüchsdecken bedingt durch Materialmängel am Lot, Kesselsteinbildung, Abzehrung oder Einbaufehler. Kessel und vor allem Feuerbüchsen konnten nicht repariert werden, weil das Blech für (großflächige) Flicken fehlte. Die Hauptthersteller solcher Bleche aus Flussstahl, wie Krupp und Mannesmann, lagen in Westdeutschland. Sie fielen als Lieferanten aus. Ebenso mangelte es ständig an Heiz- und Rauchrohren für die Langkessel. Die Raw behalfen sich oftmals damit, alte Rohre nach Entkalkung mit neuen Endstücken zu versehen und Rostnaben auszuschweißen. Derartige Rohre waren in ihrer Güte mangelhaft und durch Gefahr des Aufreißens unter Betriebsdruck ebenso störanfällig wie für das Lokpersonal gefährlich.

Nicht wenige der nach dem Krieg vorhandenen Länderbahnlokomotiven aus dem Bestand der Polnischen Staatsbahn besaßen keine Marcotty-Feuertüren[15], sondern nur einfache Dreh- oder Schiebetüren, die das Feuerloch bei plötzlichem Druckanstieg etwa durch Platzen eines Rohres im Feuerbüchsraum nicht automatisch von innen verschlossen. Schwere Unfälle waren die Folge. Nicht nur Rohre, auch Roststäbe und Überhitzerelemente fehlten.

Bleiben wir noch bei den Kesseln. Das Erbe der Vorkriegs- und Kriegszeit wog auch hier schwer. Da waren zum einen die Länderbahnlokomotiven, häufig immer noch mit kupfernen Feuerbüchsen ausgerüstet, die seit Jahren überwiegend braunkohlenbefeuert stark ge-

14 Der Mangel an Kolbenspeisepumpen führte zum Beispiel bei den PKP nach 1946 dazu, sämtliche vormals deutsche Lokomotiven mit zwei Injektoren auszurüsten. Ähnliche Vorgänge sind von den Sowjetischen Staatsbahnen bekannt.

15 Ihnen fehlten auch oftmals Kipproste. Kessel und Gewerk waren nicht mit Normteilen und metrischen Gewinden ausgerüstet, Ersatzstücke für solche Exemplare mussten in den Raw aufwändig von Hand gefertigt werden.

Die Altenburger 62 006 (Henschel 1928/20849) irgendwann 1952 in Leipzig. Sie traf soeben mit P 4233 hier ein. Sieben Jahre nach Kriegsende ist die Querbahnsteighalle auf Deutschlands größtem Kopfbahnhof noch immer nicht wiederhergestellt.
Foto: Willy Fritsch, Chemnitz, Sammlung Walluhn

litten hatten. Abzehrungen bis unter Betriebsgrenzmaß waren nicht selten, undichte Rohrwände ständig an der Tagesordnung. Ganze Stehbolzenfelder mussten herausgetrennt und ersetzt werden. Da Hüttenkupfer oder Kuprodur kaum oder gar nicht zur Verfügung standen, wurden Flicken aus Flussstahl eingebracht. Hochwertiger IZ-II Stahl aus Westdeutschland war hierfür nicht zu bekommen. Wer je um 1950 in einer Kesselschmiede gearbeitet hat weiß, wie schwierig es ist, Kupfer mit Stahl zu verschweißen. So wurden Flicken nach klassischer Länderbahnmanier statt dessen häufig eingenietet. Die Verfügung O/E III Fkld 33 vom 09.02.1949 gestattete auch den Einbau von Stahlstehbolzen in kupferne Feuerbüchsen, was weitgreifend praktiziert wurde.

Eine Reihe älterer und ältester Maschinen, meist aus Splittergattungen, besaß außerdem noch Kessel aus nicht schweißbarem Puddeleisen. Die Erhaltung gerade dieser Kessel – vorrangig in den Raw Blankenburg und Chemnitz – machte bis Mitte der 50er-Jahre ganz besondere Probleme. Erst dann kamen stählerne Ersatzfeuerbüchsen zum Einbau, wenn nicht eine Ausmusterung betroffener Lokomotiven erwirkt werden konnte. Damit nicht genug: Schlimmstes Erbe der alten Reichsbahn waren Fahrzeuge der Reihen 03, 23, 41 und 50 mit Kesseln aus Stahl St 47 K Mo, einer Erfindung der späten 30er-Jahre. Dieser Stahl mit hoher Zugbelastbarkeit im Neuzustand erwies sich als nicht alterungsbeständig und neigte mit steigenden Betriebsjahren zu Sprödbruch, einer tückischen Erscheinung, die am 01. Oktober 1958 zum bekannten Kesselzerknall der 03 1046 bei Wünsdorf (Kreis Zossen) führte. Zu allem Übel gibt es bei der Reichsbahn[16] relativ viele Kessel aus diesem Stahl. Sie mussten ständig streng überwacht werden, was zusätzlichen Arbeitsaufwand erforderte. Selbst nach der kleinsten Ausbesserung musste ein solcher Kessel mit Wasserdruck geprüft werden. An einen grundlegenden Austausch war aber 1950 (noch) nicht zu denken.

Zum Problem wurden auch vermehrt undicht gewordene, genietete Wasserkästen und solche mit in den vergangenen Jahren provisorisch verschweißten Einschusslöchern. Der Mangel an Rostschutzmitteln, Grund- und Decklacken förderte Korrosion und Verfall, erst Jahre später gelang es, vollständig geschweißte Ersatzwasserbehälter zu beschaffen. Gleiches galt für viele ältere Schleppten-

16 Bei der Deutschen Bundesbahn waren die Sorgen mit St 47K-Kesseln noch weitaus größer, da eine bedeutend höhere Anzahl vorhanden war. Gleichartige Probleme waren aus der Sowjetunion und anderen Ostblockstaaten bei den dort vorhandenen deutschen Lokomotiven bekannt.

der aus der Länderbahnepoche, die längst ihre ökonomisch sinnvolle Nutzungszeit überschritten hatten.

Der Schadlokpark war aus den zuvor genannten Gründen weitgehend ausgeplündert und fast aller Zurüstteile beraubt. Viele (bereits veröffentlichte) Lichtbilder künden davon: Es fehlten meist Treibachsen, Stangen, Zylinderdeckel, Pumpen, Armaturen sowie Bremsausrüstungen. Besonders begehrt waren mechanische Deuta-Geschwindigkeitsmesser. Sie konnten nicht mehr bezogen und teils auch nicht mehr repariert werden, da ihr Hersteller seit Kriegsende im Westen lag. So wurden diese Instrumente aus Güterzug- und Tenderlokomotiven entnommen und anschließend für Schnell- und Personenzuglokomotiven verwendet. Ganz typisch für die Jahre um 1950 war der vollständige Ausbau der Indusi-Anlagen, verfügt am 20. Februar 1949 bei der GDR durch Herrn Sießlack. In der Begründung hieß es wörtlich: »[...] wegen Mangel an Ersatzteilen«. Ohnehin gab es keine Strecken mit funktionstüchtiger Zugbeeinflussung mehr.

Der vielfach schlechte **Oberbau** tat ein Übriges. Besonders Achslagergleitplatten, Lager, Drehzapfen, Ausgleichsbolzen und Blattfeldern verschlissen schnell. Scharf- und hohlgelaufene Radsätze führten zum vorzeitigen Abstellen der Maschinen. Entgleisungen waren ebenfalls nicht selten und hatten in schweren Fällen Rahmenverbiegungen oder Rahmenanrisse zur Folge.

Wie sah die Situation im **Kesselbau** aus? Die Lokomotivfabrik Babelsberg produzierte ausschließlich für die Sowjetunion und Polen, ihr Zulieferbetrieb Uebigau in Dresden ebenso. Lowa Bautzen begann den Kesselneubau erst 1951, andere Hersteller für große mobile Landdampfkessel waren in der jungen DDR nicht vorhanden. Schwartzkopff in Wildau war nach 1945 von den Sowjets ausgeplündert worden und rappelte sich erst allmählich als VEB Schwermaschinenbau »Heinrich Rau« wieder auf. So musste sich die Reichsbahn auf ihre Ausbesserungswerke stützen, doch sie begannen die Fertigung erst einige Jahre später: Raw Blankenburg und Cottbus 1952 (insgesamt nur ganz geringe Stückzahlen), Raw Halberstadt 1953, Raw Meiningen vermutlich 1953, Raw Zwickau 1954. Stendal baute nach Kriegsende 1945 überhaupt keine eigenen Kessel mehr, einzig die Raw Halle und Leipzig erzeugten aus gewonnenen Altteilen einige wenige Stücke, die – soweit anhand von Betriebsbüchern nachweisbar – hier genannt werden sollen:

Raw und Fabriknummer		für Lok	Einbau am	Bemerkungen
Raw Halle	3	94 1374	27.05.1950	Kessel unbekannter Herkunft
Raw Halle	4	55 3319	10.08.1950	Kessel unbekannter Herkunft
Raw Leipzig	3	38 1583	28.09.1950	Kessel von Lok 38 3297

6.2 Die beginnende Kohlenstaubfeuerung

Einen wichtigen Aspekt stellte die 1949 begonnene Ausrüstung von Lok mit **Kohlenstaubfeuerung** nach System Hans Wendler dar. Ihre allgemeine Einführung wurde mit der Verfügung GDR V/52.2 Fulst 15/50 vom 16. September 1950 geregelt[17]. Doch 1950 steckte diese Neuerung noch in den Kinderschuhen, zahlreiche Lok waren abgestellt, da es an Zurüstteilen mangelte, Tender fehlten oder Versuche mit einzelnen Maschinen unbefriedigend verlaufen waren. Von der Serienreife war diese Feuerungsart noch Meilen entfernt.

Hans Wendler, der schon vor dem Krieg mit den Kohlenstaubversuchslokomotiven AEG und Stug in Berührung gekommen war, wurde 1948 ins Technische Amt (TA) der Generaldirektion der DR berufen. Hier gründete

17 Auf der 4. Transportkonferenz in Leipzig vom 21.01.1949 bis 23.01.1949 war zunächst vorgesehen, nach Versuchsabschluss 100 Lokomotiven der Reihen 44 und 58 auf Staubfeuerung nach System Wendler umzubauen und diese in den Bw Halle-G und Chemnitz-Hilbersdorf zu stationieren.

17 1119 (Henschel 1913/12029) steht mit Kohlenstaub-Langlauftender im Juli 1951 auf dem Anhalter Bahnhof zu Berlin. Gleich wird sie den D50 nach Halle (Saale) befördern. Im Bildhintergrund erkennt man die Ruine des alten Kopfbahnhofes, die durchaus hätte wieder aufgebaut werden können. Etliche Eisenbahner haben sich eingefunden und betrachten den blau lackierten Exoten.
Fritz Eschen, Sammlung Walluhn

er die Arbeitsgruppe Wendler, die in den Raw Stendal, Schöneweide und der Fahrzeugversuchsanstalt (FVA) Halle ihre Tätigkeit begann. Zunächst wurden ab 30. Juni 1948 beim Bw Halle-G Versuche mit der Stug-Lokomotive 58 1353 vorgenommen, die Wendler aber bald abbrach, da die Lokausrüstung stark schadhaft und Spezialteile nicht mehr ersetzbar waren. Wenig später erhielt 58 1353 zwei von Wendler entwickelte Wirbelbrenner mit Schamotte-Muffen, aber noch keine pneumatische Staubaustragung. Diese wurde erst 1949 eingebaut und erwies sich als erfolgversprechend.

Kohlenstaublok 58 1722 des Bw Arnstadt (Hanomag 1920/8899) im heimatlichen Betriebswerk. Kurz nach ihrem Umbau macht sie einen guten Eindruck, auch wenn ihr Neuanstrich an der Rauchkammer schon wieder gelitten hat. Auf dem Umlaufblech sind gut die beiden Doppelverbundluftpumpen Bauart Nielebock-Knorr erkennbar. Zwischen ihnen ein Hauptluftbehälter, der zweite vor dem Führerhaus, der dritte – auf dem Bild nicht sichtbar – heizerseitig. Der Kohlenstaubbunker im Tender nutzt das Lichtraumprofil bis oben hin vollständig aus.
Foto: Gerhard Illner, Leipzig (†), Sammlung Walluhn

Kohlenstaublok 58 444 vom Bw Halle-G (Hartmann 1924/4604) rangiert 1952 in den Leuna-Werken nahe Großkorbetha. Die im Bild sichtbaren Industrieanlagen stammen aus der Vorkriegszeit und haben alle Luftangriffe der Jahre 1942 bis 1945 erstaunlich schadlos überstanden.
Foto: Ernst Thormann Rbd Halle, Sammlung Walluhn

Doch ähnlich der inzwischen fertiggestellten Versuchslok 58 1208 traten auch bei 58 1353 schwerwiegende Probleme auf: Die Feuerbüchsausmauerung behinderte den Wärmeübergang auf die Wasserseite, extrem hohe Feuerraumtemperaturen verursachten Rohrwandschäden, hinzu kam eine ungeeignete, weil salzhaltige Kohle. Immer wieder traten Flammenabrisse auf, in deren Gefolge oft Kohlenstaubverpuffungen in der Feuerbüchse vorkamen, weil die Luftzufuhr zu den Brennern hinsichtlich Druck und Menge unkorrekt war, aber auch die Verwirbelung von Luft und Staub im Brenner technisch noch nicht beherrscht wurde. Einer solchen Verpuffung verletzte auch den bekannten Kurt Pierson schwer, der zeitlebens ein Invalide blieb.

17 1119 und 58 1353 – obwohl Letztere überhaupt noch nicht fertiggestellt war[18] – wurden zum 1. Mai 1949 der Öffentlichkeit

18 Der Umbau im Raw Zwickau war erst am 28.04.53 beendet, ab 06.05.1953 Versuchslok, dann bis 15.12.1954 Umbau der Staubfeuerung auf Regelbauart im Raw Zwickau.

präsentiert und von der Presse mit weit überzogenen Vorschußlorbeeren überhäuft. 17 1119 soll 1950 gar mehrfach das Zugpaar D1/D2 Berlin–Brest–Berlin repräsentativ über den gesamten Laufweg gefahren haben. Bald wurde es jedoch in der Presse zum Thema Kohlenstaubfeuerung wieder still. Das Kollektiv um Reichsbahnoberrat Hans Wendler erhielt am 25. August 1949 im Deutschen Nationaltheater zu Weimar im Beisein von Walter Ulbricht den »Nationalpreis für Wissenschaft und Technik dritter Klasse«. Zu diesem Zeitpunkt war so etwas vorrangig ein Propagandaakt, weil keine der Versuchslokomotive bis dahin ihre Betriebstauglichkeit nachgewiesen hatte. Dennoch sind die Leistungen des Kollektivs Wendler unter den Verhältnissen der ersten Nachkriegsjahre äußerst beachtlich, ihre Würdigung steht auch aus heutiger Sicht außer Zweifel.

In Jahren 1949 und 1950 auf Kohlenstaubfeuerung umgerüstete Lok der Baureihen 17 und 58

Lok-Nr.	Heimat-Bw	Umbau beendet	Umbau ausgeführt im Raw
17 1032	Bw Rummelsburg	30.06.1950	Raw ??[1]
17 1042	Bw Ostbahnhof	12.12.1950	Raw Stendal[2]
17 1055	Bw Rummelsburg	07.01.1950	Raw Meiningen[3]
17 1071	Bw Ostbahnhof	08.12.1950	Raw Stendal[4]
17 1077	Bw Rummelsburg	06.06.1950	Raw Stendal[5]
17 1094	Bw Rummelsburg	01.02.1950	Raw Meiningen[6]
17 1119	Bw Ostbahnhof	30.04.1949	Raw Stendal[7]
36 457	Bw Rummelsburg	befindet sich 1950 zum Umbau im Raw Stendal[8]	
58 231	Bw Halle-G	27.09.1949	Raw Stendal[9]
58 404	Bw Halle-G	31.08.1949	Raw Stendal
58 423	Bw Halle-G	22.08.1950	Raw Halle[10]
58 432	Bw Halle-G	10.09.1949	Raw Stendal[11]
58 454	Bw Halle-G	30.09.1949	Raw Stendal[12]
58 456	Bw Halle-G	31.08.1949	Raw Halle
58 457	Bw Halle-G	20.10.1949	Raw Stendal[13]
58 1068	Bw Halle-G	31.08.1949	Raw Stendal[14]
58 1112	Bw Halle-G	20.09.1949	Raw Stendal[15]
58 1115	Bw Halle-G	30.10.1950	Raw Meiningen
58 1208	Bw Halle-G	03.12.1949	Raw Stendal[16]
58 1215	Bw Halle-G	03.11.1950	Raw Meiningen[17]
58 1387	Bw Halle-G	30.11.1950	Raw Meiningen[18]
58 1416	Bw Halle-G	19.05.1949	Raw Halle[19]
58 1509	Bw Halle-G	20.12.1949	Raw Halle[20]
58 1586	Bw Halle-G	21.09.1949	Raw Stendal[21]
58 1626	Bw Halle-G	12.12.1950	Raw Halle
58 1640	Bw Halle-G	09.12.1949	Raw Halle[22]
58 1712	Bw Halle-G	13.05.1950	Raw Halle
58 1847	Bw Halle-G	19.12.1949	Raw Halle
58 2006	Bw Halle-G	30.11.1949	Raw Halle[23]
58 2109	Bw Halle-G	21.08.1950	Raw Meiningen

1 Ausführendes Raw unbekannt, Betriebsbuch der Lok fehlt. Ausbau vermutlich schon am 16.08.1951.
2 Versuchslok, 23.09.1953 Umbau der Staubfeuerung im Raw Meiningen auf Regelbauart.
3 Versuchslok, 01.10.1953 Umbau der Staubfeuerung im Raw Meiningen auf Regelbauart, später wieder ausgebaut, Zeitpunkt jedoch nicht bekannt.

4 Versuchslok, erst nach Reparatur im Raw Stendal ab 06.02.1951 im Betrieb, 21.10.1954 Umbau der Staubfeuerung im Raw Stendal auf Regelbauart.

5 Versuchslok, 25.02.1955 Umbau der Staubfeuerung im Raw Meiningen auf Regelbauart.

6 Auf MfV-Karteikarte keinerlei Hinweise auf Staubfeuerung, 22.11.1951 beim Bw Ostbahnhof ohne Staubfeuerung. Umbau entweder nicht erfolgt, oder sehr frühzeitiger Ausbau. Wenn überhaupt, dann nur Versuchslok.

7 Versuchslok mit Mischvorwärmeranlage Bauart LKM Babelsberg, 08.08.1951 Umbau der Staubfeuerung im Raw Meiningen auf Regelbauart. Lok hat Umbautender von Kondenslok Reihe 52.

8 Versuchslok mit Wendler-Verwirbelungsbrenner, zweite Luftpumpe, zwei zusätzliche Luftbehälter zur Erzeugung von Schiebeluft, Windleitbleche, Knorr-Oberflächenvorwärmer, Mahltender 4 T 30 mit Druckentlastungszerkleinerer per Heißdampfstrahl und Prallplatte.

9 Lok erst am 25.05.1950 beim Bw Halle-G in Betrieb gegangen.

10 Ausbau am 29.02.1952 im Raw Zwickau, als Kohlenstaublok nie in Betrieb, laut Betriebsbogen 08.01.50 bis 14.02.52 durchgehend abgestellt!

11 Lok erst am 04.08.1950 beim Bw Halle-G in Betrieb, Tender fehlte.

12 Lok erst am 20.08.1950 beim Bw Halle-G in Betrieb (nach L0 Raw Stendal 19.08.50).

13 Lok erst am 01.12.1950 beim Bw Halle-G in Betrieb, Tender fehlte.

14 Lok erst am 11.05.1950 beim Bw Halle-G in Betrieb.

15 Lok erst am 17.05.1950 beim Bw Halle-G in Betrieb (nach L0 Raw Stendal), Tender fehlte.

16 02.03.50 bis 29.03.50 Standversuche bei Fahrzeugversuchsanstalt Halle: Häufiger Flammenabriss, Primärluftdosierung falsch, Brennerform zunächst ungeeignet, Flammenführung schlecht, Verpuffungen in der Feuerbüchse, häufig verstopfte Ansaug-, Heiz- und Rauchrohre, Luftgeschwindigkeit anfänglich zu gering. Daraufhin Blasrohr- und Schornsteinquerschnitt verringert. 08.1950 bis 09.1950 endlich Versuchsfahrten. Ausbau Staubfeuerung am 13.12.1956 im Raw Zwickau. Fahrzeug war nur Versuchslok.

17 Versuchslok, 21.09.1955 Umbau der Staubfeuerung im Raw Zwickau auf Regelbauart.

18 Ausbau am 03.07.1957 im Raw Zwickau, Lok war von 05.52 bis 05.57 durchgehend abgestellt.

19 Ehemalige Versuchslok System AEG.

20 Ausbau am 29.02.1952 im Raw Zwickau. Lok erst am 30.07.1951 beim Bw Halle-G für nur 2 Tage in Betrieb und anschließend nur abgestellt.

21 Ausbau vermutlich am 30.09.1964 im Raw Zwickau. Lok erst am 05.08.1950 beim Bw Halle-G in Betrieb, Tender fehlte.

22 Ausbau unklar: 25.01.1952 oder 04.08.1953 oder 21.03.1957 im Raw Zwickau.

23 Lok erst am 09.07.1951 beim Bw Leipzig-Wahren in Betrieb.

Auffallend ist, dass zahlreiche Lokomotiven schon bald ihre Staubfeuerung wieder verloren. Sie dienten ausschließlich als Versuchsträger, eine Maschine – siehe Fußnoten in der Tabelle – funktionierte überhaupt nicht, eine weitere war nur für zwei Tage in Betrieb. Offenbar spielten auch hier Beschaffungs- und Ersatzteilprobleme eine wichtige Rolle. Die fertiggestellten Fahrzeuge besaßen 1950 zunächst nur Tender mit Einkammeraustragung, hatten eine zweite Doppelverbundluftpumpe und einen dritten Hauptluftbehälter. Die Einsatz-Bw waren zunächst nur Halle-G (Reihe 58) und Rummelsburg bzw. Ostbahnhof (Reihe 17). Erst ein Jahr später entwickelte das Kollektiv um Hans Wendler die Zweikammeraustragung, wobei einige Lokomotiven alter Bauart auf diese umgerüstet wurden. Wie schon erwähnt, war die Staubfeuerung im Jahr 1950 von der Serienreife – das heißt, von der allgemeinen Einführung im Betriebsmaschinendienst – weit entfernt, wenngleich ihr Prinzip – pneumatische Staubaustragung, Verbrennung ausschließlich mittels Primärluft, die zur Staubbeförderung vom Tender zu den Brennern dient – sich als das einzig brauchbare erwies.

Die Lufterzeugung erfolgte, wie zuvor beschrieben, mit einer zweiten angebauten Luftpumpe und drittem Hauptluftbehälter, die Verbrennung übernahmen zwei Wirbelbrenner an der Feuerbüchsrückwand. Die Feuerbüchse selbst war mit Schamotte vollständig ausgemauert und mit einem verlängerten Feuerschirm versehen. Als besonders geeignet erwiesen sich die schmalen Feuerbüchsen der Schnellzuglokomotiven der Baureihe 17.10, denn sie ermöglichten die notwendigen langen Flammenwege zur Rohrwand hin. Weniger geeignet hingegen war die preußische G12, deren Feuerbüchse nicht genügend Raum zur Flammentwicklung bot. Als noch problematischer erwiesen sich nach 1950 diesbezüglich die Wagner-Kessel der Reihe 44. Wie bei der 58 waren hier die Flammwege zu kurz, bei geringer Zugleistung (schwach ausgelegte Steuerung) war trotz ständig angestellten Hilfsbläsers der Rauchkammerunterdruck zu gering, sodass eine starke Verschmutzung und schließlich Verstopfung der Heiz- und Rauchrohre eintrat. In der Folge verringerte sich die Dampfentwicklung drastisch. Daneben setzten schwefelhaltige Gase den Rohrwänden stark zu. Der angestrebte hohe Wirkungsgrad wurde letztendlich zunichte gemacht.

Beide Güterzugbaureihen waren im Personenverkehr kaum verwendbar. Der Einsatz von

»Durch diese Schmiervorrichtung werden auf dieser Lokomotive im Laufe eines Jahres 430 Kg Mineralöl eingespart.« Eine Fachkommission inspiziert die im bestem Pflegezustand befindliche Schnellzuglokomotive 01 023 (Henschel 1927/ 20826) im Bahnbetriebswerk Erfurt-P am 12. August 1952. Genietete Rauchkammer, Zentralverschluss, große Windleitbleche und freistehende Loklaternen geben der »Nulleins« ein Gepräge der Vorkriegszeit.
Foto: Werner Lehmitz Rbd Erfurt, Sammlung Walluhn

vierzylindrigen Kohlenstaub-S10 (Reihe 17) im Reisezugdienst bei der Rbd Berlin führte schon bald zu Klagen über außergewöhnlich starke Verschmutzungen der vorderen Personenwagen. Weitere Probleme waren ungeeigneter Braunkohlenstaub (zu hoher Schwefelgehalt, zu viele Fremdbestandteile) und sich beim Verbrennungsvorgang bildende Schlacke, die sich aufgrund der hohen Temperaturen verflüssigte und oft Brenner und Rohre zusetzte (Nesterbildung) sowie eine starke Geruchsbelästigung, vor allem im Reisezugdienst.

Die kürzlich in der »Chronik des deutschen Verkehrs 1949« (München 2000) vertretene These, die Kohlenstaubfeuerung sei für die DR die »rettende Idee« gewesen, trifft nicht zu. Auch ohne die Einführung dieser Feuerungsart wäre der Eisenbahnverkehr in der DDR weitergelaufen. Die Zahl der betriebsfähigen Kohlenstaublokomotiven lag immer nur bei wenigen Prozent des gesamten Betriebsparks, ihr Einsatz beschränkte sich auf wenige Bw im Süden des Landes und der Rbd Berlin. Den eher mäßigen Vorteilen standen aber gravierende Nachteile (hohe Schadstoffbelastung, starker Kesselverschleiß, erhebliche Unterhaltungs- und Betriebskosten) gegenüber. Nicht ohne Grund verfügte die Hauptverwaltung zum 1. Mai 1954 einen (vorläufigen) Umbaustopp für weitere Lokomotiven auf Staubfeuerung. Zu diesem Zeitpunkt hatte das System Wendler die volle Betriebstüchtigkeit noch immer nicht erreicht. Mitte 1950 erwiesen sich gar nur 58 404, 1068 und 1208 als im Betrieb brauchbar.

6.3 Bauartänderungen

Das Jahr 1950 war durch eine Reihe meist gattungsübergreifender **Bauartänderungen** (Änderungen der Bauform) geprägt, von denen zumindest die Funkenflugeinrichtung Ostermann-Biesen der Neuererbewegung entsprang. Die beiden wichtigsten Bauartänderungen waren jedoch Zusatzdeckenluken an der Baureihe 44 sowie die Wiederausrüstung der Dampflokomotiven mit normierten Metallschildern. Die wichtigsten Bauartänderungen fast die folgende Tabelle kurz zusammen.

Wichtige Verfügungen der Generaldirektion DR Dampflok betreffend im Jahr 1950:

Datum	Aktenzeichen	Inhalt der Verfügung
11.04.1950	GDR 42 Fkl 1	Funkenflugeinrichtung Bauart Ostermann Biesen eingebaut.
11.05.1950	GDR 52.3 Fulf 53/50	zwei Zusatzdeckenluken an Reihe 44 eingebaut
11.07.1950	GDR 42/43 M 24 Blwa	die Anschriften aller Trophäenlok sind zu löschen.
16.09.1950	GDR V/52.2 Fulst 15/50	Umbau von Lok auf Kohlenstaubfeuerung System Wendler.
06.10.1950	GDR IV.42.M.69 Bla	keine Selbstanfertigung von Nummernschildern durch die Bw.
12.10.1950	GDR 52.3 Fulf 78/50	Wiederausrüstung der Lok mit Metallschildern.

Die umgerüstete aber noch immer mit Saugzugturbine ausgestatte Kondenslok 52 1961 (Henschel 1944/27289) ist an der vorderen Pufferbohle wie eine friedensmäßige 50 verkleidet und trägt ein druckluftgesteuertes Gleisreinigungsgerät. Die Erfindung wird allerdings schnell zu einem Misserfolg, denn was das Gerät lautstark aus dem Gleis bläst, wirbelt unter starker Staubentwicklung auf und setzt sich anderswo nieder, wo es noch viel weniger erwünscht ist. Gegen Braunkohlenstaub, Ruß, Schmutz und Asche im Bahnbetrieb scheint der Kampf 1950 aussichtslos.
Foto: Zentrale Bildstelle DR, Sammlung Walluhn

6.4 Ausmusterungen und Abgaben

Kriegsbedingte **Ausmusterungen** spielten ebenso eine Rolle, wie die in dritter Welle[19] 1950 zurückgegebenen polnischen Fremdlokomotiven, unter ihnen eine ganze Reihe mit Reichsbahnnummer[20]. Besonders auffällig ist, dass außerdem etliche 01-Lokomotiven ausgesondert wurden, was kurz darauf in Berlin zu einem Eklat führte: Das Ausscheiden aus dem Fahrzeugpark war angeblich übereilt! Auch handelte es sich bei den Ausmusterungen nicht durchweg um Kriegsschadlokomotiven, wie die Abstelltage der 92 701 bzw. 92 899 beweisen. Hauptgrund solcher Aktionen dürfte die Gewinnung von durch die Industrie nicht herstellbaren Ersatzstücken gewesen sein. Die Ausmusterungen wurden zumeist in Sammelprotokollen bekannt gegeben, die bei der Berliner Hauptverwaltung anhand vorausgegangener Schadparkbesichtigungen erstellt wurden. Ausschlaggebend für den Ausmus-

19 Erste Welle: Meist regellose Abfuhren auf sowjetrussische Weisung 1945 und 1946.
Zweite Welle: Abgaben 1949 in Abstimmung mit sowjetischer Besatzungsmacht.
Dritte Welle: Abgaben 1950 auf Vertragsbasis DDR-Polen.
Vierte Welle: Abgaben 1955 auf Vertragsbasis DDR-Polen.

20 Es wurden keinesfalls alle ehemaligen PKP-Lok mit DR-Nummer zurückgegeben. Den Dienststellen gelang es, zahlreiche betriebsfähige Maschinen zu verschweigen oder deren Herkunft zu vertuschen und somit einer Abgabe zu entziehen. Eine Praxis, die auch bei der DB bezüglich der Westfremdlok üblich war.

Das Bereisungsfahrzeug der Schadparkkommission irgendwo in Thüringen am 18. November 1953. Mit dem natürlich vor dem Krieg erbauten Dienst-PKW fahren die Mitglieder verschiedene Abstellbahnhöfe ab, besichtigen hier Fahrzeuge und fertigen für jede einzelne Lok ein Protokoll. Zur Kommission gehören: Reichsbahnoberrat Werner Reichtann als Vorsitzender, die Herren Wagner, Merzig, Hogt, Möbius, Knelka, Daling, Schwartz, Scherz, Diller, Sillack und Luhtin sowie der Dienstfotograf Werner Lehmitz. Alle genannten Personen dürften jedoch kaum auf einmal in dieses Auto gepasst haben. Und wer von Ihnen mag noch zu den Lebenden zählen?
Foto: Werner Lehmitz Rbd Erfurt, Sammlung Walluhn

Die so genannte Schad- oder auch Schrottlokkommission bei der Arbeit. Reste der 13 323 Bw Zwickau (Schichau 1903/1268, S3 Königsberg 271, dann PKP Od 1-63) werden begutachtet. Teile der Domverkleidung sind heruntergerissen, wie üblich fehlen Treib- und Schwingenstange. Im Führerhaus sind zahllose Kleinarmaturen zur Ersatzstückgewinnung ausgebaut. Gut ist zu erkennen, was auf allen bekannten preußischen Betriebsbildern verborgen bleibt: Einfache, nach rechts aufklappbare Feuertür, zwei hohe Radkästen, die das Lokpersonal sehr behindern, niedrige Kessellage und große Frontfenster.
Foto: Zentrale Bildstelle DR, Sammlung Walluhn

tertag ist das Datum »Berlin, den .....« auf den Protokollen. Die nachfolgende Zusammenstellung dürfte bis auf wenige nicht bekannte Lokomotiven vollständig sein. Die ausgemusterten Fahrzeuge, so besagte die damalige Richtlinie, seien dem vorgegebenen Zerlege-Raw zuzuführen und bei dortigem Eingang von der Heimat-Rbd vom Bestand abzusetzen. Leider sind die Eingangstage, häufig auch die Zerlege-Raw nicht überliefert. Neben den Rückgaben an die PKP finden sich auch einige an die Industrie umgesetzte und verkaufte Exemplare. Schließlich lassen sich neun ungarische Lokomotiven nachweisen, die im Berichtsjahr in ihr Heimatland zurückkehrten. Zu ihnen gesellte sich eine polnische Schnellzuglok ohne Reichsbahnnummer. Die nachstehende Listen geben alle bisher bekannt gewordenen Ausmusterungen und Abgaben des Jahres 1950 wieder.

Ausmusterungen und Abgaben von Dampflok mit Reichsbahnnummer im Jahre 1950:

Lok-Nr.	Heimat-Bw	abgestellt	Z-Park	ausgemustert	zerlegt bei, Verbleib/Bemerkungen
01 026	Erfurt-P	01.02.45	09.12.48	20.12.50	30.09.52 Raw Meiningen[1]
01 030	Erfurt-P	.....12.44	07.10.48	05.10.50	..........54 Raw Meiningen[2]
01 110	Leipzig-West	45	13.05.47	30.11.50	..........54 Raw Meiningen[3]
01 214	Erfurt-P	45	18.11.45	05.10.50	..........54 Raw Meiningen[4]
01 226	Erfurt-P			15.12.50	[5]
13 020				13.09.50	an PKP übergeben
17 141	Berlin Ahb.	15.09.47		30.10.50	
17 152	Berlin Ahb.			30.10.50	
17 157	Berlin Ahb.	15.09.47		30.10.50	
17 1014	Wustermark			31.10.50	.....02.51 Raw Tempelhof
17 1030	Wustermark		24.04.47	31.10.50	..........51 wo?
37 112	Gesundbrunnen	08.09.47	23.12.47	02.07.50	an PKP übergeben[6]
37 185	Potsdam			02.07.50	an PKP übergeben[7]
38 227	Bautzen			25.10.50	[8]
38 1728	Gotha			20.12.50	..........51 Raw Meiningen
38 1814	Gesundbrunnen			31.10.50	.....11.50 wo?
38 2223	Brandenburg	25.03.46	31.10.50	20.12.50	..........51 wo?[9]
38 2233	Wustermark		31.10.50	20.12.50	
38 2445	Frankfurt/O Pbf.		22.12.47	31.10.50	..........51 wo?
38 3964	Sangerhausen			20.12.50	[10]
38 4583	Rbd Schwerin			19.08.50	an PKP übergeben
38 6404	Staßfurt			.....06.50	[11]
38 6406	Staßfurt			.....06.50	[12]

1 Kriegsschadlok.
2 Kriegsschadlok.
3 Kriegsschadlok.
4 Kriegsschadlok.
5 Ausmusterung zurückgenommen, am 23.01.51 wieder in Dienst nach L0 im Raw Tempelhof.
6 In den Akten aber auch 12.09.55 als Abgabetag an PKP!
7 In den Akten aber auch Ausmusterung am 19.09.1950!
8 Ausmusterung erfolgte nur buchmäßig, Lok seit Juli 1945 bei CSD. Eine Rückgabe von dort ist nicht aktenkundig.
9 Lok hatte am 25.03.1946 schweren Unfall.
10 Eine Lok gleicher Betriebsnummer wird beim Bw Rostock am 31.01.1953 ausgemustert, es lässt sich bisher weder klären, ob es sich in beiden Fällen um dieselbe Lok handelt, noch welche von beiden eine wilde Umzeichnung ist, sollte es sich um zwei verschiedene Lok handeln.
11 Wild umgezeichnete SNCB 6404.
12 Wild umgezeichnete SNCB 6409.

38 6426	Staßfurt			.....06.50	[13]
38 6491	Staßfurt			.....06.50	[14]
39 170	Erfurt-P			31.10.50	[15]
39 251	Saalfeld		30.08.49	15.12.50	[16]
43 023	Lübbenau			30.09.50	
44 1387	Eisenach	45	09.02.48	31.10.50	..........51 Raw Meiningen
44 1500	Meiningen			30.11.50	..........51 Raw Meiningen[17]
52 2746	Frankfurt/O Vbf.	45		25.12.50	[18]
52 2861	Pankow	45		31.10.50	.....11.50 Raw Stendal[19]
52 4776	Schöneweide			10.02.50	
52 6127	Senftenberg	45		15.12.50	[20]
52 6417	Pankow	45		31.10.50	[21]
53 7206	Döbeln			18.09.50	an PKP übergeben
53 7207	Dresden-Alt			18.09.50	an PKP übergeben
53 7208	Dresden-Alt			18.09.50	an PKP übergeben
53 7209	Dresden-Alt			18.09.50	an PKP übergeben
53 7211	Dresden-Alt			18.09.50	an PKP übergeben
53 7547	Hagenow-Land			18.09.50	an PKP übergeben[22]
54 158	Wismar			18.09.50	an PKP übergeben
54 654	Wismar			18.09.50	an PKP übergeben[23]
54 1155	Wismar			18.09.50	an PKP übergeben
55 039	Zeitz			01.11.50	
55 173	Gera			01.11.50	
55 307	Saalfeld			06.11.50	umgesetzt[24]
55 352	Pasewalk			18.09.50	an PKP übergeben[25]
55 428	Frankfurt/O-...			23.02.50	an PKP übergeben[26]
55 703	Zeitz			01.11.50	
55 715	Erfurt-G			05.10.50	
55 729	Zeitz			01.11.50	
55 731	Gera		31.10.50	01.11.50	
55 1129	Erfurt-G			30.11.50	
55 1919	Lübbenau			20.12.50	.....12.50 wo?
55 2056	Cottbus			20.12.50	
55 2094	Rbd Halle			20.12.50	[27]

13 Wild umgezeichnete SNCB 6426.
14 Wild umgezeichnete SNCB 6491.
15 Einzelteile später vom Raw Meiningen bei Rekonstruktion der Reihe 39 in 22 verwendet.
16 Einzelteile später vom Raw Meiningen bei Rekonstruktion der Reihe 39 in 22 verwendet.
17 Kessel in 44 788 weiterverwendet.
18 Kriegsschadlok.
19 Kriegsschadlok.
20 Kriegsschadlok.
21 Kriegsschadlok.
22 Abgabe fraglich, Lok noch 1952 in Hagenow-Land hinterstellt!
23 Vormalige polnische Panzerzuglok.
24 Umgesetzt als Werklok an Maxhütte Unterwellenborn.
25 Wild umgezeichnete PKP Tp1-352 oder litauische P7-352.
26 Eine Lok gleicher Nummer am 22.04.1947 vom Bw Wels an PKP übergeben!!
27 Ausmusterung zurückgenommen, ob bei DR nochmals in Betrieb ist unklar, Lok von Rbd Cottbus am 01.04.59 verkauft als Werklok an Maxhütte Unterwellenborn.

55 2206	Torgau			20.12.50	[28]
55 6146	?			23.02.50	an PKP übergeben
56 3167	Pasewalk			18.09.50	an PKP übergeben
57 398	Neubrandenburg			18.09.50	an PKP übergeben
58 1300	Meiningen		28.07.48	05.10.50	
58 1519	Weißenfels	08.04.45		05.10.50	
58 1587	Nordhausen			20.11.50	
58 1589	Eisenach		28.12.47	10.12.50	
58 1692	Artern	45		20.11.50	
58 1753	Eisenach			20.11.50	
58 2326	Wismar	10.12.48	20.12.48	18.09.50	an PKP übergeben
58 2369	Pasewalk			18.09.50	an PKP übergeben
58 2373	Neubrandenburg			18.09.50	an PKP übergeben
58 2428	Adorf			18.09.50	an PKP übergeben
58 2465	Schöneweide		02.07.50	18.09.50	an PKP übergeben
58 2616	Neubrandenburg			18.09.50	an PKP übergeben
58 2684	Neubrandenburg			18.09.50	an PKP übergeben
58 2905	Eberswalde			18.09.50	an PKP übergeben
64 178	Berlin Leb.			15.12.50	15.09.50! wo?
64 279	Ostbahnhof	15.10.48		15.12.50	
74 1110	Lübbenau		20.05.50	20.11.50	
75 1211	Neubrandenburg			18.09.50	an PKP übergeben
75 1317	Pasewalk			18.09.50	an PKP übergeben
78 314	Eisenach			30.11.50	..........51 Raw Meiningen[29]
91 405	Stralsund			08.09.50	an PKP übergeben
91 602	Stralsund			18.09.50	an PKP übergeben
91 609	Stralsund			18.09.50	an PKP übergeben
91 713	Saalfeld			07.11.50	[30]
91 1088	Grunewald			15.12.50	
91 1950	Wittenberge			18.07.50	[31]
92 408	Finsterwalde		15.12.50	20.12.50	
92 414	Rbd Magdeburg			20.11.50	
92 701	Cottbus	01.12.45		30.09.50	
92 723	Rbd Cottbus			15.12.50	..........51 Raw Cottbus
92 724	Rbd Berlin			30.12.50	
92 732	Rbd Cottbus			15.12.50	
92 849	Cottbus			31.10.50	
92 857	Frankfurt/O Pbf.			15.12.50	umgesetzt[32]
92 899	Hoyerswerda	02.04.46		20.11.50	
92 1001	Rbd Magdeburg			31.10.50	

28 Ausmusterung zurückgenommen, ob bei DR nochmals in Betrieb ist unklar, Lok von Rbd Cottbus am 18.08.55 verkauft als Werklok an Kombinat Schwarze Pumpe Senftenberg.

29 Als Ersatzteilspender verwendet.

30 Ausmusterung zurückgenommen, ob bei DR nochmals in Betrieb ist unklar, Lok am 15.11.55 verkauft.

31 Nochmals ausgemustert am 30.11.1953.

32 Umgesetzt als Werklok 10 an Eisenhüttenkombinat Stalin.

98 6007	Halberstadt		27.08.50	verkauft[33]
98 6218	Stendal-Ost!	19.04.50	10.05.50	verkauft[34]
98 6302	Rbd Magdeburg		10.05.50	verkauft[35/36]
99 001	Rbd Schwerin		.....12.50	
99 2539	Rbd Dresden		04.11.50	an PKP übergeben[37]
99 4601	Putbus		01.02.50	umgesetzt[38/39]

33 Verkauft an Glashütte Torgau.
34 Käufer nicht bekannt, bis 23.01.1952 Umbau in feuerlose Lok. Es ist auch ein auch Ausmusterprotokoll vom 06.02.65 vorhanden!
35 Verkauft an Ziegelwerk Jatznick bei Pasewalk.
36 Identität der Lok nicht eindeutig klar. Vermutlich Borsig 1908/6803, vormals Pommersche Landesbahnen 07N2212.
37 Spätere PKP Py1-1455.
38 Umgesetzt als Werklok an Zuckerfabrik Jarmen (hier zwei Spurweiten: 600 und 750 mm).
39 Es ist auch ein Ausmusterungsprotokoll vom 25.05.1954 vorhanden!

Abgaben von Dampflok ohne Reichsbahnnummer (Fremdlok) im Jahre 1950:

Lok-Nr.	Heimat-Bw	abgegeben	Verbleib und Bemerkungen
CFR 50.316	Bw Waren (M)	30.04.50	an Ungarn (!) abgegeben
Estland TK 234	Bw Aue	01.09.50	ausgemustert
PKP Pd 4-1	Rbd Greifswald	13.09.50	an PKP zurückgegeben
MAV 22.046	Bw Leipzig-Süd	13.03.50	an Ungarn zurückgegeben
MAV 22.081	Rbd Schwerin	20.04.50	an Ungarn zurückgegeben
MAV 22.117	Rbd Erfurt	06.01.50	an Ungarn zurückgegeben
MAV 22.145	Rbd Schwerin	30.04.50	an Ungarn zurückgegeben
MAV 220.194	Rbd Schwerin	50	an Ungarn zurückgegeben
MAV 222.031	Rbd Erfurt	27.01.50	an Ungarn zurückgegeben
MAV 301.019	Rbd Erfurt	.....04.50	an Ungarn zurückgegeben
MAV 315.815	Rbd Erfurt	03.03.50	an Ungarn zurückgegeben
MAV 321.017	Rbd Schwerin	13.03.50	an Ungarn zurückgegeben
MAV 322.504	Rbd Schwerin	13.03.50	an Ungarn zurückgegeben
MAV 324.056	Rbd Erfurt	18.03.50	an Ungarn zurückgegeben
MAV 324.210	Rbd Schwerin	01.09.50	an Ungarn zurückgegeben
MAV 324.449	Rbd Schwerin	01.10.50	an Ungarn zurückgegeben
MAV 324.496	Rbd Erfurt	18.03.50	an Ungarn zurückgegeben
MAV 324.603	Rbd Erfurt	06.01.50	an Ungarn zurückgegeben
MAV 324.762	Rbd Erfurt	06.01.50	an Ungarn zurückgegeben
MAV 324.786	Rbd Halle	10.01.50	an Ungarn zurückgegeben
MAV 324.835	Rbd Magdeburg	20.01.50	an Ungarn zurückgegeben
MAV 324.1521	Rbd Schwerin	01.09.50	an Ungarn zurückgegeben
MAV 325.083	Rbd Schwerin	24.02.50	an Ungarn zurückgegeben
MAV 325.086	Rbd Schwerin	24.02.50	an Ungarn zurückgegeben
MAV 325.110	Rbd Halle	13.03.50	an Ungarn zurückgegeben
MAV 325.116	Rbd Erfurt	06.01.50	an Ungarn zurückgegeben
MAV 325.129	Rbd Halle	20.01.50	an Ungarn zurückgegeben
MAV 326.095	Rbd Erfurt	18.03.50	an Ungarn zurückgegeben
MAV 326.290	Rbd Erfurt	27.01.50	an Ungarn zurückgegeben
MAV 326.340	Rbd Erfurt	27.01.50	an Ungarn zurückgegeben

MAV 326.344	Rbd Halle	20.01.50	an Ungarn zurückgegeben
MAV 326.416	Rbd Erfurt	27.01.50	an Ungarn zurückgegeben
MAV 327.012	Rbd Schwerin	20.04.50	an Ungarn zurückgegeben
MAV 327.070	Rbd Cottbus	05.05.50	an Ungarn zurückgegeben
MAV 327.136	Bw Freiberg	08.04.50	an Ungarn zurückgegeben
MAV 328.030	Bw Dresden-Fr.	29.07.50	an Ungarn zurückgegeben
MAV 328.608	Rbd Erfurt	06.01.50	an Ungarn zurückgegeben
MAV 328.628	Rbd Greifswald	24.02.50	an Ungarn zurückgegeben
MAV 328.649	Bw Neustrelitz	24.02.50	an Ungarn zurückgegeben
MAV 328.677	Rbd Erfurt	06.01.50	an Ungarn zurückgegeben
MAV 330.318	Rbd Magdeburg	.....02.50	an Ungarn zurückgegeben
MAV 331.002	Bw Dresden-Alt.	29.07.50	an Ungarn zurückgegeben
MAV 335.066	Bw Dresden-Alt.	19.03.50	an Ungarn zurückgegeben
MAV 342.168	Rbd Erfurt	27.01.50	an Ungarn zurückgegeben
MAV 342.939	Rbd Schwerin	24.02.50	an Ungarn zurückgegeben
MAV 343.306	Rbd Halle	17.03.50	an Ungarn zurückgegeben
MAV 351.006	Rbd Schwerin	24.02.50	an Ungarn zurückgegeben
MAV 375.023	Rbd Erfurt	27.01.50	an Ungarn zurückgegeben
MAV 375.461	Rbd Magdeburg	.....02.50	an Ungarn zurückgegeben
MAV 375.482	Rbd Magdeburg	.....02.50	an Ungarn zurückgegeben
MAV 375.492	Rbd Schwerin	24.02.50	an Ungarn zurückgegeben
MAV 375.562	Bw Neustrelitz	24.02.50	an Ungarn zurückgegeben
MAV 375.628	Rbd Schwerin	13.03.50	an Ungarn zurückgegeben
MAV 375.632	Rbd Halle	20.01.50	an Ungarn zurückgegeben
MAV 375.807	Bw Dresden-Alt.	29.07.50	an Ungarn zurückgegeben
MAV 375.895	Rbd Halle	20.01.50	an Ungarn zurückgegeben
MAV 376.195	Rbd Magdeburg	.....03.50	an Ungarn zurückgegeben
MAV 376.211	Rbd Erfurt	06.01.50	an Ungarn zurückgegeben
MAV 376.244	Rbd Erfurt	06.01.50	an Ungarn zurückgegeben
MAV 376.280	Rbd Magdeburg	.....02.50	an Ungarn zurückgegeben
MAV 376.412	Rbd Schwerin	30.04.50	an Ungarn zurückgegeben
MAV 376.467	Rbd Erfurt	06.01.50	an Ungarn zurückgegeben
MAV 376.564	Rbd Erfurt	06.01.50	an Ungarn zurückgegeben
MAV 376.580	Rbd Schwerin	24.02.50	an Ungarn zurückgegeben
MAV 377.199	Rbd Schwerin	24.02.50	an Ungarn zurückgegeben
MAV 377.407	Bw Riesa	10.07.50	an Ungarn zurückgegeben
MAV 403.601	Rbd Halle	13.03.50	an Ungarn zurückgegeben
MAV 403.619	Rbd Schwerin	24.02.50	an Ungarn zurückgegeben
MAV 410.501	Rbd Halle	13.03.50	an Ungarn zurückgegeben
MAV 410.613	Rbd Magdeburg	.....03.50	an Ungarn zurückgegeben
MAV 420.019	Bw Dresden-Fr.	29.07.50	an Ungarn zurückgegeben
MAV 421.016	Bw Leipzig Bayer. Bf.	09.02.50	an Ungarn zurückgegeben
MAV 424.024	Bw Dresden-Fr.	29.07.50	an Ungarn zurückgegeben
MAV 424.098	Bw Freiberg	29.07.50	an Ungarn zurückgegeben
MAV 424.118	Rbd Schwerin	.....07.50	an Ungarn zurückgegeben

MAV 424.126	Rbd Erfurt	01.10.50	an Ungarn zurückgegeben
MAV 424.165	Rbd Schwerin	30.04.50	an Ungarn zurückgegeben
MAV 424.198	Bw Hoyerswerda	10.07.50	an Ungarn zurückgegeben
MAV 424.199	Rbd Schwerin	10.07.50	an Ungarn zurückgegeben
MAV 424.204	Rbd Schwerin	20.04.50	an Ungarn zurückgegeben
MAV 424.208	Rbd Halle	13.03.50	an Ungarn zurückgegeben
MAV 424.218	Rbd Schwerin	13.03.50	an Ungarn zurückgegeben
MAV 424.224	Rbd Schwerin	30.04.50	an Ungarn zurückgegeben
MAV 431.005	Bw Gera	19.01.50	an Ungarn zurückgegeben
MAV 431.018	Bw Leipzig Bayer. Bf.	03.03.50	an Ungarn zurückgegeben
MAV 431.304	Bw Hagenow-Land	02.03.50	an Ungarn zurückgegeben
MAV 460.506	Bw Riesa	10.07.50	an Ungarn zurückgegeben
SNCF 2-230A81	Bw Stralsund	12.06.50	ausgemustert
LG 428	Bw ?	23.02.50	an SSSR zurückgegeben
TK 12	Bw Güsten	.....11.50	ausgemustert

56 108 (Henschel 1920/16450) wartet im Vorfeld des Raw Zwickau auf eine weitere Entscheidung. Sie ist vieler Armaturen beraubt, das Gestänge fehlt ebenso wie eine Kuppel- und die gekröpfte Treibachse. Zylinderdeckel, Schieber, Schieberkastendeckel und anderes fanden als Ersatzstücke Verwendung, genauso wie Teile des Umlaufes oder der Schornstein. Leichter Schnee verleiht dem Bild eine eigenartige Atmosphäre.
Foto: W. Raddatz Rbd Dresden, Sammlung Walluhn

Der Dienst mit Diesellokomotiven und Triebwagen

Reparatur oder Reparaturversuch eines 400-PS-Dieselmotors, der aus dem Triebwagen T 05 der Theag-Bahn Weimar–Berka–Blankenhain stammt – selbstverständlich Vorkriegsproduktion. Nicht selten sind Ersatzteilprobleme oder mangelnde Fachkenntnisse die Ursache, dass ein Fahrzeug überlange in Ausbesserung weilt. 6 Monate sind um 1950 fast die Regel, Standzeiten von einem oder mehreren Jahren nicht selten. Die Aufnahme machte Georg Hey am 24. Juli 1950 in der Werkstatt Weimar Berkaer Bahnhof.
Foto: Georg Hey, Weimar, Sammlung Walluhn

Noch schwieriger als der Dienst mit Dampflokomotiven gestaltete sich 1950 jener mit Brennkraftfahrzeugen (Diesellok) und Triebwagen. Wenn auch nicht restlos alle Fahrzeuge festgestellt werden konnten, dürfte der Fehlbestand trotzdem unter 10 Prozent liegen. Von 56 ermittelten Diesellokomotiven stehen ganze 36 im Schadpark. Bei Kleinlokomotiven fallen zunächst nur 68 Schadfahrzeuge bei einem Gesamtbestand von 431 Exemplaren auf, dennoch dürfte auch hier der dienstfähige Bestand unter 50 Prozent liegen, weil Lok auf Aufnahme ins Raw oder auf Ersatzteile warteten oder sich der Aufenthalt im Raw aus unterschiedlichen Gründen als langwierig erwies.

Von 45 vorhandenen Akkutriebwagen (AT) waren ganze vier einsatzbereit, die allesamt noch 1950 wegen Batteriemangel abgestellt wurden. Von acht Dampftriebwagen (DT) laufen noch drei Fahrzeuge. Ähnlich lagen die Verhältnisse bei den Dieseltriebwagen (VT): 141 Stück standen im Betriebspark (B-Park), 76 im Abstellpark (A-Park).

Die Ersatzteilproblematik gestaltete sich noch wesentlich prekärer als bei den Dampflokomotiven. Vergleichsweise kompliziert aufgebaute Dieselmotore waren nicht instand zu setzen, weil Kurbelwellen, Pleuel, Zylinderventile, Dichtungsringe oder ganz profane Kleinteile (z.B. Stiftschrauben) fehlten, deren Hersteller in Westdeutschland offiziell nicht liefern konnten, durften oder wollten. Es fehlten Ölpumpen, Fettpressen, Vergaser für Ottomotore oder Einspritzanlagen, aber auch elektrische Ausrüstungen wie Zündanlagen oder Generatoren. Oftmals nicht genormte, spezialgefertigte Getriebeteile wie Schrägzahnräder, Wellen und Lager verurteilten viele Lokomotiven zu endlosen Abstellzeiten oder gar zur Ausmusterung.

Nicht minder problematisch war die Beschaffung mechanischer Kupplungen oder ganz simpler Zündkerzen der Ottomotore vieler Kleinlokomotiven. Schließlich fehlten auch Wasserpumpen zur Motorkühlung oder Kühlerteile samt zugehöriger Gummischläuche. Die Raw Wittenberge und Dessau vollführten wahre »Kopfstände«, wenn es darum ging, besonders die kompakten Unterflurmotore der VT in Betrieb zu halten, von denen schon viele vor dem Zweiten Weltkrieg instandhaltungsseitig Problemfälle gewesen waren. Und: Kaum ein Triebwagen glich dem anderen, von einigen Serien der VT 137 einmal abgesehen.

Bei den Brennkraftfahrzeugen rächte sich die rigorose Demontagepolitik der Sowjets ebenso unerbittlich, wie die anhaltende Abwanderung von Fachkräften. Ein mangelhaft leistungsfähiger DDR-Maschinenbau zeigte sich außerstande, den Ersatzteilmangel auch nur annähernd zu lindern. Vieles war schlichtweg überhaupt nicht herstellbar. Und nicht nur das: Es fehlte auch 1950 noch häufig an Brennstoffen wie Benzin und Diesel. Während einige Kleinlokomotiven wie im Krieg mittels Generatorgas-, Sauggas- oder Holzvergaserprinzip im Betrieb gehalten werden konnten, war dies bei mittelgroßen Diesellok wie V22 oder V36 ebenso unmöglich wie bei Triebwagen. So liefen VT mitunter planmäßig als Beiwagen mit Dampfbespannung.

7.1 Ausmusterungen von Diesellok, Kleinlok und Triebwagen im Jahre 1950

Kaum verwundert uns angesichts der geschilderten Situation, dass 1950 neben einem AT auch eine ganze Reihe Brennkraftfahrzeuge ausgemustert wurde. Soweit ermittelbar, fast die folgende Tabelle die entsprechenden Daten zusammen.

Lok-Nr.	Heimat-Bw	abgestellt	Z-Park	ausgemustert	zerlegt bzw. Verbleib
V 10931	Rbd Schwerin			50	.....04.50 Raw Wittenberge
V 21138	Bw Wittenberge	45		22.06.50	
V 36016	Bw Neuruppin	01.08.50		50	[1]
V 36019	Bw Neuruppin	15.08.50		50	[2]
Kö 0290	Rbd Halle			.....12.50	verkauft[3]
Kö 0296	Bw Eberswalde			50	..........51 Raw Wittenberge
Kö 4568	Bw Wittenberge	.....08.49		22.06.50	.....08.50 Raw Wittenberge
Kb 4629	Bw Falkenberg			50	..........50 Bw Falkenberg
Kbf 4854	Rbd Schwerin			22.07.50	.... Raw Wittenberge
Kö 5081	Bw Güstrow		09.07.49	22.06.50	.....08.50 Raw Wittenberge
Kö 10931	Bw ?			22.06.50	.....08.50 Raw Wittenberge[4]
Kö 21138	Rbd Schwerin			22.06.50	.....08.50 Raw Wittenberge
VT 137 002	Bw Flöha	45		25.10.50	[5]
VT 137 226a	Bw Berlin Ahb			.....11.50	.....12.50
AT 259/260	Bw Gotha		.....10.50	50	

1 Später nach Ersatz-Investition wieder in Betrieb genommen.
2 Später nach Ersatz-Investition wieder in Betrieb genommen.
3 Verkauft an Elikat Wittenberg.
4 Auch als Werklok Nr. 3 unbekannter Herkunft genannt, Motor und Getriebe fehlen.
5 Fahrzeug ist ausgebrannt.

8 Der Dienst mit elektrischen Fahrzeugen

Abgesehen von vier Inselbetrieben mit Triebwagen (Müncheberg–Buckow, Schleiz–Saalburg, Klingenthal–Sachsenberg Georgenthal, Oberweißbacher Bergbahn) kann von Dienst mit elektrischen Fahrzeugen – die S-Bahn Berlin einmal ausgeklammert – im Jahr 1950 nicht gesprochen werden. Mit Demontage der Fahrleitungsanlagen im mitteldeutschen Netz 1946 durch die Sowjets hatte der elektrische Betrieb mit 15 kV 16 2/3 Hertz vollkommen geendet. Fast alle Fahrzeuge waren nach Osten abgefahren worden, im Raw Dessau stehen gebliebene Fragmente hatte man buchmäßig vor 1950 ausgemustert. Letztere sind daher in dieser Statistik auch nicht erfasst. Lediglich der kriegsbedingt in Westberlin bei den Firmen AEG Hennigsdorf Werkteil Spandau und Siemens-Schuckert Werk Spandau verbliebene Schadpark erschien noch in den Listen. Die Lok E178 01 und E176 11 waren Gleichstromfahrzeuge der Rbd Berlin und dienten dem Verschub im Raw der S-Bahn. E191 01 und 02 gehörten zum Bestand der straßenbahnähnlichen Linie von Klingenberg (Vogtland) nach Sachsenberg-Georgenthal.

9 Das Bestandsverzeichnis zum 1. Juli 1950

Im Bestand sind sicher die folgenden Stückzahlen nachgewiesen, daneben gibt es etwa 20 bis 30 unsichere Fahrzeuge, die hier nicht berücksichtigt wurden. Es sind insgesamt durch Einzelauszählung anhand zahlreicher Quellen ermittelt:

Dampflok Reihen 01 bis 99	**6971**	**Stück**
Fremdlok	951	Stück
Kleinlok	431	Stück
Diesellok/Ellok	68	Stück
Triebwagen	287	Stück
Summe	**8708**	**Fahrzeuge**

Über Sinn und Unsinn derartiger Statistiken währt seit Jahren ein teilweise unqualifiziert geführter Streit, der mitunter zum religiös anmutenden Glaubenskrieg wird. Die amtlichen Unterlagen sind in sich an zahlreichen Stellen widersprüchlich, ein Vergleich zwischen Betriebsbüchern, Lokverwendungsnachweisen, Umsetzmeldungen und sonstigen Unterlagen schafft nicht selten mehr Verwirrung als Aufklärung. Das vorliegende Bestandsverzeichnis beruht weitgehend auf Umsetzmeldungen. Wo diese nicht zur Hand waren, dienten Betriebsbücher, Betriebsbogen, Verwendungsnachweise, statistische Nachweise der Reichsbahndirektionen und anderes amtliches Material als Hilfsmittel. Mitunter ließ sich nur die Heimat-Rbd, in manchen Fällen überhaupt kein Standort (gekennzeichnet durch »Bw ?«) nachweisen. Besondere Schwierigkeiten ergaben sich bei Diesellokomotiven, Kleinlokomotiven und Triebwagen, die oftmals von den Direktionen im Gegensatz zu den Dampflokomotiven nur ungenügend oder überhaupt nicht erfasst waren. Während die Kleinlokomotiven zeitweise als Gerät bei der Verwaltung Anlagen im Bestand geführt wurden, standen Triebwagen oft unter Wagenwirtschaft. Für beide Verwaltungen konnte der Verfasser brauchbare Unterlagen leider kaum noch auffinden.

Die Fahrzeuge der S-Bahn Berlin enthält das vorliegende Verzeichnis nicht.

Besonders deutlich zeigt sich eine Unsicherheit der Gesamtstückzahlen, wenn man bahnamtliche Angaben neben Daten stellt, die durch akribische Auszählung aller Einzellebensläufe gewonnen wurden. Während die gravierenden Unterschiede bei den Reihen 01, 50 und 52 dadurch erklärt werden können, dass die amtliche DR-Statistik die Kolonnenlokomotiven vom Betriebsbestand abzog, fallen starke Diskrepanzen bei 03 und vor allem 38 sowie den Baureihen 89 und 98 auf, für die es keine ausreichende Erklärung gibt. Ebenso schleierhaft ist, wo eine Betriebslok der Reihe 96 heimisch war: 96 002 des Bw Salzwedel stand seit 07.02.1948 auf Z, 96 024 vom gleichen Bw seit 09.02.1948, beide wurden zum 03.09.1954 an VEB Geologische Bohrungen »Heinrich Rau« in Berlin verkauft, weitere Angaben sind in den überlieferten Unterlagen der DR nicht vorhanden.

9.1 Bestand und Verteilung der Dampflokomotiven Reihen 01 bis 99

Die Lokomotiven des Schadparkes sind – um Platz zu sparen – kursiv hervorgehoben. »Schadpark« in den folgenden Einzellisten bedeutet, dass sich die betreffende Lokomotive nicht im Betriebspark befand, sondern im Abstell- bzw. Z-Park, also (teils vorübergehend) von der Ausbesserung zurückgestellt. Hieraus darf nun keinesfalls der Schluss abgeleitet werden, dass alle anderen Maschinen dienstfähig waren. Ein nicht geringer Prozentsatz befand sich entweder im Raw oder Bw in Ausbesserung (Schadgruppen L0, L2, I3, L4) oder wartete auf Aufnahme ins Raw. Ganz typisch für die Jahre um 1950 sind hohe

Gegenüberstellung der Stückzahlen Betriebslok (Dampf) am 01. Juli 1950:

Baureihe	Stückzahl laut DR-Statistik	Stückzahl laut eigener Auszählung	Schadparklok	Bemerkungen
01	21	45	25	22 Kolonnenlok
03	67	56	24	
03.10	3	14	5	
13	nicht genannt!	1	19	
16	nicht genannt!	-	1	
17	17	13	39	4 Kohlenstaublok
18	8	9	7	
19	5	8	27	
23	2	2	-	
24	4	4	-	
35	nicht genannt!	-	17	
36	1	5	6	
38.2	50	44	27	
38.10	671	575	167	
38.45	nicht genannt!	-	32	
39	64	61	22	
41	81	84	35	
42	37	37	2	
43	34	34	1	
44	299	295	43	
45	1!	1!	-	
50	238	323	7	84 Kolonnenlok
52	485	747	61	247 Kolonnenlok
53	nicht genannt!	-	17	
54	3	3	36	
55.0	25	35	67	
55.16	35	35	17	
55.25	194	194	40	
56.1	45	47	11	
56.2	47	37	10	
56.20	36	45	20	
56.30	nicht genannt!	-	74	
57.0	nicht genannt!	-	16	
57.10	109	106	19	
58	395	385	124	20 Kohlenstaublok
58.23	nicht genannt!	1	79	
60	1	1	1	
61	1	1	-	
62	8	8	-	
64	107	106	24	
70	3	2	5	

71	1	-	8
72	nicht genannt!	1	-
74.0	34	33	18
74.4	253	254	35
74.66	nicht genannt!	9	1
75	107	111	51
77	nicht genannt!	-	1
78	37	37	15
80	18	18	4
84	12	11	1
86	156	161	11
88	nicht genannt!	1	-
89	215	245	18
90	3	6	2
91	133	146	42
92	119	124	27
93.0	130	120	21
93.5	121	115	17
93.16	nicht genannt!	2	-
93.64	nicht genannt!	17	1
93.85	nicht genannt!	2	13
94.1	nicht genannt!	-	1
94.2	16	16	2
94.5	209	215	25
94.20	105	107	16
95	30	30	11
96	1!	-	2
97	nicht genannt!	-	1
98	39	64	5
99	nicht genannt!	212	7

Wartezeiten wegen fehlender Ersatzstücke (warten auf Ersatzteile). Die zunächst recht hoch scheinende Gesamtstückzahl von fast 7.000 Reichsbahndampflokomotiven der Reihen 01 bis 99 schrumpft nach Abzug all dieser Maschinen beachtlich.

Es kann davon ausgegangen werden, dass etwa 40 Prozent des Bestandes nicht einsatzbereit war, sodass nicht mehr als rund 4.100 Lokomotiven verblieben. Von ihnen wiederum dürften täglich gut zehn Prozent in Planausbesserung (L1) gestanden haben, somit blieben kaum mehr als 3.700 Exemplare. Abzüglich 353 in Kolonnen gebundener Lokomotiven[1] der Reihen 01, 50 und 52 kann von nur mehr von einem Bestand von 3.300 täglich verfügbarem Dampflokomotiven ausgegangen werden. Das war weniger als die Hälfte des gesamten Parkes! Hier zeigt sich besonders deutlich die prekäre Lage der Deutschen Reichsbahn fünf Jahre nach Kriegsende – ganz im Gegensatz zur Bundesbahn mit ihren erheblichen Loküberhängen.

1 Davon etwa 80 bis 100 im täglichen Dienst, der Rest meist konserviert hinterstellt. Zusammen mit den für Kolonnendienst gebundenen etwa 1000 Betriebseisenbahnern eine erhebliche Belastung für die junge DDR.

Längst nicht alle **Verleihungen** an Industrie- und Wirtschaftsbetriebe haben sich auffinden lassen. Im Gegensatz zu 1951 und später sind derartige Angaben in den statistischen Monatsnachweisen der einzelnen Direktionen noch nicht enthalten. Auch im Stammteil der Betriebsbücher fehlt oftmals ein Hinweis auf leihweise Verwendung bei Dritten. Lediglich die Auswertung vieler – freilich nicht aller – Betriebsbögen hat brauchbare Hinweise ergeben.

Der Zusatz »K« hinter der Betriebsnummer bedeutet »Kohlenstaublokomotive«. Erläuterungen und Anmerkungen sind in den Fußnoten enthalten.

Bestand und Verteilung der Dampflok Reihe 01 am 1. Juli 1950:

Ermittelter Gesamtbestand:	70 Lok	
Davon in Kolonnen:	22 Lok	
Davon im Schadpark:	25 Lok	(entspricht 35,7 Prozent)

Der Bestand präsentiert sich wohlgeordnet beim Bw Erfurt-P sowie den Kolonnen 1 (Bw Frankfurt/Oder Pbf.) und 42 (Bw Rummelsburg), ein Einzelstück finden wir beim Bw Eisenach. Ein Drittel des Gesamtbestandes befindet sich im Schadpark. Die Reihe 01 bleibt – soweit nicht im Kolonnendienst – dem hochwertigen Schnellverkehr hauptsächlich auf der Linie Bebra-Erfurt-Halle/Leipzig-Berlin vorbehalten.

01 005	**Kolonne 42 Bw Rummelsburg**
01 014	*Bw Erfurt-P*
01 016	*Bw Erfurt-P*
01 018	*Bw Erfurt-P*
01 022	Bw Erfurt-P
01 023	Bw Erfurt-P
01 024	Bw Erfurt-P
01 025	Kolonne 42 Bw Rummelsburg
01 026	*Bw Erfurt-P*
01 027	*Bw Erfurt-P*
01 028	*Bw Erfurt-P*
01 029	Bw Erfurt-P
01 030	*Bw Erfurt-P*
01 035	*Bw Erfurt-P*
01 036	Kolonne 42 Bw Rummelsburg
01 048	Bw Erfurt-P
01 050	Bw Erfurt-P
01 054	*Bw Erfurt-P*
01 057	*Bw Erfurt-P*
01 065	Bw Erfurt-P
01 066	*Bw Erfurt-P*
01 069	Kolonne 1 Bw Frankfurt/Oder Pbf.
01 084	Bw Erfurt-P
01 085	Bw Erfurt-P
01 089	Bw Erfurt-P
01 107	*Bw Erfurt-P*
01 110	*Bw Erfurt-P*
01 114	Kolonne 1 Bw Frankfurt/Oder Pbf.
01 116	Kolonne 42 Bw Rummelsburg

Pressefotograf Gerhard Illner hinterließ uns dieses Bild der 01 153 vom Bw Erfurt-P (Henschel 1935/22701); links die zerstörte Halle des Hauptbahnhofs Leipzig. Vollradvorläufer, hinten gestutzte Windleitbleche und fehlender Tenderkohlenkastenaufsatz kennzeichnen diese gut gepflegte Schnellzuglok, die gerade auf eine neue Zugleistung wartet.
Foto: Gerhard Illner, Leipzig (†), Sammlung Walluhn

01 117	Kolonne 42 Bw Rummelsburg
01 118	Bw Erfurt-P
01 119	*Bw Erfurt-P*
01 120	Bw Erfurt-P
01 121	Bw Erfurt-P
01 127	Bw Erfurt-P
01 129	Bw Erfurt-P
01 135	Bw Erfurt-P
01 136	Bw Erfurt-P
01 137	Bw Erfurt-P
01 139	*Bw Erfurt-P*
01 142	*Bw Erfurt-P*
01 143	*Bw Erfurt-P*
01 144	Kolonne 42 Bw Rummelsburg
01 152	Kolonne 42 Bw Rummelsburg
01 153	Kolonne 42 Bw Rummelsburg
01 156	Bw Erfurt-P
01 157	Kolonne 1 Bw Frankfurt/Oder Pbf.
01 158	Kolonne 1 Bw Frankfurt/Oder Pbf.
01 160	Bw Erfurt-P
01 162	Kolonne 1 Bw Frankfurt/Oder Pbf.
01 163	*Bw Erfurt-P*
01 165	Kolonne 42 Bw Rummelsburg
01 174	Bw Erfurt-P
01 175	Kolonne 42 Bw Rummelsburg
01 184	Kolonne 42 Bw Rummelsburg
01 185	Kolonne 42 Bw Rummelsburg
01 186	Kolonne 1 Bw Frankfurt/Oder Pbf.
01 191	Kolonne 1 Bw Frankfurt/Oder Pbf.
01 203	Bw Eisenach
01 204	*Bw Erfurt-P*
01 205	*Bw Erfurt-P*
01 207	Bw Erfurt-P
01 208	Kolonne 42 Bw Rummelsburg
01 214	*Bw Erfurt-P*
01 218	*Bw Erfurt-P*
01 219	Kolonne 1 Bw Frankfurt/Oder Pbf.
01 221	*Bw Erfurt-P*
01 224	Kolonne 42 Bw Rummelsburg
01 225	*Bw Erfurt-P*
01 226	*Bw Erfurt-P*

Bestand und Verteilung der Dampflok Reihe 03 am 1. Juli 1950:

Ermittelter Gesamtbestand 03.0:	80 Lok	
Davon im Schadpark:	24 Lok	(entspricht 30,0 Prozent)
Ermittelter Gesamtbestand 03.10:	19 Lok	
Davon im Schadpark:	5 Lok	(entspricht 26,3 Prozent)

Auch im Bestand der Reihe 03 herrscht strenge Ordnung, ihre Stationierung erfolgt in nur vier Bw: Leipzig-West, Leipzig-Nord, Halle-P (Rbd Halle) und Wittenberge (Rbd Schwerin). Diese Lok sind dem hochwertigen Schnellverkehr insbesondere zur Messestadt

Ein eindrucksvolles Bild aus dem Jahre 1950 aus Leipzig. Schnellzuglok 03 235 des Bw Leipzig-West (Borsig 1936/14614) präsentiert sich ganz im Aussehen der Vorkriegszeit. Die Anschriften am Führerhaus erscheinen nur in weißer Farbe. Ausfahrt mit lautem Pfiff. Am Tender eine flüchtig übertünchte nicht mehr lesbare Losung. Die Lok bringt einen Schnellzug nach Berlin. Pünktlich? Das werden wir nie erfahren!
Fotos: Fritz Eschen, Sammlung Walluhn

Leipzig und auf der Relation Hamburg-Wittenberge-Berlin vorbehalten. Der Schadbestand liegt bei fast einem Drittel (Reihe 03.0) beziehungsweise einen Viertel (Reihe 03.10).

03 001	Bw Wittenberge
03 002	Bw Wittenberge
03 019	*Bw Halle-P*
03 021	Bw Halle-P
03 023	*Bw Leipzig-West*
03 025	Bw Leipzig-West
03 028	Bw Halle-P
03 030	*Bw Leipzig-West*
03 042	Bw Leipzig-West
03 050	Bw Leipzig-West
03 058	Bw Leipzig-Nord
03 060	Bw Leipzig-West
03 067	*Bw Halle-P*
03 070	Bw Leipzig-West
03 081	Bw Halle-P
03 083	Bw Halle-P
03 095	*Bw Halle-P*
03 096	*Bw Halle-P*
03 098	*Bw Halle-P*
03 100	*Bw Leipzig-West*
03 105	Bw Halle-P
03 117	*Bw Halle-P*
03 118	Bw Halle-P
03 119	*Bw Halle-P*
03 120	Bw Leipzig-Nord
03 121	*Bw Leipzig-West*
03 123	*Bw Halle-P*
03 126	Bw Halle-P
03 128	Bw Wittenberge
03 133	Bw Halle-P
03 135	Bw Leipzig-West
03 142	Bw Halle-P
03 143	Bw Leipzig-West
03 148	*Bw Leipzig-West*
03 150	Bw Leipzig-West
03 151	Bw Leipzig-West
03 153	*Bw Leipzig-West*
03 154	Bw Halle-P
03 155	Bw Halle-P
03 156	Bw Leipzig-West
03 157	*Bw Halle-P*
03 158	*Bw Halle-P*
03 162	Bw Halle-P
03 172	Bw Leipzig-West
03 176	*Bw Halle-P*
03 177	Bw Halle-P
03 180	*Bw Halle-P*
03 186	Bw Halle-P
03 195	Bw Leipzig-Nord
03 202	Bw Leipzig-Nord
03 203	Bw Leipzig-West
03 204	Bw Halle-P
03 205	Bw Leipzig-Nord
03 206	Bw Halle-P
03 207	Bw Leipzig-West
03 212	Bw Halle-P
03 214	Bw Halle-P
03 216	*Bw Halle-P*
03 228	Bw Wittenberge
03 234	*Bw Halle-P*
03 235	Bw Leipzig-West
03 236	Bw Leipzig-West
03 237	*Bw Leipzig-West*
03 239	Bw Leipzig-West
03 242	Bw Halle-P
03 243	Bw Leipzig-West
03 250	Bw Halle-P
03 254	Bw Halle-P
03 256	Bw Halle-P
03 257	Bw Halle-P
03 265	*Bw Halle-P*
03 269	Bw Halle-P
03 270	*Bw Halle-P*
03 274	*Bw Halle-P*
03 277	Bw Halle-P
03 278	Bw Halle-P
03 286	Bw Halle-P
03 295	Bw Halle-P
03 297	Bw Wittenberge
03 298	Bw Halle-P
03 1010	Bw Leipzig-West
03 1019	*Bw Halle-P*
03 1020	Bw Leipzig-West
03 1046	*Bw Halle-P*
03 1048	*Bw Leipzig-West*

03 1057	Bw Leipzig-West
03 1058	Bw Halle-P
03 1059	Bw Leipzig-West
03 1074	*Bw Leipzig-West*
03 1075	Bw Leipzig-West
03 1077	Bw Leipzig-West
03 1078	*Bw Leipzig-West*
03 1079	Bw Leipzig-West
03 1080	Bw Leipzig-West
03 1085	Bw Leipzig-West
03 1087	Bw Leipzig-West
03 1088	Bw Leipzig-West
03 1089	Bw Leipzig-West
03 1090	Bw Leipzig-West

Bestand und Verteilung der Dampflok Reihen 13 bis 16 am 1. Juli 1950:

Ermittelter Gesamtbestand 13:	20 Lok	
Davon im Schadpark:	19 Lok	(entspricht 95,0 Prozent)
Ermittelter Gesamtbestand 16:	1	
Davon im Schadpark:	1 Lok	(entspricht 100 Prozent)

Die veralteten Schnellzuglok der Reihe 13 befinden sich Ausnahme von 13 316 sämtlich im Schadpark. Es handelt sich hierbei wie auch im Falle von 16 056 um vormalige polnische Maschinen.

13 003	*Bw Hilbersdorf*
13 005	*Bw Salzwedel*
13 008	*Bw Hilbersdorf*
13 012	*Bw Salzwedel*
13 013	*Rbd Halle*
13 020	*Bw ?*
13 305	*Bw Hagenow-Land*
13 310	*Bw Hagenow-Land*
13 312	*Bw Zwickau*
13 315	*Bw Zwickau*
13 316	Bw Halle-P[1]
13 323	*Bw Zwickau*
13 333	*Bw Halle-P*
13 338	*Bw Salzwedel*
13 401	*Bw Salzwedel*

Um diese preußische S 5.2 würden sich heute alle deutschen Museen reißen. 13 005, vormalige PKP Pd 4-4 (Schichau 1907/1615, ursprünglich Danzig 504), hinterstellt im Bahnhof Salzwedel. Stangen und Teile der äußeren Steuerung fehlen, das vordere Führerhausfenster ist durch ein Blech verschlossen, die Tendervorderwand mit einer Schutzwand versehen. Die recht vollständig scheinende Maschine wird am 12. September 1955 den PKP zurückgegeben.

Foto: Zentrale Bildstelle DR, Sammlung Walluhn

13 402	*Bw Salzwedel*
13 513	*Bw Halberstadt*
13 545	*Bw Gotha*
13 546	*Bw Jerichow*
13 549	*Bw Jerichow*
16 056	*Bw Freiberg* [2]

1 Kurierzuglok des Raw Halle. Kurierzuglok fahren Züge (sogenannte Stoffzüge) mit aufgearbeiteten Tauschteilen zwischen den Raw.
2 Nicht umgezeichnete PKP Pn 11-8.

Bestand und Verteilung der Dampflok Reihe 17 am 1. Juli 1950:

Ermittelter Gesamtbestand:	52 Lok	
Davon mit Kohlenstaubfeuerung:	4 Lok	
Davon im Schadpark:	39 Lok	(entspricht 75,0 Prozent)

Bei dieser Baureihe spielen nur noch die wenigen preußischen S10.1 (Reihe 17.10-12) im Betriebsdienst eine Rolle. Sie sind ausschließlich in der Rbd Berlin stationiert, die vier vorhandenen Kohlenstaublokomotiven kommen über ein Versuchsstadium – wie im Textteil beschrieben – noch nicht hinaus.

17 107	*Bw Pankow*
17 141	*Bw Berlin Anhalter Bf.*
17 152	*Bw Berlin Anhalter Bf.*
17 157	*Bw Berlin Anhalter Bf.*
17 165	*Bw Pankow*
17 167	*Bw Berlin Anhalter Bf.*
17 169	*Bw Berlin Anhalter Bf.*
17 901	*Bw Zwickau* [1]
17 902	*Bw Meiningen* [2]
17 921	*Bw Zwickau* [3]
17 938	*Bw Zeitz* [4]
17 946	*Bw Suhl* [5]
17 1014	*Bw Wustermark*
17 1021	*Bw Wustermark*
17 1022	*Bw Gesundbrunnen*
17 1023	*Bw Rummelsburg*
17 1024	Bw Karlshorst
17 1027	*Bw Wustermark*
17 1030	*Bw Wustermark*
17 1031	Bw Karlshorst
17 1032 K	Bw Rummelsburg
17 1033	*Bw Rummelsburg*
17 1036	*Bw Rummelsburg*
17 1042	*Bw Rummelsburg*
17 1051	*Bw Rummelsburg*
17 1052	Bw Karlshorst
17 1054	*Bw Lichtenberg*
17 1055	Bw Karlshorst
17 1056	*Bw Wustermark*
17 1071	*Bw Wustermark*
17 1074	*Bw Rummelsburg*
17 1077 K	Bw Rummelsburg
17 1083	*Bw Wustermark*
17 1085	*Bw Rummelsburg*
17 1094 K	Bw Rummelsburg
17 1097	*Bw Wustermark*
17 1101	Bw Rummelsburg
17 1103	Bw Karlshorst
17 1104	*Bw Rummelsburg*

17 1031 vom Bw Ostbahnhof (Henschel 1912/11187) ganz eindeutig ohne Kohlenstaubfeuerung, aber in sehr gutem Pflegezustand. Diese preußische S10.1 der Bauform 1911 mit niedrigem Umlauf trägt den Knorr-Vorwärmer ausnahmsweise auf der Lokführerseite. Das Läutewerk hinter dem Schornstein deutet darauf hin, dass sie zur Umgehung Westberlins planmäßig Nebenbahnen, etwa Königs Wusterhausen–Mittenwalde, befährt.
Foto: Zentrale Bildstelle DR, Sammlung Walluhn

17 1106	Bw Rummelsburg
17 1107	*Bw Wustermark*
17 1108	*Bw Wustermark*
17 1112	*Bw Wustermark*
17 1114	Bw Karlshorst
17 1116	*Bw Seddin*
17 1119 K	Bw Rummelsburg
17 1158	Bw Wustermark
17 1176	*Bw Wustermark*
17 1177	*Bw Wustermark*
17 1198	*Bw Wustermark*
17 1199	*Bw Wustermark*
17 1251	*Rbd Berlin*

1 Wild umgezeichnete AL 901.
2 Wild umgezeichnete AL 902.
3 Wild umgezeichnete AL 921.
4 Wild umgezeichnete AL 938.
5 Wild umgezeichnete AL 946.

Bestand und Verteilung der Dampflok Reihe 18 am 1. Juli 1950:

Ermittelter Gesamtbestand: 16 Lok
Davon im Schadpark: 7 Lok (entspricht 43,7 Prozent)

Abgesehen vom Einzelstück 18 314 finden wir nur die vormals sächsischen Pazifik-Lok im Dienst. Sie verkehren vorrangig von Dresden nach Berlin, Leipzig und Görlitz.

18 001	Bw Dresden-Altstadt
18 003	Bw Dresden-Altstadt
18 004	*Bw Dresden-Altstadt*
18 005	Bw Dresden-Altstadt
18 006	Bw Dresden-Altstadt
18 007	Bw Dresden-Altstadt
18 008	Bw Dresden-Altstadt
18 009	Bw Dresden-Altstadt
18 010	Bw Dresden-Altstadt
18 314	Bw Halle-P
18 1315	*Bw Gerstungen*[1]
18 1327	*Bw Saalfeld* [2]
18 1328	*Bw Zeitz* [3]
18 1333	*Bw Zeitz* [4]
18 1353	*Bw Gera* [5]
18 1366	*Bw Zeitz* [6]

1 Wild umgezeichnete AL 1315.
2 Wild umgezeichnete AL 1327.
3 Wild umgezeichnete AL 1328.
4 Wild umgezeichnete AL 1333.
5 Wild umgezeichnete AL 1353.
6 Wild umgezeichnete AL 1366.

Bestand und Verteilung der Dampflok Reihe 19 am 1. Juli 1950:

Ermittelter Gesamtbestand: 35 Lok
Davon im Schadpark: 27 Lok
(entspricht 77,1 Prozent)

19 001 Bw Reichenbach (Hartmann 1918/3977) am 23.11.1951 in der Halle des schwer bombengeschädigten Dresdener Hauptbahnhofes. Während die Lok einen durchaus guten Eindruck macht, lässt der Zustand der Gleise wie vielerorts innerhalb der Personenbahnhöfe stark zu wünschen übrig.
Foto: Zentrale Bildstelle DR, Sammlung Walluhn

Die heutige Museumslok 24 009 (Schichau 1928/3124), Heimat Bw Schöneweide, im Betriebswerk Ostbahnhof am 23. Februar 1952. Ihr äußerer Zustand ist erstklassig, baulich hat sich seit ihrer Lieferung nichts verändert. Gemeinsam mit ihren drei Schwesterlokomotiven bespannt sie häufig Personenzüge nach Frankfurt/Oder. ***Foto: Zentrale Bildstelle DR, Sammlung Walluhn***

Innerhalb dieser Baureihe befinden sich lediglich Lok der ehemals sächsischen Verbundtype 19.0 im Betrieb, eine herausragende Bedeutung kommt ihnen jedoch nicht mehr zu. Ihre verwickelte Bauart verursacht hohe Unterhaltungskosten. Interessant ist, dass Dresden-Altstadt nur mehr ein dienstfähiges Exemplar beheimatet. Wir finden die 19.0 sonst nur im Bw Reichenbach, vorwiegend eingesetzt auf den Linien Leipzig–Reichenbach–Hof und Reichenbach–Zwickau–Chemnitz.

19 001	Bw Dresden-Altstadt
19 002	*Bw Dresden-Altstadt*
19 003	Bw Reichenbach
19 004	*Bw Reichenbach*
19 005	Bw Reichenbach
19 006	*Bw Reichenbach*
19 007	Bw Reichenbach
19 008	*Bw Reichenbach*
19 009	Bw Reichenbach
19 010	*Bw Reichenbach*
19 011	*Bw Reichenbach*
19 012	*Bw Reichenbach*
19 013	Bw Reichenbach
19 014	*Bw Dresden-Altstadt*
19 015	Bw Reichenbach
19 016	Bw Reichenbach
19 017	*Bw Dresden-Altstadt*
19 018	*Bw Dresden-Altstadt*
19 019	*Bw Dresden-Altstadt*
19 020	*Bw Dresden-Altstadt*
19 021	*Bw Reichenbach*
19 022	*Bw Reichenbach*
19 023	*Bw Reichenbach*
19 104	*Bw Zwickau*
19 111	*Bw Zwickau*
19 115	*Bw Dresden-Friedrichstadt*
19 133	*Bw Zwickau*
19 134	*Bw Zwickau*
19 140	*Bw Leipzig-Süd*
19 142	*Bw Zwickau*
19 147	*Bw Dresden-Friedrichstadt*
19 154	*Bw Erfurt-P*
19 174	*Bw Magdeburg Hbf.*
19 177	*Bw Magdeburg Hbf*
19 178	*Bw Görlitz* [1]

1 Nicht umgezeichnete PKP Pt 31-72.

Bestand und Verteilung der Dampflok Reihen 23 und 24 am 1. Juli 1950:

Ermittelter Gesamtbestand 23:	2 Lok
Davon im Schadpark:	keine
Ermittelter Gesamtbestand 24:	4 Lok
Davon im Schadpark:	keine

Strenggenommen gehören sie Splittergattungen an, die wenigen Exemplare der Einheitslok-Reihen 23 und 24. Sie sind bei der Rbd Berlin betrieblich unverzichtbar, keine von ihnen befindet sich im Schadpark.

23 001	Bw Karlshorst
23 002	Bw Karlshorst
24 002	Bw Berlin Anhalter Bf.
24 004	Bw Berlin Anhalter Bf.
24 009	Bw Berlin Anhalter Bf.
24 021	Bw Berlin Anhalter Bf.

Bestand und Verteilung der Dampflok Reihen 35 bis 37 am 1. Juli 1950:

Ermittelter Gesamtbestand 35:	17 Lok	
Davon im Schadpark:	17 Lok	(entspricht 100 Prozent)
Ermittelter Gesamtbestand 36:	11 Lok	
Davon im Schadpark:	6 Lok	(entspricht 54,5 Prozent)
Ermittelter Gesamtbestand 37:	9 Lok	
Davon im Schadpark:	9 Lok	(entspricht 100 Prozent)

Für deutsche Verhältnisse ungewöhnlich konstruiert ist die Österreicherin 35 109 (Wiener Neustadt 1909/4901, vormals 329.032), Schadlok Nummer 275 im Raw Zwickau. Sämtliche Stangen und große Teile der Kesselbekleidung fehlen. Sehr gut zu erkennen sind deshalb die doppelt vernieteten Langkesselschüsse, Stehbolzen und eingenieteten Waschluken. Armaturteile und Domaufsatz wurden ebenfalls abgebaut, auch im Führerstand verblieb kaum ein Zurüstteil.
Foto: W. Raddatz Rbd Dresden, Sammlung Walluhn

36 463 des Bw Dresden-Friedrichstadt (Linke-Hofmann 1904/ 247) ist noch 1951 dienstfähig, ehe sie am 12. September in den Z-Park fällt. Bis auf Treib- und Schwingenstangen scheint diese preußische P4.2 (vormals Kattowitz 1928, dann PKP Od 2-36) noch vollständig. Wie bei vielen Lokomotiven der Nachkriegszeit ist auch hier das erste Führerhausfenster mit Blech verschlossen. Gut ist der Niederdruckzylinder mit seinem darüber liegenden großen entlasteten Flachschieber erkennbar. Am 14. Januar 1956 geht diese formschöne Nassdampflok an Polen zurück.
Foto: Zentrale Bildstelle DR, Sammlung Walluhn

Mit Ausnahme fehlender Schwingenstange und Speisepumpe macht 37 197 (Hanomag 1908/5233, vormals PKP Oi 1-21, vormals P6 Halle 2106) einen recht vollzähligen Eindruck. Nur ganz wenige dieser preußischen P6 verschlug es im Kriege nach Mittel- und Westdeutschland. Aufgenommen am 16.11.1953 auf Bahnhof Ritschenhausen.
Foto: Werner Lehmitz Rbd Erfurt, Sammlung Walluhn

Von diesen überwiegend ehemals österreichischen und polnischen Fremdbauarten befindet sich kein Exemplar mehr im Dienst. Anders jedoch bei den zwischen 1940 und 1944 aus ehemals polnischen Beständen übernommenen preußischen P4.2 (Reihe 36), von denen Einzelstücke bei den Rbd Berlin und Dresden noch für untergeordnete Zwecke Verwendung finden.

35 104	*Bw Reichenbach*
35 109	*Bw Reichenbach*
35 115	*Bw Halle-P*
35 123	*Bw Staßfurt*
35 128	*Bw Bitterfeld*
35 131	*Bw Görlitz*
35 132	*Bw Chemnitz Hbf.*
35 303	*Bw Dresden-Friedrichstadt*
35 357	*Bw Stralsund*
35 375	*Bw Engelsdorf*
35 376	*Bw Hilbersdorf*
35 377	*Bw Engelsdorf*
35 380	*Bw Oebisfelde*
35 702	*Bw Pasewalk*[1]
35 806	*Bw Pirna*[2]
35 826	*Bw Pasewalk*[3]
35 828	*Bw Stralsund*[4]
36 201	Bw Brandenburg-Altstadt[5]
36 441	*Bw Hagenow-Land*
36 442	*Bw Hagenow-Land*
36 452	*Bw Salzwedel*
36 457 K	Bw Rummelsburg[6]
36 463	Bw Dresden-Friedrichstadt
36 479	*Bw Dresden-Altstadt*
36 498	Bw Reichenbach
36 499	*Rbd Berlin*
36 508	*Bw Halberstadt*
36 521	Bw Reichenbach
37 106	*Bw Neustrelitz*[7]
37 112	*Bw Gesundbrunnen*
37 185	*Bw Potsdam*
37 193	*Bw Dresden-Friedrichstadt*
37 197	*Bw Meiningen*
37 401	*Bw Hagenow-Land*
37 402	*Bw Hagenow-Land*
37 408	*Bw Hagenow-Land*
37 409	*Bw Seddin*

1 Lok mit Brotankessel!
2 Nicht umgezeichnete PKP Ol 12-9.
3 Nicht umgezeichnete PKP Ol 12-83.
4 Nicht umgezeichnete PKP Ol 12-46.
5 Unklar, ob überhaupt Ursprungslok 36 201!
6 Derzeit im Raw Stendal zum Umbau befindlich.
7 Wild umgezeichnete litauische K6-106.

Bestand und Verteilung der Dampflok Reihe 38 am 1. Juli 1950:

Ermittelter Gesamtbestand 38.2:	71 Lok	
Davon im Schadpark:	27 Lok	(entspricht 38,0 Prozent)
Ermittelter Gesamtbestand 38.10:	742 Lok	
Davon im Schadpark:	167 Lok	(entspricht 22,5 Prozent)
Ermittelter Gesamtbestand 38.45:	32 Lok	
Davon im Schadpark:	31 Lok	(entspricht 96,9 Prozent)

38 1502 (Schichau 1913/2079), Rückführlok aus der Ostbahndirektion Krakau, befindet sich 1950 als Schadlok Nummer 361 im Bahnhof Fröttstädt (Rbd Erfurt). Sie gehört zu den ganz wenigen P8 mit dreiachsigem Tender preußischer Bauart. Er scheint aus polnischen Beständen zu stammen, da ihm Hülsenpuffer Bauart Siegen fehlen. Stangen und viele Armaturteile sind als Ersatzstücke abgebaut. *Foto: Werner Umlauft, Erfurt (†), Sammlung Walluhn*

Ausfahrt der 38 3769 Bw Leipzig-West (AEG Hennigsdorf 1922/2413) aus Hauptbahnhof Leipzig 1950. Im Vordergrund stehen Reisende, die auf einen anderen Zug warten ebenso wie Betriebseisenbahner. An der Lok fehlt seit ihrem Osteinsatz das erste Führerhausfenster. Bretter auf dem Kohlenkasten erhöhen den Ladevorrat an Braunkohle. Ganz vorn wie vielerorts ausgefahrene Schienenköpfe auf völlig veröltem Schwellenkörper. *Foto: Fritz Eschen, Sammlung Walluhn*

Die sächsischen und vor allem preußischen 38 tragen die Hauptlast des Schnell-, Eil- und Personenzugdienstes bei der Reichsbahn, werden aber auch im leichteren Güterverkehr eingesetzt. Es gibt kein Bw an Hauptstrecken, das solche Lokomotiven nicht im Bestand führt. Große Ansammlungen stehen in Halle-P, Leipzig-West, Leipzig-Süd, Magdeburg Hbf., Falkenberg und Rostock, der übrige Park ist relativ gleichmäßig im Lande verteilt. Beim Bw Erfurt-P hingegen – vor dem Krieg gehörte es zu den Betriebswerken mit äußerst umfangreichen P8-Beständen – finden wir nur eine kleine Stückzahl. Ebenso auffallend das Bw Chemnitz Hbf.: Vor 1945 erhebliche Bestände an 38.2, jetzt nur eine handvoll dieser Exemplare. Betriebsfähige Einzelstücke an P8 sind in Altenburg, Köthen, Lübbenau, Reichenbach, Saßnitz und Senftenberg stationiert. Wie andere ehemalige PKP-Gattungen auch befinden sich die polnischen Ok 22 (Reihe 38.45-46) bereits ausschließlich im Schadpark. Während der von Ausbesserung zurückgestellte Anteil bei den 38.2 fast 40 Prozent beträgt, so liegt er bei den P8 unter einem Viertel.

38 201	*Bw Adorf*
38 204	Bw Kamenz
38 205	*Bw Dresden-Friedrichstadt*
38 206	Bw Dresden-Friedrichstadt
38 207	*Bw Dresden-Friedrichstadt*
38 209	Bw Döbeln
38 210	*Bw Freiberg*
38 214	Bw Bautzen
38 216	*Bw Dresden-Friedrichstadt*
38 217	*Bw Zwickau*
38 219	Bw Nossen
38 220	Bw Nossen
38 222	Bw Nossen
38 223	Bw Zwickau
38 224	Bw Dresden-Friedrichstadt
38 225	Bw Riesa
38 226	Bw Freiberg
38 229	*Bw Hilbersdorf*
38 230	*Bw Glauchau*
38 232	Bw Döbeln
38 233	*Bw Hilbersdorf*
38 234	*Bw Dresden-Altstadt*
38 242	Bw Nossen
38 243	*Bw Hilbersdorf*
38 244	Bw Freiberg
38 246	Bw Buchholz (Sachs)
38 247	*Bw Zwickau*
38 250	Bw Werdau
38 251	Bw Werdau
38 253	*Bw Lichtenberg*
38 255	Bw Dresden-Friedrichstadt
38 256	*Bw Werdau*
38 259	Bw Buchholz (Sachs)
38 260	*Bw Dresden-Friedrichstadt*
38 261	Bw Werdau
38 264	*Bw Zwickau*
38 267	Bw Pirna
38 268	Bw Freiberg
38 269	*Bw Zwickau*
38 270	*Bw Dresden-Friedrichstadt*
38 275	Bw Werdau
38 276	Bw Chemnitz Hbf.
38 281	Bw Nossen
38 282	*Bw Freiberg*
38 286	Bw Chemnitz Hbf.
38 287	Bw Zwickau
38 288	Bw Buchholz (Sachs)
38 289	Bw Döbeln
38 291	Bw Buchholz (Sachs)
38 292	Bw Döbeln
38 293	*Bw Zwickau*
38 296	*Bw Bautzen*
38 298	Bw Bautzen
38 299	Bw Döbeln
38 302	*Bw Zwickau*
38 305	*Bw Hilbersdorf*
38 307	*Bw Nossen*
38 308	Bw Buchholz (Sachs)
38 310	Bw Greiz
38 314	Bw Nossen
38 316	Bw Nossen
38 317	*Bw Pirna*
38 318	Bw Chemnitz Hbf.
38 319	*Bw Zwickau*
38 321	Bw Freiberg
38 322	*Bw Adorf*

38 323	Bw Döbeln
38 325	Bw Bautzen
38 327	Bw Chemnitz Hbf.
38 332	Bw Zwickau
38 333	Bw Bautzen
38 1014	Bw Guben
38 1016	Bw Leipzig-Nord
38 1019	Bw Aschersleben
38 1024	Bw Magdeburg Hbf.
38 1046	Bw Nordhausen
38 1048	Bw Wustermark
38 1053	Bw Glauchau
38 1057	Bw Hagenow-Land
38 1071	Bw Pirna
38 1075	Bw Nordhausen
38 1100	Bw Eilsleben
38 1102	Bw Jüterbog
38 1113	Bw Dresden-Altstadt
38 1115	Bw Dresden-Altstadt
38 1118	*Bw Halle-P*
38 1120	Bw Eilsleben
38 1123	Bw Wittenberg
38 1129	Bw Halle-P
38 1133	Bw Leipzig-Nord
38 1136	Bw Magdeburg Hbf.
38 1144	Bw Halle-P
38 1154	*Bw Dresden-Altstadt*
38 1157	Bw Zeitz
38 1168	Bw Magdeburg Hbf.
38 1171	Bw Görlitz
38 1173	*Bw Reichenbach*
38 1179	*Bw Berlin Anhalter Bf.*
38 1181	Bw Jüterbog
38 1182	Bw Aschersleben
38 1186	Bw Cottbus
38 1189	Bw Cottbus
38 1197	Bw Halle-P
38 1199	Bw Stendal
38 1207	Bw Güstrow
38 1212	Bw Berlin Schlesischer Bf.
38 1213	Bw Grunewald
38 1216	Bw Leipzig-West
38 1217	Bw Wittenberg
38 1218	Bw Cottbus
38 1221	*Bw Finsterwalde*
38 1225	*Bw Leipzig-Plagwitz*
38 1230	Bw Meiningen
38 1231	*Bw Dresden-Altstadt*
38 1239	Bw Zeitz
38 1248	Bw Gera
38 1250	*Bw Saalfeld*
38 1268	Bw Leipzig-West
38 1271	*Bw Hoyerswerda*
38 1272	Bw Magdeburg Hbf.
38 1286	Bw Bad Schandau
38 1287	Bw Zittau
38 1289	Bw Halle-P
38 1295	Bw Leipzig-Süd
38 1296	Bw Rostock
38 1298	Bw Zittau
38 1301	Bw Pirna
38 1303	Bw Cottbus
38 1308	Bw Magdeburg Hbf.
38 1312	Bw Frankfurt/Oder Pbf.
38 1317	Bw Guben
38 1319	Bw Wittenberg
38 1320	Bw Schöneweide
38 1326	Bw Pasewalk
38 1334	Bw Eberswalde
38 1335	Bw Halle-P
38 1341	Bw Aschersleben
38 1342	Bw Rostock
38 1346	Bw Leipzig-West
38 1352	Bw Falkenberg
38 1359	Bw Dessau
38 1360	Bw Lübbenau
38 1361	*Bw Leipzig Bayerischer Bf.*
38 1362	*Bw Staßfurt*
38 1364	Bw Frankfurt/Oder Pbf.
38 1368	*Bw Halberstadt*
38 1373	Bw Neubrandenburg
38 1378	Bw Leipzig Bayerischer Bf.
38 1388	Bw Pirna
38 1389	Bw Zeitz[1]
38 1390	Bw Güstrow
38 1401	*Bw Halle-P*
38 1412	Bw Magdeburg Hbf.
38 1417	Bw Glauchau
38 1418	*Bw Eberswalde*
38 1419	Bw Dessau

38 1427	Bw Halle-P
38 1428	Bw Halle-P
38 1430	Bw Seddin
38 1436	Bw Magdeburg Hbf.
38 1437	Bw Weißenfels
38 1438	Bw Jüterbog
38 1443	Bw Halberstadt
38 1448	Bw Senftenberg
38 1450	Bw Stendal
38 1452	Bw Leipzig-West
38 1453	Bw Eilsleben
38 1456	*Bw Aschersleben*
38 1465	Bw Pasewalk
38 1468	*Bw Zeitz*
38 1469	*Bw Eberswalde*
38 1470	Bw Erfurt-P
38 1472	*Bw Halle-P*
38 1473	*Bw Bautzen*
38 1474	Bw Dresden-Altstadt
38 1477	Bw Halberstadt
38 1482	Bw Hagenow-Land
38 1488	Bw Dessau
38 1492	Bw Leipzig-Nord
38 1493	Bw Leipzig-West
38 1498	Bw Schwerin
38 1502	*Bw Gotha*
38 1505	Bw Neubrandenburg
38 1508	Bw Dresden-Friedrichstadt
38 1510	Bw Zittau
38 1519	Bw Aschersleben
38 1520	*Bw Leipzig-Nord*
38 1521	Bw Nordhausen
38 1523	Bw Gesundbrunnen
38 1524	Bw Magdeburg Hbf.
38 1531	Bw Eilenburg
38 1532	Bw Karlshorst
38 1534	Bw Brandenburg
38 1536	Bw Brandenburg
38 1539	Bw Eilenburg
38 1546	Bw Zittau
38 1557	Bw Halle-P
38 1558	Bw Magdeburg Hbf.
38 1578	Bw Bad Schandau
38 1580	Bw Zittau
38 1582	Bw Leipzig Bayerischer Bf.
38 1583	Bw Meiningen
38 1584	*Bw Eilenburg*
38 1586	Bw Stralsund
38 1591	Bw Brandenburg
38 1595	Bw Gera
38 1598	Bw Aschersleben
38 1599	Bw Gotha
38 1601	Bw Erfurt-P
38 1602	Bw Erfurt-P
38 1605	Bw Wittenberge
38 1611	Bw Reichenbach
38 1614	Bw Hoyerswerda
38 1615	Bw Leipzig Bayerischer Bf.
38 1619	Bw Dessau
38 1621	Bw Halle-P
38 1622	*Bw Naumburg*
38 1634	*Bw Sangerhausen*
38 1635	*Bw Saalfeld*
38 1636	*Bw Zwickau*
38 1641	*Bw Erfurt-P*
38 1645	Bw Magdeburg Hbf.
38 1652	Bw Bautzen
38 1657	Bw Kamenz
38 1658	*Bw Leipzig Bayerischer Bf.*
38 1661	Bw Magdeburg Hbf.
38 1681	*Bw Nordhausen*
38 1687	Bw Schöneweide
38 1688	Bw Jüterbog
38 1692	Bw Dresden-Altstadt
38 1693	Bw Eisenach
38 1694	Bw Erfurt-P
38 1702	*Bw Eberswalde*
38 1703	Bw Neubrandenburg
38 1709	Bw Gotha
38 1710	Bw Halle-P
38 1712	Bw Halle-P
38 1713	Bw Falkenberg
38 1715	Bw Stendal
38 1716	Bw Halberstadt
38 1718	*Bw Engelsdorf*
38 1722	Bw Stendal
38 1725	Bw Dessau
38 1728	Bw Gotha
38 1729	Bw Meiningen
38 1730	Bw Meiningen

38 1731	*Bw Leipzig-West*
38 1732	*Bw Leipzig-Nord*
38 1733	Bw Grunewald
38 1734	Bw Leipzig-Nord
38 1742	*Bw Pirna*
38 1744	Bw Halle-P
38 1745	Bw Hoyerswerda
38 1746	Bw Gera
38 1752	Bw Elsterwerda
38 1755	Bw Rostock
38 1756	*Bw Rummelsburg*
38 1757	Bw Wittenberg
38 1760	Bw Nordhausen
38 1767	Bw Schwerin
38 1774	*Bw Lichtenberg*
38 1779	Bw Wustermark
38 1782	Bw Stendal
38 1786	Bw Eberswalde
38 1787	Bw Leipzig-Süd
38 1790	Bw Dessau
38 1793	Bw Zeitz
38 1797	*Bw Weimar*
38 1804	Bw Eilenburg
38 1812	*Bw Weimar*
38 1814	*Bw Gesundbrunnen*
38 1821	*Bw Zwickau*
38 1822	Bw Pasewalk
38 1823	Bw Leipzig Bayerischer Bf.
38 1827	*Bw Parchim*
38 1830	Bw Cottbus
38 1831	Bw Leipzig-West
38 1832	Bw Leipzig-Süd
38 1837	Bw Cottbus
38 1838	Bw Dessau
38 1839	Bw Frankfurt/Oder Pbf.
38 1841	Bw Schwerin
38 1857	Bw Neubrandenburg
38 1860	Bw Gotha
38 1864	Bw Eilenburg
38 1873	*Bw Naumburg*
38 1874	Bw Karlshorst
38 1876	Bw Gera
38 1877	Bw Gera
38 1883	Bw Frankfurt/Oder Pbf.
38 1898	Bw Pasewalk

38 1904	*Bw Seddin*
38 1905	Bw Wustermark
38 1917	Bw Leipzig-Nord
38 1919	Bw Magdeburg Hbf.
38 1920	Bw Elsterwerda
38 1921	Bw Leipzig Bayerischer Bf.
38 1922	Bw Dessau
38 1923	Bw Gera
38 1930	Bw Leipzig-Nord
38 1937	Bw Leipzig-Süd
38 1938	*Bw Dresden-Friedrichstadt*
38 1939	Bw Cottbus
38 1943	Bw Brandenburg
38 1945	Bw Stendal
38 1946	Bw Wittenberg
38 1954	Bw Leipzig-Nord
38 1955	Bw Weimar
38 1956	Bw Zittau
38 1957	Bw Güstrow
38 1960	Bw Magdeburg Hbf.
38 1963	Bw Magdeburg Hbf.
38 1964	Bw Leipzig-West
38 1966	Bw Bad Schandau
38 1967	*Bw Zwickau*
38 1976	Bw Wittenberg
38 1977	Bw Brandenburg
38 1978	*Bw Magdeburg Hbf.*
38 1982	Bw Aschersleben
38 1989	Bw Eilenburg
38 1996	*Bw Eberswalde*
38 2001	Bw Wustermark
38 2002	*Bw Hoyerswerda*
38 2006	Bw Dresden-Altstadt
38 2010	Bw Halberstadt
38 2016	*Bw Schöneweide*
38 2021	Bw Berlin Schlesischer Bf.
38 2022	Bw Leipzig-West
38 2030	Bw Bad Schandau
38 2032	Bw Rostock
38 2033	Bw Wittenberge
38 2040	Bw Schwerin
38 2041	*Bw Zwickau*
38 2050	*Bw Halle-P*
38 2051	Bw Wittenberg
38 2055	Bw Frankfurt/Oder Pbf.

38 2066	Bw Eilenburg
38 2070	Bw Eisenach
38 2072	Bw Leipzig-Süd
38 2073	Bw Grunewald
38 2074	Bw Elsterwerda
38 2077	*Bw Schöneweide*
38 2078	*Bw Gera*
38 2079	Bw Brandenburg
38 2081	*Bw Schöneweide*
38 2083	Bw Brandenburg
38 2086	Bw Eilsleben
38 2089	Bw Halberstadt
38 2090	*Bw Aschersleben*
38 2103	Bw Kamenz
38 2106	*Bw Brandenburg*
38 2107	Bw Elsterwerda
38 2109	*Bw Hilbersdorf*
38 2116	Bw Weimar
38 2122	Bw Guben
38 2125	Bw Grunewald
38 2127	Bw Berlin Schlesischer Bf.
38 2129	*Bw Görlitz*
38 2133	Bw Nordhausen
38 2140	Bw Leipzig-West
38 2145	*Bw Dessau*
38 2152	*Bw Leipzig-Süd*
38 2156	Bw Gesundbrunnen
38 2157	*Bw Elsterwerda*
38 2158	*Bw Schöneweide*
38 2159	Bw Halle-P
38 2160	Bw Karlshorst
38 2162	*Bw Falkenberg*
38 2166	Bw Halle-P
38 2167	Bw Stendal
38 2168	Bw Wittenberg
38 2169	*Bw Leipzig-Plagwitz*
38 2171	Bw Cottbus
38 2172	*Bw Falkenberg*
38 2179	Bw Aschersleben
38 2180	Bw Pasewalk
38 2187	Bw Halle-P
38 2195	Bw Leipzig-West
38 2197	Bw Weimar
38 2204	Bw Wittenberge
38 2209	*Bw Frankfurt/Oder Pbf.*

38 2213	Bw Gera
38 2214	Bw Gotha
38 2215	Bw Erfurt-P
38 2222	Bw Halle-P
38 2223	Bw Brandenburg
38 2226	Bw Falkenberg
38 2227	Bw Weimar
38 2228	Bw Naumburg
38 2232	Bw Schwerin
38 2233	*Bw Wustermark*
38 2247	Bw Nordhausen
38 2255	Bw Halberstadt
38 2260	Bw Wittenberge
38 2261	Bw Magdeburg Hbf.
38 2266	Bw Leipzig-Süd
38 2267	Bw Saalfeld
38 2269	Bw Zeitz
38 2277	Bw Eilsleben
38 2278	Bw Weimar
38 2280	Bw Rostock
38 2283	Bw Aschersleben
38 2286	Bw Erfurt-P
38 2288	Bw Leipzig-Süd
38 2289	Bw Halle-P
38 2290	Bw Leipzig-West
38 2293	Bw Dresden-Friedrichstadt
38 2296	Bw Brandenburg
38 2303	Bw Güstrow
38 2308	*Bw Rostock*[2]
38 2310	Bw Halberstadt
38 2322	Bw Grunewald
38 2323	Bw Wustermark
38 2325	Bw Hoyerswerda
38 2328	Bw Güstrow
38 2335	Bw Rostock
38 2337	Bw Leipzig-Süd
38 2349	*Bw Eberswalde*
38 2350	*Bw Eberswalde*
38 2355	Bw Halberstadt
38 2357	Bw Magdeburg Hbf.
38 2368	*Bw Hilbersdorf*
38 2369	Bw Wittenberge
38 2370	Bw Falkenberg
38 2374	*Bw Falkenberg*
38 2382	Bw Seddin

38 2385	Bw Hoyerswerda
38 2386	Bw Jüterbog
38 2412	Bw Cottbus
38 2413	*Bw Lichtenberg*
38 2414	Bw Leipzig-West
38 2416	Bw Jüterbog
38 2417	*Bw Pasewalk*
38 2418	*Bw Riesa*
38 2422	*Bw Eberswalde*
38 2423	Bw Eberswalde
38 2424	*Bw Berlin Anhalter Bf.*
38 2429	Bw Schwerin
38 2432	Bw Frankfurt/Oder Pbf.
38 2433	Bw Dessau
38 2434	*Bw Leipzig-Plagwitz*
38 2435	Bw Halle-P
38 2439	*Bw Dessau*
38 2440	Bw Falkenberg
38 2441	Bw Glauchau
38 2443	Bw Halle-P
38 2444	Bw Pasewalk
38 2445	*Bw Frankfurt/Oder Pbf.*
38 2450	Bw Görlitz
38 2451	Bw Dresden-Altstadt
38 2453	Bw Leipzig-West
38 2455	*Bw Cottbus*
38 2457	Bw Dresden-Friedrichstadt
38 2458	*Bw Hoyerswerda*
38 2465	*Bw Halle-P*
38 2468	Bw Jüterbog
38 2569	Bw Falkenberg
38 2471	Bw Magdeburg Hbf.
38 2472	Bw Halle-P
38 2473	Bw Rostock
38 2474	Bw Falkenberg
38 2475	Bw Dessau
38 2476	Bw Wittenberg
38 2477	*Bw Halle-P*
38 2480	Bw Wittenberg
38 2481	Bw Elsterwerda
38 2485	*Bw Leipzig-Plagwitz*
38 2487	Bw Altenburg
38 2491	Bw Schöneweide
38 2492	Bw Bautzen
38 2500	Bw Weißenfels

38 2501	Bw Weimar
38 2502	Bw Zeitz
38 2514	Bw Sangerhausen
38 2525	Bw Weißenfels
38 2526	Bw Rostock
38 2528	Bw Görlitz
38 2531	Bw Elsterwerda
38 2532	*Bw Hilbersdorf*
38 2539	Bw Köthen
38 2548	*Bw Nordhausen*
38 2551	Bw Halberstadt
38 2562	Bw Halle-P
38 2564	*Bw Zeitz*
38 2565	*Bw Gera*
38 2566	Bw Leipzig Bayerischer Bf.
38 2568	Bw Erfurt-P
38 2569	*Bw Weimar*
38 2573	Bw Glauchau
38 2579	Bw Magdeburg Hbf.
38 2584	Bw Leipzig-Nord
38 2585	Bw Falkenberg
38 2590	Bw Jüterbog
38 2591	Bw Dessau
38 2592	Bw Leipzig-Süd
38 2593	Bw Cottbus
38 2595	Bw Leipzig-Süd
38 2603	Bw Gera
38 2604	Bw Wittenberge
38 2615	Bw Halle-P
38 2638	Bw Wittenberge
38 2647	Bw Frankfurt/Oder Pbf.
38 2648	Bw Frankfurt/Oder Pbf.
38 2660	Bw Jüterbog
38 2664	Bw Magdeburg Hbf.
38 2666	Bw Stralsund
38 2667	*Bw Brandenburg*
38 2673	Bw Schöneweide
38 2674	Bw Halle-P
38 2675	Bw Leipzig Bayerischer Bf.
38 2683	Bw Jüterbog
38 2689	Bw Brandenburg
38 2691	Bw Magdeburg Hbf.
38 2698	Bw Gesundbrunnen
38 2706	Bw Dessau
38 2707	Bw Halle-P

38 2708	Bw Erfurt-P
38 2711	Bw Greiz
38 2713	Bw Leipzig-Süd
38 2716	*Bw Salzwedel*
38 2717	*Bw Eberswalde*
38 2726	Bw Greiz
38 2735	Bw Dessau
38 2738	Bw Leipzig-West
38 2745	*Bw Pirna*
38 2760	Bw Schöneweide
38 2764	Bw Halberstadt
38 2784	Bw Weimar
38 2794	*Bw Sangerhausen*
38 2797	Bw Leipzig-West
38 2800	Bw Aschersleben
38 2802	Bw Aschersleben
38 2809	*Bw Falkenberg*
38 2814	Bw Neubrandenburg
38 2816	Bw Stendal
38 2821	Bw Nordhausen
38 2823	Bw Nordhausen
38 2824	*Bw Bitterfeld*
38 2828	Bw Sangerhausen
38 2833	Bw Leipzig-Süd
38 2834	Bw Berlin Schlesischer Bf.
38 2836	*Bw Saalfeld*
38 2838	Bw Dessau
38 2841	Bw Sangerhausen
38 2849	Bw Stralsund
38 2850	Bw Jüterbog
38 2855	Bw Frankfurt/Oder Pbf.
38 2860	Bw Erfurt-P
38 2866	*Bw Bautzen*
38 2876	Bw Stendal
38 2880	*Bw Pasewalk*
38 2883	Bw Güstrow
38 2888	Bw Eberswalde
38 2892	Bw Leipzig-Nord
38 2902	Bw Magdeburg Hbf.
38 2908	Bw Senftenberg
38 2911	Bw Leipzig-Süd
38 2915	Bw Leipzig-Süd
38 2917	Bw Brandenburg
38 2918	Bw Jüterbog
38 2922	*Bw Artern*
38 2929	Bw Gotha
38 2931	Bw Erfurt-P
38 2932	Bw Gera
38 2936	Bw Gera
38 2938	Bw Sangerhausen
38 2945	Bw Erfurt-P
38 2946	Bw Weißenfels
38 2949	Bw Gera
38 2951	Bw Frankfurt/Oder Pbf.
38 2954	Bw Erfurt-P
38 2958	Bw Dessau
38 2973	Bw Gesundbrunnen
38 2981	Bw Frankfurt/Oder Pbf.
38 2992	Bw Leipzig Bayerischer Bf.
38 2998	Bw Gesundbrunnen
38 2999	Bw Leipzig-West
38 3004	Bw Stendal
38 3007	Bw Seddin
38 3008	Bw Magdeburg Hbf.
38 3018	Bw Wittenberg
38 3022	Bw Rostock
38 3034	Bw Leipzig-West
38 3038	*Bw Arnstadt*
38 3042	Bw Berlin Schlesischer Bf.
38 3044	Bw Weißenfels
38 3053	Bw Dessau
38 3063	Bw Weißenfels
38 3070	Bw Weißenfels
38 3071	*Bw Nordhausen*
38 3090	Bw Leipzig-West
38 3091	Bw Leipzig-Süd
38 3102	Bw Bautzen
38 3131	Bw Gotha
38 3133	*Bw Weimar*
38 3134	Bw Nordhausen
38 3135	Bw Aschersleben
38 3136	Bw Greiz
38 3137	Bw Falkenberg
38 3138	Bw Eisenach
38 3141	Bw Falkenberg
38 3148	Bw Cottbus
38 3154	Bw Aschersleben
38 3160	Bw Neubrandenburg
38 3163	Bw Leipzig-West
38 3166	Bw Weißenfels

38 3168	Bw Aschersleben
38 3169	Bw Magdeburg Hbf.
38 3170	*Bw Dresden-Friedrichstadt*
38 3171	Bw Dresden-Friedrichstadt
38 3172	Bw Dresden-Altstadt
38 3175	*Bw Bitterfeld*
38 3181	Bw Zeitz
38 3193	Bw Magdeburg Hbf.
38 3200	Bw Erfurt-P
38 3201	Bw Erfurt-P
38 3203	Bw Eberswalde
38 3205	Bw Halle-P
38 3206	Bw Aschersleben
38 3211	Bw Weimar
38 3212	Bw Wittenberg
38 3214	*Bw Halberstadt*
38 3215	Bw Frankfurt/Oder Pbf.
38 3220	Bw Halberstadt
38 3221	Bw Stendal
38 3222	*Bw Schöneweide*
38 3223	Bw Berlin Schlesischer Bf.
38 3225	Bw Leipzig-Süd
38 3227	Bw Magdeburg Hbf.
38 3228	Bw Stendal
38 3229	Bw Halle-P
38 3232	Bw Halle-P
38 3233	Bw Aschersleben
38 3242	Bw Berlin Schlesischer Bf.
38 3243	Bw Falkenberg
38 3244	Bw Pasewalk
38 3245	Bw Weißenfels
38 3247	Bw Eilsleben
38 3254	Bw Nordhausen
38 3258	*Bw Falkenberg*
38 3259	Bw Görlitz
38 3263	Bw Aschersleben
38 3268	*Bw Sangerhausen*
38 3270	Bw Sangerhausen
38 3276	Bw Halle-P
38 3278	Bw Zittau
38 3286	Bw Neubrandenburg
38 3289	Bw Halberstadt
38 3290	Bw Halle-P
38 3291	Bw Glauchau
38 3292	*Bw Falkenberg*

38 3293	Bw Leipzig-Süd
38 3295	*Bw Leipzig-Plagwitz*
38 3296	Bw Leipzig-Nord
38 3297	Bw Eilenburg
38 3298	*Bw Falkenberg*
38 3302	Bw Brandenburg
38 3305	*Bw Neubrandenburg*
38 3312	Bw Eisenach
38 3327	*Bw Halberstadt*
38 3328	Bw Gera
38 3333	*Bw Pankow*
38 3334	Bw Leipzig Bayerischer Bf.
38 3341	Bw Magdeburg Hbf.
38 3342	Bw Stralsund
38 3348	Bw Leipzig-West
38 3350	Bw Elsterwerda
38 3375	Bw Jüterbog
38 3387	Bw Halle-P
38 3407	*Bw Rostock*
38 3414	Bw Gesundbrunnen
38 3429	*Bw Falkenberg*
38 3431	*Bw Rostock*
38 3455	*Bw Dessau*
38 3456	Bw Saalfeld
38 3457	Bw Schöneweide
38 3459	Bw Halle-P
38 3460	Bw Leipzig-Süd
38 3461	Bw Rostock
38 3464	Bw Neubrandenburg
38 3465	Bw Gesundbrunnen
38 3470	Bw Grunewald
38 3472	Bw Neubrandenburg
38 3476	*Bw Eilenburg*
38 3478	Bw Görlitz
38 3481	Bw Pasewalk
38 3485	*Bw Stralsund*
38 3488	Bw Berlin Schlesischer Bf.
38 3490	Bw Neubrandenburg
38 3491	*Bw Eberswalde*
38 3492	*Bw Stendal*
38 3496	Bw Pirna
38 3502	Bw Naumburg
38 3503	Bw Gera
38 3506	*Bw Leipzig-West*
38 3507	*Bw Saalfeld*

38 3512	Bw Gesundbrunnen
38 3515	Bw Halle-P
38 3516	Bw Weimar
38 3518	Bw Schwerin
38 3523	Bw Jüterbog
38 3526	*Bw Weimar*
38 3527	*Bw Weimar*
38 3538	Bw Nordhausen
38 3545	*Bw Falkenberg*
38 3556	Bw Köthen
38 3562	Bw Nordhausen
38 3570	Bw Eilenburg
38 3575	Bw Schwerin
38 3582	Bw Hagenow-Land
38 3583	Bw Cottbus
38 3584	Bw Schwerin
38 3595	Bw Cottbus
38 3596	Bw Wittenberge
38 3609	Bw Halle-P
38 3610	Bw Halle-P
38 3611	*Bw Pasewalk*
38 3612	Bw Halberstadt
38 3617	*Bw Sangerhausen*
38 3620	*Bw Leipzig-West*
38 3631	Bw Halle-P
38 3633	*Bw Halle-P*
38 3651	Bw Hagenow-Land
38 3652	*Bw Hoyerswerda*
38 3653	*Bw Halle-P*
38 3657	*Bw Pasewalk*
38 3658	Bw Magdeburg Hbf.
38 3659	Bw Leipzig-Süd
38 3664	*Bw Eberswalde*
38 3669	Bw Eilsleben
38 3672	Bw Pirna
38 3674	Bw Hagenow-Land
38 3681	Bw Gera
38 3698	Bw Brandenburg
38 3703	*Bw Magdeburg Hbf.*
38 3704	*Bw Halle-P*
38 3706	Bw Leipzig-West
38 3724	Bw Nordhausen
38 3727	Bw Leipzig-Nord
38 3736	Bw Saßnitz
38 3738	Bw Halberstadt
38 3740	Bw Eilsleben
38 3750	Bw Falkenberg
38 3760	*Bw Staßfurt*
38 3769	Bw Leipzig-West
38 3776	Bw Magdeburg Hbf.
38 3778	Bw Leipzig-Süd
38 3779	Bw Wittenberg
38 3782	*Bw Falkenberg*
38 3783	Bw Leipzig-West
38 3787	Bw Saalfeld
38 3788	Bw Rostock
38 3789	Bw Rostock
38 3790	Bw Rostock
38 3804	Bw Leipzig-Nord
38 3806	Bw Leipzig-Süd
38 3821	Bw Weißenfels
38 3829	Bw Rostock
38 3835	Bw Wittenberg
38 3852	Bw Dessau
38 3856	Bw Leipzig-West
38 3860	Bw Meiningen
38 3861	*Bw Bitterfeld*
38 3862	Bw Halle-P
38 3869	Bw Halberstadt
38 3880	Bw Leipzig-West
38 3886	*Bw Bitterfeld*
38 3889	Bw Halle-P
38 3890	*Bw Gera*[3]
38 3891	*Bw Rochlitz*[4]
38 3893	*Bw Gera*[5]
38 3894	*Bw Gera*[6]
38 3903	*Bw Aschersleben*[7]
38 3904	*Rbd Magdeburg*
38 3955	Bw Eisenach
38 3964 I	*Bw Erfurt-P*
38 3964 II	*Bw Rostock*[8]
38 3966	Bw Jüterbog
38 3969	*Bw Schwerin*
38 3971	Bw Wittenberg
38 3973	Bw Leipzig-Süd
38 3976	Bw Zeitz
38 3979	Bw Berlin Schlesischer Bf.
38 4000	*Bw Leipzig Bayerischer Bf.*
38 4001	*Bw Eberswalde*
38 4005	*Bw Halberstadt*

Strandgut des Krieges, das im ganzen Land herumsteht. Zu ihm zählt auch diese am 18.11.1953 aufgenommene polnische Ok 22 mit deutscher Nummer 38 4547 (Krenau 1929/369). Im Bahnhof Nordhausen hinterstellt, fehlen alle Stangen. Sie wurden als Ersatzteile für preußische P8 verwendet, da deren Fahrwerk mit dem der PKP Ok 22 identisch ist. An der einstufigen heizerseitig angeordneten Luftpumpe hatte noch niemand Interesse, wohl aber an den Loklaternen. Hinter der Lok ein typisch polnischer Tender, von denen einige Exemplare später bei P8 oder G12 Verwendung finden. Wie fast überall fehlen die Führerhausfenster, die, wenn nicht durch Kriegseinwirkung zerstört, gern ausgebaut und in Betriebslokomotiven weiterverwendet werden.
Foto: Werner Lehmitz Rbd Erfurt, Sammlung Walluhn

38 4009	Bw Gesundbrunnen
38 4011	Bw Magdeburg Hbf.
38 4013	Bw Nordhausen
38 4014	*Bw Leipzig-Plagwitz*
38 4017	Bw Leipzig-Süd
38 4019	Bw Leipzig-Nord
38 4020	*Bw Leipzig-Plagwitz*
38 4021	Bw Leipzig-Nord
38 4025	Bw Leipzig-Süd
38 4027	*Bw Leipzig Bayerischer Bf.*
38 4028	Bw Leipzig-Süd
38 4029	Bw Leipzig-Süd
38 4030	*Bw Dresden-Altstadt*
38 4036	Bw Seddin
38 4037	*Bw Aschersleben*
38 4038	Bw Zeitz
38 4039	Bw Zeitz
38 4040	Bw Aschersleben
38 4043	Bw Hoyerswerda
38 4045	Bw Halberstadt

38 4052	Bw Leipzig-West
38 4503	Bw Wustermark
38 4511	*Bw Zeitz*
38 4521	*Bw Leipzig Bayerischer Bf.*
38 4522	*Bw Reichenbach*
38 4524	*Bw Bitterfeld*
38 4527	*Bw Zwickau*
38 4529	*Bw Brandenburg*
38 4531	*Rbd Berlin*
38 4541	*Bw Wustermark*
38 4543	*Bw Reichenbach*
38 4545	*Rbd Berlin*
38 4546	*Bw Engelsdorf*
38 4547	*Bw Nordhausen*
38 4553	*Bw Leipzig-West*
38 4554	*Bw Jerichow*
38 4559	*Bw Eilenburg*
38 4563	*Bw Jerichow*
38 4574	*Bw Reichenbach*
38 4576	*Bw Gera*

38 4579	*Bw Stralsund*
38 4583	*Rbd Schwerin*
38 4584	*Bw Nordhausen*
38 4586	*Bw Sangerhausen*
38 4589	*Bw Wustermark*
38 4595	*Bw Jüterbog*
38 4598	*Bw Jerichow*
38 4604	*Bw Gera*
38 4607	*Bw Werdau*
38 4612	*Bw Brandenburg*[9]
38 4621	*Bw Stralsund*
38 4622	*Bw Stralsund*
38 4625	*Bw Wustermark*
38 6404	Bw Staßfurt ausgemustert[10]
38 6405	Bw Staßfurt ausgemustert[11]
38 6426	Bw Staßfurt ausgemustert[12]
38 6491	Bw Staßfurt ausgemustert[13]
38 6546	Bw Salzwedel[14]
38 6554	*Bw Hagenow-Land*[15]

1 Vormals 38 389, Ursprungslok ungeklärt!
2 Wild umgezeichnete AL 2308.
3 Nicht umgezeichnete PKP Ok 1-148.
4 Nicht umgezeichnete PKP Ok 1-219.
5 Nicht umgezeichnete PKP Ok 1-227.
6 Nicht umgezeichnete PKP Ok 1-234.
7 Nicht umgezeichnete PKP Ok 1-21.
8 Doppelbesetzung, ursprüngliche Nummer unbekannt.
9 Nicht umgezeichnete PKP Ok 22-15.
10 Wild umgezeichnete SNCB 6404.
11 Wild umgezeichnete SNCB 6405.
12 Wild umgezeichnete SNCB 6426.
13 Wild umgezeichnete SNCB 6491.
14 Wild umgezeichnete SNCB 6546.
15 Wild umgezeichnete SNCB 6554.

Bestand und Verteilung der Dampflok Reihe 39 am 1. Juli 1950:

Ermittelter Gesamtbestand:	83 Lok
Davon im Schadpark:	18 Lok (entspricht 18,2 Prozent)

P10-Lokomotiven, wie die P8 sicherlich allen Lesern gut bekannt, finden wir nur in den Direktionen Erfurt und Dresden. Sie stehen vorrangig auf Strecken mit starken Steigungen im Betrieb, sind aber auch zwischen Berlin beziehungsweise Leipzig und Dresden eingesetzt. Der Schadbestand von etwa einem Viertel kann als durchschnittlich für die Zeit um 1950 angesehen werden.

39 001	*Bw Saalfeld*
39 002	Bw Zwickau
39 004	Bw Riesa
39 005	*Bw Chemnitz Hbf.*
39 006	Bw Zwickau
39 007	Bw Zwickau
39 008	Bw Dresden-Altstadt
39 010	Bw Dresden-Altstadt
39 013	Bw Zwickau
39 017	Bw Riesa

Vor der klassischen Kulisse des Verwaltungsgebäudes im Bw Leipzig-West hat Pressefotograf Gerhard Illner 39 038 Bw Karl-Marx-Stadt Hbf. (Borsig 1923/11641) abgelichtet. Sie macht trotz der schmutzigen Braunkohlenfeuerung einen sehr gepflegten Eindruck.
Foto: Gerhard Illner, Leipzig (†), Sammlung Walluhn

Ein Schellzug nach Dresden verlässt den Hauptbahnhof Leipzig. Abgesehen vom Kohlenkastenaufsatz schaut diese preußische P10 im Jahr 1950 völlig vorkriegsmäßig aus. Leider ist der Tender nur halb abgebildet und wir erfahren deshalb nicht was es mit »... Deutschlands will ... deutschen Volkes« auf sich hat.
Fotos: Fritz Eschen, Sammlung Walluhn

39 018	Bw Riesa
39 019	Bw Zwickau
39 021	Bw Chemnitz Hbf.
39 027	Bw Eisenach
39 028	Bw Chemnitz Hbf.
39 029	*Bw Reichenbach*
39 031	Bw Dresden-Altstadt
39 032	Bw Dresden-Altstadt
39 033	Bw Reichenbach
39 034	Bw Chemnitz Hbf.
39 037	Bw Dresden-Altstadt
39 040	*Bw Zwickau*
39 043	Bw Riesa
39 044	Bw Dresden-Altstadt
39 045	Bw Reichenbach
39 047	Bw Chemnitz Hbf.
39 052	Bw Chemnitz Hbf.
39 053	Bw Reichenbach
39 059	Bw Reichenbach
39 074	Bw Reichenbach
39 078	Bw Chemnitz Hbf.
39 081	Bw Dresden-Altstadt

39 085	*Bw Reichenbach*
39 086	Bw Chemnitz Hbf.
39 087	Bw Dresden-Altstadt
39 092	Bw Riesa
39 093	*Bw Hilbersdorf*
39 098	*Bw Hilbersdorf*
39 100	Bw Dresden-Altstadt
39 101	Bw Riesa
39 105	*Bw Dresden Altstadt*
39 107	Bw Riesa
39 108	Bw Eisenach
39 113	Bw Dresden-Altstadt
39 117	*Bw Dresden-Altstadt*
39 118	Bw Saalfeld
39 131	Bw Riesa
39 132	Bw Riesa
39 135	*Bw Hilbersdorf*
39 136	*Bw Hilbersdorf*
39 142	Bw Saalfeld
39 159	Bw Eisenach
39 163	Bw Saalfeld
39 164	*Bw Hilbersdorf*

39 165	Bw Riesa
39 166	Bw Chemnitz Hbf.
39 167	Bw Zwickau
39 168	*Bw Hilbersdorf*
39 169	Bw Reichenbach
39 170	*Bw Erfurt-P*
39 172	Bw Saalfeld
39 175	Bw Chemnitz Hbf.
39 178	Bw Chemnitz Hbf.
39 182	Bw Dresden-Altstadt
39 183	Bw Chemnitz Hbf.
39 188	Bw Eisenach
39 189	Bw Arnstadt
39 192	Bw Dresden-Altstadt
39 193	Bw Arnstadt
39 195	Bw Zwickau
39 197	Bw Chemnitz Hbf.
39 210	Bw Arnstadt
39 211	Bw Reichenbach
39 215	*Bw Dresden-Altstadt*
39 216	Bw Eisenach
39 242	Bw Eisenach
39 244	Bw Arnstadt
39 245	Bw Saalfeld
39 246	Bw Dresden-Altstadt
39 247	*Bw Dresden-Altstadt*
39 248	*Bw Hilbersdorf*
39 249	Bw Arnstadt
39 251	*Bw Saalfeld*

Bestand und Verteilung der Dampflok Reihe 41 am 1. Juli 1950:

Ermittelter Gesamtbestand:	119 Lok	
Davon im Schadpark:	35 Lok	(entspricht 29,4 Prozent)

Universallok dieser Reihe stehen nur bei den Rbd Magdeburg, Schwerin und Greifswald (hier ausschließlich beim Bw Stralsund) im Einsatz. Ein Zeichen für eine ausgezeichnet gelungene Gattungsbereinigung. Die Maschinen finden vorrangig im Schnell- und Personenzugdienst des Flachlandes Verwendung. Aufgrund des allgemein schlechten Oberbauzustandes und der geringen Streckengeschwindigkeiten können sie auch dort eingesetzt werden, wo vor dem Krieg hochrädrige 01, 03 oder 17 nötig waren. Besonders hohe Stückzahlen halten die Bw Magdeburg Hbf. und Schwerin. Der Schadparkanteil liegt mit fast einem Drittel jedoch noch relativ hoch.

41 003	Bw Schwerin
41 004	Bw Güsten
41 005	Bw Magdeburg Hbf.
41 008	Bw Stendal
41 009	Bw Magdeburg Hbf.
41 013	Bw Magdeburg Hbf.
41 022	Bw Magdeburg Hbf.
41 025	*Bw Güsten*
41 033	Bw Stendal
41 035	Bw Magdeburg Hbf.

Aufgrund des starken Mangels an Schnellzuglokomotiven setzte das Bw Stralsund auch die Reihe 41 auf Flachlandstrecken vor D-und Eilzügen ein. Im Bild scheint es sich allerdings um einen Eilgüter- oder Postzug zu handeln. Die von der »Jugendbrigade 8. Mai« betreute Maschine 41 275 (Schichau 1939/3363) mit St47K-Kessel und flacher Rauchkammertür ohne Zentralverschluss macht zumindest äußerlich einen hervorragenden Eindruck.
Foto: Georg Otte, Sammlung Walluhn

41 036	Bw Magdeburg Hbf.
41 038	*Bw Magdeburg Hbf.*
41 053	Bw Magdeburg Hbf.
41 054	*Bw Güsten*
41 055	Bw Magdeburg Hbf.
41 057	Bw Magdeburg Hbf.
41 061	Bw Magdeburg Hbf.
41 062	Bw Magdeburg Hbf.
41 064	Bw Magdeburg Hbf.
41 065	Bw Güsten
41 066	Bw Magdeburg Hbf.
41 067	Bw Stendal
41 068	Bw Güsten
41 070	Bw Magdeburg Hbf.
41 071	*Bw Güsten*
41 074	Bw Magdeburg Hbf.
41 075	*Bw Magdeburg Hbf.*
41 078	*Bw Güsten*
41 079	Bw Magdeburg Hbf.
41 080	Bw Magdeburg Hbf.
41 099	Bw Magdeburg Hbf.
41 102	*Bw Rostock*
41 103	Bw Magdeburg Hbf.
41 115	Bw Magdeburg Hbf.
41 117	Bw Magdeburg Hbf.
41 118	Bw Magdeburg Hbf.
41 119	Bw Stendal
41 120	*Bw Güsten*
41 122	Bw Magdeburg Hbf.
41 123	Bw Stendal
41 125	Bw Magdeburg Hbf.
41 126	*Bw Stendal*
41 127	*Bw Güsten*
41 128	*Bw Stendal*
41 129	Bw Güsten
41 130	*Bw Güsten*
41 131	*Bw Güsten*
41 132	Bw Stendal
41 134	*Bw Stendal*
41 136	Bw Stendal
41 137	Bw Magdeburg Hbf.
41 138	Bw Magdeburg Hbf.
41 140	Bw Stendal
41 141	Bw Magdeburg Hbf.
41 143	Bw Schwerin

41 144	Bw Güsten
41 147	*Bw Güsten*
41 148	Bw Magdeburg Hbf.
41 150	Bw Güsten
41 151	*Bw Güsten*
41 152	Bw Güsten
41 154	Bw Stendal
41 155	Bw Güsten
41 159	Bw Güsten
41 161	Bw Schwerin
41 162	Bw Güsten
41 171	Bw Magdeburg Hbf.
41 180	Bw Güsten
41 182	*Bw Güsten*
41 184	Bw Magdeburg Hbf.
41 185	Bw Güsten
41 189	*Bw Güsten*
41 200	Bw Magdeburg Hbf.
41 225	Bw Schwerin
41 227	*Bw Magdeburg Hbf.*
41 228	*Bw Güsten*
41 230	*Bw Magdeburg Hbf.*
41 231	Bw Güsten
41 232	Bw Magdeburg Hbf.
41 240	Bw Magdeburg Hbf.
41 256	Bw Stralsund
41 257	*Bw Magdeburg Hbf.*
41 258	*Bw Güsten*
41 260	*Bw Stendal*
41 261	*Bw Güsten*
41 262	Bw Magdeburg Hbf.
41 263	Bw Güsten
41 264	Bw Schwerin
41 265	Bw Güsten
41 266	*Bw Magdeburg Hbf.*
41 267	Bw Güsten
41 272	*Bw Stendal*
41 273	*Bw Güsten*
41 274	*Bw Stralsund*
41 275	Bw Stralsund
41 276	*Bw Stendal*
41 277	Bw Stendal
41 278	*Bw Magdeburg Hbf.*
41 279	Bw Stralsund
41 280	Bw Stralsund

41 283	Bw Stralsund
41 284	Bw Stralsund
41 285	Bw Stralsund
41 286	Bw Stralsund
41 287	Bw Schwerin
41 288	Bw Schwerin
41 289	Bw Schwerin
41 298	Bw Schwerin
41 299	Bw Schwerin
41 303	Bw Schwerin
41 311	Bw Schwerin
41 314	*Bw Güsten*
41 321	Bw Schwerin
41 325	*Bw Rostock*
41 326	Bw Schwerin
41 329	Bw Stralsund
41 332	Bw Schwerin
41 335	*Bw Güsten*
41 357	Bw Schwerin

Bestand und Verteilung der Dampflok Reihe 42 am 1. Juli 1950:

Ermittelter Gesamtbestand: 39 Lok
Davon im Schadpark: 2 Lok (entspricht 5,1 Prozent)

Die schwere Kriegslokomotive Reihe 42 finden wir ausschließlich bei der Rbd Greifswald und hier auch nur in fünf Bw. Ihr Domizil ist der schwere Güterzugdienst auf den Hauptbahnen des Flachlandes, insbesondere auf den Strecken Berlin–Pasewalk–Stralsund, Berlin–Neustrelitz–Rostock und Neustrelitz–Neubrandenburg–Stralsund.

42 001	Bw Pasewalk
42 002	Bw Angermünde
42 003	Bw Angermünde
42 534	Bw Neustrelitz
42 563	Bw Pasewalk
42 570	Bw Neubrandenburg
42 589	Bw Neubrandenburg
42 681	Bw Neubrandenburg
42 742	Bw Stralsund
42 745	Bw Angermünde
42 759	Bw Pasewalk
42 805	Bw Pasewalk
42 806	Bw Angermünde
42 807	*Bw Angermünde*
42 808	Bw Pasewalk
42 809	Bw Angermünde
42 813	*Bw Angermünde*
42 814	Bw Angermünde
42 815	Bw Pasewalk
42 816	Bw Pasewalk
42 817	Bw Pasewalk
42 818	Bw Angermünde
42 819	Bw Angermünde
42 820	Bw Angermünde
42 845	Bw Stralsund
42 848	Bw Neubrandenburg
42 853	Bw Angermünde
42 856	Bw Neubrandenburg
42 969	Bw Stralsund
42 1016	Bw Pasewalk
42 1409	Bw Stralsund
42 1791	Bw Neustrelitz
42 1792	Bw Neubrandenburg
42 1797	Bw Angermünde
42 1798	Bw Neubrandenburg
42 1881	Bw Neustrelitz
42 1884	Bw Stralsund
42 2803	Bw Neubrandenburg
42 2809	Bw Neustrelitz

Bestand und Verteilung der Dampflok Reihe 43 am 1. Juli 1950:

Ermittelter Gesamtbestand: 35 Lok
Davon im Schadpark: 1 Lok (entspricht 2,9 Prozent)

Noch ein Beispiel für eine ausgezeichnet gelungene Gattungsbereinigung der vorausgegangenen Jahre stellt die Reihe 43 dar. Nur in Lübbenau und Elsterwerda heimisch, verrichten die zweizylindrigen Fünfkuppler Güterzugdienst ausgehend von den Kohlerevieren um Senftenberg und Cottbus. Da es sich überwiegend um Flachlandstrecken handelt, sind die nur in relativ knapper Anzahl vorhandenen 44 hier ebenso wenig notwendig wie die dreizylindrige 58.

Die schwere Güterzuglok 43 019 (Henschel 1929/20999) am Ringschuppen des Bw Dresden-Friedrichstadt. Der ganz offensichtlich neu aufgebaute Tender erhielt einen großen Blech- und Lattenaufsatz, um möglichst viel Braunkohle fassen zu können. Windleitbleche fehlen, die Rauchkammer hat keinen Zentralverschluss, der Vorläuferradsatz ist speichenlos. Das Foto wurde am 23.11.1951 aufgenommen.
Foto: Zentrale Bildstelle DR, Sammlung Walluhn

43 001	Bw Lübbenau
43 002	Bw Lübbenau
43 003	Bw Lübbenau
43 004	Bw Lübbenau
43 005	Bw Lübbenau
43 006	Bw Lübbenau
43 007	Bw Lübbenau
43 008	Bw Lübbenau
43 009	Bw Lübbenau
43 010	Bw Lübbenau
43 011	Bw Lübbenau
43 012	Bw Lübbenau
43 013	Bw Lübbenau
43 014	Bw Lübbenau
43 015	Bw Lübbenau
43 016	Bw Lübbenau
43 017	Bw Lübbenau
43 018	Bw Lübbenau
43 019	Bw Lübbenau
43 020	Bw Lübbenau
43 021	Bw Lübbenau
43 022	Bw Lübbenau
43 023	*Bw Lübbenau*
43 024	Bw Lübbenau
43 025	Bw Lübbenau
43 026	Bw Lübbenau
43 027	Bw Lübbenau
43 028	Bw Lübbenau
43 029	Bw Elsterwerda
43 030	Bw Elsterwerda
43 031	Bw Lübbenau
43 032	Bw Lübbenau
43 033	Bw Elsterwerda
43 034	Bw Elsterwerda
43 035	Bw Elsterwerda

Bestand und Verteilung der Dampflok Reihe 44 am 1. Juli 1950:

Ermittelter Gesamtbestand:	338 Lok	
Davon im Schadpark:	43 Lok	(entspricht 12,7 Prozent)

Die dreizylindrigen Güterzuglok der Reihe 44, beheimatet bei den Rbd Dresden, Erfurt, Halle und Magdeburg (hier nur beim Bw Güsten), sind im täglichen Dienst unentbehrlich. Auf ihnen lastet ein erheblicher Teil des schweren Güterverkehrs im Süden der noch jungen DDR. Stückzahlstärkste Bestände finden wir in großen Knotenbahnhöfen bei den Bw Halle-G, Leipzig-Wahren, Erfurt-G und Weißenfels. Einzelstücke hingegen führen Dresden-Friedrichstadt (hier herrschen 56.1 und 58 vor), Zeitz und Arnstadt. Kohlenstaubgefeuerte Exemplare gibt es im Jahre 1950 noch nicht. Der Schadpark erreicht zwar nicht die lobenswerten Werte wie bei 42 und 43, hält sich aber in tragbaren Grenzen und ist ein Kennzeichen dafür, dass Güterzuglok dieser Leistungsklasse in den Werkstätten unbedingten Vorzug bei der Instandhaltung genießen.

Die schwere Güterzuglok 44 396 vom Bw Weißenfels (Henschel 1941/26005) hat Lokführer Georg Hey festgehalten, der zum Aufnahmezeitpunkt 1953 auf ihr aushilfsweise als Heizer tätig war. »In persönlicher Pflege Lokbrigade Timm« ist auf dem Lunin-Wimpel am Führerhaus zu lesen. Doch der Pflegezustand lässt durchaus sehr zu wünschen übrig. Die Windleitbleche fehlen wie bei vielen 44ern jener Jahre. Der Tender ist mit Aufsatzblechen versehen und randvoll gefüllt mit Braunkohlenbrikett. So geht es auf die Reise vor über 1.000 Tonnen nach Gera über Jena Westbahnhof und Göschwitz, schließlich weiter über Naumburg ins heimatliche Weißenfels. Am Tender sind noch deutlich die Spuren des soeben beendeten Wassernehmens erkennbar.
Foto: Georg Hey, Weimar, Sammlung Walluhn

44 012	Bw Güsten
44 018	Bw Hilbersdorf
44 022	Bw Weißenfels
44 027	*Bw Güsten*
44 029	Bw Eisenach
44 031	Bw Hilbersdorf
44 039	Bw Leipzig-Wahren
44 054	Bw Leipzig-Wahren
44 056	Bw Weißenfels
44 081	Bw Leipzig-Wahren
44 082	Bw Halle-G
44 088	Bw Arnstadt
44 089	Bw Eisenach
44 090	Bw Halle-G
44 091	Bw Eisenach

44 092	Bw Halle-G
44 099	Bw Weißenfels
44 103	Bw Hilbersdorf
44 104	Bw Weißenfels
44 105	Bw Leipzig-Wahren
44 106	Bw Erfurt-G
44 107	Bw Arnstadt
44 109	Bw Reichenbach
44 110	Bw Reichenbach
44 111	Bw Weißenfels
44 113	Bw Weißenfels
44 114	Bw Weißenfels
44 115	Bw Erfurt-G
44 116	Bw Leipzig-Wahren
44 117	Bw Meiningen

44 126	Bw Reichenbach
44 140	Bw Halle-G
44 150	Bw Halle-G
44 151	*Bw Engelsdorf*
44 152	Bw Halle-G
44 154	Bw Meiningen
44 156	Bw Weißenfels
44 167	Bw Güsten
44 176	Bw Sangerhausen
44 177	*Bw Sangerhausen*
44 179	Bw Zeitz
44 180	Bw Sangerhausen
44 191	*Bw Eisenach*
44 192	Bw Erfurt-G
44 193	Bw Sangerhausen
44 194	Bw Erfurt-G
44 195	Bw Halle-G
44 196	Bw Erfurt-G
44 197	Bw Eisenach
44 198	Bw Hilbersdorf
44 220	Bw Meiningen
44 221	Bw Halle-G
44 222	Bw Weißenfels
44 223	Bw Gerstungen
44 224	*Bw Zwickau*
44 225	Bw Meiningen
44 226	Bw Halle-G
44 227	Bw Leipzig-Wahren
44 235	Bw Meiningen
44 236	Bw Halle-G
44 264	Bw Erfurt-G
44 268	Bw Halle-G
44 277	Bw Güsten
44 282	*Bw Weißenfels*
44 294	Bw Nordhausen
44 296	*Bw Sangerhausen*
44 300	Bw Leipzig-Wahren
44 301	*Bw Saalfeld*
44 324	Bw Leipzig-Wahren
44 328	*Bw Zwickau*
44 329	Bw Güsten
44 338	Bw Hilbersdorf
44 349	*Bw Güsten*
44 350	Bw Güsten
44 351	Bw Güsten
44 352	Bw Güsten
44 353	Bw Saalfeld
44 354	Bw Sangerhausen
44 357	*Bw Güsten*
44 359	Bw Hilbersdorf
44 380	Bw Zwickau
44 387	Bw Güsten
44 392	Bw Weißenfels
44 394	Bw Güsten
44 395	Bw Erfurt-G
44 396	Bw Zeitz
44 397	Bw Halle-G
44 398	Bw Güsten
44 408	Bw Eisenach
44 411	Bw Erfurt-G
44 414	Bw Meiningen
44 418	Bw Erfurt-G
44 436	Bw Leipzig-Wahren
44 449	Bw Hilbersdorf
44 450	Bw Weißenfels
44 452	*Bw Werdau*
44 453	Bw Güsten
44 454	Bw Leipzig-Wahren
44 455	Bw Halle-G
44 459	*Bw Meiningen*
44 464	Bw Weißenfels
44 468	Bw Leipzig-Wahren
44 500	Bw Hilbersdorf
44 503	Bw Weißenfels
44 504	Bw Güsten
44 505	Bw Hilbersdorf
44 506	Bw Leipzig-Wahren
44 509	Bw Erfurt-G
44 515	Bw Saalfeld
44 524	Bw Reichenbach
44 525	Bw Erfurt-G
44 526	Bw Hilbersdorf
44 527	Bw Güsten
44 528	Bw Gera
44 534	Bw Halle-G
44 536	Bw Leipzig-Wahren
44 540	*Bw Halle-G*
44 546	Bw Halle-G
44 548	Bw Eisenach
44 555	Bw Leipzig-Wahren

44 559	Bw Gera
44 561	Bw Erfurt-G
44 569	Bw Eisenach
44 591	Bw Dresden-Friedrichstadt
44 598	*Bw Güsten*
44 609	Bw Halle-G
44 611	*Bw Engelsdorf*
44 612	Bw Leipzig-Wahren
44 620	Bw Leipzig-Wahren
44 630	Bw Erfurt-G
44 634	Bw Leipzig-Wahren
44 635	Bw Sangerhausen
44 641	Bw Erfurt-G
44 647	Bw Reichenbach
44 653	Bw Leipzig-Wahren
44 655	Bw Halle-G
44 657	Bw Halle-G
44 658	Bw Zwickau
44 659	Bw Güsten
44 660	Bw Hilbersdorf
44 661	Bw Halle-G
44 662	*Bw Güsten*
44 663	Bw Halle-G
44 674	Bw Weißenfels
44 678	Bw Güsten
44 680	Bw Halle-G
44 681	Bw Erfurt-G
44 682	Bw Güsten
44 683	*Bw Erfurt-G*
44 685	Bw Sangerhausen
44 687	Bw Gera
44 689	Bw Zwickau
44 699	Bw Hilbersdorf
44 705	Bw Saalfeld
44 710	Bw Zwickau
44 716	Bw Reichenbach
44 722	Bw Erfurt-G
44 725	Bw Leipzig-Wahren
44 726	Bw Hilbersdorf
44 735	Bw Leipzig-Wahren
44 784	Bw Gera
44 788	Bw Halle-G
44 789	Bw Halle-G
44 790	*Bw Sangerhausen*
44 792	*Bw Nordhausen*

44 795	Bw Erfurt-G
44 797	Bw Leipzig-Wahren
44 808	Bw Zeitz
44 809	Bw Erfurt-G
44 810	Bw Erfurt-G
44 811	Bw Erfurt-G
44 812	Bw Leipzig-Wahren
44 814	Bw Gerstungen
44 837	Bw Gerstungen
44 840	Bw Sangerhausen
44 849	Bw Nordhausen
44 851	Bw Erfurt-G
44 854	Bw Erfurt-G
44 860	Bw Erfurt-G
44 868	Bw Weißenfels
44 877	Bw Sangerhausen
44 890	Bw Weißenfels
44 924	Bw Leipzig-Wahren
44 940	Bw Sangerhausen
44 982	Bw Weißenfels
44 983	Bw Nordhausen
44 986	Bw Erfurt-G
44 987	Bw Eisenach
44 988	Bw Arnstadt
44 989	Bw Sangerhausen
44 991	Bw Erfurt-G
44 996	*Bw Weißenfels*
44 1018	Bw Hilbersdorf
44 1039	Bw Halle-G
44 1040	Bw Leipzig-Wahren
44 1042	Bw Leipzig-Wahren
44 1053	Bw Halle-G
44 1054	Bw Saalfeld
44 1056	*Bw Weißenfels*
44 1058	Bw Gera
44 1059	Bw Reichenbach
44 1076	Bw Hilbersdorf
44 1090	Bw Erfurt-G
44 1093	*Bw Sangerhausen*
44 1101	Bw Halle-G
44 1102	Bw Reichenbach
44 1104	Bw Gera
44 1105	Bw Halle-G
44 1106	Bw Sangerhausen
44 1107	Bw Reichenbach

44 1108	Bw Leipzig-Wahren
44 1145	*Bw Engelsdorf*
44 1146	*Bw Saalfeld*
44 1147	Bw Güsten
44 1148	Bw Halle-G
44 1151	Bw Erfurt-G
44 1152	Bw Güsten
44 1153	*Bw Güsten*
44 1166	Bw Reichenbach
44 1175	*Bw Güsten*
44 1176	*Bw Zwickau*
44 1177	Bw Reichenbach
44 1182	Bw Hilbersdorf
44 1195	Bw Nordhausen
44 1197	Bw Erfurt-G
44 1200	Bw Reichenbach
44 1207	Bw Sangerhausen
44 1215	Bw Halle-G
44 1217	Bw Güsten
44 1224	Bw Zwickau
44 1225	*Bw Leipzig-Wahren*
44 1228	*Bw Leipzig-Wahren*
44 1230	Bw Güsten
44 1231	Bw Gera
44 1232	Bw Eisenach
44 1233	Bw Gera
44 1234	Bw Güsten
44 1235	Bw Güsten
44 1236	Bw Erfurt-G
44 1237	Bw Nordhausen
44 1238	Bw Nordhausen
44 1239	Bw Gera
44 1240	Bw Eisenach
44 1245	Bw Gera
44 1251	Bw Halle-G
44 1252	Bw Hilbersdorf
44 1253	*Bw Leipzig-Wahren*
44 1256	Bw Halle-G
44 1257	Bw Güsten
44 1270	Bw Eisenach
44 1272	Bw Eisenach
44 1278	Bw Eisenach
44 1280	Bw Weißenfels
44 1281	Bw Leipzig-Wahren
44 1286	Bw Erfurt-G
44 1291	Bw Leipzig-Wahren
44 1292	Bw Meiningen
44 1296	Bw Halle-G
44 1304	Bw Leipzig-Wahren
44 1305	Bw Leipzig-Wahren
44 1309	Bw Zwickau
44 1311	Bw Saalfeld
44 1333	Bw Sangerhausen
44 1338	Bw Sangerhausen
44 1342	Bw Erfurt-G
44 1343	Bw Halle-G
44 1347	Bw Güsten
44 1378	Bw Nordhausen
44 1387	*Bw Eisenach*
44 1388	Bw Reichenbach
44 1389	Bw Güsten
44 1390	Bw Halle-G
44 1393	Bw Güsten
44 1400	Bw Güsten
44 1408	*Bw Güsten*
44 1409	Bw Weißenfels
44 1411	Bw Leipzig-Wahren
44 1412	Bw Güsten
44 1413	Bw Erfurt-G
44 1414	Bw Leipzig-Wahren
44 1415	Bw Halle-G
44 1416	Bw Halle-G
44 1428	Bw Erfurt-G
44 1481	Bw Saalfeld
44 1485	Bw Eisenach
44 1486	*Bw Eisenach*
44 1487	Bw Güsten
44 1488	Bw Erfurt-G
44 1489	*Bw Meiningen*
44 1490	Bw Erfurt-G
44 1498	Bw Weißenfels
44 1500	*Bw Meiningen*
44 1532	Bw Halle-G
44 1533	Bw Halle-G
44 1534	*Bw Halle-G*
44 1536	Bw Hilbersdorf
44 1537	Bw Leipzig-Wahren
44 1538	Bw Nordhausen
44 1539	Bw Weißenfels
44 1547	Bw Nordhausen

44 1553	Bw Erfurt-G
44 1566	Bw Sangerhausen
44 1567	Bw Sangerhausen
44 1568	Bw Halle-G
44 1569	Bw Nordhausen
44 1570	Bw Meiningen
44 1576	Bw Leipzig-Wahren
44 1580	Bw Erfurt-G
44 1590	Bw Leipzig-Wahren
44 1591	*Bw Eisenach*
44 1592	*Bw Leipzig-Wahren*
44 1593	Bw Güsten
44 1595	Bw Sangerhausen
44 1598	*Bw Halle-G*
44 1599	Bw Güsten
44 1600	Bw Halle-G
44 1601	Bw Erfurt-G
44 1604	Bw Gera
44 1607	*Bw Leipzig-Wahren*
44 1608	Bw Weißenfels
44 1614	Bw Halle-G
44 1616	Bw Halle-G
44 1618	Bw Weißenfels
44 1623	Bw Halle-G
44 1638	Bw Erfurt-G
44 1639	Bw Saalfeld
44 1692	Bw Leipzig-Wahren
44 1698	Bw Sangerhausen
44 1740	Bw Eisenach
44 1756	Bw Weißenfels
44 1757	*Bw Eisenach*
44 1759	Bw Erfurt-G
44 1760	Bw Leipzig-Wahren
44 1761	Bw Halle-G
44 1765	Bw Halle-G
44 1796	Bw Erfurt-G
44 1799	Bw Erfurt-G
44 1858	Bw Saalfeld

Bestand und Verteilung der Dampflok Reihe 45 am 1. Juli 1950:

Ermittelter Gesamtbestand: 1 Lok
Davon im Schadpark: keine

45 024	Bw Halle-G	Versuchsanstalt (Versuchslok mit La Mont-Kessel)

Bestand und Verteilung der Dampflok Reihe 50 am 1. Juli 1950:

Ermittelter Gesamtbestand: 330 Lok
Davon in Kolonnen: 84 Lok
Davon im Schadpark: 7 Lok (entspricht 2,1 Prozent)

50 154 vom Bw Gera (Borsig 1940/14885) in Friedensausführung im Bahnhof Seelingstädt (Rbd Dresden) im Wismut-Gebiet. Hier gehörte zu einem Foto besonderer Mut. Lokführer Baumann nutzte die Gunst der Stunde und lichtete seine Maschine trotz strengen Fotografierverbotes ab.
Foto: Fritz Baumann, Sammlung Rudolf Albrecht, Chemnitz

Auch diese 50 erscheint in Friedenslausführung mit großen Windleitblechen der Bauart Wagner-RZA. 50 1020 (Bw Wittenberge; Schichau 1941/3447) befindet sich mit säuselnden Kesselsicherheitsventilen an der Einfahrt des Heimatbahnhofs Wittenberge (Rbd Schwerin).
Foto: Willy Fritzsch, Chemnitz, Sammlung Walluhn

Frontansicht der Güstener 50 2199 (Floridsdorf 1942/9394). Alle Laternen fehlen, der äußerliche Zustand ist schlecht. Oben an der Rauchkammer sind Reste der noch aus dem Krieg stammenden Bw-Abkürzung Gst. zu sehen. Links im Bild die äußerlich nicht besser aussehende 50 2245 Mg-Ro (Bw Magdeburg-Rothensee) in Übergangs-Kriegsausführung.
Foto: Zentrale Bildstelle DR, Sammlung Walluhn

Zusammen mit Lok der Reihe 52 bestreitet diese Gattung den Güterzugdienst der Rbd Magdeburg. Nur zwei Maschinen stehen außerhalb im Bw Frankfurt/Oder Vbf., eine weitere (50 381) gehört buchmäßig zum Bestand des Bw Dresden-Friedrichstadt. Sie dienst als provisorischer Antrieb einer Walzstraße im Stahlwerk Freital. Stark konzentriert finden wir die Reihe 50 bei den Bw Güsten, Halberstadt, Rothensee und Stendal. Hinzu kommt das Bw Oebisfelde, das seine Maschinen überwiegend im Transitverkehr von und nach Westberlin verwendet. 84 Lok des Nicht-Schadbestandes – immerhin 26 Prozent – sind in den Kolonnen 3, 6, 7 und 8 gebunden, allerdings überwiegend konserviert hinterstellt. Ihr Fehlen hat natürlich empfindliche Auswirkungen auf den täglichen Betrieb: Es herrscht Lokmangel. Daher verwundert auch der ganz geringe Schadparkanteil von wenig mehr als zwei Prozent nicht.

50 005	Kolonne 7 Bw Karlshorst
50 012	Bw Salzwedel
50 096	Kolonne 7 Bw Karlshorst
50 110	Bw Magdeburg-Buckau
50 120	Bw Salzwedel
50 135	Bw Halberstadt
50 141	Bw Oebisfelde
50 152	Bw Aschersleben
50 153	Bw Stendal
50 154	Bw Salzwedel
50 158	Bw Oebisfelde
50 160	Bw Magdeburg-Rothensee
50 181	Kolonne 7 Bw Karlshorst
50 193	Bw Magdeburg-Rothensee
50 217	Bw Magdeburg-Rothensee
50 235	Bw Magdeburg-Rothensee
50 237	Bw Oebisfelde
50 245	Bw Magdeburg-Rothensee
50 248	Bw Oebisfelde
50 252	*Bw Rostock*
50 255	Kolonne 6 Bw Pasewalk
50 265	Kolonne 7 Bw Karlshorst
50 307	Bw Halberstadt
50 317	Bw Magdeburg-Rothensee
50 323	Kolonne 3 Bw Pankow
50 327	Bw Oebisfelde
50 330	Bw Salzwedel
50 333	Bw Magdeburg-Rothensee
50 334	Bw Güsten
50 338	Bw Halberstadt
50 339	Bw Magdeburg-Buckau
50 342	Bw Magdeburg-Buckau
50 380	Bw Oebisfelde
50 381	Bw Dresden-Friedrichstadt verliehen[1]
50 387	Bw Oebisfelde
50 398	Bw Magdeburg-Buckau
50 405	Bw Magdeburg-Buckau
50 418	Bw Magdeburg-Rothensee
50 425	Kolonne 3 Bw Pankow
50 448	Bw Stendal
50 453	Bw Aschersleben
50 459	Bw Magdeburg-Buckau
50 461	Bw Oebisfelde
50 468	Bw Halberstadt
50 471	Bw Aschersleben
50 481	Bw Güsten
50 490	Bw Magdeburg-Rothensee
50 491	Bw Magdeburg-Rothensee
50 499	Bw Oebisfelde
50 539	Bw Magdeburg-Rothensee
50 547	Bw Aschersleben
50 575	Kolonne 7 Bw Karlshorst
50 582	*Bw Oebisfelde*[2]
50 613	Bw Salzwedel
50 617	Bw Güsten
50 624	Kolonne 3 Bw Pankow
50 637	Bw Güsten
50 655	Kolonne 3 Bw Pankow
50 657	Bw Oebisfelde
50 684	Bw Magdeburg-Buckau
50 689	Bw Magdeburg-Buckau
50 694	Bw Salzwedel
50 728	Bw Halberstadt
50 734	Bw Aschersleben
50 743	Bw Stendal
50 759	Bw Salzwedel
50 762	Bw Güsten
50 769	Kolonne 7 Bw Karlshorst
50 775	Bw Güsten
50 793	Kolonne 7 Bw Karlshorst

50 797	Bw Oebisfelde
50 801	Bw Magdeburg-Buckau
50 812	Bw Magdeburg-Rothensee
50 823	Bw Salzwedel
50 824	Kolonne 6 Bw Pasewalk
50 828	Bw Magdeburg-Rothensee
50 831	Bw Halberstadt
50 837	Bw Oebisfelde
50 849	Kolonne 3 Bw Pankow
50 860	Bw Frankfurt/Oder Vbf.
50 866	Kolonne 6 Bw Pasewalk
50 877	Bw Stendal
50 881	Kolonne 3 Bw Pankow
50 901	Bw Stendal
50 903	Bw Stendal
50 906	Bw Magdeburg-Rothensee
50 911	Bw Oebisfelde
50 927	Bw Halberstadt
50 930	Bw Halberstadt
50 938	Bw Magdeburg-Buckau
50 955	Bw Magdeburg-Buckau
50 956	Kolonne 8 Bw Frankfurt/Oder Vbf.
50 967	Bw Magdeburg-Rothensee
50 972	Bw Halberstadt
50 974	Bw Salzwedel
50 976	Bw Magdeburg-Rothensee
50 996	Kolonne 7 Bw Karlshorst
50 1000	Bw Halberstadt
50 1002	Bw Salzwedel
50 1003	Bw Oebisfelde
50 1008	Bw Magdeburg-Rothensee
50 1020	Bw Oebisfelde
50 1030	Bw Magdeburg-Rothensee
50 1041	Bw Oebisfelde
50 1062	Bw Halberstadt
50 1064	Kolonne 7 Bw Karlshorst
50 1065	Bw Halberstadt
50 1066	Bw Güsten
50 1071	Bw Güsten
50 1073	Bw Aschersleben
50 1083	Kolonne 7 Bw Karlshorst
50 1091	Bw Magdeburg-Buckau
50 1092	Kolonne 7 Bw Karlshorst
50 1094	Bw Magdeburg-Rothensee
50 1096	Bw Halberstadt

50 1103	Kolonne 6 Bw Pasewalk
50 1106	Bw Stendal
50 1120	Bw Magdeburg-Rothensee
50 1126	Bw Magdeburg-Buckau
50 1152	Kolonne 3 Bw Pankow
50 1190	Kolonne 7 Bw Karlshorst
50 1194	Bw Aschersleben
50 1195	Bw Magdeburg-Rothensee
50 1205	Bw Salzwedel
50 1222	Bw Stendal
50 1224	Bw Magdeburg-Buckau
50 1245	Bw Stendal
50 1249	Kolonne 3 Bw Pankow
50 1260	Bw Magdeburg-Rothensee
50 1270	Bw Oebisfelde
50 1274	Kolonne 3 Bw Pankow
50 1275	Kolonne 7 Bw Karlshorst
50 1279	Kolonne 3 Bw Pankow
50 1280	Bw Halberstadt
50 1282	*Bw Hagenow-Land*
50 1284	Bw Halberstadt
50 1286	Bw Halberstadt
50 1298	Kolonne 7 Bw Karlshorst
50 1303	Bw Oebisfelde
50 1304	Bw Stendal
50 1305	Bw Aschersleben
50 1306	Bw Magdeburg-Rothensee
50 1307	Bw Oebisfelde
50 1308	Bw Oebisfelde
50 1309	Bw Magdeburg-Rothensee
50 1320	Bw Magdeburg-Buckau
50 1330	Bw Güsten
50 1333	Bw Magdeburg-Buckau
50 1335	*Bw Güstrow*
50 1336	Kolonne 3 Bw Pankow
50 1339	Kolonne 7 Bw Karlshorst
50 1343	Bw Magdeburg-Rothensee
50 1347	Bw Frankfurt/Oder Vbf.
50 1367	Kolonne 7 Bw Karlshorst
50 1368	Kolonne 3 Bw Pankow
50 1385	Bw Magdeburg-Rothensee
50 1388	Bw Stendal
50 1398	Bw Güsten
50 1399	Bw Stendal
50 1407	Bw Güsten

50 1432	Bw Stendal
50 1433	Kolonne 7 Bw Karlshorst
50 1437	Bw Magdeburg-Rothensee
50 1448	Kolonne 6 Bw Pasewalk
50 1465	Bw Halberstadt
50 1468	Bw Magdeburg-Rothensee
50 1471	Bw Halberstadt
50 1483	Kolonne 6 Bw Pasewalk
50 1485	Bw Magdeburg-Rothensee
50 1486	Bw Halberstadt
50 1487	*Bw Stendal*
50 1488	Kolonne 7 Bw Karlshorst
50 1489	Bw Halberstadt
50 1490	Bw Magdeburg-Rothensee
50 1492	Bw Oebisfelde
50 1493	Bw Salzwedel
50 1497	Kolonne 7 Bw Karlshorst
50 1499	Kolonne 3 Bw Pankow
50 1504	Bw Güsten
50 1517	Bw Stendal
50 1550	Bw Stendal
50 1571	Kolonne 3 Bw Pankow
50 1594	Bw Magdeburg-Buckau
50 1595	Kolonne 3 Bw Pankow
50 1598	Bw Stendal
50 1599	Bw Magdeburg-Rothensee
50 1606	Kolonne 7 Bw Karlshorst
50 1608	Bw Magdeburg-Buckau
50 1614	Kolonne 6 Bw Pasewalk
50 1622	Bw Magdeburg-Rothensee
50 1624	Bw Magdeburg-Buckau
50 1626	Bw Magdeburg-Rothensee
50 1627	Bw Oebisfelde
50 1629	Bw Stendal
50 1637	Kolonne 6 Bw Pasewalk
50 1660	Kolonne 6 Bw Pasewalk
50 1672	Kolonne 6 Bw Pasewalk
50 1700	Bw Salzwedel
50 1706	Bw Magdeburg-Rothensee
50 1728	Bw Magdeburg-Rothensee
50 1759	Bw Magdeburg-Rothensee
50 1768	Bw Magdeburg-Rothensee
50 1780	Kolonne 3 Bw Pankow
50 1782	Bw Stendal
50 1812	Bw Halberstadt

50 1815	Bw Salzwedel
50 1828	Bw Halberstadt
50 1831	Bw Magdeburg-Rothensee
50 1839	Bw Halberstadt
50 1851	Bw Oebisfelde
50 1876	Bw Magdeburg-Rothensee
50 1879	Kolonne 6 Bw Pasewalk
50 1890	Kolonne 7 Bw Karlshorst
50 1909	Bw Halberstadt
50 1912	Bw Magdeburg-Rothensee
50 1945	Bw Magdeburg-Rothensee
50 1946	Kolonne 3 Bw Pankow
50 1951	Kolonne 3 Bw Pankow
50 1959	Bw Halberstadt
50 1992	Kolonne 7 Bw Karlshorst
50 2012	Bw Magdeburg-Rothensee
50 2046	Bw Stendal
50 2115	Bw Oebisfelde
50 2145	Kolonne 6 Bw Pasewalk
50 2146	Bw Aschersleben
50 2147	Bw Salzwedel
50 2149	Kolonne 6 Bw Pasewalk
50 2152	Kolonne 3 Bw Pankow
50 2153	Bw Salzwedel
50 2199	Bw Halberstadt
50 2209	Bw Magdeburg-Rothensee
50 2214	Bw Halberstadt
50 2220	Bw Magdeburg-Rothensee
50 2221	Bw Oebisfelde
50 2226	Bw Oebisfelde
50 2228	Bw Oebisfelde
50 2229	Bw Güsten
50 2233	Kolonne 6 Bw Pasewalk
50 2238	Bw Magdeburg-Buckau
50 2245	Bw Magdeburg-Rothensee
50 2259	Bw Güsten
50 2263	Bw Halberstadt
50 2273	Bw Oebisfelde
50 2284	Bw Stendal
50 2307	Bw Stendal
50 2308	Kolonne 3 Bw Pankow
50 2309	Kolonne 3 Bw Pankow
50 2311	Bw Stendal
50 2312	Kolonne 6 Bw Pasewalk
50 2313	Bw Stendal

50 2347	Bw Stendal
50 2348	Bw Oebisfelde
50 2349	Bw Magdeburg-Buckau
50 2350	Kolonne 3 Bw Pankow
50 2376	Bw Stendal
50 2378	Bw Salzwedel
50 2383	Bw Oebisfelde
50 2385	Kolonne 6 Bw Pasewalk
50 2388	Kolonne 7 Bw Karlshorst
50 2407	Bw Oebisfelde
50 2416	Bw Halberstadt
50 2492	Kolonne 3 Bw Pankow
50 2494	Bw Halberstadt
50 2502	Bw Magdeburg-Buckau
50 2503	Bw Magdeburg-Buckau
50 2504	Bw Magdeburg-Rothensee
50 2506	Bw Magdeburg-Buckau
50 2507	Bw Magdeburg-Buckau
50 2517	*Bw Karlshorst*
50 2523	Kolonne 6 Bw Pasewalk
50 2534	Bw Aschersleben
50 2536	*Bw Magdeburg-Rothensee*[3]
50 2538	Kolonne 7 Bw Karlshorst
50 2560	Bw Magdeburg-Buckau
50 2562	Bw Halberstadt
50 2568	Bw Halberstadt
50 2585	Kolonne 6 Bw Pasewalk
50 2608	Bw Güsten
50 2621	Kolonne 3 Bw Pankow
50 2630	Bw Magdeburg-Buckau
50 2637	Kolonne 3 Bw Pankow
50 2641	Kolonne 6 Bw Pasewalk
50 2648	Bw Magdeburg-Buckau
50 2652	Bw Salzwedel
50 2654	Bw Oebisfelde
50 2660	Kolonne 7 Bw Karlshorst
50 2669	Kolonne 3 Bw Pankow
50 2677	Bw Oebisfelde
50 2678	Bw Oebisfelde
50 2686	Bw Oebisfelde
50 2718	Bw Magdeburg-Rothensee
50 2725	Kolonne 6 Bw Pasewalk
50 2740	Bw Magdeburg-Buckau
50 2753	Kolonne 3 Bw Pankow
50 2793	Bw Magdeburg-Rothensee

50 2810	Bw Halberstadt
50 2875	Kolonne 6 Bw Pasewalk
50 2876	Kolonne 6 Bw Pasewalk
50 2883	Bw Aschersleben
50 2887	Bw Aschersleben
50 2889	Kolonne 3 Bw Pankow
50 2893	Bw Magdeburg-Rothensee
50 2897	Bw Halberstadt
50 2901	Kolonne 6 Bw Pasewalk
50 2937	Kolonne 7 Bw Karlshorst
50 2948	Bw Salzwedel
50 2962	Kolonne 6 Bw Pasewalk
50 2976	Bw Salzwedel
50 2995	Bw Salzwedel
50 3008	Kolonne 6 Bw Pasewalk
50 3014	Kolonne 6 Bw Pasewalk
50 3019	Bw Magdeburg-Buckau
50 3027	Bw Magdeburg-Rothensee
50 3044	Bw Magdeburg-Rothensee
50 3048	Bw Güsten
50 3093	Bw Magdeburg-Buckau
50 3102	Bw Stendal
50 3108	Bw Köthen
50 3109	Bw Halberstadt
50 3110	Bw Halberstadt
50 3111	Bw Magdeburg-Buckau
50 3112	Bw Salzwedel
50 3113	Bw Magdeburg-Buckau
50 3114	Bw Magdeburg-Rothensee
50 3116	Bw Magdeburg-Rothensee
50 3126	Bw Magdeburg-Rothensee
50 3127	Kolonne 6 Bw Pasewalk
50 3138	Kolonne 6 Bw Pasewalk
50 3145	Kolonne 6 Bw Pasewalk
50 3154	Bw Güsten

1 Verliehen an Stahlwerk Freital zum Antrieb einer Walzstraße. Ein wohl einmaliger Vorgang in der Lokomotivgeschichte: Die Verwendung einer Dampflokomotive als stationäre Lokomobile zum Antrieb einer technischen Großanlage. Eingesetzt nach L0 K4 Raw Chemnitz ab 19.12.1949 bis 1951. Ab August 1950 ist Lok 50 2536 in gleicher Verwendung.

2 Lok hatte am 18. Januar 1946 eine Kesselexplosion.

3 Auch diese Lokomotive tut wie 50 381 Dienst als stationäre Lokomobile zum Antrieb der Walzstraße im Stahlwerk Freital. Eingesetzt nach L4 Raw Chemnitz ab 01.08.1950 bis 1951.

52 472 (Borsig 1943/ 15569) des Betriebswerkes Pankow trägt nur aufgemalte Betriebsnummern, dafür aber Windleitbleche. Unterhalb der Rauchkammer sind zwei Bleche montiert, die verhindern sollen, dass Lösche zwischen die Rahmenwangen und in das voranlaufende Drehgestell fällt. Aufnahme vom 14.12.1951 in der Heimatdienststelle.
Foto: Zentrale Bildstelle DR, Sammlung Walluhn

Bestand und Verteilung der Dampflok Reihe 52 am 1. Juli 1950:

Ermittelter Gesamtbestand:	808 Lok	
Davon in Kolonnen:	247 Lok	
Davon im Schadpark:	61 Lok	(entspricht 7,5 Prozent)

Die allbekannte Kriegslok trägt als stückzahlstärkste 1'E-gekuppelte Gattung die Hauptlast des Güterverkehrs im Flachland und ist über viele Jahrzehnte bei der Reichsbahn – im Gegensatz zur Bundesbahn – unentbehrlich. Folgerichtig wurde sie im Zuge der Gattungsbereinigung 1947 sowohl im Norden (Raw Berlin, Magdeburg) als auch bei den Rbd Cottbus und Halle stationiert. Beachtliche Bestände lassen sich bei den Bw Bitterfeld, Cottbus, Engelsdorf, Frankfurt/Oder Pbf. und Vbf., Falkenberg, Lichtenberg, Merseburg, Pankow, Rosslau, Schöneweide, Seddin, Senftenberg, Wittenberg und Wustermark ausmachen. Ansonsten gibt es bei den genannten Direktionen kaum ein Güterzug-Bw, das die 52 nicht

52 2324 des Bw Pankow (Henschel 1943/27492) auf der Drehscheibe ihres Heimat-Betriebswerkes am 13. November 1951. Neben dem Floridsdorfer Kastentender (ganz links im Bild) fällt die entkleidete Luftpumpe ebenso auf wie die fehlenden Windleitbleche.
Foto: Zentrale Bildstelle DR, Sammlung Walluhn

im Bestand führt. Einzelstücke lassen sich in Brandenburg-Altstadt, Berlin Anhalter Bahnhof, Forst, Großkorbetha und Kamenz nachweisen. Auch bei dieser Gattung können wir einen äußerst niedrigen Schadparkanteil feststellen: Er liegt weit unter zehn Prozent. Hingegen befindet sich noch immer ein Drittel der Betriebsparklok in den Kolonnen 4 und 7 bis 13, die Mehrzahl auf Abstellplätzen konserviert hinterstellt.

52 006	Kolonne 8 Bw Frankfurt/Oder Vbf.
52 015	Kolonne 8 Bw Frankfurt/Oder Vbf.
52 032	Kolonne 12 Bw Angermünde
52 038	*Bw Wustermark*
52 042	Bw Seddin
52 054	Bw Hoyerswerda
52 072	Bw Pankow
52 075	Kolonne 9 Bw Cottbus
52 079	Bw Engelsdorf
52 084	Bw Jüterbog
52 092	Bw Elsterwerda
52 105	*Bw Engelsdorf*
52 115	Bw Merseburg
52 149	Kolonne 4 Bw Lichtenberg
52 151	Bw Hoyerswerda
52 156	Bw Cottbus
52 172	Bw Wittenberg
52 177	Kolonne 8 Bw Frankfurt/Oder Vbf.
52 178	Bw Hoyerswerda
52 182	*Bw Cottbus*
52 183	Bw Pankow
52 192	Bw Senftenberg
52 198	Bw Wittenberg
52 216	Bw Engelsdorf
52 234	Bw Seddin
52 247	Bw Cottbus
52 248	Bw Senftenberg
52 275	Bw Großkorbetha
52 302	Bw Wustermark
52 304	Bw Jüterbog
52 323	Kolonne 10 Bw Cottbus
52 325	Bw Cottbus
52 336	*Bw Lichtenberg*
52 342	Bw Senftenberg
52 344	Kolonne 13 Bw Seddin
52 346	*Bw Engelsdorf*
52 356	Bw Schöneweide
52 358	Bw Schöneweide
52 360	Bw Schöneweide
52 362	Bw Engelsdorf
52 371	Kolonne 5 Bw Schöneweide
52 373	Bw Berlin Anhalter Bf.
52 374	Bw Engelsdorf
52 375	Bw Frankfurt/Oder Pbf.
52 378	Kolonne 8 Bw Frankfurt/Oder Vbf.
52 379	Kolonne 9 Bw Cottbus
52 382	Kolonne 2 Bw Frankfurt/Oder Vbf.
52 395	Bw Wittenberg
52 397	Kolonne 10 Bw Cottbus
52 407	Kolonne 8 Bw Frankfurt/Oder Vbf.
52 409	Kolonne 4 Bw Lichtenberg
52 415	Bw Cottbus
52 436	Bw Schöneweide
52 438	Kolonne 7 Bw Frankfurt/Oder Vbf.
52 444	Kolonne 13 Bw Seddin
52 454	Kolonne 11 Bw Hoyerswerda
52 467	Kolonne 8 Bw Frankfurt/Oder Vbf.
52 468	Kolonne 8 Bw Frankfurt/Oder Vbf.
52 470	Kolonne 2 Bw Karlshorst
52 472	Bw Pankow
52 474	Bw Schöneweide
52 493	Bw Elsterwerda
52 502	Bw Engelsdorf
52 533	Bw Frankfurt/Oder Vbf.
52 539	Bw Frankfurt/Oder Vbf.
52 541	Kolonne 9 Bw Cottbus
52 545	Bw Grunewald
52 547	Bw Frankfurt/Oder Vbf.
52 552	*Bw Schöneweide*
52 556	Bw Falkenberg
52 563	Bw Frankfurt/Oder Pbf.
52 564	Bw Pankow
52 568	Bw Frankfurt/Oder Vbf.
52 573	Bw Lichtenberg
52 578	Bw Cottbus
52 588	Bw Falkenberg
52 600	Kolonne 13 Bw Seddin
52 604	Kolonne 4 Bw Lichtenberg
52 610	Bw Merseburg
52 614	Bw Engelsdorf

52 616	Kolonne 12 Bw Angermünde
52 626	Kolonne 9 Bw Cottbus
52 627	Kolonne 11 Bw Hoyerswerda
52 629	Kolonne 4 Bw Lichtenberg
52 630	Kolonne 10 Bw Cottbus
52 632	Bw Seddin
52 653	Bw Lichtenberg
52 662	Bw Falkenberg
52 671	Bw Rummelsburg
52 703	Kolonne 11 Bw Hoyerswerda
52 704	Bw Schöneweide
52 705	Kolonne 10 Bw Cottbus
52 707	Bw Engelsdorf
52 711	Bw Rosslau
52 712	Kolonne 4 Bw Lichtenberg
52 713	Bw Wittenberg
52 714	Bw Wittenberg
52 715	Bw Merseburg
52 716	Kolonne 9 Bw Cottbus
52 718	Kolonne 11 Bw Hoyerswerda
52 719	Kolonne 11 Bw Hoyerswerda
52 746	Bw Frankfurt/Oder Pbf.
52 760	Kolonne 12 Bw Angermünde
52 770	*Bw Hagenow-Land*
52 808	Bw Jüterbog
52 809	Bw Seddin
52 819	Kolonne 13 Bw Seddin
52 835	Bw Wustermark
52 872	Bw Wustermark
52 1108	*Bw Falkenberg*
52 1111	Bw Leipzig-Nord
52 1129	*Bw Cottbus*
52 1142	Bw Elsterwerda
52 1143	Bw Brandenburg
52 1144	Kolonne 11 Bw Hoyerswerda
52 1145	Bw Wustermark
52 1146	Bw Falkenberg
52 1152	Bw Cottbus
52 1154	Bw Lichtenberg
52 1159	Bw Wustermark
52 1165	Bw Cottbus
52 1168	Kolonne 2 Bw Frankfurt/Oder Vbf.
52 1169	Kolonne 9 Bw Cottbus
52 1175	Bw Pankow
52 1180	Bw Frankfurt/Oder Vbf.
52 1181	Kolonne 2 Bw Frankfurt/Oder Vbf.
52 1184	Bw Cottbus
52 1187	Bw Wustermark
52 1195	Bw Wustermark
52 1199	Bw Brandenburg
52 1201	Bw Finsterwalde
52 1205	Bw Falkenberg
52 1206	Bw Falkenberg
52 1212	Kolonne 9 Bw Cottbus
52 1213	Bw Bitterfeld
52 1221	Bw Grunewald
52 1225	Bw Wustermark
52 1248	Bw Wustermark
52 1252	Kolonne 11 Bw Hoyerswerda
52 1254	Kolonne 4 Bw Lichtenberg
52 1255	Bw Finsterwalde
52 1268	Bw Wittenberg
52 1274	Kolonne 8 Bw Frankfurt/Oder Vbf.
52 1275	Bw Seddin
52 1282	Kolonne 12 Bw Angermünde
52 1284	Bw Bitterfeld
52 1288	Bw Cottbus
52 1292	Bw Brandenburg
52 1297	Bw Engelsdorf
52 1315	*Bw Wustermark*
52 1325	Kolonne 4 Bw Lichtenberg
52 1329	Bw Finsterwalde
52 1331	Kolonne 8 Bw Frankfurt/Oder Vbf.
52 1332	Bw Engelsdorf
52 1354	Bw Pankow
52 1355	Bw Engelsdorf
52 1393	Bw Merseburg
52 1402	Kolonne 11 Bw Hoyerswerda
52 1404	Kolonne 10 Bw Cottbus
52 1412	Bw Rosslau
52 1413	Bw Falkenberg
52 1415	Kolonne 10 Bw Cottbus
52 1418	Bw Bitterfeld
52 1419	Bw Schöneweide
52 1420	Bw Bitterfeld
52 1421	Bw Engelsdorf
52 1422	*Bw Engelsdorf*
52 1423	Bw Engelsdorf
52 1425	Kolonne 9 Bw Cottbus
52 1426	Kolonne 9 Bw Cottbus

52 1429	Kolonne 9 Bw Cottbus
52 1431	Kolonne 9 Bw Cottbus
52 1433	Bw Wustermark
52 1436	Bw Wittenberg
52 1437	Bw Wittenberg
52 1438	Bw Rosslau
52 1439	Bw Bitterfeld
52 1440	Bw Pankow
52 1443	Bw Engelsdorf
52 1446	Bw Wittenberg
52 1449	Kolonne 11 Bw Hoyerswerda
52 1450	*Bw Engelsdorf*
52 1451	Kolonne 10 Bw Cottbus
52 1452	Kolonne 4 Bw Lichtenberg
52 1454	Bw Bitterfeld
52 1458	Bw Rosslau
52 1459	Bw Hoyerswerda
52 1463	Kolonne 2 Bw Karlshorst
52 1465	Bw Schöneweide
52 1466	Kolonne 4 Bw Lichtenberg
52 1468	Bw Bitterfeld
52 1472	Bw Bitterfeld
52 1480	Kolonne 8 Bw Frankfurt/Oder Vbf.
52 1487	Bw Seddin
52 1489	Bw Schöneweide
52 1490	Kolonne 11 Bw Hoyerswerda
52 1491	Bw Frankfurt/Oder Vbf.
52 1498	*Bw Frankfurt/Oder Vbf.*
52 1499	Bw Brandenburg
52 1501	Kolonne 8 Bw Frankfurt/Oder Vbf.
52 1503	*Bw Brandenburg*
52 1505	*Bw Lichtenberg*
52 1514	Bw Lichtenberg
52 1515	Bw Engelsdorf
52 1516	Bw Engelsdorf
52 1521	Bw Schöneweide
52 1539	Bw Cottbus
52 1562	Bw Rosslau
52 1569	Kolonne 13 Bw Seddin
52 1572	Bw Halle-G
52 1574	Kolonne 5 Bw Schöneweide
52 1580	Bw Wittenberg
52 1583	Bw Hoyerswerda
52 1602	Kolonne 10 Bw Cottbus
52 1603	Kolonne 9 Bw Cottbus

52 1604	Bw Falkenberg	
52 1605	Bw Falkenberg	
52 1609	Kolonne 2 Bw Frankfurt/Oder Vbf.	
52 1615	Kolonne 11 Bw Hoyerswerda	
52 1617	Bw Lichtenberg	
52 1623	Bw Wustermark	
52 1626	Bw Leipzig-Nord	
52 1633	Kolonne 12 Bw Angermünde	
52 1635	Bw Engelsdorf	
52 1636	Bw Frankfurt/Oder Vbf.	
52 1646	Bw Merseburg	
52 1648	Kolonne 5 Bw Schöneweide	
52 1649	Bw Hoyerswerda	
52 1651	Bw Wittenberg	
52 1655	Bw Frankfurt/Oder Pbf.	
52 1690	Bw Merseburg	
52 1699	Kolonne 8 Bw Frankfurt/Oder Vbf.	
52 1709	Bw Rosslau	
52 1710	Bw Wittenberg	
52 1711	Kolonne 9 Bw Cottbus	
52 1712	Bw Cottbus	
52 1714	Kolonne 11 Bw Hoyerswerda	
52 1737	Bw Senftenberg	
52 1865	*Bw Cottbus*	
52 1871	Bw Cottbus	Kondensanlage stillgelegt
52 1884	*Bw Cottbus*	
52 1896	Bw Cottbus	Kondensanlage stillgelegt
52 1901	*Bw Lübbenau*	
52 1917	Bw Cottbus	Kondensanlage stillgelegt
52 1929	Bw Cottbus	Kondensanlage stillgelegt
52 1932	Bw Cottbus	Kondensanlage ausgebaut
52 1934	Bw Cottbus	Kondensanlage stillgelegt
52 1952	Bw Cottbus	Kondensanlage stillgelegt
52 1961	Bw Cottbus	Kondensanlage ausgebaut
52 1962	Bw Cottbus	Kondensanlage stillgelegt
52 1964	Bw Cottbus	Kondensanlage ausgebaut
52 1968	*Bw Cottbus*	
52 1969	Bw Cottbus	Kondensanlage stillgelegt
52 1971	Bw Cottbus	Kondensanlage stillgelegt
52 1976	Bw Cottbus	Kondensanlage stillgelegt
52 1978	*Bw Cottbus*	
52 1984	Bw Senftenberg	Kondensanlage stillgelegt
52 2008	Bw Cottbus	Kondensanlage stillgelegt
52 2009	Bw Cottbus	Kondensanlage stillgelegt
52 2010	*Bw Cottbus*	

52 2011	Bw Cottbus	Kondensanlage stillgelegt
52 2093	Bw Wustermark	
52 2129	Kolonne 4 Bw Lichtenberg	
52 2151	Bw Frankfurt/Oder Vbf.	
52 2152	Bw Senftenberg	
52 2161	Kolonne 13 Bw Seddin	
52 2163	Bw Lichtenberg	
52 2165	Kolonne 13 Bw Seddin	
52 2167	Bw Finsterwalde	
52 2177	Bw Frankfurt/Oder Vbf.	
52 2180	Kolonne 13 Bw Seddin	
52 2192	Bw Pankow	
52 2195	Kolonne 2 Bw Frankfurt/Oder Vbf.	
52 2199	Bw Cottbus	
52 2226	Bw Wustermark	
52 2270	Bw Lichtenberg	
52 2281	Kolonne 13 Bw Seddin	
52 2289	Bw Hoyerswerda	
52 2295	Kolonne 8 Bw Frankfurt/Oder Vbf.	
52 2312	Bw Brandenburg	
52 2324	Bw Pankow	
52 2330	Bw Falkenberg	
52 2333	Kolonne 4 Bw Lichtenberg	
52 2351	Kolonne 12 Bw Angermünde	
52 2352	*Bw Frankfurt/Oder Vbf.*	
52 2355	Kolonne 8 Bw Frankfurt/Oder Vbf.	
52 2362	Kolonne 13 Bw Seddin	
52 2365	*Bw Merseburg*	
52 2386	Bw Wittenberg	
52 2387	Kolonne 9 Bw Cottbus	
52 2404	Bw Falkenberg	
52 2409	Kolonne 11 Bw Hoyerswerda	
52 2410	Kolonne 11 Bw Hoyerswerda	
52 2412	Kolonne 11 Bw Hoyerswerda	
52 2416	Kolonne 13 Bw Seddin	
52 2430	Bw Elsterwerda	
52 2431	Bw Cottbus	
52 2453	Kolonne 12 Bw Angermünde	
52 2455	Bw Rosslau	
52 2461	*Bw Schöneweide*	
52 2465	Bw Senftenberg	
52 2467	Bw Senftenberg	
52 2469	*Bw Lübbenau*	
52 2472	Bw Jüterbog	
52 2473	*Bw Gesundbrunnen*	
52 2474	Bw Merseburg	
52 2477	Kolonne 13 Bw Seddin	
52 2483	Bw Lichtenberg	
52 2491	Kolonne 12 Bw Angermünde	
52 2492	Bw Hoyerswerda	
52 2493	Bw Wustermark	
52 2494	Bw Cottbus	
52 2501	Bw Rummelsburg	
52 2523	Kolonne 8 Bw Frankfurt/Oder Vbf.	
52 2528	Bw Schöneweide	
52 2539	Kolonne 12 Bw Angermünde	
52 2542	Bw Frankfurt/Oder Vbf.	
52 2543	Bw Cottbus	
52 2544	Bw Seddin	
52 2545	Bw Rummelsburg	
52 2548	Bw Engelsdorf	
52 2551	Bw Brandenburg	
52 2554	Bw Falkenberg	
52 2557	Bw Bitterfeld	
52 2560	*Bw Lichtenberg*	
52 2561	Kolonne 12 Bw Angermünde	
52 2565	Bw Falkenberg	
52 2571	Bw Senftenberg	
52 2575	Kolonne 10 Bw Cottbus	
52 2576	Bw Cottbus	
52 2582	Bw Frankfurt/Oder Pbf.	
52 2591	Bw Rosslau	
52 2608	Kolonne 5 Bw Schöneweide	
52 2613	Kolonne 8 Bw Frankfurt/Oder Vbf.	
52 2614	Bw Pankow	
52 2616	Bw Engelsdorf	
52 2626	Bw Frankfurt/Oder Pbf.	
52 2628	Kolonne 10 Bw Cottbus	
52 2630	Bw Brandenburg	
52 2632	Bw Brandenburg	
52 2636	Bw Frankfurt/Oder Vbf.	
52 2642	*Bw Schöneweide*	
52 2644	Bw Brandenburg	
52 2646	Bw Senftenberg	
52 2648	Bw Leipzig-Nord	
52 2649	Bw Pankow	
52 2650	Bw Lichtenberg	
52 2652	Bw Engelsdorf	
52 2654	Bw Bitterfeld	
52 2656	Bw Rummelsburg	

52 2658	Bw Wustermark
52 2661	Bw Senftenberg
52 2662	Bw Merseburg
52 2675	Kolonne 13 Bw Seddin
52 2676	Bw Bitterfeld
52 2677	Kolonne 11 Bw Hoyerswerda
52 2678	Kolonne 10 Bw Cottbus
52 2681	Bw Finsterwalde
52 2683	Kolonne 9 Bw Cottbus
52 2686	Kolonne 11 Bw Hoyerswerda
52 2687	Bw Finsterwalde
52 2688	Bw Merseburg
52 2690	Kolonne 11 Bw Hoyerswerda
52 2691	Kolonne 13 Bw Seddin
52 2692	Kolonne 10 Bw Cottbus
52 2693	Bw Wittenberg
52 2696	*Bw Engelsdorf*
52 2700	Bw Bitterfeld
52 2701	Bw Rummelsburg
52 2705	Bw Leipzig-Nord
52 2706	Kolonne 4 Bw Lichtenberg
52 2709	Bw Senftenberg
52 2711	Kolonne 10 Bw Cottbus
52 2712	Bw Wustermark
52 2718	Bw Cottbus
52 2720	Kolonne 12 Bw Angermünde
52 2721	Bw Cottbus
52 2723	Bw Brandenburg
52 2741	Bw Wustermark
52 2743	Bw Frankfurt/Oder Vbf.
52 2745	Kolonne 10 Bw Cottbus
52 2746	*Bw Frankfurt/Oder Vbf.*
52 2758	Kolonne 8 Bw Frankfurt/Oder Vbf.
52 2763	Kolonne 9 Bw Cottbus
52 2774	Kolonne 12 Bw Angermünde
52 2783	Bw Hoyerswerda
52 2785	Kolonne 9 Bw Cottbus
52 2818	Kolonne 2 Bw Frankfurt/Oder Vbf.
52 2825	Kolonne 4 Bw Lichtenberg
52 2845	Kolonne 11 Bw Hoyerswerda
52 2850	Bw Frankfurt/Oder Vbf.
52 2858	Bw Frankfurt/Oder Vbf.
52 2861	*Bw Pankow*
52 2867	Bw Cottbus
52 2883	Bw Frankfurt/Oder Vbf.
52 2885	Kolonne 13 Bw Seddin
52 2886	Kolonne 13 Bw Seddin
52 2887	Kolonne 13 Bw Seddin
52 3107	Kolonne 8 Bw Frankfurt/Oder Vbf.
52 3119	Bw Seddin
52 3140	Bw Seddin
52 3145	Bw Rosslau
52 3146	*Bw Hoyerswerda*
52 3169	*Bw Rostock*
52 3181	*Bw ?*
52 3186	Kolonne 2 Bw Karlshorst
52 3187	Bw Falkenberg
52 3192	Kolonne 13 Bw Seddin
52 3193	Bw Merseburg
52 3194	Bw Lichtenberg
52 3204	Bw Frankfurt/Oder Pbf.
52 3205	Kolonne 8 Bw Frankfurt/Oder Vbf.
52 3209	Kolonne 11 Bw Hoyerswerda
52 3211	Bw Falkenberg
52 3216	Bw Falkenberg
52 3217	Kolonne 2 Bw Frankfurt/Oder Vbf.
52 3218	Bw Rosslau
52 3219	Bw Elsterwerda
52 3220	Kolonne 11 Bw Hoyerswerda
52 3222	Bw Elsterwerda
52 3223	*Bw Engelsdorf*
52 3225	Bw Falkenberg
52 3226	Kolonne 11 Bw Hoyerswerda
52 3230	Bw Grunewald
52 3231	Kolonne 4 Bw Lichtenberg
52 3232	*Bw Wustermark*
52 3233	Bw Bitterfeld
52 3245	Bw Grunewald
52 3247	*Bw Lübbenau*
52 3249	Kolonne 12 Bw Angermünde
52 3250	Bw Cottbus
52 3252	Bw Rummelsburg
52 3254	Bw Rummelsburg
52 3257	Kolonne 9 Bw Cottbus
52 3259	Bw Frankfurt/Oder Vbf.
52 3260	Bw Finsterwalde
52 3261	Bw Seddin
52 3285	Bw Bitterfeld
52 3287	Kolonne 4 Bw Lichtenberg
52 3293	Bw Halle-G

52 3294	Kolonne 4 Bw Lichtenberg
52 3302	Kolonne 2 Bw Karlshorst
52 3303	Bw Hoyerswerda
52 3312	Kolonne 10 Bw Cottbus
52 3318	Kolonne 5 Bw Schöneweide
52 3350	Bw Engelsdorf
52 3353	*Bw Engelsdorf*
52 3381	Bw Hoyerswerda
52 3383	*Bw Falkenberg*
52 3392	Bw Rosslau
52 3395	Bw Wittenberg
52 3403	Kolonne 12 Bw Angermünde
52 3410	Bw Merseburg
52 3420	Bw Falkenberg
52 3449	Bw Schöneweide
52 3455	Bw Engelsdorf
52 3457	Bw Elsterwerda
52 3464	Kolonne 8 Bw Frankfurt/Oder Vbf.
52 3473	Bw Wustermark
52 3477	Bw Cottbus
52 3478	Bw Falkenberg
52 3489	*Bw Senftenberg*
52 3498	Bw Seddin
52 3501	Bw Finsterwalde
52 3546	Bw Seddin
52 3548	Bw Cottbus
52 3550	Bw Pankow
52 3568	Bw Rosslau
52 3573	Bw Falkenberg
52 3574	Bw Falkenberg
52 3588	Bw Cottbus
52 3594	Kolonne 1 Bw Frankfurt/Oder Vbf.
52 3603	Bw Lichtenberg
52 3625	Bw Tempelhof Vbf.
52 3628	Bw Engelsdorf
52 3630	Kolonne 12 Bw Angermünde
52 3633	Kolonne 5 Bw Schöneweide
52 3635	Bw Merseburg
52 3637	Bw Falkenberg
52 3673	Bw Bitterfeld
52 3699	Bw Schöneweide
52 3705	Bw Rummelsburg
52 3717	Kolonne 12 Bw Angermünde
52 3721	Bw Seddin
52 3722	Bw Schöneweide

52 3726	Kolonne 5 Bw Schöneweide
52 3734	Kolonne 12 Bw Angermünde
52 3741	Bw Finsterwalde
52 3742	Kolonne 4 Bw Lichtenberg
52 3761	Kolonne 4 Bw Lichtenberg
52 3784	Kolonne 10 Bw Cottbus
52 3788	Bw Schöneweide
52 3794	Bw Cottbus
52 3796	Bw Frankfurt/Oder Pbf.
52 3804	*Bw Frankfurt/Oder Vbf.*
52 3834	Bw Pankow
52 3839	Kolonne 9 Bw Cottbus
52 3843	*Bw Wustermark*
52 3871	Kolonne 5 Bw Schöneweide
52 3916	Kolonne 8 Bw Frankfurt/Oder Vbf.
52 4501	Kolonne 13 Bw Seddin
52 4503	Kolonne 12 Bw Angermünde
52 4507	Kolonne 5 Bw Schöneweide
52 4533	Kolonne 10 Bw Cottbus
52 4534	Kolonne 10 Bw Cottbus
52 4773	Bw Hoyerswerda
52 4776	*Bw Schöneweide*
52 4780	Kolonne 11 Bw Hoyerswerda
52 4787	Bw Engelsdorf
52 4797	Bw Senftenberg
52 4798	Kolonne 10 Bw Cottbus
52 4817	Kolonne 5 Bw Schöneweide
52 4821	Bw Pankow
52 4822	Bw Engelsdorf
52 4825	Kolonne 2 Bw Karlshorst
52 4826	Bw Forst
52 4827	Bw Elsterwerda
52 4869	Bw Schöneweide
52 4870	Bw Kamenz
52 4875	Kolonne 8 Bw Frankfurt/Oder Vbf.
52 4876	Bw Frankfurt/Oder Vbf.
52 4892	Kolonne 13 Bw Seddin
52 4893	Bw Engelsdorf
52 4896	Bw Senftenberg
52 4900	Bw Hoyerswerda
52 4901	Kolonne 9 Bw Cottbus
52 4902	Bw Rosslau
52 4907	Kolonne 12 Bw Angermünde
52 4908	Kolonne 12 Bw Angermünde
52 4911	Bw Engelsdorf

52 4912	Bw Falkenberg
52 4921	Kolonne 9 Bw Cottbus
52 4924	Bw Lichtenberg
52 4926	Bw Senftenberg
52 4944	Bw Frankfurt/Oder Pbf.
52 4952	Kolonne 2 Bw Frankfurt/Oder Vbf.
52 4953	*Bw Hagenow-Land*
52 4954	Kolonne 2 Bw Frankfurt/Oder Vbf.
52 4955	Kolonne 4 Bw Lichtenberg
52 4965	Bw Wittenberg
52 4966	Bw Jüterbog
52 4994	Kolonne 8 Bw Frankfurt/Oder Vbf.
52 4996	Kolonne 5 Bw Schöneweide
52 4998	Kolonne 4 Bw Lichtenberg
52 5004	Bw Lichtenberg
52 5007	Kolonne 13 Bw Seddin
52 5008	Bw Engelsdorf
52 5012	Kolonne 9 Bw Cottbus
52 5014	Kolonne 2 Bw Frankfurt/Oder Vbf.
52 5015	Bw Cottbus
52 5018	Kolonne 12 Bw Angermünde
52 5024	Kolonne 5 Bw Schöneweide
52 5030	Bw Schöneweide
52 5046	Kolonne 8 Bw Frankfurt/Oder Vbf.
52 5067	Bw Bitterfeld
52 5088	Kolonne 2 Bw Karlshorst
52 5091	Kolonne 12 Bw Angermünde
52 5098	Kolonne 8 Bw Frankfurt/Oder Vbf.
52 5111	Kolonne 12 Bw Angermünde
52 5118	Kolonne 13 Bw Seddin
52 5121	Bw Hoyerswerda
52 5126	Bw Kamenz
52 5137	Bw Wustermark
52 5140	Kolonne 10 Bw Cottbus
52 5142	Kolonne 8 Bw Frankfurt/Oder Vbf.
52 5154	Kolonne 13 Bw Seddin
52 5190	Bw Frankfurt/Oder Pbf.
52 5191	Kolonne 10 Bw Cottbus
52 5199	Kolonne 10 Bw Cottbus
52 5207	Kolonne 5 Bw Schöneweide
52 5212	Kolonne 11 Bw Hoyerswerda
52 5213	Bw Rosslau
52 5215	Bw Elsterwerda
52 5228	Bw Bitterfeld
52 5232	Bw Frankfurt/Oder Vbf.
52 5233	Bw Pankow
52 5234	Kolonne 12 Bw Angermünde
52 5238	Bw Jüterbog
52 5239	Kolonne 4 Bw Lichtenberg
52 5241	Bw Jüterbog
52 5243	Bw Bitterfeld
52 5250	Bw Bitterfeld
52 5251	*Bw Schöneweide*
52 5260	Bw Lichtenberg
52 5274	Bw Seddin
52 5278	Bw Cottbus
52 5287	Bw Merseburg
52 5306	Bw Schöneweide
52 5315	Bw Kamenz
52 5332	Kolonne 5 Bw Schöneweide
52 5342	*Rbd Berlin*[1]
52 5345	*Bw Seddin*
52 5354	Bw Elsterwerda
52 5355	Kolonne 4 Bw Lichtenberg
52 5372	Bw Brandenburg
52 5374	Kolonne 4 Bw Lichtenberg
52 5375	Bw Jüterbog
52 5377	Bw Bitterfeld
52 5382	Kolonne 4 Bw Lichtenberg
52 5403	*Bw Seddin*
52 5410	Bw Hoyerswerda
52 5413	Bw Schöneweide
52 5414	Bw Merseburg
52 5434	Kolonne 12 Bw Angermünde
52 5447	Bw Rosslau
52 5448	Bw Bitterfeld
52 5457	Bw Frankfurt/Oder Pbf.
52 5468	Bw Brandenburg
52 5475	Bw Engelsdorf
52 5481	Bw Pankow
52 5487	Bw Leipzig-Nord
52 5488	Bw Bitterfeld
52 5502	Bw Pankow
52 5509	Kolonne 2 Bw Karlshorst
52 5524	Bw Schöneweide
52 5542	Bw Pankow
52 5546	Bw Bitterfeld
52 5578	Bw Engelsdorf
52 5584	Bw Elsterwerda
52 5585	Bw Pankow

52 5639	Bw Rosslau
52 5642	Bw Jüterbog
52 5658	Bw Lichtenberg
52 5659	Bw Schöneweide
52 5660	Kolonne 12 Bw Angermünde
52 5663	Kolonne 13 Bw Seddin
52 5678	Kolonne 8 Bw Frankfurt/Oder Vbf.
52 5679	Bw Falkenberg
52 5685	Bw Falkenberg
52 5686	Bw Falkenberg
52 5696	Kolonne 2 Bw Karlshorst
52 5704	Bw Frankfurt/Oder Pbf.
52 5728	*Bw Wustermark*
52 5742	Bw Brandenburg-Altstadt
52 5761	Kolonne 12 Bw Angermünde
52 5762	Bw Cottbus
52 5763	Bw Wustermark
52 5775	Bw Merseburg
52 5789	Bw Leipzig-Nord
52 5793	Kolonne 10 Bw Cottbus
52 5799	Bw Hoyerswerda
52 5803	Bw Frankfurt/Oder Pbf.
52 5812	Bw Merseburg
52 5817	Bw Brandenburg
52 5864	Bw Pankow
52 5871	Bw Engelsdorf
52 5884	Bw Frankfurt/Oder Pbf.
52 5885	Bw Cottbus
52 5905	Kolonne 11 Bw Hoyerswerda
52 5916	Kolonne 5 Bw Schöneweide
52 5918	Bw Bitterfeld
52 5931	Kolonne 11 Bw Hoyerswerda
52 5932	Kolonne 13 Bw Seddin
52 5960	Bw Bitterfeld
52 5992	*Bw Engelsdorf*
52 5996	Kolonne 8 Bw Frankfurt/Oder Vbf.
52 6001	Kolonne 4 Bw Lichtenberg
52 6011	Kolonne 10 Bw Cottbus
52 6016	Bw Pankow
52 6022	Bw Cottbus
52 6049	Kolonne 10 Bw Cottbus
52 6056	Bw Jüterbog
52 6077	Bw Engelsdorf
52 6082	Bw Senftenberg
52 6106	Bw Brandenburg-Altstadt
52 6125	Bw Jüterbog
52 6127	*Bw Senftenberg*
52 6144	Kolonne 12 Bw Angermünde
52 6159	Bw Bitterfeld
52 6172	Bw Finsterwalde
52 6183	Bw Engelsdorf
52 6194	Bw Frankfurt/Oder Vbf.
52 6199	Kolonne 4 Bw Lichtenberg
52 6206	Kolonne 5 Bw Schöneweide
52 6217	Bw Schöneweide
52 6221	Bw Hoyerswerda
52 6225	Kolonne 9 Bw Cottbus
52 6226	*Bw Cottbus*
52 6227	Bw Rummelsburg
52 6229	Bw Senftenberg
52 6265	Bw Senftenberg
52 6269	Kolonne 11 Bw Hoyerswerda
52 6277	Bw Wittenberg
52 6300	Bw Cottbus
52 6306	Kolonne 8 Bw Frankfurt/Oder Vbf.
52 6311	Bw Berlin Anhalter Bf.
52 6313	Kolonne 9 Bw Cottbus
52 6314	Bw Wustermark
52 6320	Bw Halle-G
52 6336	Kolonne 12 Bw Angermünde
52 6337	Bw Falkenberg
52 6339	Bw Schöneweide
52 6355	Bw Wustermark
52 6356	Bw Jüterbog
52 6357	Kolonne 9 Bw Cottbus
52 6358	Bw Schöneweide
52 6359	Kolonne 9 Bw Cottbus
52 6372	Bw Jüterbog
52 6373	Bw Seddin
52 6390	Kolonne 4 Bw Lichtenberg
52 6398	Kolonne 5 Bw Schöneweide
52 6400	*Bw Wustermark*
52 6404	Kolonne 4 Bw Lichtenberg
52 6411	Bw Engelsdorf
52 6415	Bw Frankfurt/Oder Vbf.
52 6417	*Bw Pankow*
52 6420	Kolonne 8 Bw Frankfurt/Oder Vbf.
52 6421	Kolonne 5 Bw Schöneweide
52 6427	Bw Berlin Anhalter Bf.
52 6431	Bw Rummelsburg

52 6631	Kolonne 12 Bw Angermünde
52 6632	Bw Schöneweide
52 6634	Bw Cottbus
52 6639	Bw Frankfurt/Oder Vbf.
52 6657	Bw Senftenberg
52 6658	Bw Frankfurt/Oder Pbf.
52 6659	Bw Bitterfeld
52 6660	Bw Elsterwerda
52 6666	Bw Lichtenberg
52 6684	Kolonne 11 Bw Hoyerswerda
52 6694	Bw Schöneweide
52 6700	Bw Senftenberg
52 6701	Bw Wustermark
52 6706	Bw Schöneweide
52 6708	Bw Finsterwalde
52 6712	Bw Lichtenberg
52 6721	Bw Senftenberg
52 6740	*Bw Wustermark*
52 6774	Bw Wittenberg
52 6778	Bw Cottbus
52 6779	Bw Brandenburg
52 6811	Bw Hoyerswerda
52 6816	Bw Cottbus
52 6821	*Bw Engelsdorf*
52 6828	Bw Bitterfeld
52 6829	Bw Frankfurt/Oder Pbf.
52 6830	Bw Merseburg
52 6836	Kolonne 9 Bw Cottbus
52 6860	Bw Frankfurt/Oder Pbf.
52 6865	*Bw Schöneweide*
52 6873	Bw Seddin
52 6901	Kolonne 2 Bw Frankfurt/Oder Vbf.
52 6902	Bw Frankfurt/Oder Vbf.
52 6903	*Bw Hoyerswerda*
52 6904	Bw Senftenberg
52 6912	Bw Halle-G
52 6922	Kolonne 12 Bw Angermünde
52 6928	Bw Rummelsburg
52 6930	Bw Elsterwerda
52 6932	Bw Wittenberg
52 6996	Bw Merseburg
52 7003	Bw Hoyerswerda
52 7009	Bw Cottbus
52 7103	Bw Jüterbog
52 7104	Kolonne 5 Bw Schöneweide
52 7109	Bw Neustrelitz
52 7122	Bw Jüterbog
52 7129	Bw Schöneweide
52 7131	Bw Falkenberg
52 7132	Bw Senftenberg
52 7136	Kolonne 10 Bw Cottbus
52 7138	Bw Hoyerswerda
52 7139	*Bw Engelsdorf*
52 7172	Kolonne 11 Bw Hoyerswerda
52 7178	Bw Lichtenberg
52 7189	Bw Schöneweide
52 7191	Bw Cottbus
52 7195	Bw Engelsdorf
52 7216	Bw Rosslau
52 7221	Kolonne 4 Bw Lichtenberg
52 7222	Kolonne 5 Bw Schöneweide
52 7223	Kolonne 4 Bw Lichtenberg
52 7227	Kolonne 13 Bw Seddin
52 7238	Bw Elsterwerda
52 7241	Bw Merseburg
52 7242	Bw Schöneweide
52 7246	Bw Frankfurt/Oder Pbf.
52 7247	Bw Merseburg
52 7248	Bw Senftenberg
52 7251	Bw Neustrelitz
52 7252	Bw Engelsdorf
52 7267	*Bw Bitterfeld*
52 7282	Bw Wustermark
52 7284	Bw Hoyerswerda
52 7304	Bw Senftenberg
52 7309	Kolonne 9 Bw Cottbus
52 7313	Bw Cottbus
52 7329	Bw Falkenberg
52 7463	Bw Schöneweide
52 7464	Bw Rosslau
52 7550	Bw Frankfurt/Oder Pbf.
52 7554	Bw Schöneweide
52 7566	Bw Wustermark
52 7581	Bw Merseburg
52 7582	Bw Frankfurt/Oder Pbf.
52 7583	Bw Neustrelitz
52 7605	Kolonne 8 Bw Frankfurt/Oder Vbf.
52 7613	Kolonne 5 Bw Schöneweide
52 7616	Bw Neustrelitz
52 7617	Bw Jüterbog

52 7631	Kolonne 10 Bw Cottbus
52 7717	Bw Merseburg
52 7734	Kolonne 4 Bw Lichtenberg
52 7747	Kolonne 10 Bw Cottbus
52 7749	Kolonne 10 Bw Cottbus
52 7765	Bw Wustermark
52 7778	Bw Cottbus
52 7793	*Bw Seddin*

1 Nummernfehler nicht ausgeschlossen, Lok auch bei PKP und SSSR genannt.

Bestand und Verteilung der Dampflok Reihen 53 und 54 am 1. Juli 1950:

Ermittelter Gesamtbestand 53:	17 Lok	
Davon im Schadpark:	17 Lok	(entspricht 100 Prozent)
Ermittelter Gesamtbestand 54:	39 Lok	
Davon im Schadpark:	36 Lok	(entspricht 92,3 Prozent)

Während sich die verschiedensten Fremdlok der Reihe 53 allesamt im Schadpark befinden, führt die Rbd Halle eine preußische G5.4 und zwei bayerische G 3/4 H betriebsfähig. Sie finden im Rangier- und Anschlussdienst Verwendung.

53 155	*Bw Seddin*[1]
53 3230	*Bw Pasewalk*[2]
53 4550	*Bw Suhl*[3]
53 7206	*Bw Döbeln*
53 7207	*Bw Dresden-Altstadt*
53 7208	*Bw Dresden-Altstadt*
53 7209	*Bw Dresden-Altstadt*
53 7210	*Bw Salzwedel*
53 7211	*Bw Dresden-Altstadt*
53 7214	*Bw Hoyerswerda*
53 7216	*Bw Seddin*
53 7513	*Bw Wustermark*
53 7538	*Bw Wustermark*
53 7547	*Bw Hagenow-Land*

Eine Detailaufnahme der erst zum 16. Februar 1953 abgestellten und zum 29.09.1955 nach Polen zurückgegebenen 54 1172 (Henschel 1908/8759), einer preußischen G 5.4 (Altona 4215, später PKP Ti4-150). Die mit Kreide markierte einstufige Luftpumpe rechts im Bild soll als Ersatzstück gewonnen werden. Am Kessel oben sieht man die Waschluken, darunter vier Queranker und Bekleidungsbleche mit Kontrollöffnungen sowie eine weitere Reinigungsluke. Am Führerhaus befinden sich Reste ehemaliger Beschilderung, ein ovales Fabrikschild und schließlich ganz oben der so genannte vereinfachte Führerhausschutz in Form eines blechbeplankten Schiebefensters.
Foto: Zentrale Bildstelle DR, Sammlung Walluhn

Eine preußische, dann polnische G7.1 rangiert auf dem Güterbahnhof Weimar. 55 022 in zweiter Nummernbesetzung (vormals PKP Tp 1-4) hat irgendwann einmal den Tauschkessel Vulcan Stettin 1916 Fabriknummer 3165 erhalten. Auch die Radsätze stammen nicht von der Ursprungslok (Hanomag 1895/2615). Der angekuppelte große 3 T 16 trägt wie viele der damaligen Zeit einen Aufsatz aus Brettern.
Foto: Georg Hey, Weimar, Sammlung Walluhn

Ein Blick ins Bw Erfurt-G und auf 55 868 in zweiter Nummernbesetzung (Hanomag 1905/4399, ex. Kattowitz 4636, dann PKP Tp 2-121). Bei dieser Lok handelt es sich um eine preußische G7.2, wie es sie schon 1910 in dieser Form gab: Allan-Innensteuerung, Dultz-Wechselventil an der Rauchkammer, zierliche Treibstangen, Petroleumbeleuchtung. Hinzu kommt ein Tender 3 T 12 mit Bretteraufsatz. Von diesen Maschinen besitzt die Rbd Erfurt mehrere, sie werden gern auf der Strecke Erfurt–Nottleben mit ihrem schwachen Oberbau eingesetzt.
Foto: Ernst Schröder Rbd Erfurt, Sammlung Walluhn

55 1951 vom Bw Salzwedel (Schichau 1909/1783) macht einen sehr desolaten Eindruck. Sie wird am 20. Januar 1954 an die Volkswerft Stralsund vermutlich als Heizkessel verkauft. Wie die rechts neben ihr stehende (auf diesem Bild nicht sichtbare) 36 452 hat auch diese preußische G 8 (ex. Königsberg 4812) leichte Brandschäden. Das Gewerk ist fast völlig ausgebaut, die Rauchkammertür liegt im Führerhaus. Zylinderbekleidung, Speisepumpe und zahlreiche Armaturen fehlen. Brauchbares ist längst zu Betriebslokomotiven gewandert.
Foto: Zentrale Bildstelle DR, Sammlung Walluhn

55 5158 des Bw Engelsdorf (Schichau 1918/ 2703), eine preußische G8.1, verrichtet Rangierdienst auf Leipzigs größtem Verschiebebahnhof. Aus Schadparklokomotiven der Rbd Halle ausgebaute Ersatzstücke haben sie betriebsfähig erhalten. Die Parole am Tender ist leider nicht leserlich.
Foto: Zentrale Bildstelle DR, Sammlung Walluhn

53 7553	Bw Schöneweide
53 7607	Bw Leipzig Bayerischer Bf.[4]
53 7705	Bw Seddin
54 063	Bw Eilsleben
54 110	Bw Stralsund
54 148	Bw Hagenow-Land
54 157	Bw Leipzig-Süd
54 158	Bw Wismar
54 423	Bw Wustermark
54 601	Bw Halle-G
54 654	Bw Wismar[5]
54 658	Bw Jerichow
54 710	Bw Wustermark
54 711	Bw Halle-G
54 715	Bw Neustrelitz
54 716	Bw Zwickau
54 719	Bw Chemnitz Hbf.[6]
54 887	Bw Schöneweide
54 1107	Bw Halle-G
54 1110	Bw Eilenburg
54 1114	Bw Halle-G
54 1116	Bw Rochlitz
54 1123	Bw Halle-G
54 1131	Bw Halle-G
54 1146	Bw Stralsund
54 1147	Bw Reichenbach
54 1154	Bw Glauchau
54 1155	Bw Wismar
54 1169	Bw Oebisfelde
54 1172	Bw Halle-G
54 1173	Bw Zwickau
54 1188	Bw Zwickau
54 1193	Bw Görlitz
54 1198	Bw Halle-G
54 1223	Bw Halle-G[7]
54 1507	Bw Leipzig-Plagwitz
54 1554	Bw Halle-G
54 4088	Bw Zeitz[8]
54 4119	Bw Gotha[9]
54 4140	Bw Suhl[10]
54 4170	Bw Suhl[11]
54 4174	Bw Zeitz[12]

1 Vermutlich wild umgezeichnete PKP Th 1-55.
2 Herkunft ungeklärt, als Hersteller genannt: Atlas-Werke 1918/ 4427.
3 Wild umgezeichnete SNCB 4550.
4 Evtl. nicht umgezeichnete Lok England Nr.142.
5 Ehemalige polnische Panzerzuglok.
6 Nicht umgezeichnete PKP Ti 2-8.
7 Evtl. nicht umgezeichnete litauische P5-662.
8 Wild umgezeichnete AL 4088.
9 Wild umgezeichnete AL 4119.
10 Wild umgezeichnete AL 4140.
11 Wild umgezeichnete AL 4170.
12 Wild umgezeichnete AL 4174.

Bestand und Verteilung der Dampflok Reihe 55 am 1. Juli 1950:

Ermittelter Gesamtbestand 55.0:	102 Lok	
Davon im Schadpark:	67 Lok	(entspricht 65,7 Prozent)
Ermittelter Gesamtbestand 55.16:	52 Lok	
Davon im Schadpark:	17 Lok	(entspricht 32,7 Prozent)
Ermittelter Gesamtbestand 55.25:	234 Lok	

55 1998	Bw Hoyerswerda
55 2007	Bw Finsterwalde
55 2024	Bw Kamenz
55 2027	Bw Kamenz
55 2056	*Bw Cottbus*
55 2060	Bw Hoyerswerda
55 2071	Bw Guben
55 2094	*Rbd Halle*
55 2109	Bw Senftenberg
55 2110	*Bw Meiningen*[16]
55 2113	Bw Senftenberg
55 2141	Bw Kamenz
55 2151	Bw Finsterwalde
55 2160	Bw Senftenberg
55 2161	*Bw Senftenberg*
55 2170	Bw Senftenberg
55 2192	Bw Kamenz
55 2205	Bw Guben
55 2206	*Bw Torgau*
55 2213	Bw Guben
55 2217	Bw Guben
55 2233	Bw Finsterwalde
55 2266	Bw Hoyerswerda
55 2361	Bw Bernburg
55 2366	*Bw Hoyerswerda*
55 2371	*Bw Staßfurt*
55 2389	*Bw Finsterwalde*
55 2425	*Bw Hoyerswerda*
55 2521	Bw Leipzig Bayerischer Bf.
55 2548	Bw Stendal
55 2574	Bw Engelsdorf
55 2575	Bw Oschersleben
55 2583	Bw Magdeburg-Buckau
55 2591	Bw Halle-G
55 2607	Bw Stendal
55 2613	Bw Halberstadt
55 2634	Bw Oschersleben
55 2635	Bw Halle-G
55 2661	Bw Halle-G
55 2668	Bw Köthen
55 2674	Bw Halle-G
55 2676	Bw Rosslau
55 2677	Bw Halle-G
55 2678	Bw Staßfurt

16 Wild umgezeichnete SNCB 2110.

55 2689	Bw Eilsleben
55 2696	Bw Staßfurt
55 2700	Bw Leipzig Bayerischer Bf.
55 2710	Bw Engelsdorf
55 2774	Bw Leipzig Bayerischer Bf.
55 2778	Bw Aschersleben
55 2782	Bw Bernburg
55 2785	Bw Engelsdorf
55 2789	Bw Staßfurt
55 2797	Bw Halle-G
55 2829	Bw Köthen
55 2860	Bw Magdeburg-Buckau
55 2882	Bw Halle-G
55 2883	Bw Staßfurt
55 2887	Bw Aschersleben
55 2889	Bw Aschersleben
55 2894	*Bw Aschersleben*
55 2901	Bw Köthen
55 2919	Bw Eilsleben
55 2925	Bw Bernburg
55 2934	*Bw Halle-G*
55 2935	*Bw Engelsdorf*
55 2941	Bw Köthen
55 2942	Bw Bernburg
55 2953	Bw Engelsdorf
55 2968	Bw Eilenburg
55 2970	Bw Engelsdorf
55 2982	Bw Bitterfeld
55 2995	Bw Halle-G
55 3000	Bw Köthen
55 3022	Bw Eilsleben
55 3038	Bw Leipzig Bayerischer Bf.
55 3050	Bw Engelsdorf
55 3081	Bw Erfurt-G
55 3089	*Bw Eilenburg*
55 3090	Bw Leipzig Bayerischer Bf.
55 3091	Bw Eilsleben
55 3092	Bw Halle-G
55 3106	Bw Eilenburg
55 3109	Bw Köthen
55 3112	Bw Sangerhausen
55 3134	Bw Leipzig Bayerischer Bf.
55 3184	Bw Halberstadt
55 3193	Bw Sangerhausen
55 3208	Bw Leipzig-Plagwitz

55 3215	Bw Dessau
55 3219	Bw Eilenburg
55 3226	*Bw Stendal*[17]
55 3228	Bw Eilsleben
55 3240	Bw Engelsdorf
55 3266	Bw Staßfurt
55 3289	Bw Bernburg
55 3294	Bw Bernburg
55 3302	Bw Köthen
55 3309	Bw Eilenburg
55 3319	Bw Bernburg
55 3341	Bw Aschersleben
55 3354	Bw Engelsdorf
55 3358	Bw Eilenburg
55 3391	Bw Leipzig-Plagwitz
55 3398	Bw Aschersleben
55 3431	Bw Leipzig-Plagwitz
55 3443	Bw Köthen
55 3456	Bw Rosslau
55 3461	Bw Bernburg
55 3475	Bw Torgau
55 3489	Bw Engelsdorf
55 3508	Bw Halle-G
55 3510	*Bw Eilenburg*
55 3513	Bw Oschersleben
55 3514	Bw Bitterfeld
55 3526	Bw Leipzig Bayerischer Bf.
55 3536	Bw Halle-G
55 3541	Bw Staßfurt
55 3545	Bw Bitterfeld
55 3551	Bw Staßfurt
55 3568	Bw Halle-G
55 3582	Bw Saalfeld
55 3593	Bw Engelsdorf
55 3605	Bw Halberstadt
55 3608	Bw Eilenburg
55 3620	Bw Aschersleben
55 3626	*Bw Halle-G*
55 3634	Bw Magdeburg-Buckau
55 3645	Bw Oschersleben
55 3662	Bw Halle-G
55 3665	Bw Halle-G
55 3677	*Bw Leipzig-Wahren*
55 3684	Bw Leipzig-Plagwitz

17 Nicht umgezeichnete PKP Tp 4-325:

55 3685	*Bw Güstrow*[18]
55 3698	Bw Magdeburg-Buckau
55 3743	Bw Staßfurt
55 3756	*Bw Parchim*[19]
55 3769	Bw Köthen
55 3772	Bw Erfurt-G
55 3784	Bw Oschersleben
55 3786	*Bw Schwerin*[20]
55 3832	Bw Köthen
55 3866	Bw Rosslau
55 3872	Bw Köthen
55 4009	Bw Magdeburg-Buckau
55 4029	Bw Rosslau
55 4047	Bw Bitterfeld
55 4054	Bw Halle-G
55 4064	Bw Erfurt-G
55 4090	Bw Staßfurt
55 4113	Bw Bitterfeld
55 4154	Bw Stendal
55 4156	Bw Köthen
55 4215	Bw Oschersleben
55 4237	Bw Leipzig Bayerischer Bf.
55 4305	Bw Staßfurt
55 4315	Bw Güsten
55 4327	Bw Oebisfelde
55 4330	Bw Engelsdorf
55 4338	*Bw Zeitz*[21]
55 4365	*Bw Dessau*
55 4366	Bw Halberstadt
55 4377	Bw Eilsleben
55 4393	Bw Halle-G
55 4401	Bw Oschersleben
55 4410	Bw Leipzig-Plagwitz
55 4448	*Bw Rosslau*
55 4467	Bw Oschersleben
55 4500	Bw Staßfurt
55 4512	Bw Rosslau
55 4520	Bw Oschersleben
55 4532	Bw Bitterfeld
55 4602	Bw Halle-G
55 4618	Bw Magdeburg-Buckau
55 4623	Bw Halle-G

18 Nicht umgezeichnete PKP Tp 4-37.
19 Nicht umgezeichnete PKP Tp 4-338.
20 Nicht umgezeichnete PKP Tp 4-387.
21 Wild umgezeichnete AL 4338:

55 4638	Bw Erfurt-G
55 4642	Bw Magdeburg-Buckau
55 4671	Bw Eilsleben
55 4675	Bw Magdeburg-Buckau
55 4677	Bw Köthen
55 4713	Bw Oschersleben
55 4750	Bw Eilsleben
55 4768	Bw Eilsleben
55 4822	Bw Eilsleben
55 4824	*Bw Engelsdorf*
55 4920	Bw Köthen
55 4924	Bw Bernburg
55 4925	Bw Torgau
55 4927	Bw Engelsdorf
55 4934	Bw Köthen
55 4959	Bw Bitterfeld
55 5005	Bw Köthen
55 5009	Bw Nordhausen
55 5020	*Bw Aschersleben*[22]
55 5021	Bw ?
55 5025	*Bw Erfurt-G*[23]
55 5029	*Bw Köthen*[24]
55 5035	Bw Halle-G
55 5037	Bw Engelsdorf
55 5047	Bw Köthen
55 5061	*Bw Reichenbach*[25]
55 5069	*Bw Heringsdorf*
55 5072	*Bw Bitterfeld*
55 5077	*Bw Rochlitz*
55 5088	Bw Halle-G
55 5089	Bw Güsten
55 5091	*Bw Heringsdorf*[26]
55 5101 I	*Bw Arnstadt*
55 5101 II	*Bw Aschersleben*[27]
55 5106	*Bw Eilsleben*[28]
55 5108	*Bw Rostock*
55 5110	*Bw Stendal*[29]
55 5111	Bw Halberstadt
55 5113	Bw Eilsleben
55 5124	*Bw Dessau*[30]
55 5135	Bw Eilsleben
55 5155	*Bw Köthen*[31]
55 5158	Bw Leipzig Bayerischer Bf.
55 5159	Bw Stendal
55 5164	*Bw ?*[32]
55 5167	*Bw Eisenach*
55 5168	*Bw Halle-G*
55 5185	Bw Köthen
55 5199	Bw Bernburg
55 5201	Bw Dessau
55 5204	Bw Engelsdorf
55 5246	*Bw Hagenow-Land*
55 5269	*Bw Bitterfeld*[33]
55 5271	Bw Magdeburg-Buckau
55 5282	*Bw ?*
55 5310	Bw Engelsdorf
55 5328	Bw Eilsleben
55 5344	*Bw Staßfurt*[34]
55 5347	*Bw Gera*
55 5348	*Bw Eilsleben*[35]
55 5362	*Bw Dresden-Altstadt*
55 5364	Bw Aschersleben
55 5368	*Rbd Cottbus*[36]
55 5416	Bw Eilsleben
55 5421	Bw Aschersleben
55 5438	Bw Bitterfeld
55 5441	Bw Leipzig Bayerischer Bf.
55 5444	Bw Halle-G
55 5487	Bw Oschersleben
55 5489	Bw Leipzig Bayerischer Bf.
55 5518	Bw Köthen
55 5547 I	Bw Rosslau
55 5547 II	*Bw ?*[37]
55 5551	Bw Köthen
55 5554	*Bw Halle-G*
55 5595	Bw Halberstadt
55 5606	Bw Köthen
55 5616	Bw Oebisfelde

22 Wild umgezeichnete AL 5020.
23 Wild umgezeichnete AL 5025.
24 Wild umgezeichnete AL 5029 (spätere 55 7253).
25 Wild umgezeichnete AL 5061.
26 Wild umgezeichnete AL 5091.
27 Wild umgezeichnete AL 5101.
28 Wild umgezeichnete AL 5106.
29 Wild umgezeichnete AL 5110.
30 Wild umgezeichnete AL 5124.
31 Wild umgezeichnete AL 5155.
32 Wild umgezeichnete AL 5164 (Lok wird aber auch bei DB genannt!).
33 Wild umgezeichnete AL 5269.
34 Wild umgezeichnete AL 5344.
35 Wild umgezeichnete AL 5348.
36 Wild umgezeichnete AL 5368 (spätere 55 7257).
37 Wild umgezeichnete AL 5547.

55 5636	Bw Magdeburg-Buckau
55 5639	Bw Stendal
55 5642	*Bw Engelsdorf*
55 5650	Bw Rosslau
55 5652	Bw Halle-G
55 5659	Bw Halle-G
55 5660	Bw Leipzig Bayerischer Bf.
55 5681	Bw Bernburg
55 5694	Bw Oebisfelde
55 5835	*Bw Halberstadt*
55 5840	*Bw Leipzig Bayerischer Bf.*
55 5847	*Bw Magdeburg-Buckau*
55 5851	*Bw Naumburg*
55 5859	*Bw Chemnitz Hbf.*
55 5884	*Bw Döbeln*[38]
55 5893	*Bw Görlitz*[39]
55 5896	*Bw Chemnitz Hbf.*[40]
55 5898	Bw Magdeburg-Buckau[41]
55 5956	*Bw Salzwedel*
55 6120	*Bw Aschersleben*
55 6121	*Bw Staßfurt*
55 6144	*Bw Neustrelitz*[42]
55 7242	*Bw Dresden-Friedrichstadt*[43]
55 7815	*Bw ?*[44]
55 7827	*Bw Haldensleben*[45]
55 8112	*Bw Staßfurt*[46]
55 8170	*Bw Tempelhof Vbf.*[47]
55 8196	*Bw Staßfurt*[48]
55 8198	*Bw Gotha*[49]
55 8214	*Bw Staßfurt*[50]
55 8219	*Bw Staßfurt*[51]
55 8230	*Bw Staßfurt*[52]
55 8243	*Bw Staßfurt*[53]
55 8260	*Bw Staßfurt*[54]

38 Nicht umgezeichnete PKP Tp 15-165.
39 Nicht umgezeichnete PKP Tp 15-187.
40 Nicht umgezeichnete PKP Tp 15-203.
41 Vormals SSSR TA 4-13 (ehemalige PKP Tp 4-13).
42 Nicht umgezeichnete PKP Tp 104-8.
43 Wild umgezeichnete SNCB 7242.
44 Wild umgezeichnete SNCB 7815.
45 Wild umgezeichnete SNCB 7827.
46 Wild umgezeichnete SNCB 8112.
47 Wild umgezeichnete SNCB 8170.
48 Wild umgezeichnete SNCB 8196.
49 Wild umgezeichnete SNCB 8198.
50 Wild umgezeichnete SNCB 8214.
51 Wild umgezeichnete SNCB 8219.
52 Wild umgezeichnete SNCB 8230.
53 Wild umgezeichnete SNCB 8243
54 Wild umgezeichnete SNCB 8260.

55 8262	*Bw Parchim*[55]
55 8274	*Bw Oebisfelde*[56]
55 8294	*Bw Staßfurt*[57]
55 8315	*Bw Haldensleben*[58]
55 8316	*Bw Haldensleben*[59]
55 8322	*Bw Haldensleben*[60]
55 8335	*Bw Staßfurt*[61]
55 8344	*Bw Staßfurt*[62]
55 8345	*Bw Gera*[63]
55 8376	*Bw Staßfurt*[64]
55 8378	*Bw Stralsund*[65]
55 8400	*Bw Haldensleben*[66]
55 8479	*Bw Saßnitz*[67]
55 8484	*Bw Nordhausen*[68]
55 8486	*Bw Haldensleben*[69]
55 8522	*Bw Stendal*[70]
55 8528	*Bw Staßfurt*[71]
55 8541	*Bw Gera*[72]
55 8542	*Bw Magdeburg-Buckau*[73]
55 8543	*Bw Gera*[74]
55 8575	*Bw Halberstadt*[75]
55 8581	*Bw Gera*[76]
55 8583	*Bw Arnstadt*[77]
55 8621	*Bw Haldensleben*[78]
55 8648	*Bw Stendal*[79]
55 8662	*Bw Weimar*[80]
55 8770	*Bw Schöneweide*[81]

55 Wild umgezeichnete SNCB 8262.
56 Wild umgezeichnete SNCB 8274.
57 Wild umgezeichnete SNCB 8294.
58 Wild umgezeichnete SNCB 8315.
59 Wild umgezeichnete SNCB 8316.
60 Wild umgezeichnete SNCB 8322.
61 Wild umgezeichnete SNCB 8335.
62 Wild umgezeichnete SNCB 8344.
63 Wild umgezeichnete SNCB 8345.
64 Wild umgezeichnete SNCB 8376.
65 Wild umgezeichnete SNCB 8378.
66 Wild umgezeichnete SNCB 8400.
67 Wild umgezeichnete SNCB 8479.
68 Wild umgezeichnete SNCB 8484.
69 Wild umgezeichnete SNCB 8486.
70 Wild umgezeichnete SNCB 8522.
71 Wild umgezeichnete SNCB 8528.
72 Wild umgezeichnete SNCB 8541 (spätere 55 7252).
73 Wild umgezeichnete SNCB 8542.
74 Wild umgezeichnete SNCB 8543, Lok ist ausgemustert.
75 Wild umgezeichnete SNCB 8575.
76 Wild umgezeichnete SNCB 8581, Lok ist ausgemustert.
77 Wild umgezeichnete SNCB 8583.
78 Wild umgezeichnete SNCB 8621.
79 Wild umgezeichnete SNCB 8648.
80 Wild umgezeichnete SNCB 8662, Lok ist ausgemustert.
81 Wild umgezeichnete SNCB 8770.

Eine Österreicherin der Reihe 73 in Sachsen: 55 5859 (Floridsdorf 1909/1886, 73.428, später PKP Tp 15-208), hinterstellt im Bw Hilbersdorf. Nur wenige Kleinteile fehlen, offenbar hat irgendwer Kupferrohr gewonnen. Sandkasten, speichenlose Kuppelräder und Innensteuerung gehören zu den typischen Baumerkmalen alter österreichischer Maschinen. Am 14. Januar 1956 gelangt sie nach Polen zurück. *Foto: W. Raddatz Rbd Dresden, Sammlung Walluhn*

Bestand und Verteilung der Dampflok Reihe 56 am 1. Juli 1950:

Ermittelter Gesamtbestand 56.1:	58 Lok	
Davon im Schadpark:	11 Lok	(entspricht 19,0 Prozent)
Ermittelter Gesamtbestand 56.2:	47 Lok	
Davon im Schadpark:	10 Lok	(entspricht 21.3 Prozent)
Ermittelter Gesamtbestand 56.20:	65 Lok	
Davon im Schadpark:	20 Lok	(entspricht 30,8 Prozent)
Ermittelter Gesamtbestand 56.30:	74 Lok	
Davon im Schadpark:	73 Lok	(entspricht 98,6 Prozent)

Lokomotiven der Reihe 56.1 (preußische G 8.3) finden sich ausschließlich bei der Rbd Dresden, meist im Gebirgsdienst. Die Dreizylinderlok sind bei den Bw Döbeln, Dresden-Friedrichstadt, Freiberg, Hilbersdorf, Nossen und Riesa zusammengefasst. Der Schadbestand beträgt etwa ein Fünftel. Die aus der G 8.1 hervorgegangenen Umbaulok der Reihe 56.2 konzentrieren sich bei den Rbd Berlin und Greifswald. Sie sind auf eine größere Anzahl Bw verteilt und leisten auch auf der Insel Usedom (Bw Heringsdorf) Dienst. Ihr Schadbestand liegt im guten Durchschnitt. Die betriebsfähigen 56.20 (preußische G 8.2) beheimatet sämtlich die Rbd Greifswald. Größere Bestände stehen in Eberswalde und Stralsund. Sie ergänzen die hier im Norden heimischen 42 beim Befördern von Güterzügen auf Hauptstrecken. Typisch auch für die Baureihe 56, dass alle Fremdlok bis auf ein Exemplar 1950 außer Dienst gestellt sind.

Im Mönchmühle-Schildow (Rbd Berlin) trifft der Lichtbildner am 1. September 1952 die Umbaulok 56 339 vom Bw Pankow (Raw Darmstadt 1935 aus 55 5280) im Arbeitszugdienst an. Der Tender trägt einen hohen Kohlenkastenaufsatz aus Brettern, als Heizmaterial dienen wie üblich Brikett. *Foto: Zentrale Bildstelle DR, Sammlung Walluhn*

Auf der Drehscheibe des Bw Pankow steht am 13.11.1951 die Pasewalker 56 2764 (Henschel 1923/19924). Ihr äußerer Zustand ist mangelhaft, Eigentumsschilder »Deutsche Reichsbahn« fehlen.
Foto: Zentrale Bildstelle DR, Sammlung Walluhn

56 101	Bw Dresden-Friedrichstadt
56 102	Bw Dresden-Friedrichstadt
56 104	*Bw Dresden-Altstadt*
56 105	Bw Dresden-Friedrichstadt
56 106	Bw Freiberg
56 107	Bw Riesa
56 108	*Bw Dresden-Friedrichstadt*
56 111	Bw Dresden-Friedrichstadt
56 112	Bw Nossen
56 113	Bw Freiberg
56 114	Bw Dresden-Friedrichstadt
56 115	Bw Dresden-Friedrichstadt
56 116	Bw Dresden-Friedrichstadt
56 119	Bw Dresden-Friedrichstadt
56 120	Bw Dresden-Friedrichstadt
56 121	Bw Hilbersdorf
56 122	Bw Nossen
56 123	Bw Dresden-Friedrichstadt
56 124	Bw Dresden-Friedrichstadt
56 125	*Bw Dresden-Friedrichstadt*
56 126	Bw Döbeln
56 127	*Bw Dresden-Altstadt*
56 128	Bw Nossen
56 129	Bw Nossen
56 130	Bw Dresden-Friedrichstadt
56 131	Bw Nossen
56 134	*Bw Dresden-Altstadt*
56 135	Bw Freiberg
56 137	*Bw Dresden-Altstadt*
56 138	*Bw Dresden-Altstadt*
56 139	Bw Dresden-Friedrichstadt
56 142	*Bw Dresden-Altstadt*
56 143	Bw Nossen
56 145	Bw Dresden-Friedrichstadt
56 146	*Bw Hilbersdorf*
56 147	Bw Freiberg
56 149	*Bw Zwickau*
56 151	Bw Dresden-Friedrichstadt
56 153	Bw Dresden-Friedrichstadt
56 154	Bw Riesa
56 157	Bw Dresden-Friedrichstadt
56 159	Bw Nossen
56 160	*Bw Freiberg*
56 161	Bw Nossen
56 162	Bw Nossen
56 163	Bw Freiberg
56 164	Bw Dresden-Friedrichstadt
56 165	Bw Freiberg
56 166	Bw Döbeln
56 168	Bw Freiberg
56 171	Bw Hilbersdorf
56 172	Bw Nossen
56 173	Bw Nossen
56 175	Bw Nossen
56 176	Bw Freiberg
56 177	Bw Riesa
56 178	Bw Freiberg
56 183	Bw Riesa
56 217	Bw Lichtenberg
56 230	Bw Lichtenberg

56 234	Bw Pankow
56 243	*Bw Stralsund*
56 260	Bw Stralsund
56 280	Bw Pankow
56 318	Bw Lichtenberg
56 333	*Bw Neustrelitz*
56 339	Bw Pankow
56 354	Bw Pankow
56 372	Bw Wustermark
56 384	Bw Pankow
56 407	Bw Heringsdorf
56 408	Bw Wustermark
56 429	Bw Wustermark
56 438	Bw Lichtenberg
56 443	Bw Pankow
56 480	*Bw Neubrandenburg*
56 489	Bw Heringsdorf
56 515	Bw Lichtenberg
56 525	Bw Wustermark
56 530	Bw Stralsund
56 570	Bw Eberswalde
56 609	Bw Lichtenberg
56 616	*Rbd Greifswald*
56 617	Bw Pankow
56 632	Bw Pankow
56 669	Bw Wustermark
56 670	Bw Pankow
56 689	Bw Pankow
56 709	*Bw Pasewalk*
56 710	*Bw Stralsund*
56 719	Bw Eberswalde
56 734	Bw Eberswalde
56 740	Bw Eberswalde
56 744	*Bw Pasewalk*
56 759	*Bw Pasewalk*
56 765	Bw Eberswalde
56 783	Bw Eberswalde
56 787	Bw Eberswalde
56 811	Bw Eberswalde
56 818	Bw Eberswalde
56 827	Bw Heringsdorf
56 842	*Bw Stralsund*
56 847	*Bw Pasewalk*
56 855	Bw Heringsdorf
56 887	Bw Eberswalde

56 2001	Bw Neustrelitz
56 2003	Bw Angermünde
56 2009	Bw Neubrandenburg
56 2025	Bw Stralsund
56 2029	Bw Neustrelitz
56 2057	Bw Neustrelitz
56 2089	*Rbd Greifswald*
56 2125	*Bw Pasewalk*
56 2128	Bw Stralsund
56 2130	*Bw Bitterfeld*
56 2149	*Bw Pasewalk*
56 2152	*Bw Neustrelitz*
56 2162	Bw Neubrandenburg
56 2163	*Bw Pasewalk*
56 2176	Bw Stralsund
56 2196	Bw Angermünde
56 2198	Bw Stralsund
56 2221	Bw Neustrelitz
56 2222	Bw Eberswalde
56 2224	*Bw Neustrelitz*
56 2227	Bw Neustrelitz
56 2238	Bw Neustrelitz
56 2254	Bw Neustrelitz
56 2281	*Bw Pasewalk*
56 2284	Bw Stralsund
56 2321	*Bw Neustrelitz*
56 2356	Bw Angermünde
56 2390	Bw Stralsund
56 2414	Bw Stralsund
56 2473	Bw Neubrandenburg
56 2480	Bw Pasewalk
56 2483	Bw Stralsund
56 2555	*Bw Stralsund*
56 2563	Bw Neubrandenburg
56 2569	Bw Eberswalde
56 2573	Bw Eberswalde
56 2592	*Bw Stralsund*
56 2606	Bw Stralsund
56 2630	*Bw Pasewalk*
56 2644	Bw Neubrandenburg
56 2645	Bw Stralsund
56 2660	*Bw Pasewalk*
56 2663	*Bw Pasewalk*
56 2677	Bw Eberswalde
56 2719	Bw Stralsund

56 2746	*Bw Stralsund*
56 2764	Bw Eberswalde
56 2792	Bw Eberswalde
56 2801	*Bw Bitterfeld*
56 2802	*Bw Stralsund*
56 2809	Bw Pasewalk
56 2817	Bw Stralsund
56 2818	Bw Angermünde
56 2822	Bw Stralsund
56 2827	Bw Angermünde
56 2828	Bw Eberswalde
56 2830	Bw Stralsund
56 2843	Bw Pasewalk
56 2845	Bw Eberswalde
56 2865	Bw Stralsund
56 2875	*Bw Stralsund*
56 2906	*Bw Pasewalk*
56 2907	*Bw Pasewalk*
56 2913	Bw Eberswalde
56 2916	Bw Eberswalde
56 3002	*Bw Pasewalk*
56 3112	*Bw Stralsund*
56 3150	*Bw Aue*
56 3167	*Bw Pasewalk*
56 3178	*Bw Pasewalk*
56 3189	*Bw Hagenow-Land*
56 3198	*Bw Pasewalk*
56 3254	*Bw Stralsund*
56 3269	*Bw Dresden-Friedrichstadt*
56 3272	*Bw Dresden-Friedrichstadt*
56 3280	*Bw Reichenbach*
56 3362	*Bw Stralsund*
56 3388	*Bw Gera*
56 3391	*Bw Zwickau*[1]
56 3397	*Bw Dresden-Altstadt*[2]
56 3409	*Bw Leipzig-Süd*
56 3430	*Bw Jerichow*
56 3434	*Bw Weimar*
56 3442	*Bw Gera*
56 3448	*Bw Leipzig-Süd*
56 3460	*Bw Pasewalk*
56 3483	*Bw Zeitz*
56 3508	*Bw AZwickau*

1 Nicht umgezeichnete PKP Tr 11-7.
2 Nicht umgezeichnete PKP Tr 11-128.

56 3513	*Bw Neustrelitz*
56 3515	*Bw Stralsund*
56 3518	*Bw Nordhausen*
56 3524	*Bw Hagenow-Land*
56 3530	*Bw Halberstadt*
56 3545	*Bw Freiberg*[3]
56 3703	*Bw Chemnitz Hbf.*
56 3740	*Bw Reichenbach*
56 3748	*Bw Pasewalk*
56 3771	*Bw Erfurt-G*
56 3773	*Bw Magdeburg-Buckau*
56 3782	*Bw Seddin*
56 3793	*Bw Chemnitz Hbf.*
56 3804	*Bw Stralsund*
56 3819	*Bw Zeitz*
56 3826	*Bw Hagenow-Land*
56 3835	*Bw Erfurt-G*
56 3840	*Bw Dresden-Altstadt*[4]
56 3842	Bw Dresden-Altstadt[5]
56 3843	*Bw Chemnitz Hbf.*[6]
56 3903	*Bw Riesa*
56 3907	*Bw Hagenow-Land*
56 3909	*Bw Dresden-Altstadt*
56 3910	*Bw Pasewalk*
56 3911	*Bw Bitterfeld*
56 3916	*Bw Pasewalk*
56 3918	*Bw Görlitz*[7]
56 3919	*Bw Hagenow-Land*
56 3923	*Bw Hagenow-Land*
56 3928	*Bw Rostock*
56 3936	*Bw Hagenow-Land*
56 3937	*Bw Sangerhausen*
56 3942	*Bw Chemnitz Hbf.*
56 3943	*Bw Hagenow-Land*
56 3953	*Bw I lagenow-Land*
56 3959	*Bw Zwickau*
56 3961	*Bw Hagenow-Land*
56 3967	*Bw Chemnitz Hbf.*
56 3971	*Bw Hagenow-Land*
56 3984	*Bw Stralsund*
56 3989	*Bw Görlitz*

3 Nicht umgezeichnete PKP Tr 12-96.
4 Nicht umgezeichnete PKP Tr 20-84.
5 Nicht umgezeichnete PKP Tr 20-152.
6 Nicht umgezeichnete PKP Tr 20-158.
7 Lok auch bei CSD genannt! Eine Rückgabe an DR ist nicht aktenkundig.

Für deutsche Verhältnisse ist 56 3518 aufgrund ihrer österreichischen Herkunft (Floridsdorf 1923/2849, ex. PKP Tr 12-51) ein Exot. An der Maschine fehlen nur wenige Teile der Heusinger-Steuerung sowie Kolbenspeisepumpe und Laternen. Selbst das Führerhausfenster ist ganz. Aufnahme vom 18.11.1953; die Lok gelangt am 12.09.1955 wieder nach Polen.
Foto: Werner Lehmitz Rbd Erfurt, Sammlung Walluhn

56 4000	*Bw Riesa*
56 4004	*Bw Hagenow-Land*
56 4006	*Bw Hagenow-Land*
56 4008	*Bw Stralsund*
56 4023	*Bw Jerichow*
56 4026	*Bw Chemnitz Hbf.*
56 4152	Bw Jerichow
56 4153	Bw Halberstadt
56 4154	Bw Bitterfeld [8]
56 4254	Bw Freiberg [9]

8 Nicht umgezeichnete PKP Tr 103-15.
9 Nicht umgezeichnete PKP Tr 11-100.

Bestand und Verteilung der Dampflok Reihe 57 am 1. Juli 1950:

Ermittelter Gesamtbestand 57.0:	16 Lok	
Davon im Schadpark:	16 Lok	(entspricht 100 Prozent)
Ermittelter Gesamtbestand 57.10:	125 Lok	
Davon im Schadpark:	19 Lok	(entspricht 15,2 Prozent)

Die E-Kuppler der preußischen Gattung G 10 wurden bis zum Berichtsjahr 1950 in der Rbd Schwerin zusammengezogen. Größere Bestände weisen Rostock und Wittenberge vor. Die Direktion bestreitet den gesamten – auch schweren – Güterzugdienst mit ihnen.

Auch diese österreichische Güterzuglok 57 343 der Ostbahn (Steg 1920/4422, 80.3967, später PKP Tw 12-48) verschlugen die Kriegsereignisse nach Südthüringen. Nun, aufgenommen am 16.11.1953, harrt sie im Abstellbahnhof Ritschenhausen ihres weiteren Schicksals. Treib- und Schwingenstangen fehlen, die Kesselbekleidung ist teilweise entfernt, die typisch österreichische Rauchkammertür steht offen. Auch die Luftpumpe fehlt. Das nahe Raw Meiningen hat viele anderweitig brauchbare Teile entnommen. Zum 3. Januar 1956 wird diese Maschine ebenfalls in ihre Heimat Polen zurückkehren.
Foto: Werner Lehmitz Rbd Erfurt, Sammlung Walluhn

57 3032 (Borsig 1922/11301) am 27. Februar 1956 in Wittenberge. Ihr Pflegezustand könnte besser sein. Auf dem Tender mit Bretteraufsatz lagern Braunkohlenbriketts, die sehr zur Verschmutzung der Lok beitragen. Diese preußische G10 trägt einen Kessel mit Speisedom, Vorwärmer und Kolbenspeisepumpe fehlen allerdings, statt dessen befinden sich zwei Strahlpumpen auf dem Führerstand. Eine Anordnung, die einige Jahre nach Kriegsende nur noch selten zu finden ist.
Foto: Zentrale Bildstelle DR, Sammlung Walluhn

Andere Baureihen wie etwa 50, 52, 56 oder 58 stehen nicht zur Verfügung. Die weit verstreut stehenden Fremdlok hingegen sind bereits vollständig außer Betrieb.

57 013	*Bw Görlitz*[1]
57 015	*Bw Zwickau*[2]
57 289	*Bw Görlitz*
57 337	*Bw Neustrelitz*
57 343	*Bw Meiningen*
57 354	*Bw Zwickau*
57 357	*Bw Hagenow-Land*
57 364	*Bw Pasewalk*
57 398	*Bw Neubrandenburg*
57 426	*Bw Dresden-Altstadt*
57 427	*Bw Gera*
57 445	*Bw Görlitz*
57 461	*Bw Saalfeld*
57 464	*Bw Hagenow-Land*
57 500	*Bw Hagenow-Land*
57 657	*Bw Zwickau*[3]
57 1017	Bw Wittenberge
57 1078	Bw Rostock
57 1100	Bw Wittenberge
57 1113	Bw Güstrow
57 1160	Bw Güstrow
57 1167	Bw Schwerin
57 1168	Bw Güstrow
57 1175	Bw Schwerin
57 1188	Bw Rostock
57 1202	Bw Schwerin
57 1242	Bw Wittenberge
57 1250	Bw Rostock
57 1253	Bw Hagenow-Land
57 1298	Bw Waren (M)
57 1304	*Bw Wittenberge*
57 1305	Bw Schwerin
57 1306	Bw Hagenow-Land
57 1342	*Rbd Schwerin*
57 1381	Bw Wismar
57 1449	Bw Wittenberge
57 1451	Bw Wittenberge
57 1478	Bw Güstrow
57 1506	Bw Wittenberge
57 1543	Bw Hagenow-Land
57 1569	Bw Güstrow
57 1583	Bw Wittenberge
57 1593	Bw Hagenow-Land
57 1618	*Bw Wittenberge*
57 1623	*Bw Wittenberge*
57 1634	*Bw Schwerin*
57 1664	Bw Rostock
57 1680	Bw Wittenberge
57 1708	Bw Waren (M)
57 1713	Bw Hagenow-Land
57 1714	Bw Parchim
57 1716	Bw Hagenow-Land
57 1724	Bw Hagenow-Land

1 Nicht umgezeichnete PKP Tw 11-2.
2 Nicht umgezeichnete PKP Tw 11-5.
3 Nicht umgezeichnete PKP Tw 12-130.

57 1725	Bw Wismar
57 1750	Bw Wittenberge
57 1759	Bw Güstrow
57 1789	Bw Wismar
57 1833	Bw Schwerin
57 1838	Bw Rostock
57 1858	*Bw Wittenberge*
57 1861	Bw Güstrow
57 1881	Bw Wittenberge
57 1889	Bw Güstrow
57 1912	Bw Güstrow
57 1934	Bw Parchim
57 1979	Bw Parchim
57 1992	Bw Rostock
57 1996	Bw Wittenberge
57 2024	Bw Schwerin
57 2077	Bw Hagenow-Land
57 2089	Bw Güstrow
57 2099	Bw Rostock
57 2111	Bw Rostock
57 2139	Bw Wittenberge
57 2150	*Bw Rostock*
57 2156	Bw Wittenberge
57 2225	Bw Güstrow
57 2251	Bw Wismar
57 2268	Bw Güstrow
57 2274	Bw Güstrow
57 2280	Bw Wismar
57 2297	Bw Güstrow
57 2371	Bw Wittenberge
57 2381	Bw Wittenberge
57 2395	Bw Güstrow
57 2403	Bw Waren (M)
57 2419	Bw Rostock
57 2428	Bw Wismar
57 2438	Bw Rostock
57 2445	Bw Schwerin
57 2457	Bw Schwerin
57 2508	Bw Wittenberge
57 2514	Bw Wittenberge
57 2518	Bw Güstrow
57 2525	Bw Wittenberge
57 2533	Bw Rostock
57 2535	Bw Schwerin
57 2541	Bw Güstrow
57 2552	Bw Waren (M)
57 2568	Bw Wismar
57 2570	*Bw Wittenberge*
57 2583	Bw Rostock
57 2603	Bw Rostock
57 2607	*Bw Engelsdorf*
57 2619	Bw Güstrow
57 2672	Bw Güstrow
57 2674	Bw Wittenberge
57 2706	Bw Rostock
57 2720	Bw Wittenberge
57 2775	Bw Güstrow
57 2778	Bw Parchim
57 2781	Bw Waren (M)
57 2801	Bw Güstrow
57 2802	Bw Rostock
57 2998	Bw Güstrow
57 3032	Bw Wittenberge
57 3054	Bw Wittenberge
57 3103	Bw Schwerin
57 3112	Bw Wittenberge
57 3124	Bw Rostock
57 3131	Bw Wittenberge
57 3171	Bw Hagenow-Land
57 3213	Bw Wismar
57 3225	Bw Wismar
57 3274	Bw Güstrow
57 3297	Bw Wittenberge
57 3331	Bw Rostock
57 3344	Bw Rostock
57 3348	Bw Wismar
57 3358	Bw Waren (M)
57 3362	*Bw Wittenberge*
57 4245	Bw Schwerin[4]
57 5412	*Bw Wismar*[5]
57 5426	*Bw Erfurt-G*[6]
57 5427	*Bw Erfurt-G*[7]
57 5430	*Bw Salzwedel*[8]
57 5437	Bw Arnstadt[9]
57 5439	Bw Wismar[10]

4 Ursprungslok unbekannt!
5 Wild umgezeichnete AL 5412.
6 Wild umgezeichnete AL 5426.
7 Wild umgezeichnete AL 5427.
8 Wild umgezeichnete AL 5430 (spätere 57 3551).
9 Wild umgezeichnete AL 5437.

57 5446	Bw Wismar[11]
57 5447	Bw Gera[12]
57 9001	Bw Gera[13]

10 Wild umgezeichnete AL 5439.
11 Wild umgezeichnete AL 5446.
12 Wild umgezeichnete AL 5447.
13 Wild umgezeichnete SNCB 9001.

Bestand und Verteilung der Dampflok Reihe 58 am 1. Juli 1950:

Ermittelter Gesamtbestand 58.0:	2 Lok	
Davon im Schadpark:	2 Lok	(entspricht 100 Prozent)
Ermittelter Gesamtbestand 58.2,10:	509 Lok	
Davon mit Kohlenstaubfeuerung:	20 Lok	
Davon im Schadpark:	124 Lok	(entspricht 24,4 Prozent)
Ermittelter Gesamtbestand 58.23:	80 Lok	
Davon im Schadpark:	78 Lok	(entspricht 97,5 Prozent)

Von überaus großer Bedeutung ist bei der Deutschen Reichsbahn die dreizylindrige preußische G 12. Ihr Bestand verteilt sich auf die Rbd Halle, Dresden und Erfurt. Erhebliche Stückzahlen stehen in Altenburg, Dresden-Friedrichstadt, Gera, Halle-G, Hilbersdorf, Oberröblingen sowie Zwickau. Ansonsten finden wir sie vorrangig in Kontenbahnhöfen, wo die Reihe 44 nur gering oder gar nicht vertreten ist. Einzelstücke zum Einsatz auf umliegenden Steigungsstrecken beherbergen die Bw Bad Schandau, Buchholz (Sachs) und Gerstungen. Mit fast 25 Prozent erscheint der Schadpark relativ hoch, hier enthaltene Lok sind unter anderem in Bitterfeld, Eisenach, Engelsdorf, Meiningen oder Zittau hinterstellt und kommen vielfach erst Ende des Jahrzehnts nach Rekonstruktion wieder in Fahrt. Die ersten Kohlenstaubexemplare haben in Dresden-Friedrichstadt und Halle-G Einzug gehalten, von einem planmäßigen Betrieb kann im Berichtsjahr 1950 aber noch keine Rede sein. Besondere Bedeutung besitzt das Bw Schwarzenberg mit seinem gemessen an der Größe stark überhöhten Gesamtbestand. Es ist für einen erheblichen Teil des dortigen Wismut-Verkehrs zuständig und beheimatet darum auch Lok der Reihe 58.

58 002	*Bw Zwickau*
58 005	*Bw Hilbersdorf*
58 201	Bw Zwickau
58 205	*Bw Großkorbetha*
58 207	Bw Döbeln
58 209	Bw Döbeln
58 211	Bw Altenburg
58 212	Bw Glauchau
58 214	Bw Greiz
58 218	Bw Dresden-Friedrichstadt
58 220	Bw Döbeln
58 231 K	Bw Dresden-Friedrichstadt
58 233	Bw Riesa
58 239	Bw Glauchau
58 244	Bw Werdau

58 1894 des Bw Halle-G (Schichau 1921/2883) macht am 17. Juli 1955 in ihrem Heimat-Betriebswerk einen recht gepflegten Eindruck. Auch sie ist auf Kohlenstaubfeuerung nach System Wendler umgerüstet. Dagegen sind die Gleisanlagen in beklagenswertem Zustand.
Foto: Gerhard Illner, Leipzig (†), Sammlung Walluhn

FDJ-Jugendlok 58 2053 (Rheinmetall 1921/54) im noch immer kriegszerstörten Bw Dresden-Friedrichstadt. Soeben hat sie einen schweren Güterzug aus dem Stahl- und Walzwerk Riesa in die sächsische Landeshauptstadt gefahren. Die G12 präsentiert sich 1951 außerordentlich gut gepflegt und im Vorkriegszustand. Ihre Losung am Tender können wir leider nicht lesen, doch man spürt beim Betrachten dieses Bilder irgendwie noch heute eine gewisse Aufbruchstimmung.
Foto: W. Raddatz Rbd Dresden, Sammlung Walluhn

58 251	Bw Zwickau
58 253	Bw Halle-G
58 255	Bw Dresden-Friedrichstadt
58 258	Bw Werdau
58 259	Bw Zwickau
58 261	Bw Zittau
58 263	Bw Bautzen
58 269	Bw Zittau
58 271	Bw Werdau
58 284	Bw Zwickau
58 287	Bw Zwickau
58 294	Bw Greiz
58 298	Bw Dresden-Friedrichstadt
58 311	Bw Reichenbach
58 312	Bw Halle-G
58 313	*Bw Artern*
58 315	Bw Görlitz
58 401	Bw Oberröblingen
58 403	*Bw Hilbersdorf*
58 404 K	Bw Halle-G
58 405	Bw Dresden-Friedrichstadt
58 406	*Bw Weimar*
58 407	Bw Glauchau
58 408	Bw Hilbersdorf
58 409	Bw Bautzen
58 411	Bw Hilbersdorf
58 412	Bw Zwickau
58 413	Bw Zwickau
58 415	Bw Altenburg
58 417	Bw Gera

58 418	Bw Dresden-Friedrichstadt
58 419	Bw Arnstadt
58 420	*Bw Reichenbach*
58 421	Bw Schwarzenberg
58 422	Bw Hilbersdorf
58 423	*Bw Oberröblingen*
58 424	*Bw Hilbersdorf*
58 425	Bw Saalfeld
58 426	Bw Glauchau
58 427	Bw Altenburg
58 428	Bw Halle-G
58 429	Bw Naumburg
58 430	Bw Saalfeld
58 432 K	Bw Halle-G derzeit abgestellt
58 433	Bw Hilbersdorf
58 434	Bw Hilbersdorf
58 435	Bw Hilbersdorf
58 436	Bw Greiz
58 437	Bw Werdau
58 438	Bw Dresden-Friedrichstadt
58 439	Bw Bautzen
58 440	Bw Glauchau
58 441	Bw Zwickau
58 442	Bw Gera
58 443	Bw Riesa
58 444	Bw Halle-G
58 445	Bw Oberröblingen
58 446	Bw Gera
58 447	Bw Hilbersdorf
58 448	Bw Erfurt-G
58 449	Bw Zwickau
58 450	*Bw Zwickau*
58 451	Bw Oberröblingen
58 452	Bw Zeitz
58 453	Bw Altenburg
58 454	Bw Zeitz
58 455	Bw Zwickau
58 456	Bw Oberröblingen
58 457 K	Bw Halle-G derzeit abgestellt
58 458	Bw Werdau
58 459	Bw Hilbersdorf
58 461	Bw Großkorbetha
58 462	Bw Hilbersdorf
58 516	*Bw Engelsdorf*
58 541	Bw Zeitz
58 1009	*Bw Weimar*
58 1010	*Bw Großkorbetha*
58 1013	*Bw Zwickau*
58 1017	Bw Großkorbetha
58 1020	Bw Sangerhausen
58 1022	*Bw Dresden-Friedrichstadt*
58 1023	Bw Gera
58 1025	Bw Großkorbetha
58 1028	Bw Hilbersdorf
58 1029	*Bw Bitterfeld*
58 1035	Bw Hilbersdorf
58 1038	Bw Nordhausen
58 1039	*Bw Riesa*
58 1040	Bw Buchholz (Sachs)
58 1041	Bw Werdau
58 1042	Bw Buchholz (Sachs)
58 1043	*Bw Oberröblingen*
58 1044	Bw Döbeln
58 1048	Bw Weißenfels
58 1049	Bw Dresden-Friedrichstadt
58 1056	Bw Riesa
58 1060	Bw Gera
58 1066	Bw Halle-G
58 1068 K	Bw Halle-G
58 1072	*Bw Großkorbetha*
58 1073	Bw Halle-G
58 1075	*Bw Erfurt-G*
58 1084	Bw Altenburg
58 1087	Bw Gotha
58 1089	*Bw Saalfeld*
58 1091	Bw Erfurt-G
58 1094	Bw Reichenbach
58 1095	*Bw S*
58 1097	Bw Schwarzenberg
58 1103	*Bw Nordhausen*
58 1105	Bw Altenburg
58 1107	Bw Gera
58 1109	Bw Zwickau
58 1110	Bw Zeitz
58 1112 K	Bw Halle-G
58 1114	Bw Dresden-Friedrichstadt
58 1115	*Bw Zeitz*
58 1119	Bw Zeitz
58 1121	*Bw Bitterfeld*
58 1125	Bw Nordhausen

58 1126	*Bw Bitterfeld*
58 1128	*Bw Gotha*
58 1132	Bw Riesa
58 1134	Bw Gera
58 1143	*Bw Gera*
58 1149	Bw Altenburg
58 1151	*Bw Bitterfeld*
58 1155	Bw Leipzig-Wahren
58 1159	Bw Dresden-Friedrichstadt
58 1170	Bw Reichenbach
58 1179	Bw Altenburg
58 1184	Bw Halle-G
58 1185	Bw Dresden-Friedrichstadt
58 1187	Bw Dresden-Friedrichstadt
58 1189	Bw Weimar
58 1190	*Bw Sangerhausen*
58 1191	Bw Zwickau
58 1192	*Bw Zeitz*
58 1194	Bw Gera
58 1195	Bw Sangerhausen
58 1201	Bw Leipzig-Wahren
58 1202	Bw Naumburg
58 1203	*Bw Gera*
58 1205	Bw Gera
58 1206	Bw Bad Schandau
58 1207	Bw Gera
58 1208 K	Bw Halle-G
58 1209	Bw Zwickau
58 1215	Bw Nordhausen
58 1219	Bw Bautzen
58 1225	Bw Riesa
58 1227	Bw Arnstadt
58 1228	Bw Dresden-Friedrichstadt
58 1229	Bw Dresden-Friedrichstadt
58 1230	Bw Weißenfels
58 1236	Bw Oberröblingen
58 1242	Bw Halle-G
58 1244	Bw Zwickau
58 1246	Bw Reichenbach
58 1258	*Bw Gotha*
58 1263	Bw Hilbersdorf
58 1265	Bw Dresden-Friedrichstadt
58 1266	Bw Gotha
58 1270	*Bw Dresden-Friedrichstadt*
58 1279	Bw Dresden-Friedrichstadt

58 1283	Bw Großkorbetha
58 1286	Bw Döbeln
58 1287	Bw Dresden-Friedrichstadt
58 1291	*Bw Görlitz*
58 1295	*Bw Bitterfeld*
58 1296	Bw Naumburg
58 1299	Bw Riesa
58 1300	*Bw Meiningen*
58 1303	Bw Naumburg
58 1307	Bw Sangerhausen
58 1311	Bw Hilbersdorf
58 1320	*Bw Vacha*
58 1321	*Bw Zeitz*
58 1323	*Bw Zwickau*
58 1324	Bw Halle-G
58 1325	Bw Vacha
58 1330	Bw Zeitz
58 1336	Bw Vacha
58 1337	*Bw Oberröblingen*
58 1339	Bw Glauchau
58 1341	*Bw Zeitz*
58 1344	*Bw Oberröblingen*
58 1345	Bw Weißenfels
58 1346	Bw Halle-G
58 1349	Bw Sangerhausen
58 1353 K	Bw Halle-G
58 1357	Bw Schwarzenberg
58 1359	Bw Hilbersdorf
58 1360	Bw Gera
58 1361	Bw Gera
58 1362	Bw Großkorbetha
58 1363	*Bw Eisenach*
58 1374	*Bw Erfurt-G*
58 1375	Bw Dresden-Friedrichstadt
58 1378	Bw Dresden-Friedrichstadt
58 1379	Bw Gera
58 1384	Bw Glauchau
58 1385	*Bw Artern*
58 1386	*Bw Bitterfeld*
58 1387	*Bw Weimar*
58 1388	Bw Hilbersdorf
58 1405	Bw Zeitz
58 1408	Bw Dresden-Friedrichstadt
58 1411	Bw Weißenfels
58 1412	Bw Oberröblingen

58 1414	*Bw Weißenfels*
58 1416 K	Bw Halle-G
58 1417	*Bw Hilbersdorf*
58 1421	Bw Werdau
58 1422	Bw Arnstadt
58 1424	Bw Nordhausen
58 1426	Bw Artern
58 1427 K	Bw Halle-G derzeit abgestellt
58 1428	Bw Großkorbetha
58 1429	Bw Erfurt-G
58 1430	Bw Görlitz
58 1431	Bw Altenburg
58 1438	Bw Schwarzenberg
58 1441	*Bw Saalfeld*
58 1442	*Bw Saalfeld*
58 1444	*Bw Gotha*
58 1445	Bw Hilbersdorf
58 1446	Bw Sangerhausen
58 1453	*Bw Artern*
58 1454	Bw Erfurt-G
58 1455	Bw Oberröblingen
58 1456	Bw Weißenfels
58 1457	Bw Hilbersdorf
58 1458	Bw Gera
58 1478	Bw Erfurt-G
58 1482	Bw Gera
58 1494	Bw Hilbersdorf
58 1496	Bw Döbeln
58 1502	Bw Görlitz
58 1503	*Bw Bitterfeld*
58 1508	*Bw Eisenach*
58 1509 K	Bw Halle-G
58 1511	Bw Riesa
58 1513	Bw Nordhausen
58 1519	*Bw Zeitz*
58 1520	Bw Vacha
58 1522	Bw Gera
58 1523	Bw Glauchau
58 1525	Bw Weißenfels
58 1530	Bw Hilbersdorf
58 1531	Bw Gera
58 1532	Bw Werdau
58 1535	Bw Oberröblingen
58 1537	Bw Halle-G
58 1543	*Bw Weimar*
58 1545	Bw Erfurt-G
58 1547	Bw Hilbersdorf
58 1548	Bw Großkorbetha
58 1554	Bw Altenburg
58 1562	Bw Riesa
58 1564	Bw Gera
58 1567	Bw Glauchau
58 1568	Bw Weißenfels
58 1570	Bw Oberröblingen
58 1571	Bw Hilbersdorf
58 1575	Bw Halle-G
58 1578	Bw Reichenbach
58 1581	Bw Saalfeld
58 1586 K	Bw Halle-G derzeit abgestellt
58 1587	*Bw Nordhausen*
58 1589	*Bw Eisenach*
58 1591	Bw Halle-P
58 1596	Bw Leipzig-Wahren
58 1599	Bw Halle-G
58 1601	Bw Görlitz
58 1602	Bw Halle-G
58 1603	*Bw Dresden-Friedrichstadt*
58 1606	Bw Dresden-Friedrichstadt
58 1607	*Bw Artern*
58 1611	*Bw Erfurt-G*
58 1616	Bw Leipzig-Wahren
58 1620	*Bw Naumburg*
58 1621	Bw Vacha
58 1622	Bw Hilbersdorf
58 1623	Bw Nordhausen
58 1624	Bw Hilbersdorf
58 1626	Bw Halle-G
58 1629	Bw Gerstungen
58 1630	Bw Dresden-Friedrichstadt
58 1632	Bw Vacha
58 1633	*Bw Saalfeld*
58 1634	*Bw Gotha*
58 1635	Bw Zeitz
58 1636	*Bw Vacha*
58 1637	Bw Dresden-Friedrichstadt
58 1639	Bw Gerstungen
58 1640 K	Bw Halle-G derzeit abgestellt
58 1641	Bw Naumburg
58 1643	*Bw Gera*
58 1645	Bw Riesa

58 1648	*Bw Riesa*
58 1651	Bw Gera
58 1652	Bw Dresden-Friedrichstadt
58 1655	*Bw Zeitz*
58 1658	Bw Oberröblingen
58 1659	Bw Gera
58 1661	*Bw Nordhausen*
58 1662	Bw Halle-G[1]
58 1663	Bw Sangerhausen
58 1664	*Bw Großkorbetha*
58 1665	*Bw Bitterfeld*
58 1666	Bw Schwarzenberg
58 1674	Bw Gera
58 1675	Bw Hilbersdorf
58 1676	Bw Erfurt-G
58 1677 K	Bw Halle-G
58 1679	Bw Hilbersdorf
58 1681	Bw Halle-G
58 1682	Bw Bautzen
58 1683	Bw Arnstadt
58 1691	Bw Halle-G
58 1692	*Bw Artern*
58 1703	Bw Werdau
58 1705	Bw Altenburg
58 1706	*Bw Zwickau*
58 1708	Bw Oberröblingen
58 1711	Bw Bautzen
58 1712 K	*Bw Halle-G*
58 1714	Bw Halle-G
58 1716	*Bw Gotha*
58 1718	Bw Dresden-Friedrichstadt
58 1719	Bw Oberröblingen
58 1722 K	Bw Halle-G
58 1723	Bw Artern
58 1724	Bw Altenburg
58 1725	Bw Gera
58 1727	Bw Zwickau
58 1729	Bw Döbeln
58 1732	Bw Arnstadt
58 1753	*Bw Eisenach*
58 1757	Bw Gotha
58 1758	Bw Artern
58 1766	Bw Zwickau
58 1769	Bw Großkorbetha
58 1771	Bw Naumburg
58 1772	Bw Naumburg
58 1775	Bw Zeitz
58 1776	*Bw Weimar*
58 1777	Bw Gera
58 1778	Bw Arnstadt
58 1781	Bw Altenburg
58 1784	Bw Großkorbetha
58 1791	Bw Dresden-Friedrichstadt
58 1794 K	Bw Halle-G
58 1797	Bw Altenburg
58 1798	*Bw Hilbersdorf*
58 1800	Bw Dresden-Friedrichstadt
58 1801	*Bw Görlitz*
58 1802	Bw Weißenfels
58 1806	Bw Zwickau
58 1807	Bw Vacha
58 1809	Bw Zeitz
58 1810	*Bw Bitterfeld*
58 1811	Bw Zeitz
58 1812	Bw Riesa
58 1813	*Bw Zeitz*
58 1814	Bw Glauchau
58 1815	Bw Leipzig-Wahren
58 1816	*Bw Meiningen*
58 1817	*Bw Engelsdorf*
58 1818	Bw Gera
58 1821	Bw Dresden-Friedrichstadt
58 1825	*Bw Zeitz*
58 1831	*Bw Hilbersdorf*
58 1835	Bw Gera
58 1847 K	Bw Halle-G
58 1848	*Bw Bitterfeld*
58 1850	Bw Dresden-Friedrichstadt
58 1852	*Bw Gotha*
58 1854	*Bw Gera*
58 1855	Bw Dresden-Friedrichstadt
58 1856	Bw Erfurt-G
58 1863	Bw Hilbersdorf
58 1864	Bw Gotha
58 1865	*Bw Meiningen*
58 1866	Bw Zwickau
58 1867	*Bw Gera*
58 1873	Bw Bautzen
58 1876	Bw Gera

1 Vermietet an Buna-Werke Schkopau.

58 1878	*Bw Gotha*
58 1879	Bw Riesa
58 1885	Bw Saalfeld
58 1890	Bw Oberröblingen
58 1894 K	Bw Halle-G
58 1896	Bw Artern
58 1897	*Bw Dresden-Friedrichstadt*
58 1898	Bw Weimar
58 1902	*Bw Gera*
58 1903	Bw Schwarzenberg
58 1909	*Bw Görlitz*
58 1912	Bw Gera
58 1918	Bw Gera
58 1922	Bw Erfurt-G
58 1925	Bw Dresden-Friedrichstadt
58 1926	Bw Zeitz
58 1930	*Bw Riesa*
58 1931	*Bw Weißenfels*
58 1933	Bw Döbeln
58 1934	Bw Hilbersdorf
58 1937	*Bw Dresden-Friedrichstadt*
58 1940	*Bw Zeitz*
58 1941	*Bw Zeitz*
58 1942	Bw Gerstungen
58 1943	Bw Oberröblingen
58 1944	Bw Bad Schandau
58 1945	Bw Saalfeld
58 1949	*Bw Eisenach*
58 1951	Bw Sangerhausen
58 1952	Bw Weimar
58 1954	Bw Gera
58 1955	Bw Gotha
58 1956	Bw Gera
58 1957	Bw Dresden-Friedrichstadt
58 1965	Bw Riesa
58 1966	Bw Görlitz
58 1968	Bw Schwarzenberg
58 1969	Bw Zeitz
58 1970	Bw Dresden-Friedrichstadt
58 1973	Bw Naumburg
58 1975	Bw Greiz
58 1976	Bw Oberröblingen
58 1979	Bw Arnstadt
58 1980	Bw Zeitz
58 1981	Bw Altenburg
58 1984	Bw Großkorbetha
58 1990	Bw Oberröblingen
58 1992	Bw Leipzig-Wahren
58 1993	Bw Oberröblingen
58 2006 K	Bw Halle-G derzeit abgestellt
58 2008	Bw Oberröblingen
58 2013	Bw Oberröblingen
58 2019	Bw Oberröblingen
58 2020	Bw Dresden-Friedrichstadt
58 2021	Bw Dresden-Friedrichstadt
58 2029	Bw Gera
58 2035	Bw Vacha
58 2040	Bw Halle-G
58 2042	Bw Altenburg
58 2044	Bw Zwickau
58 2048	*Bw Weimar*
58 2049	Bw Altenburg
58 2050	Bw Döbeln
58 2051	Bw Halle-G[2]
58 2053	Bw Dresden-Friedrichstadt
58 2064	Bw Nordhausen
58 2068	Bw Werdau
58 2070	*Bw Großkorbetha*
58 2082	*Bw Weimar*
58 2083	Bw Werdau
58 2094	*Bw Zwickau*
58 2095	Bw Greiz
58 2096	Bw Dresden-Friedrichstadt
58 2097	Bw Zwickau
58 2098	Bw Halle-G
58 2099	Bw Oberröblingen
58 2100	Bw Altenburg
58 2101	Bw Schwarzenberg
58 2104	Bw Halle-G
58 2106	Bw Bautzen
58 2107	Bw Zeitz
58 2108	Bw Riesa
58 2109	*Bw Zeitz*
58 2110	*Bw Engelsdorf*
58 2111	Bw Dresden-Friedrichstadt
58 2112	Bw Riesa
58 2129	Bw Bautzen
58 2131	Bw Gera
58 2133	Bw Dresden-Friedrichstadt

2 Vermietet an Buna-Werke Schkopau.

58 2135	Bw Gera
58 2138	Bw Großkorbetha
58 2142	Bw Dresden-Friedrichstadt
58 2306	Bw Wustermark
58 2307	Bw Hagenow-Land
58 2318	Bw Görlitz
58 2322	Bw Gera
58 2323	Bw Görlitz
58 2326	Bw Wismar
58 2339	Bw Eisenach
58 2351	Bw Suhl
58 2354	Bw Weißenfels
58 2357	Bw Gera
58 2360	Bw Stralsund
58 2369	Bw Pasewalk
58 2373	Bw Neubrandenburg
58 2383	Bw Rosslau
58 2385	Bw Nordhausen
58 2386	Bw Erfurt-G
58 2387	Bw Rosslau
58 2408	Bw Schöneweide
58 2414	Bw Görlitz
58 2416	Bw Großkorbetha
58 2417	Bw Rosslau
58 2418	Bw Leipzig-Wahren
58 2428	Bw Adorf
58 2434	Bw Rosslau
58 2436	Bw Jerichow
58 2459	Bw Magdeburg-Buckau
58 2465	Bw Schöneweide
58 2468	Bw Hilbersdorf
58 2481	Bw Stralsund
58 2492	Bw Zeitz
58 2504	Bw Dessau
58 2505	Bw Eisenach
58 2507	Bw Erfurt-G
58 2509	Bw Stralsund
58 2510	Bw Rosslau
58 2515	Bw Hilbersdorf
58 2524	Bw Jerichow
58 2528	Bw Hagenow-Land
58 2530	Bw Görlitz
58 2532	Bw Vacha
58 2547	Bw Nordhausen
58 2564	Bw Naumburg
58 2583	Bw Saalfeld
58 2595	Bw Saßnitz
58 2606	Rbd Magdeburg
58 2614	Bw Pankow
58 2616	Bw Neubrandenburg
58 2630	Bw Meiningen
58 2636	Bw Görlitz
58 2638	Bw Zittau
58 2640	Bw Görlitz
58 2643	Bw Saalfeld
58 2646	Rbd Magdeburg
58 2649	Bw Vacha
58 2660	Bw Dessau
58 2664	Bw Rostock
58 2667	Bw Rosslau
58 2677	Bw Görlitz
58 2682	Bw Saalfeld
58 2684	Bw Neubrandenburg
58 2698	Bw Rosslau
58 2707	Bw Görlitz
58 2716	Bw Saßnitz
58 2718	Bw Görlitz
58 2719	Bw Berlin Schlesischer Bf.
58 2725	Bw Stralsund
58 2733	Bw Seddin
58 2734	Bw Großkorbetha
58 2735	Bw Görlitz
58 2737	Bw Aue
58 2739	Bw Eilenburg
58 2741	Bw Hagenow-Land
58 2743	Bw Görlitz
58 2759	Bw Görlitz
58 2765	Bw Rosslau
58 2769	Bw Görlitz
58 2772	Bw Görlitz[3]
58 2901	Bw Naumburg
58 2905	Bw Eberswalde
58 2923	Bw Nordhausen
58 5569	Bw Jüterbog[4]
58 5573	Rbd Erfurt[5]
58 5577	Bw Rostock[6]
58 5584	Bw Zeitz[7]

3 Nicht umgezeichnete PKP (FKP) Ty 23-625.
4 Wild umgezeichnete AL 5569.
5 Wild umgezeichnete AL 5573.
6 Wild umgezeichnete AL 5577.

58 2630 (Krenau 1930/418), eine vormalige polnische Ty 23, macht einen heruntergekommenen Eindruck. Anstelle des Schornsteins befindet sich auf der Rauchkammer die lose aufgelegte Dampfdombekleidung. Offenbar will man ein Hineinregnen verhindern. Der Kessel ist vollständig seiner Verkleidung beraubt, der Sandkasten fehlt. Am Hinterkessel der Bauart Belphaire kann man gut die freiliegenden Stehbolzenköpfe erkennen. Kriegsbedingt ist das erste Führerhausseitenfenster durch ein Blech verschlossen. Teile des Gestänges fehlen ebenso, wie Speisepumpe, Loklaternen und Kesselarmatur. Hingegen scheint der polnische Tender mit Fachwerkdrehgestellen preußischer Bauform vollständiger. »Brandschutz – Volksschutz!« Eine wertneutrale Parole die auch unbestritten in Friedenszeiten Gültigkeit besitzt.
Foto: Werner Lehmitz Rbd Erfurt, Sammlung Walluhn

58 5593	*Bw Eisenach*[8]
58 5602	*Bw Gera*[9]
58 5603	*Bw Zwickau*[10]
58 5615	*Bw Zeitz*[11]
58 5616	*Bw Stendal*[12]
58 5628	*Bw Stendal*[13]
58 5631	*Bw Nordhausen*[14]
58 5642	*Bw Wismar*[15]
58 5645	*Bw Naumburg*[16]
58 5655	*Bw Arnstadt*[17]
58 5673	*Bw ?*[18]

7 Wild umgezeichnete AL 5584.
8 Wild umgezeichnete AL 5593.
9 Wild umgezeichnete AL 5602.
10 Wild umgezeichnete AL 5603.
11 Wild umgezeichnete AL 5615.
12 Wild umgezeichnete AL 5616.
13 Wild umgezeichnete AL 5628.
14 Wild umgezeichnete AL 5631.
15 Wild umgezeichnete AL 5642.
16 Wild umgezeichnete AL 5645.
17 Wild umgezeichnete AL 5655.
18 Wild umgezeichnete AL 5673.

Die Stromlinien-Tenderlok 61 002 vom Bw Berlin Schlesischer Gbf. (Henschel 1939/23515) vor dem Gerippe der Bahnsteigüberdachung im Leipziger Hauptpersonenbahnhof zur Frühjahrsmesse 1950. Ihre Verkleidung ist im Gegensatz zu den 03.10 vollständig geblieben. Leider bleibt uns die aufgemalte Losung verborgen. Die Lok wartet vor D19 nach Berlin auf Ausfahrt.
Foto: R. Wilke, Sammlung Rudolf Albrecht, Chemnitz

Lok 62 008 vom Bw Ostbahnhof (Henschel 1928/20851) in Berlin-Lichtenberg: Ihr Pflegezustand lässt vergleichsweise zu wünschen übrig, baulich entspricht sie noch immer fast dem Aussehen bei Anlieferung.
Foto: Zentrale Bildstelle DR, Sammlung Walluhn

Bestand und Verteilung der Dampflok Reihen 60 und 61 am 1. Juli 1950:

Ermittelter Gesamtbestand 60:	2 Lok	
Davon im Schadpark:	1 Lok	(entspricht 50,0 Prozent)
Ermittelter Gesamtbestand 61:	1 Lok	
Davon im Schadpark:	keine	

Den beiden stromlinienverkleideten Einzelgängern 60 002 und 61 002 des späteren Bw Berlin-Ostbahnhof steht 60 003 als im Norden hinterstellte Schadlok gegenüber. Als wahrhafte Exoten gelangen sie kaum mehr zu länger währenden Planeinsätzen.

60 002	Bw Berlin Schlesischer Bf.
60 003	*Bw Stralsund*
61 002	Bw Berlin Schlesischer Bf.

Bestand und Verteilung der Dampflok Reihe 62 am 1. Juli 1950:

Ermittelter Gesamtbestand:	8 Lok
Davon im Schadpark:	keine

Dampflok der Reihe 62 gehören im Berichtsjahr sämtlich zur Rbd Halle, sie gehören zwei Betriebswerken an und werden planmäßig im Personenverkehr verwendet.

62 006	Bw Altenburg
62 007	Bw Altenburg
62 008	Bw Altenburg
62 009	Bw Halle-P
62 010	Bw Halle-P
62 012	Bw Altenburg
62 014	Bw Halle-P
62 015	Bw Halle-P

Bestand und Verteilung der Dampflok Reihe 64 am 1. Juli 1950:

Ermittelter Gesamtbestand:	130 Lok	
Davon im Schadpark:	24 Lok	(entspricht 18,5 Prozent)

Für den Personenzugdienst im Nahverkehr verwenden die Rbd Berlin und Schwerin Lok der Reihe 64. Sie verteilen sich in beiden Bezirken relativ gleichmäßig, der Schadbestand liegt unter einem Fünftel. Einzelstücke beherbergen Brandenburg-Altstadt, Grunewald, Neustrelitz sowie Wittenberge.

64 007	Bw Wittstock
64 015	*Bw Seddin*
64 033	Bw Waren (M)
64 034	Bw Waren (M)
64 035	Bw Wittstock
64 036	Bw Schwerin
64 037	Bw Schwerin
64 052	Bw Parchim
64 055	Bw Schwerin
64 071	Bw Schöneweide
64 076	Bw Gesundbrunnen

64 085	*Bw Gesundbrunnen*
64 111	Bw Waren (M)
64 119	Bw Schöneweide
64 121	Bw Seddin
64 123	Bw Wittstock
64 126	Bw Rummelsburg
64 137	Bw Berlin Lehrter Bf.
64 146	Bw Frankfurt/Oder Pbf.
64 164	Bw Berlin Schlesischer Bf.
64 165	Bw Gesundbrunnen
64 166	Bw Berlin Anhalter Bf.
64 168	*Bw Berlin Anhalter Bf.*
64 169	*Bw Jüterbog*
64 170	*Bw Berlin Anhalter Bf.*
64 171	Bw Berlin Schlesischer Bf.
64 173	Bw Gesundbrunnen
64 175	Bw Berlin Schlesischer Bf.
64 176	*Bw Schöneweide*
64 178	*Bw Berlin Lehrter Bf.*
64 179	Bw Brandenburg
64 180	Bw Wustermark
64 182	Bw Frankfurt/Oder Pbf.
64 183	Bw Rummelsburg
64 184	Bw Frankfurt/Oder Pbf.
64 185	Bw Jüterbog
64 186	Bw Gesundbrunnen
64 187	Bw Berlin Görlitzer Bf.
64 188	Bw Gesundbrunnen
64 189	*Bw Gesundbrunnen*
64 193	Bw Berlin Schlesischer Bf.
64 197	Bw Pankow
64 199	Bw Wittstock
64 200	Bw Waren (M)
64 201	Bw Wittstock
64 208	Bw Güstrow
64 209	Bw Berlin Schlesischer Bf.
64 210	Bw Rummelsburg
64 211	Bw Wittstock
64 212	Bw Wismar
64 225	*Bw Gesundbrunnen*
64 256	Bw Frankfurt/Oder Pbf.
64 257	*Bw Lichtenberg*
64 261	*Bw Berlin Lehrter Bf.*
64 263	Bw Rummelsburg
64 264	Bw Wismar
64 265	Bw Wittstock
64 266	Bw Schwerin
64 267	Bw Parchim
64 273	Bw Rummelsburg
64 274	Bw Berlin Lehrter Bf.
64 275	Bw Berlin Lehrter Bf.
64 278	*Bw Berlin Schlesischer Bf.*
64 279	*Bw Berlin Schlesischer Bf.*
64 280	Bw Frankfurt/Oder Pbf.
64 281	*Bw Wustermark*
64 282	*Bw Schöneweide*
64 308	Bw Schöneweide
64 313	Bw Wustermark
64 315	Bw Wustermark
64 316	Bw Wustermark
64 317	Bw Rummelsburg
64 318	Bw Wustermark
64 319	Bw Berlin Görlitzer Bf.
64 320	*Bw Tempelhof Vbf.*
64 321	Bw Berlin Görlitzer Bf.
64 322	Bw Schöneweide
64 323	Bw Berlin Görlitzer Bf.
64 330	Bw Pankow
64 331	Bw Jüterbog
64 353	Bw Berlin Lehrter Bf.[1]
64 354	Bw Pankow
64 364	Bw Wittenberge
64 369	Bw Wustermark
64 372	*Bw Gesundbrunnen*
64 373	Bw Seddin
64 374	Bw Wismar
64 380	Bw Berlin Görlitzer Bf.
64 381	*Bw Berlin Görlitzer Bf.*
64 397	Bw Wittstock
64 398	Bw Wittstock
64 399	Bw Neuruppin
64 400	Bw Güstrow
64 401	*Bw Berlin Schlesischer Bf.*
64 403	Bw Wustermark
64 404	Bw Wustermark
64 405	Bw Seddin
64 406	Bw Brandenburg
64 407	*Bw Wustermark*
64 409	Bw Wittstock

1 Vermietet an Stahl- und Walzwerk Hennigsdorf.

In ihrem Heimat-Bw Gesundbrunnen finden wir am 13. November 1951 Tenderlok 64 464 (Jung 1939/8665). Sie wartet auf einen neuen Einsatz. Die Frontstadt Berlin hat dieses Bahnbetriebswerk inzwischen zur Bedeutungslosigkeit degradiert. Schon im Juli 1952 verlassen die letzten Dampflokomotiven diesen Standort, der einst preußische S3, S4 und S6 beherbergte.
Foto: Zentrale Bildstelle DR, Sammlung Walluhn

64 411	Bw Frankfurt/Oder Pbf.
64 412	Bw Frankfurt/Oder Pbf.
64 413	Bw Wustermark
64 416	*Bw Berlin Lehrter Bf.*
64 430	Bw Berlin Schlesischer Bf.
64 443	Bw Berlin Lehrter Bf.
64 444	Bw Wustermark
64 454	Bw Brandenburg-Altstadt
64 455	Bw Brandenburg
64 456	Bw Grunewald
64 462	Bw Gesundbrunnen
64 464	Bw Pankow
64 465	Bw Parchim
64 466	Bw Waren (M)
64 473	Bw Güstrow
64 474	Bw Wittstock
64 475	Bw Berlin Anhalter Bf.
64 476	Bw Seddin
64 477	Bw Berlin Lehrter Bf.
64 478	Bw Seddin
64 479	Bw Güstrow
64 480	Bw Rummelsburg
64 482	Bw Rummelsburg
64 483	Bw Wustermark
64 484	*Bw Wustermark*
64 485	Bw Schöneweide
64 490	Bw Berlin Lehrter Bf.
64 514	Bw Berlin Görlitzer Bf.
64 515	Bw Wittstock
64 6576	*Bw Brandenburg-Altstadt* [2]

2 Ex. Brandenburger Städtebahn 1-100.

Bestand und Verteilung der Dampflok Reihen 68 und 69 am 1. Juli 1950:

Ermittelter Gesamtbestand 68:	1 Lok	
Davon im Schadpark:	1 Lok	(entspricht 100 Prozent)
Ermittelter Gesamtbestand 69:	1 Lok	
Davon im Schadpark:	keine	

Neben dem Exoten 68 8621 finden wir lediglich 69 6101, eine ehemalige preußische T4.2, dienstfähig beim Bw Ketzin. Bedeutung im Betriebsgeschehen hat sie nicht mehr.

68 8621	*Rbd Magdeburg* [1)]
69 6101	Bw Ketzin [2)]

1) Wild umgezeichnete AL 8621.
2) Ex. Osthavelländische Eb. B-Sp 7.

Bestand und Verteilung der Dampflok Reihen 70, 71 und 72 am 1. Juli 1950:

Ermittelter Gesamtbestand 70:	7 Lok	
Davon im Schadpark:	5 Lok	(entspricht 71,4 Prozent)
Ermittelter Gesamtbestand 71:	8 Lok	
Davon im Schadpark:	8 Lok	(entspricht 100 Prozent)
Ermittelter Gesamtbestand 72:	1 Lok	
Davon im Schadpark:	keine	

Die Baureihen 70 bis 72 spielen nur eine Nebenrolle im Maschinendienst, fast alle befinden sich im Schadpark. Lediglich zwei vormalige Privatbahnlok Reihe 70 und 72 001, eine alte preußische T 5.2, sind betriebsfähig.

Diese badische Tenderlokomotive verschlug der Krieg ebenfalls nach Mitteldeutschland. 70 125 (Karlsruhe 1916/1975), noch mit Hoheitszeichen als Abziehbild gekennzeichnet, scheint reichlich ausgeplündert worden zu sein. Es fehlt fast alles, was man anderswo gebrauchen konnte. Rauchkammertür, Schornstein, Ein- und Ausströmrohre, sämtliche Stangen, Speiseventile, Speisepumpe (und ganz sicher auch die Luftpumpe), Kesselbekleidung, Sandkasten samt Fallrohren, Hauptluftbehälter, Bremsgehänge, Kesselsicherheitsventile. Auch im Führerhausinneren wird alles abbaubare verschwunden sein.
Foto: Zentrale Bildstelle der DR, Sammlung Walluhn

70 125	Bw Schöneweide		71 325	Bw Lichtenberg
70 6176	Bw Neuruppin	ex. Ruppiner Eb. RE 10	71 331	Bw Lichtenberg
70 6177	Bw Neuruppin	ex. Ruppiner Eb. RE 7	71 353	Bw Lichtenberg
70 6178	Bw Neuruppin	ex. Ruppiner Eb. RE 8	71 359	Bw Frankfurt/Oder Pbf.
70 6179	Bw Neuruppin	ex. Ruppiner Eb. RE 9	71 369	Bw Lichtenberg
70 6376	Bw Wittstock	ex. Ruppiner Eb. RE 20	71 379	Bw Lichtenberg
70 6401	Bw Frankfurt/Oder Pbf.	ex. Teutoburger Wald-Eb. 36	71 381	Bw Frankfurt/Oder Pbf.
71 323	Bw Lichtenberg		72 001	Bw Gesundbrunnen

»DDR Garant des Friedens«. Eine seltene Aufnahme der wenigen 1Bh2-Tenderlok der Reihe 70. Lok 70 6176 (Orenstein 1908/2959) präsentiert sich im neuen Lack als Nummer 4 des VEB Stahl- und Walzwerk Gröditz bei Riesa. Am Führerhaus hängt das an vielen Werklok zu findende Schild »Auf Reichsbahn zugelassen.«
Foto: W. Raddatz Rbd Dresden, Sammlung Walluhn

»Deutsche an einen Tisch«. 74 1254 vom Bw Gesundbrunnen (Grafenstaden 1916/ 6849) steht am 13. November 1951 in ihrem Heimatbahnhof. Vorn Teile abgebauter Wasserkräne, hinten links einer der berühmten Berliner Trümmerberge, im Volksmund auch Monte Klamott genannt. Das Bild zeigt eine typische Berliner Stadtbahnlok mit zwei Hauptluftbehältern unter der vorderen Pufferbohle und auf dem Kesselscheitel liegendem Vorwärmerbündel.
Foto: Zentrale Bildstelle DR, Sammlung Walluhn

Bestand und Verteilung der Dampflok Reihe 74 am 1. Juli 1950:

Ermittelter Gesamtbestand 74.0:	51 Lok
Davon im Schadpark:	18 Lok (entspricht 35,3 Prozent)
Ermittelter Gesamtbestand 74.4:	289 Lok
Davon im Schadpark:	35 Lok (entspricht 12,1 Prozent)
Ermittelter Gesamtbestand 74.66	10 Lok
Davon im Schadpark:	1 Lok (entspricht 10,0 Prozent)

Sämtliche preußischen T 11 (Reihe 74.0-3) konzentrieren sich bei den Direktionen Erfurt und Magdeburg. Den größten Bestand beheimatet Erfurt-P für Nebenbahndienst und Verschubaufgaben. Alle anderen Lok verteilen sich recht gleichmäßig über eine größere Zahl Betriebswerke; Einzelstücke stehen in Eilsleben, Saalfeld, Stendal und Weimar. Der Schadparkanteil beträgt mehr als ein Drittel. Im Gegensatz hierzu stehen von fast 300 vorhandenen T 12 (Reihe 74 .4-13) nur etwa ein Neuntel im Schadbestand. Ihr Betriebspark verteilt sich auf die Rbd Berlin, Cottbus, Halle und Magdeburg. Erhebliche Stückzahlen weisen die Bw Leipzig-West und Magdeburg Hbf. auf. Während sich Einzelstücke in Bernburg, Hoyerswerda sowie Lübbenau nachweisen lassen, verteilt sich der restliche Anteil auf viele Bw. T 12 werden ähnlich der T 11 häufig im Verschub verwendet, verrichten aber auch Streckendienste vor Nahverkehrszügen aller Art. Die wenigen 1949 eingereihten Privatbahnlok sind nach wie vor in ihren alten Einsatzgebieten bei den Bw Basdorf, Blankenburg und Lübbenau anzutreffen.

74 025	Bw Haldensleben
74 031	*Bw Magdeburg Hbf.*
74 037	Bw Salzwedel
74 048	Bw Nordhausen
74 055	Bw Jerichow
74 081	*Bw Erfurt-P*
74 089	*Bw Magdeburg Hbf.*
74 096	*Bw Magdeburg Hbf.*
74 103	Bw Salzwedel
74 118	Bw Erfurt-P
74 134	*Bw Weimar*
74 140	Bw Erfurt-P
74 146	Bw Magdeburg Hbf.
74 151	Bw Magdeburg Hbf.
74 153	Bw Eilsleben
74 154	Bw Haldensleben
74 157	Bw Erfurt-P
74 158	Bw Jerichow
74 169	Bw Jerichow
74 180	*Bw Sangerhausen*
74 185	Bw Stendal
74 190	Bw Erfurt-P
74 194	Bw Jerichow
74 202	Bw Haldensleben
74 216	Bw Nordhausen
74 217	*Bw Magdeburg Hbf.*
74 223	*Bw Magdeburg Hbf.*

74 225	Bw Jerichow
74 231	Bw Saalfeld
74 232	*Bw Brandenburg*
74 234	Bw Salzwedel
74 235	*Bw Magdeburg Hbf.*
74 239	Bw Erfurt-P
74 240	Bw Erfurt-P
74 243	*Bw Erfurt-P*
74 245	*Bw Magdeburg Hbf.*
74 260	Bw Salzwedel
74 266	Bw Jerichow
74 271	*Bw Magdeburg Hbf.*
74 274	*Bw Magdeburg Hbf.*
74 281	Bw Erfurt-P
74 282	*Bw Meiningen*
74 284	Bw Weimar
74 287	*Bw Saalfeld*
74 311	Bw Erfurt-P
74 319	Bw Jerichow
74 322	*Bw Naumburg*
74 327	Bw Erfurt-P
74 341	*Bw Magdeburg Hbf.*
74 345	Bw Jerichow
74 346	Bw Jerichow
74 410	Bw Leipzig Bayerischer Bf.
74 422	Bw Engelsdorf
74 440	*Bw Leipzig Bayerischer Bf.*
74 447	Bw Oebisfelde
74 449	*Bw Leipzig Bayerischer Bf.*
74 450	Bw Forst
74 455	Bw Bernburg
74 457	Bw Leipzig-West
74 472	Bw Leipzig-Nord
74 480	Bw Magdeburg Hbf.
74 482	Bw Lichtenberg
74 483	Bw Berlin Lehrter Bf.
74 484	Bw Torgau
74 497	*Bw Leipzig Bayerischer Bf.*
74 505	Bw Leipzig-West
74 537	Bw Magdeburg Hbf.
74 543	*Bw Leipzig Bayerischer Bf.*
74 550	Bw Leipzig-West
74 551	Bw Forst
74 553	Bw Saßnitz
74 571	Bw Berlin Lehrter Bf.
74 584	Bw Engelsdorf
74 586	Bw Oebisfelde
74 592	Bw Oschersleben
74 606	Bw Magdeburg Hbf.
74 612	Bw Engelsdorf
74 617	Bw Berlin Lehrter Bf.
74 618	Bw Saßnitz
74 619	Bw Leipzig Bayerischer Bf.[1]
74 628	Bw Saßnitz
74 631	Bw Haldensleben
74 648	Bw Köthen
74 649	*Bw Pasewalk*
74 652	Bw Leipzig-Nord
74 653	Bw Leipzig-West
74 665	Bw Lichtenberg
74 674	Bw Halle-P
74 684	Bw Magdeburg Hbf.
74 685	*Bw Pasewalk*
74 692	Bw Torgau
74 695	Bw Haldensleben
74 698	*Bw Neustrelitz*
74 714	*Bw Lichtenberg*
74 723	Bw Oschersleben
74 724	Bw Hoyerswerda
74 726	Bw Magdeburg-Buckau
74 730	*Bw Stralsund*
74 731	Bw Oschersleben
74 732	Bw Engelsdorf
74 733	Bw Güsten
74 736	Bw Güsten
74 737	Bw Magdeburg Hbf.
74 738	Bw Magdeburg-Buckau
74 744	Bw Leipzig-West
74 745	Bw Stralsund
74 747	Bw Leipzig-Nord
74 748	Bw Torgau
74 751	*Bw Pasewalk*
74 753	Bw Saßnitz
74 754	Bw Saßnitz
74 760	Bw Leipzig-West
74 763	*Bw Pasewalk*
74 775	Bw Forst
74 778	Bw Magdeburg Hbf.
74 779	Bw Magdeburg Hbf.

1 Verliehen an die Braunkohlenindustrie.

74 780	Bw Leipzig-West
74 781	Bw Stendal
74 790	*Bw Leipzig Bayerischer Bf.*
74 791	Bw Dessau
74 792	Bw Berlin Schlesischer Bf.
74 793	Bw Pasewalk
74 795	*Rbd Cottbus*
74 796	Bw Stralsund
74 802	Bw Halle-P
74 804	Bw Güsten
74 808	*Bw Großkorbetha*
74 809	Bw Güsten
74 810	Bw Salzwedel
74 812	*Bw Pasewalk*
74 813	Bw Stralsund
74 814	Bw Rummelsburg
74 818	Bw Gesundbrunnen
74 822	Bw Oschersleben
74 823	Bw Güsten
74 824	Bw Magdeburg-Buckau
74 825	Bw Blankenburg
74 826	Bw Haldensleben
74 828	Bw Forst
74 831	Bw Brandenburg
74 832	Bw Seddin
74 834	Bw Saßnitz
74 845	Bw Leipzig-Plagwitz
74 851	Bw Saßnitz
74 852	Bw Stendal
74 853	Bw Saßnitz
74 858	Bw Leipzig-West
74 859	Bw Eilsleben
74 868	Bw Dessau
74 870	Bw Leipzig-Plagwitz
74 871	Bw Dessau
74 872	*Bw Leipzig Bayerischer Bf.*
74 873	Bw Köthen
74 874	Bw Halle-P
74 875	*Bw Leipzig Bayerischer Bf.*
74 878	Bw Saßnitz
74 880	Bw Köthen
74 882	*Bw Stralsund*
74 884	Bw Oschersleben
74 885	Bw Leipzig Bayerischer Bf.
74 887	Bw Magdeburg Hbf.
74 888	Bw Cottbus
74 890	Bw Stendal
74 892	Bw Stendal
74 893	Bw Leipzig-West
74 894	Bw Eilsleben
74 895	Bw Leipzig Bayerischer Bf.
74 900	Bw Stralsund
74 902	Bw Magdeburg Hbf.
74 903	Bw Großkorbetha
74 908	Bw Dessau
74 909	Bw Leipzig-West
74 918	Bw Magdeburg Hbf.
74 925	Bw Oebisfelde
74 928	Bw Güsten
74 929	Bw Magdeburg Hbf.
74 930	Bw Stendal
74 931	Bw Leipzig-Nord
74 943	*Bw Halle-G*
74 944	Bw Güsten
74 949	Bw Stendal
74 950	Bw Cottbus
74 954	Bw Köthen
74 955	Bw Potsdam
74 956	Bw Magdeburg-Buckau
74 958	Bw Stralsund
74 960	Bw Torgau
74 962	Bw Magdeburg-Buckau
74 964	Bw Salzwedel
74 965	Bw Salzwedel
74 966	Bw Torgau
74 972	Bw Torgau
74 973	Bw Rummelsburg
74 974	Bw Engelsdorf
74 976	Bw Leipzig Bayerischer Bf.
74 978	Bw Leipzig Bayerischer Bf.
74 982	Bw Stralsund
74 985	*Bw Leipzig Bayerischer Bf*[2]
74 986	Bw Stendal
74 987	Bw Stendal
74 988	Bw Oschersleben
74 989	Bw Stendal
74 994	Bw Potsdam
74 1003	Bw Cottbus
74 1005	Bw Forst

2 Verliehen an Ammoniaksynthesewerk Espenhain.

74 1009	Bw Leipzig-West
74 1010	Bw Lichtenberg
74 1011	Bw Berlin Görlitzer Bf.
74 1013	Bw Rummelsburg
74 1018	Bw Blankenburg
74 1024	Bw Magdeburg-Buckau
74 1025	Bw Halle-Klaustor
74 1031	*Bw Pasewalk*
74 1033	Bw Leipzig Bayerischer Bf.
74 1040	Bw Halle-P
74 1046	Bw Cottbus
74 1047	Bw Salzwedel
74 1048	Bw Salzwedel
74 1051	Bw Berlin Schlesischer Bf.
74 1053	Bw Magdeburg-Buckau
74 1055	Bw Halle-Klaustor
74 1057	Bw Pankow
74 1059	Bw Leipzig-Nord
74 1060	Bw Berlin Görlitzer Bf.
74 1062	Bw Leipzig-Nord
74 1063	Bw Magdeburg Hbf.
74 1064	Bw Magdeburg Hbf.
74 1065	Bw Haldensleben
74 1066	Bw Magdeburg Hbf.
74 1074	Bw Pankow
74 1079	Bw Stralsund
74 1080	Bw Forst
74 1083	Bw Seddin
74 1084	Bw Torgau
74 1086	Bw Schöneweide
74 1087	Bw Großkorbetha
74 1088	Bw Neuruppin
74 1092	Bw Torgau
74 1093	Bw Neuruppin
74 1096	Bw Berlin Schlesischer Bf.
74 1098	Bw Leipzig-West
74 1099	Bw Leipzig-West
74 1104	Bw Berlin Schlesischer Bf.
74 1105	Bw Berlin Lehrter Bf.
74 1106	Bw Neuruppin
74 1107	*Rbd Berlin*
74 1108	Bw Leipzig-Plagwitz
74 1110	*Bw Lübbenau*
74 1115	Bw Magdeburg Hbf.
74 1116	Bw Halle-P
74 1119	Bw Halle-Klaustor
74 1120	Bw Potsdam
74 1121	Bw Berlin Schlesischer Bf.
74 1128	Bw Berlin Lehrter Bf.
74 1133	Bw Pankow
74 1135	Bw Cottbus
74 1137	Bw Rummelsburg
74 1138	Bw Lichtenberg
74 1142	Bw Lübbenau
74 1145	*Bw Leipzig Bayerischer Bf.*
74 1147	Bw Halle-P
74 1148	Bw Leipzig-West
74 1152	Bw Güsten
74 1153	Bw Rummelsburg
74 1155	Bw Rummelsburg
74 1157	Bw Gesundbrunnen
74 1164	Bw Potsdam
74 1165	Bw Gesundbrunnen
74 1166	Bw Leipzig Bayerischer Bf.
74 1167	Bw Rummelsburg
74 1169	*Bw Lübbenau*
74 1173	Bw Rummelsburg
74 1175	Bw Güsten
74 1176	Bw Haldensleben
74 1177	Bw Magdeburg Hbf.
74 1180	Bw Rummelsburg
74 1181	*Rbd Berlin*
74 1183	Bw Rummelsburg
74 1184	Bw Halle-P
74 1185	Bw Lichtenberg
74 1186	Bw Pankow
74 1187	Bw Halle-P
74 1192	*Bw Leipzig Bayerischer Bf.*
74 1195	Bw Lichtenberg
74 1197	Bw Brandenburg
74 1199	Bw Halle-P
74 1201	Bw Schöneweide
74 1203	Bw Dessau
74 1204	Bw Leipzig-Plagwitz
74 1206	Bw Potsdam
74 1208	Bw Berlin Lehrter Bf.
74 1209	Bw Magdeburg-Buckau
74 1216	Bw Potsdam
74 1218	Bw Berlin Schlesischer Bf.
74 1220	Bw Halle-P

74 1221	Bw Halle-P	
74 1223	Bw Magdeburg-Buckau	
74 1226	Bw Berlin Lehrter Bf.	
74 1227	Bw Großkorbetha	
74 1228	Bw Cottbus	
74 1229	Bw Berlin Schlesischer Bf.	
74 1230	Bw Rummelsburg	
74 1232	Bw Grunewald	
74 1233	Bw Leipzig-Plagwitz	
74 1236	Bw Grunewald	
74 1238	*Bw Lübbenau*	
74 1239	Bw Leipzig-West	
74 1240	Bw Berlin Lehrter Bf.	
74 1247	Bw Leipzig Bayerischer Bf.	
74 1249	Bw Gesundbrunnen	
74 1250	*Bw Saßnitz*	
74 1252	Bw Grunewald	
74 1253	Bw Halle-P	
74 1254	Bw Pankow	
74 1262	Bw Potsdam	
74 1265	Bw Leipzig-West	
74 1266	Bw Stralsund	
74 1269	Bw Leipzig-Nord	
74 1270	Bw Berlin Lehrter Bf.	
74 1274	Bw Forst	
74 1276	*Bw Cottbus*	
74 1277	Bw Grunewald	
74 1278	Bw Stralsund	
74 1280	Bw Gesundbrunnen	
74 1281	Bw Seddin	
74 1282	Bw Pankow	
74 1283	Bw Cottbus	
74 1285	*Bw Berlin Görlitzer Bf.*	
74 1287	Bw Berlin Schlesischer Bf.	
74 1290	Bw Magdeburg-Buckau	
74 1292	Bw Brandenburg	
74 1295	Bw Leipzig-Nord	
74 1296	Bw Pankow	
74 1303	*Bw Leipzig Bayerischer Bf.*	
74 1304	Bw Leipzig Bayerischer Bf.	
74 1308	Bw Leipzig-West	
74 1314	*Bw Magdeburg-Buckau*	
74 6611	Bw Basdorf	ex. Niederbarnimer Eb. 01
74 6612	Bw Basdorf	ex. Niederbarnimer Eb. 02
74 6621	*Bw Basdorf*	ex. Niederbarnimer Eb. 07
74 6622	Bw Basdorf	ex. Niederbarnimer Eb. 08
74 6623	Bw Basdorf	ex. Niederbarnimer Eb. 09
74 6776	Bw Blankenburg	ex. Halberstadt-Blankenburg 51
74 6777	Bw Blankenburg	ex. Halberstadt-Blankenburg 52
74 6778	Bw Blankenburg	ex. Halberstadt-Blankenburg 53
74 6779	Bw Blankenburg	ex. Halberstadt-Blankenburg 54
74 6780	Bw Luckau	ex. Ohlauer Klb. 141 bei Niederlausitzer Eb.
74 9610	*Bw Seddin*[3]	
74 9613	*Bw Seddin*	wild umgezeichnete SNCB 9613
74 9655	Bw Wustermark[4]	

3 Wild umgezeichnete SNCB 9610 (spätere 74 1345).
4 Wild umgezeichnete SNCB 9655 (spätere 74 1346).

Bestand und Verteilung der Dampflok Reihe 75 am 1. Juli 1950:

Ermittelter Gesamtbestand 75.1:	22 Lok	
Davon im Schadpark:	11 Lok	(entspricht 50,0 Prozent)
Ermittelter Gesamtbestand 75.5:	87 Lok	
Davon im Schadpark:	14 Lok	(entspricht 16.,1 Prozent)
Ermittelter Gesamtbestand 75.6:	12 Lok	
Davon im Schadpark:	8 Lok	(entspricht 66,7 Prozent)
Ermittelter Gesamtbestand 75.10:	14 Lok	
Davon im Schadpark:	7 Lok	(entspricht 50,0 Prozent)
Ermittelter Gesamtbestand 75.12:	8 Lok	
Davon im Schadpark:	8 Lok	(entspricht 100 Prozent)
Ermittelter Gesamtbestand 75.62:	19 Lok	
Davon im Schadpark:	3 Lok	(entspricht 15,8 Prozent)

Abgesehen von den 1949 übernommenen Privatbahnmaschinen konzentriert sich die gesamte Baureihe 75 bei der Rbd Dresden. Auch hier lässt sich eine ausgezeichnet gelungene Gattungsbereinigung feststellen. Einen hohen Bestand an 75.5 weist Chemnitz Hbf. vor, während Görlitz beachtliche Stückzahlen an 75.4 und 75.10-11 konzentriert. Ansonsten verteilen sich die Lok auf viele Bw, wo nicht selten nur wenige Exemplare vorzufinden sind. Einzelstücke beherbergen Bautzen, Döbeln, Dresden-Friedrichstadt, Riesa, Rochlitz und Werdau. Vorrangig eingesetzt werden die 75 im Personenzugdienst auf kürzeren Strecken, wie sie gerade in der Direktion Dresden häufig anzutreffen sind. Die übernommenen Privatbahnlok, unter 75.66-67 zusammengefasst, stehen noch überwiegend in ihren bisherigen Einsatzgebieten.

75 510 (Hartmann 1911/ 3479) am 23.11.1951 im Bw Dresden-Altstadt. Der Knorr-Oberflächenvorwärmer ist wegen Ersatzteilmangel vorübergehend ausgebaut und durch eine zweite Strahlpumpe ersetzt. Und natürlich steht auch an dieser Lok eine bekannte Losung: »Deutsche an einen Tisch«, darunter noch durchscheinend »Arbeiter [...]«.
Foto: Zentrale Bildstelle DR, Sammlung Walluhn

Aus dem fahrenden Zug heraus fotografierte Georg Hey am 2. November 1954 die badische Lok 75 1002 des Bw Bautzen (Karlsruhe 1920/2091). »Führt die Gewerkschaftswahlen im Zeichen der Klassenwachsamkeit durch«, ist an der Lok zu lesen. Dies bedarf keines weiteren Kommentars.
Foto: Georg Hey, Weimar, Sammlung Walluhn

75 109	*Bw Dresden-Altstadt*	*75 433*	*Bw Güstrow*
75 112	*Bw Dresden-Altstadt*	75 440	Bw Görlitz
75 130	*Bw Dresden-Altstadt*	75 454	Bw Löbau
75 206	Bw Hilbersdorf	*75 457*	*Bw Görlitz*
75 212	Bw Bautzen	75 459	Bw Löbau
75 227	Bw Zittau	75 461	Bw Löbau
75 264	Bw Reichenbach	75 464	Bw Görlitz
75 411	Bw Löbau	75 501	Bw Löbau
75 414	Bw Löbau	75 502	Bw Greiz
75 415	*Bw Görlitz*	75 503	Bw Falkenstein
75 418	*Bw Eisenach*	*75 504*	*Bw Chemnitz Hbf.*
75 425	*Bw Görlitz*	75 505	Bw Greiz
75 426	*Bw Görlitz*	75 506	Bw Chemnitz Hbf.
75 428	*Bw Görlitz*	*75 507*	*Bw Hilbersdorf*
75 431	*Bw Görlitz*	75 508	Bw Chemnitz Hbf.

75 510	Bw Dresden-Friedrichstadt
75 512	Bw Chemnitz Hbf.
75 513	Bw Chemnitz Hbf.
75 514	Bw Reichenbach
75 515	Bw Rochlitz
75 516	Bw Chemnitz Hbf.
75 517	*Bw Reichenbach*
75 518	Bw Zwickau
75 519	Bw Zwickau
75 520	Bw Chemnitz Hbf.
75 521	Bw Riesa
75 522	Bw Glauchau
75 523	Bw Chemnitz Hbf.
75 524	Bw Aue
75 525	*Bw Chemnitz Hbf.*
75 526	Bw Falkenstein
75 527	Bw Adorf
75 528	Bw Chemnitz Hbf.
75 529	*Bw Adorf*
75 530	Bw Adorf
75 531	Bw Aue
75 532	Bw Zwickau
75 533	Bw Falkenstein
75 534	Bw Chemnitz Hbf.
75 535	Bw Glauchau
75 536	Bw Falkenstein
75 537	Bw Glauchau
75 538	Bw Zittau
75 539	Bw Döbeln
75 540	Bw Aue
75 541	Bw Greiz
75 542	Bw Chemnitz Hbf.
75 543	Bw Rochlitz
75 544	Bw Chemnitz Hbf.
75 546	Bw Zittau
75 547	Bw Chemnitz Hbf.
75 548	Bw Chemnitz Hbf.
75 549	*Bw Hilbersdorf*
75 550	*Bw Riesa*
75 551	Bw Chemnitz Hbf.
75 552	Bw Chemnitz Hbf.
75 553	Bw Chemnitz Hbf.
75 554	Bw Chemnitz Hbf.
75 555	Bw Glauchau
75 556	Bw Zittau
75 557	Bw Chemnitz Hbf.
75 558	Bw Chemnitz Hbf.
75 559	Bw Chemnitz Hbf.
75 560	Bw Glauchau
75 561	Bw Glauchau
75 562	Bw Chemnitz Hbf.
75 563	Bw Falkenstein
75 564	Bw Zwickau[1]
75 565	Bw Werdau
75 566	Bw Reichenbach
75 567	Bw Glauchau
75 568	Bw Chemnitz Hbf.
75 569	*Bw Dresden-Friedrichstadt*
75 570	Bw Werdau
75 571	Bw Chemnitz Hbf.
75 572	Bw Chemnitz Hbf.
75 573	Bw Glauchau
75 574	Bw Aue
75 575	*Bw Dresden-Friedrichstadt*
75 576	Bw Adorf
75 577	Bw Aue
75 578	Bw Chemnitz Hbf.
75 579	Bw Falkenstein
75 580	Bw Chemnitz Hbf.
75 581	Bw Löbau
75 582	Bw Falkenstein
75 583	*Bw Adorf*
75 584	Bw Chemnitz Hbf.
75 585	Bw Chemnitz Hbf.
75 586	Bw Falkenstein
75 587	Bw Zwickau
75 588	*Bw Aue*
75 589	*Bw Zwickau*
75 590	*Bw Chemnitz Hbf.*
75 611	*Bw Dresden-Altstadt*
75 612	Bw Dresden-Altstadt
75 613	*Bw Chemnitz Hbf.*
75 621	*Bw Dresden-Altstadt*
75 622	Bw Dresden-Altstadt
75 623	*Bw Hilbersdorf*
75 633	Bw Dresden-Altstadt
75 641	*Bw Hilbersdorf*
75 645	Bw Dresden-Altstadt
75 857	*Bw Gera*

1 Lok ist seit 1946 ausgemustert, aber dennoch 1950 im Bestand!

75 859	*Rbd Schwerin*	
75 870	*Bw Freiburg*	
75 1005	Bw Görlitz	
75 1007	Bw Görlitz	
75 1010	*Bw Görlitz*	
75 1011	*Bw Görlitz*	
75 1013	Bw Görlitz	
75 1014	*Bw Rostock*	
75 1015	*Bw Hilbersdorf*	
75 1020	*Bw Chemnitz Hbf.*	
75 1022	Bw Görlitz	
75 1105	*Bw Hilbersdorf*	
75 1110	Bw Görlitz	
75 1112	*Bw Chemnitz Hbf.*	
75 1116	Bw Bautzen	
75 1119	Bw Görlitz	
75 1207	*Bw Dresden-Altstadt*	
75 1211	*Bw Neubrandenburg*	
75 1264	*Bw Dresden-Altstadt*	
75 1268	*Bw Jerichow*	
75 1272	*Bw Dresden-Altstadt*	
75 1282	*Bw Eisenach*	
75 1306	*Bw Dresden-Altstadt*	
75 1317	*Bw Pasewalk*	
75 6276	*Bw Neuruppin*	ex. Ruppiner Eb. RE 27
75 6277	Bw Neuruppin	ex. Ruppiner Eb. RE 28
75 6278	*Bw Neuruppin*	ex. Ruppiner Eb. RE 29
75 6279	Bw Neuruppin	ex. Ruppiner Eb. RE 31
75 6476	Bw Neuruppin	ex. Ruppiner Eb. RE 32
75 6676	Bw Blankenburg	ex. Halberstadt-Blankenburg 1
75 6677	Bw Blankenburg	ex. Halberstadt-Blankenburg 2
75 6678	Bw Blankenburg	ex. Halberstadt-Blankenburg 3
75 6679	Bw Brandenburg-Alt	ex. Brandenburger Städtebahn 1-101
75 6680	*Bw Lichtenberg*	ex. Brandenburger Städtebahn 1-102
75 6681	Bw Brandenburg-Alt	ex. Brandenburger Städtebahn 1-103
75 6682	Bw Haldensleben	ex. Genthiner Eb. 401
75 6683	Bw Halberstadt	ex. Heudeber-Mattierzoll 404
75 6684	Bw Haldensleben	ex. Salzwedeler Eb. 403
75 6685	Bw Haldensleben	ex. Genthiner Eb. 402
75 6686	Bw Haldensleben	ex. Gardelegen–Haldensleben–Weferlingen 405
75 6687	Bw Salzwedel	ex. Altmärkische Eb. 406
75 6776	Bw Blankenburg	ex. Halberstadt-Blankenburg 6
75 6777	Bw Blankenburg	ex. Halberstadt-Blankenburg 7

Bestand und Verteilung der Dampflok Reihe 77 am 1. Juli 1950:

Ermittelter Gesamtbestand: 1 Lok
Davon im Schadpark: 1 Lok (entspricht 100 Prozent)

77 107	*Bw Lichtenberg*

Bestand und Verteilung der Dampflok Reihe 78 am 1. Juli 1950:

Ermittelter Gesamtbestand: 52 Lok
Davon im Schadpark: 15 Lok (entspricht 28,8 Prozent)

Eine pfälzische Schrägzylinderlok bei Berlin: 77 107 (Bw Seddin; Krauss 1913/6828). Nichts ist unmöglich bei der frühen DDR-Reichsbahn. Selbst an diesem Einzelgänger wurden Ersatzteile abgebaut: Stangen, Armatur und Puffer. An eine museale Aufbewahrung ist natürlich kein Gedanke. Der Fremdling aus Südwestdeutschland wird am 4. Oktober 1955 ausgemustert und im Februar 1956 zerlegt.
Foto: Zentrale Bildstelle DR, Sammlung Walluhn

78 519 vom Bw Erfurt-P (Vulcan 1924/3981) steht am Ringlokschuppen ihres Heimat-Bw im Winter 1952. Von der Brigade Kaufhold bestens gepflegt präsentiert sich diese preußische T18, einmal abgesehen vom Bretteraufsatz am Tender, im Zwischenkriegszustand.
Foto: Werner Lehmitz Rbd Erfurt, Sammlung Walluhn

Alle Lokomotiven der Baureihe 78 haben sich im Berichtsjahr bei der Rbd Erfurt versammelt. Einst in hochwertiger Zugförderung verwendet, sind sie schon jetzt in untergeordnete Dienste auf Haupt- und einige Nebenbahnen mit schwerem Oberbau abgewandert, wie ihre Verteilung leicht zeigt. Erfurt selbst hat keine solchen Lok im Bestand, auch fehlen sie in Gerstungen, Suhl, Weißenfels, Weimar und Zeitz. Alle anderen Bw beheimaten bescheidene Bestände für den Personenzugdienst. Hier fällt besonders das kleine Bw Artern auf, wo die T18 schon vor 1945 beständig Zuhause war.

78 009	Bw Gotha
78 010	*Bw Vacha*
78 030	*Bw Artern*
78 032	Bw Naumburg
78 033	Bw Arnstadt
78 034	Bw Naumburg
78 043	*Bw Arnstadt*
78 053	Bw Gera
78 076	Bw Meiningen
78 079	*Bw Artern*
78 082	Bw Probstzella
78 096	Bw Arnstadt
78 109	Bw Meiningen

78 110	Bw Arnstadt
78 117	Bw Gotha
78 122	Bw Saalfeld
78 135	Bw Artern
78 143	Bw Gera
78 144	Bw Naumburg
78 167	*Bw Gotha*
78 172	Bw Vacha
78 178	Bw Artern
78 179	*Bw Gotha*
78 188	Bw Gera
78 198	*Bw Meiningen*
78 218	Bw Vacha
78 223	Bw Artern
78 240	Bw Artern
78 281	Bw Meiningen
78 314	*Bw Eisenach*
78 394	Bw Gotha
78 395	*Bw Meiningen*
78 398	Bw Probstzella
78 401	Bw Naumburg
78 424	*Bw Arnstadt*
78 425	*Bw Arnstadt*
78 427	*Bw Nordhausen*
78 446	Bw Meiningen
78 447	Bw Nordhausen
78 448	Bw Arnstadt

78 449	Bw Artern
78 457	*Bw Meiningen*[1]
78 467	Bw Probstzella
78 469	*Bw Sangerhausen*
78 494	Bw Vacha
78 497	Bw Artern
78 498	Bw Arnstadt
78 501	Bw Vacha
78 503	*Bw Arnstadt*
78 504	Bw Artern
78 518	Bw Arnstadt
78 519	Bw Arnstadt

1 Nur Rahmen und Führerhaus vorhanden.

Bestand und Verteilung der Dampflok Reihe 80 am 1. Juli 1950:

Ermittelter Gesamtbestand: 22 Lok

Davon im Schadpark: 4 Lok (entspricht 18,2 Prozent)

Maschinen der Baureihe 80 gehören alle zur Rbd Berlin. Wir finden sie in einer Reihe Bw, hauptsächlich aber (noch!) im Anhalter Bahnhof. Soweit nicht verliehen, verrichten diese Lok Rangierdienst.

80 001	*Bw Grunewald*
80 002	Bw Grunewald[1]
80 003	Bw Brandenburg
80 004	Bw Brandenburg
80 006	Bw Berlin Anhalter Bf.
80 007	Bw Berlin Anhalter Bf.
80 008	Bw Berlin Anhalter Bf.
80 009	Bw Berlin Anhalter Bf.
80 010	*Bw Berlin Anhalter Bf.*
80 011	Bw Berlin Anhalter Bf.
80 012	Bw Brandenburg
80 017	Bw Brandenburg
80 018	*Bw Lichtenberg*
80 019	Bw Brandenburg
80 020	Bw Seddin
80 021	Bw Berlin Anhalter Bf.
80 022	Bw Berlin Anhalter Bf.[2]
80 023	Bw Grunewald
80 024	Bw Seddin
80 025	*Bw Rummelsburg*
80 026	Bw Berlin Anhalter Bf.
80 027	Bw Berlin Anhalter Bf.

1 Verliehen als Werklok an Raw Meiningen.
2 Verliehen an US-Armee Flughafen Tempelhof

Bestand und Verteilung der Dampflok Reihe 84 am 1. Juli 1950:

Ermittelter Gesamtbestand: 12 Lok

Davon im Schadpark: 1 Lok (entspricht 8,3 Prozent)

Nur noch ein geringer Teil dieser Baureihe befindet sich im angestammten Bw Dresden-Friedrichstadt. Acht Maschinen hat es nach Schwarzenberg verschlagen, wo die Beförde-

80 006 (Union 1927/2796) als Verschublok in Berlin-Ostbahnhof am 23. Februar 1952. Ihr Pflegezustand ist mäßig, ihr baulicher Zustand noch der des Ursprungs. Als Feuerungsmaterial dürfte Rohbraunkohle dienen.
Foto: Zentrale Bildstelle DR, Sammlung Walluhn

Schwarzenberg ist heute durch sein Eisenbahnmuseum weit über die sächsischen Landesgrenzen hinaus bekannt. Zur Hoch-Zeit der SAG Wismut konnte hier offiziell nur der Dienstfotograf Aufnahmen anfertigen: 84 010 (Schwartzkopff 1937/10661) mit Fahnenschmuck und verwegener Losung: »Jeder Eisenbahner ein Freund der Sowjetunion«. Ein Teil des Wasserkastens ist bereits durch eine Schweißkonstruktion ersetzt.
Foto: Zentrale Bildstelle DR, Sammlung Walluhn

rung schwerer Uranerzzüge der Sowjetischen Aktiengesellschaft (SAG) Wismut auf dem Programm steht.

84 001	Bw Dresden-Friedrichstadt
84 002	Bw Schwarzenberg
84 003	Bw Dresden-Friedrichstadt
84 004	*Bw Dresden-Friedrichstadt*[1]
84 005	Bw Dresden-Friedrichstadt
84 006	Bw Schwarzenberg
84 007	Bw Schwarzenberg
84 008	Bw Schwarzenberg
84 009	Bw Schwarzenberg
84 010	Bw Schwarzenberg
84 011	Bw Schwarzenberg
84 012	Bw Schwarzenberg

1 Grund: Fehlende Ersatzteile für Luttermöller-Endachsantrieb.

Bestand und Verteilung der Dampflok Reihe 86 am 1. Juli 1950:

Ermittelter Gesamtbestand:	172 Lok	
Davon bei SAG Wismut:	4 Lok	
Davon im Schadpark:	11 Lok	(entspricht 6,4 Prozent)

Die Universaltenderlok Reihe 86 wurde vor 1950 durch strenge Gattungsbereinigung in

Mit FDJ-Symbol an der Rauchkammertür begegnet uns 86 029 vom Bw Freiberg (Krupp 1931/1232) in Brand-Erbisdorf. Teile der Wasserkästen sind durch Schweißkonstruktionen ersetzt. Die Lok macht einen hervorragenden Eindruck, sie ist auch ohne Lunin-Wimpel bestens gepflegt. Zwei Fahnen oben am Vorwärmer kündigen einen zeitlich nahen Staatsfeiertag an.
Foto: G. Kielstein, Sammlung Walluhn

Schlicht und spartanisch: 86 773 (Bw Pirna; Schwartzkopff 1942/12013). Bis auf die aufgemalte Betriebsnummer fehlt jegliche Beschilderung. Wie erstaunlich viele Lokomotiven dieser Zeit macht auch sie äußerlich einen ausgezeichneten Eindruck.
Foto: Rudolf Albrecht, Chemnitz, Sammlung Walluhn

den Rbd Dresden und Halle zusammengezogen. Der Hauptanteil ist in Sachsen stationiert, sehr große Bestände stehen in Leipzig und Pirna. Einzelstücke finden wir in Dresden-Altstadt sowie Görlitz, allgemein herrscht eine relativ gleichmäßige Verteilung im Raum Halle-Leipzig und der gesamten Rbd Dresden. 86 versehen Haupt- und Nebenbahndienst gleichermaßen, der Schadpark liegt außerordentlich gering. Johanngeorgenstadt, ein zum Bw aufgewerteter Lokbahnhof der inneren Sperrzone der SAG Wismut, besitzt 4 Lokomotiven, die nicht zum Bestand der Reichsbahn gehören, sondern dem sowjetrussischen Militärtransportwesen (Kommandant Korosow) unterstehen[3].

86 001	*Bw Hilbersdorf*
86 012	Bw Leipzig-Süd
86 013	Bw Merseburg
86 018	Bw Meuselwitz
86 022	Bw Görlitz
86 027	Bw Rochlitz
86 028	Bw Pirna
86 029	Bw Schwarzenberg
86 030	*Bw Zwickau*
86 032	Bw Schwarzenberg
86 035	Bw Schwarzenberg
86 037	Bw Pockau-Lengefeld
86 038	Bw Schwarzenberg
86 039	Bw Buchholz (Sachs)
86 040	Bw Pirna
86 041	*Bw Reichenbach*
86 044	Bw Pockau-Lengefeld
86 048	Bw Buchholz (Sachs)
86 049	*Bw Hilbersdorf*
86 050	Bw Buchholz (Sachs)
86 051	Bw Johanngeorgenstadt[1]
86 052	Bw Johanngeorgenstadt[2]
86 053	Bw Pockau-Lengefeld
86 056	*Bw Werdau*
86 058	Bw Johanngeorgenstadt[3]
86 059	Bw Schwarzenberg
86 061	Bw Altenburg
86 062	*Bw Leipzig-Süd*
86 063	Bw Hilbersdorf
86 076	Bw Altenburg
86 077	Bw Leipzig-Süd
86 079	Bw Pockau-Lengefeld
86 086	Bw Hilbersdorf

1 SSSR-Lok T86 051 SAG Wismut.
2 SSSR-Lok T86 052 SAG Wismut.
3 SSSR-Lok T86 058 SAG Wismut.

3 Es handelt sich um:
T86 051 seit 10.10.1945 bei SAG Wismut
T86 052 seit 10.10.1945 bei SAG Wismut
T86 058 seit 15.02.1947 bei SSSR
T86 247 seit 15.11.1945 bei SSSR und vermutlich ab 10.05.1948 bei SAG Wismut
Über den Verbleib aller vier Lokomotiven nach 1950 liegen bis heute keinerlei Angaben vor!

86 088	*Bw Leipzig Bayerischer Bf.*
86 089	Bw Pockau-Lengefeld
86 108	Bw Pockau-Lengefeld
86 113	Bw Leipzig-Süd
86 114	Bw Leipzig-Süd
86 119	Bw Adorf
86 121	Bw Schwarzenberg
86 122	Bw Buchholz (Sachs)
86 123	Bw Pockau-Lengefeld
86 126	Bw Buchholz (Sachs)
86 133	Bw Pockau-Lengefeld
86 136	Bw Rochlitz
86 137	Bw Pockau-Lengefeld
86 138	Bw Hilbersdorf
86 141	Bw Adorf
86 143	Bw Adorf
86 145	*Bw Buchholz (Sachs)*
86 146	Bw Rochlitz
86 147	Bw Adorf
86 148	Bw Adorf
86 149	Bw Hilbersdorf
86 150	Bw Pockau-Lengefeld
86 151	Bw Schwarzenberg
86 184	Bw Pockau-Lengefeld
86 185	Bw Rochlitz
86 187	Bw Leipzig-Süd
86 189	Bw Hilbersdorf
86 193	Bw Leipzig Bayerischer Bf.
86 205	Bw Halle-Klaustor
86 218	Bw Buchholz (Sachs)
86 221	Bw Meuselwitz
86 222	Bw Meuselwitz
86 223	Bw Altenburg
86 236	Bw Buchholz (Sachs)
86 243	Bw Schwarzenberg
86 245	Bw Leipzig Bayerischer Bf.
86 247	Bw Johanngeorgenstadt[4]
86 251	Bw Aue
86 265	*Bw Hilbersdorf*
86 269	Bw Pockau-Lengefeld
86 270	Bw Dresden-Friedrichstadt
86 309	Bw Leipzig-Süd
86 311	Bw Aue
86 312	Bw Aue
86 313	Bw Schwarzenberg
86 323	Bw Döbeln
86 324	Bw Aue
86 330	Bw Meuselwitz
86 331	Bw Hilbersdorf
86 332	Bw Leipzig-Süd
86 333	Bw Aue
86 334	Bw Döbeln
86 336	Bw Pirna
86 337	Bw Pirna
86 343	Bw Hilbersdorf
86 344	*Bw Zwickau*
86 360	Bw Leipzig-Süd
86 361	Bw Hilbersdorf
86 376	Bw Schwarzenberg
86 389	Bw Buchholz (Sachs)
86 390	Bw Pirna
86 391	Bw Pirna
86 411	Bw Buchholz (Sachs)
86 423	Bw Döbeln
86 424	Bw Dresden-Friedrichstadt
86 435	Bw Leipzig-Süd
86 436	Bw Leipzig-Süd
86 437	Bw Dresden-Friedrichstadt
86 438	Bw Halle-Klaustor
86 440	Bw Leipzig Bayerischer Bf.
86 442	Bw Rochlitz
86 444	Bw Schwarzenberg
86 445	Bw Rochlitz
86 458	Bw Adorf
86 460	Bw Hilbersdorf
86 461	Bw Dresden-Friedrichstadt
86 462	Bw Dresden-Friedrichstadt
86 463	Bw Pirna
86 470	Bw Buchholz (Sachs)
86 501	Bw Halle-G
86 511	Bw Merseburg
86 545	Bw Pirna
86 548	Bw Rochlitz
86 549	Bw Schwarzenberg
86 551	Bw Aue
86 552	Bw Döbeln
86 553	Bw Altenburg
86 555	Bw Pirna
86 556	Bw Pirna

4 SSSR-Lok T86 247 SAG Wismut.

86 560	Bw Altenburg
86 563	Bw Dresden-Altstadt
86 573	Bw Altenburg
86 589	Bw Leipzig-Süd
86 590	Bw Hilbersdorf
86 591	Bw Dresden-Friedrichstadt
86 606	Bw Aue
86 607	Bw Aue
86 608	Bw Pirna
86 609	Bw Altenburg
86 610	Bw Aue
86 615	Bw Leipzig-Süd
86 616	Bw Leipzig Bayerischer Bf.
86 617	Bw Altenburg
86 621	Bw Halle-Klaustor
86 622	Bw Dresden-Friedrichstadt
86 623	Bw Dresden-Friedrichstadt
86 624	Bw Dessau
86 715	Bw Aue
86 722	Bw Halle-Klaustor
86 723	Bw Leipzig-Süd
86 724	Bw Leipzig-Süd
86 725	Bw Dresden-Friedrichstadt
86 727	Bw Aue
86 736	Bw Leipzig Bayerischer Bf.
86 737	Bw Altenburg
86 738	Bw Leipzig-Süd
86 741	Bw Schwarzenberg
86 742	Bw Leipzig-Süd
86 743	Bw Altenburg
86 744	Bw Pirna
86 748	Bw Dresden-Friedrichstadt
86 754	Bw Leipzig-Süd
86 755	Bw Leipzig-Plagwitz
86 756	Bw Leipzig-Plagwitz
86 758	Bw Leipzig-Plagwitz
86 759	Bw Dessau
86 760	Bw Halle-G
86 761	Bw Leipzig-Plagwitz
86 769	Bw Leipzig Bayerischer Bf.
86 771	Bw Halle-Klaustor
86 773	Bw Pirna
86 775	Bw Halle-Klaustor
86 776	Bw Leipzig Bayerischer Bf.
86 800	Bw Halle-Klaustor
86 839	Bw Dresden-Friedrichstadt
86 868	Bw Leipzig Bayerischer Bf.
86 869	Bw Rochlitz
86 870	Bw Leipzig-Plagwitz
86 1000	Bw Pirna

Bestand und Verteilung der Dampflok Reihe 88 am 1. Juli 1950:

Ermittelter Gesamtbestand: 1 Lok
Davon im Schadpark: keine

88 7001	Rbd Berlin

Bestand und Verteilung der Dampflok Reihe 89 am 1. Juli 1950:

Ermittelter Gesamtbestand 89.0:	45 Lok	
Davon bei SAG Wismut:	6 Lok	
Davon im Schadpark:	3 Lok	(entspricht 6,7 Prozent)
Ermittelter Gesamtbestand 89.59:	183 Lok	
Davon im Schadpark:	11 Lok	(entspricht 6,0 Prozent)
Ermittelter Gesamtbestand 89.70:	35 Lok	
Davon im Schadpark:	5 Lok	(entspricht 14,3 Prozent)

Unter Baureihe 89 versammeln sich die unterschiedlichsten Gattungen, Bauarten und Einzelstücke mit Achsfolge Cn2t und Ch2t. So differenziert ihre Konstruktion, so verschieden auch ihre Einsatzgebiete. Während sich die vormaligen sächsischen VT (Reihe 89.2) traditionell in der Rbd Dresden aufhalten, finden wir die übernommenen Privatbahnlok noch weitgehend in den alten Heimatorten. Preußische T3 (Reihe 89.70-75) verteilen sich außer bei den Rbd Cottbus, Erfurt und Schwerin im ganzen Lande. Zahlreiche Fahrzeuge aus Splittergattungen ergänzen den Bestand. 89 sind vorwiegend im leichten Verschub und auf Nebenbahnen mit schwachem Oberbau im Einsatz. Sechs Lokomotiven gehören zum Bestand des sowjetischen Militärtransportwesens (Kommandant Korosow) in Johanngeorgenstadt[4].

---

4 Es handelt sich um:
T89 238 seit 15.081947 bei SAG Wismut
T89 254 seit 15.081947 bei SAG Wismut
T89 256 seit 10.081947 bei SAG Wismut
T89 258 seit 10.081947 bei SAG Wismut
T89 268 seit 15.081947 bei SAG Wismut
T89 287 seit 15.081947 bei SAG Wismut
Auch über den Verleib dieser Lokomotiven nach 1950 liegen bis heute keinerlei Angaben vor!

Eine sächsische VT 89 211 des Bw Hilbersdorf (Hartmann 1896/2228) im Raw Karl-Marx-Stadt. »Im Bahnbetrieb, das sei dir klar umlauert ständig dich Gefahr«, lautet diesmal die ausnahmsweise einmal unpolitische Losung. Die 1896 erbaute und seit 1932 im Werkverschub eingesetzte Maschine trägt noch immer Stangenpuffer, originale Wasserkästen und zwei aufgesetzte Werkzeugkisten. Ganz vorn an der Rauchkammer sitzt eine Luftpumpe ohne Kühlrippen, wie sie sonst nirgendwo mehr vorkommt. Ganz sicher ist die Untied'sche Feuertür mit Sekundärluftzuführung aus sächsischer Länderbahnzeit auch noch vorhanden.
Foto: Ernst Mäde Rbd Dresden, Sammlung Walluhn

89 0001	Bw Frankfurt/Oder Pbf.[1]	
89 005	Bw Leipzig-West	
89 008	*Bw Dresden-Altstadt*	
89 204	Bw Werdau	
89 211	Bw Hilbersdorf	
89 215	Bw Hilbersdorf	
89 217	Bw Dresden-Altstadt	
89 219	Bw Dresden-Friedrichstadt	
89 222	Bw Dresden-Friedrichstadt	
89 231	Bw Dresden-Altstadt	
89 233	Bw Riesa	verliehen an Stahl- u. Walzwerk Gröditz[2]
89 238	Bw Johanngeorgenstadt	SSSR-Lok T89 238 SAG Wismut
89 239	Bw Werdau[3]	
89 240	Bw Rochlitz	
89 245	Bw Aue	
89 247	Bw Dresden-Friedrichstadt	
89 250	Bw Zwickau	

1 Spätere 89 6033.
2 Werklok für Werk II Großenhain.
3 Seit 1948 abgestellt, seit Mai 1950 teilzerlegt im Bw Werdau, dennoch nicht im Schadpark geführt.

89 253	Bw Döbeln	
89 254	Bw Johanngeorgenstadt	SSSR-Lok T89 254 SAG Wismut
89 256	Bw Johanngeorgenstadt	SSSR-Lok T89 256 SAG Wismut
89 258	Bw Johanngeorgenstadt	SSSR-Lok T89 258 SAG Wismut
89 259	Bw Zwickau	
89 262	Bw Dresden-Friedrichstadt	
89 265	Bw Zwickau	
89 267	Bw Zwickau	
89 268	Bw Johanngeorgenstadt	SSSR-Lok T89 268 SAG Wismut
89 283	Bw Döbeln	
89 285	Bw Zwickau	
89 286	Bw Zwickau	
89 287	Bw Johanngeorgenstadt	SSSR-Lok T89 287 SAG Wismut
89 289	Bw Zwickau	
89 290	Bw Döbeln	
89 291	Bw Zwickau	
89 293	Bw Dresden-Altstadt	
89 294	Bw Zwickau	
89 621	Bw Leipzig-West	verliehen an Zuckerfabrik Lützen
89 901	Bw Leipzig Bayerischer Bf.	verliehen an Industrie
89 902	Bw Gera	

89 954 vom Bw Dresden-Altstadt (Orenstein 192911687, vormals Rosenberger Kleinbahn Nr. 5) im Verschub auf dem Hauptbahnhof Dresden. Die gesamte Bahnhofshalle ist nach wie vor glaslos, Abteilwagen dritter Klasse bestimmen das Bild. Selbst dieser C-Kuppler befindet sich in persönlicher Pflege.
Foto: Sammlung Umlauft (†), Erfurt

Eine preußische T3 der ehemaligen KED Erfurt in erster Bauform mit Regleraufsatz. 89 6001 Bw Vacha (Schwartzkopff 1893/2043) im Bahnhof Oechsen 1950. Die ehemalige Kleinbahn nach Wenigentaft ist noch im Betrieb. An der Lok selbst findet sich nach wie vor ihre alte Druckluftbremse Bauart Westinghouse, die Kesselsicherheitsventile sind quer anstatt längs auf dem Stehkessel angeordnet.
Foto: Gernot Malsch, Sammlung Walluhn

Von der Kleinbahn Wallwitz–Wettin stammt diese T3 des Bw Berlin-Pankow. 89 6110 (Hohenzollern 1900/1295) steht auf der Drehscheibe ihrer Heimatdienststelle. Der seitliche Wasserkasten hat vermutlich bei einem Rangierunfall den sichtbaren »Schlag« erhalten. Die Aufnahme entstand am 13. November 1951.
Foto: Zentrale Bildstelle DR, Sammlung Walluhn

89 931	Bw Zwickau	
89 953	Bw Bautzen	
89 954	Bw Zwickau	
89 955	*Bw Dresden-Altstadt*	
89 1004	Bw Leipzig Bayerischer Bf.	verliehen an Kohlenindustrie
89 2551	*Bw Frankfurt/Oder Pbf.*	
89 4937	Raw Halle	Werklok
89 5901	Bw Arnstadt	ex. Arnstadt-Ichtershausen 340
89 5902	Bw Stralsund	ex. Greifswald-Grimmen 11c
89 5903	Bw Barth	ex. Greifswald-Grimmen 12c
89 6001	Bw Vacha	ex. Wenigentaft-Oechsen 6123
89 6002	Bw Stralsund	ex. Franzburger Südbahn 17
89 6003	Bw Barth	ex. Franzburger Südbahn 20
89 6004	Bw Bernburg	ex. Genthiner Eb. 281
89 6005	Bw Tempelhof Vbf.	ex. Teltower Eb. 21
89 6006	Bw Salzwedel	ex. Altmärkische Eb. 282
89 6007	Bw Salzwedel	ex. Altmärkische Eb. 283
89 6008	Bw Schöneweide	ex. Königswusterhsn.-Mittenwalde-Töpchin 1
89 6009	Bw Halberstadt	ex. Heudeber-Mattierzoll 284
89 6010	Bw Oebisfelde	ex. Marienborn-Beendorf 3871
89 6011	Bw Aschersleben	ex. Wallwitz-Wettin 286
89 6012	Bw Schöneweide	ex. Königswusterhsn.-Mittenwalde-Töpchin 22
89 6013	Bw Blankenburg	ex. Halberstadt-Blankenburg 23
89 6014	Bw Schöneweide	ex. Königswusterhsn.-Mittenwalde-Töpchin 24
89 6015	Bw Jerichow	ex. Genthiner Eb. 288
89 6016	Bw Jerichow	ex. Genthiner Eb. 296
89 6017	Bw Stendal	ex. Stendaler Eb. 262
89 6018	Bw Arnstadt	ex. Arnstadt-Ichtershausen 360
89 6019	Bw Gotha	ex. Langensalzaer Klb. 263
89 6020	Bw Gotha	ex. Langensalzaer Klb. 264
89 6021	Bw Stendal	ex. Osterburg-Pretzier 266
89 6022	Bw Stendal	ex. Osterburg-Pretzier 267
89 6023	Bw Gotha	ex. Ilmenau-Großbreitenbach 268
89 6024	Bw Bernburg	ex. Bebitz-Alsleben 269
89 6025	Bw Jerichow	ex. Genthiner Eb. 271
89 6026	Bw Oebisfelde	ex. Genthiner Eb. 272
89 6027	Bw Eilsleben	ex. Genthiner Eb. 273
89 6028	Bw Jerichow	ex. Genthiner Eb. 274
89 6029	Bw Halberstadt	ex. Heudeber-Mattierzoll 278
89 6030	Bw Jerichow	ex. Genthiner Eb. 275
89 6031	Bw Jerichow	ex. Genthiner Eb. 276
89 6032	Bw Bernburg	ex. Bebitz-Alsleben 277[4]

4 Verliehen an VEB Saxonia Glöthe.

89 6101	Bw Barth	ex. Franzburger Südbahn 27
89 6102	Bw Barth	ex. Franzburger Südbahn 28
89 6103	Bw Tempelhof Vbf.	ex. Teltower Eb. 22
89 6104	Bw Tempelhof Vbf.	ex. Teltower Eb. 23
89 6105	Bw Leipzig Bayerischer Bf.	ex. Prenzlauer Kreisbahn PK 1[5]
89 6106	*Bw Dessau*	ex. Dessau-Wörlitz 8
89 6107	Bw Ketzin	ex. Brandenburg-Röthehof WH 1
89 6108	Bw Brandenburg-Altstadt	ex. Brandenburg-Röthehof WH 2
89 6109	Bw Haldensleben	ex. Gardelegen-Haldensleben-Weferlingen 259
89 6110	Bw Aschersleben	ex. Wallwitz-Wettin 257
89 6111	Bw Lichtenberg	ex. Altlandsberger Klb. 22
89 6112	Bw Ketzin	ex. Osthavelländische Eb. OHE 4
89 6113	Bw Lichtenberg	ex. Altlandsberger Klb. 21
89 6114	Bw Dessau	ex. Dessau-Wörlitz 9[6]
89 6115	Bw Brandenburg-Altstadt	ex. Brandenburger Städtebahn 1-20
89 6116	Bw Torgau	ex. Schildau-Mockrehna 287
89 6117	Bw Stendal	ex. Goldbeck-Werben 6
89 6118	Bw Brandenburg-Altstadt	ex. Brandenburger Städtebahn 1-21
89 6119	*Bw Brandenburg-Altstadt*	ex. Brandenburger Städtebahn 1-22
89 6120	Bw Ketzin	ex. Brandenburg-Röthehof WH 4
89 6121	Bw Prenzlau	ex. Prenzlauer Kreisbahn PK 5
89 6122	Bw Prenzlau	ex. Prenzlauer Kreisbahn PK 6
89 6123	Bw Brandenburg-Altstadt	ex. Brandenburger Städtebahn 1-23
89 6124	Bw Brandenburg-Altstadt	ex. Brandenburger Städtebahn 1-24
89 6125	Bw Brandenburg-Altstadt	ex. Brandenburger Städtebahn 1-25
89 6126	Bw Ketzin	ex. Osthavelländische Eb. NV 1
89 6127	Bw Ketzin	ex. Osthavelländische Eb. NV 2
89 6128	Bw Perleberg	ex. Prignitzer Kreisklb. 25
89 6129	Bw Frankfurt/Oder Pbf.	ex. Oderbruchbahn 22[7]
89 6130	Bw Schöneweide	ex. Königswusterhsn.-Mittenwalde-Töpchin 2
89 6131	Bw Prenzlau	ex. Prenzlauer Kreisbahn DS 3
89 6132	Bw Hoyerswerda	ex. Horka-Rothenburg-Priebus 23c
89 6133	Bw Stendal	ex. Stendaler Eb. 251
89 6134	Bw Frankfurt/Oder Pbf.	ex. Oderbruchbahn 3-32
89 6135	Bw Frankfurt/Oder Pbf.	ex. Oderbruchbahn 3-33
89 6136	Bw Aschersleben	ex. Aschersleben-Schneidlingen-Nienhagen 21
89 6137	Bw Stendal	ex. Stendaler Eb. 292
89 6138	Bw Riesa	ex. Neuburxdorf-Mühlberg 293
89 6139	Bw Aschersleben	ex. Wallwitz-Wettin 294

5 Verliehen an Kombinat Böhlen-Espenhain.
6 Verliehen an Abus Dessau.
7 Eigentümer der Lok laut Umzeichnungsplan DR von 1949 unbekannt.

89 6479 vom Bw Stendal (AEG Hennigsdorf 1925/3106), eine der wenigen C-gekuppelten Heißdampflok, wartet vor einem Personenzug auf einem altmärkischen Bahnhof. Was gäbe ein Museum heute für diese Garnitur?
Foto: Werner Umlauft, Erfurt (†), Sammlung Walluhn

89 6140	Bw Bernburg	ex. Bebitz-Alsleben 295
89 6141	Bw Frankfurt/Oder Pbf.	ex. Oderbruchbahn 22[8]
89 6142	*Bw Frankfurt/Oder Pbf.*	ex. Oderbruchbahn 3-20
89 6143	Bw Frankfurt/Oder Pbf.	ex. Oderbruchbahn 3-22
89 6144	*Bw Frankfurt/Oder Pbf.*	ex. Oderbruchbahn 3-23
89 6145	Bw Frankfurt/Oder Pbf.	ex. Oderbruchbahn 3-24
89 6146	Bw Frankfurt/Oder Pbf.	ex. Oderbruchbahn 3-25
89 6147	Bw Frankfurt/Oder Pbf.	ex. Oderbruchbahn 3-26
89 6148	Bw Frankfurt/Oder Pbf.	ex. Oderbruchbahn 3-27
89 6149	Bw Frankfurt/Oder Pbf.	ex. Oderbruchbahn 3-28
89 6150	Bw Frankfurt/Oder Pbf.	ex. Oderbruchbahn 3-29
89 6151	Bw Frankfurt/Oder Pbf.	ex. Oderbruchbahn 3-31
89 6152	Bw Brandenburg-Altstadt	ex. Brandenburger Städtebahn 1-27[9]
89 6153	Bw Perleberg	ex. Prignitzer Kreisklb. 6-20
89 6154	Bw Perleberg	ex. Prignitzer Kreisklb. 6-21
89 6155	Bw Perleberg	ex. Prignitzer Kreisklb. 6-22
89 6156	Bw Riesa	ex. Neuburxdorf-Mühlberg 297
89 6157	Bw Perleberg	ex. Prignitzer Kreisklb. 6-23
89 6158	Bw Perleberg	ex. Prignitzer Kreisklb. 5-21
89 6159	Bw Görlitz	ex. Horka-Rothenburg-Priebus 21c
89 6160	Bw Gotha	ex. Kyffhäuser Klb. 265
89 6161	Bw Aschersleben	ex. Aschersleben-Schneidlingen-Nienhagen 22
89 6162	Bw Artern	ex. Kyffhäuser Klb. 270
89 6163	Bw Aschersleben	ex. Aschersleben-Schneidlingen-Nienhagen 23
89 6164	Bw Aschersleben	ex. Aschersleben-Schneidlingen-Nienhagen 24
89 6165	Bw Hagenow-Land	ex. Boizenburger Stadt- und Hafenbahn 1
89 6166	Bw Bitterfeld	ex. Delitzscher Eb. 279
89 6167	Bw Bitterfeld	ex. Delitzscher Eb. 280
89 6168	Bw Stendal	ex. Goldbeck-Werben 5
89 6201	Bw Luckau	ex. Niederlausitzer Eb. 32
89 6202	Bw Luckau	ex. Niederlausitzer Eb. 33
89 6203	*Bw Luckau*	ex. Niederlausitzer Eb. 34
89 6204	Bw Stendal	ex. Goldbeck-Werben 7
89 6205	Bw Bitterfeld	ex. Dessau-Wörlitz 7
89 6206	Bw Luckau	ex. Dahme-Uckro 7-21
89 6207	Bw Ketzin	ex. Osthavelländische Eb. OHE 1
89 6208	Bw Luckau	ex. Dahme-Uckro 7-20
89 6209	Bw Falkenberg	ex. Prettin-Annaburg 289
89 6210	Bw Haldensleben	ex. Gardelegen-Haldensleben-Weferlingen 290
89 6211	Bw Neuruppin	ex. Ruppiner Eb. RE 5
89 6212	Bw Neuruppin	ex. Ruppiner Eb. RE 15[10]
89 6213	Bw Luckau	ex. Niederlausitzer Eb. 35
89 6214	Bw Luckau	ex. Niederlausitzer Eb. 36
89 6215	Bw Erfurt-P	ex. Weimar-Berka-Blankenhain 89 0076
89 6216	Bw Neuruppin	ex. Ruppiner Eb. RE 6
89 6217	Bw Ketzin	ex. Osthavelländische Eb. B-Sp 5
89 6218	Bw Halberstadt	ex. Osterwieck-Wasserleben 77

8 Lok 22 der Kleinbahn Grünberg-Sprottau.
9 Verliehen an Walzwerk Brandenburg als Werklok.
10 Verliehen an Bau-Union Brandenburg für Flugplatz Neuruppin.

89 6219	*Bw Schöneweide*	ex. Königswusterhsn.-Mittenwalde-Töpchin 3
89 6220	Bw Haldensleben	ex. Gardelegen-Haldensleben-Weferlingen 298
89 6221	Bw Perleberg	ex. Prignitzer Kreisklb. 35[11]
89 6222	Bw Frankfurt/Oder Pbf.	ex. Oderbruchbahn 4-20
89 6223	Bw Frankfurt/Oder Pbf.	ex. Oderbruchbahn 4-21
89 6224	Bw Frankfurt/Oder Pbf.	ex. Oderbruchbahn 4-22
89 6225	Bw Frankfurt/Oder Pbf.	ex. Oderbruchbahn 4-23
89 6226	Bw Luckau	ex. Niederlausitzer Eb. 31
89 6227	Bw Aschersleben	ex. Aschersleben-Schneidlingen-Nienhagen 33
89 6228	Bw Haldensleben	ex. Gardelegen-Haldensleben-Weferlingen 285
89 6229	Bw Prenzlau	ex. Prenzlauer Kreisbahn PK 8
89 6230	Bw Prenzlau	ex. Prenzlauer Kreisbahn DS 4
89 6231	Bw Prenzlau	ex. Prenzlauer Kreisbahn PK 9
89 6232	*Bw Prenzlau*	ex. Prenzlauer Kreisbahn PK 10
89 6233	Bw Eilsleben	ex. Marienborn-Beendorf 7975
89 6234	Bw Aschersleben	ex. Aschersleben-Schneidlingen-Nienhagen 34[12]
89 6235	Bw Falkenberg	ex. Prettin-Annaburg 258
89 6236	Bw Aschersleben	ex. Aschersleben-Schneidlingen-Nienhagen 31
89 6237	Bw Erfurt-P	ex. Erfurt-Nottleben 251
89 6238	Bw Aschersleben	ex. Aschersleben-Schneidlingen-Nienhagen 32
89 6239	Bw Görlitz	ex. Görlitzer Kreisbahn 27-45
89 6276	Bw Prenzlau	ex. Prenzlauer Kreisbahn PK 15
89 6277	Bw Salzwedel	ex. Altmärkische Eb. 201
89 6278	Bw Salzwedel	ex. Altmärkische Eb. 202
89 6279	Bw Salzwedel	ex. Altmärkische Eb. 203
89 6280	Bw Gotha	ex. Wutha-Ruhla 2
89 6281	Bw Salzwedel	ex. Altmärkische Eb. 204
89 6282	Bw Neuruppin	ex. Ruppiner Eb. 2[13]
89 6301	Bw Seddin	ex. Lehniner Klb. 02-20
89 6302	Bw Schöneweide	ex. Königswusterhsn.-Mittenwalde-Töpchin 4
89 6303	Bw Brandenburg-Altstadt	ex. Brandenburger Städtebahn 1-28
89 6304	*Bw Schöneweide*	ex. Königswusterhsn.-Mittenwalde-Töpchin 9
89 6305	Bw Ketzin	ex. Osthavelländische Eb. B-Sp 6
89 6306	Bw Luckau	ex. Niederlausitzer Eb. 21c[14]
89 6307	Bw Halberstadt	ex. Oschersleben-Schöningen 1031

11 Lok 35 der Liegnitz-Rawitscher Eb.
12 Verliehen an Kombinat Mansfeld.
13 Lok 2 der Kleinbahn Gransee-Neuglobsow.
14 Lok 21c der Lissa-Guhrau-Steinauer Eb.

89 6308	Bw Barth	ex. Franzburger Südbahn 11
89 6309	Bw Aschersleben	ex. Aschersleben-Schneidlingen-Nienhagen 35
89 6310	Bw Torgau	ex. Schildau-Mockrehna 253
89 6376	Bw Salzwedel	ex. Altmärkische Eb. 205
89 6401	Bw Gotha	ex. Arnstadt-Ichtershausen 372
89 6402	Bw Blankenburg	ex. Halberstadt-Blankenburg 31
89 6403	Bw Salzwedel	ex. Salzwedeler Eb. 299
89 6404	Bw Neuruppin	ex. Ruppiner Eb. RE 21
89 6405	Bw Eilsleben	ex. Marienborn-Beendorf 9436
89 6406	Bw Salzwedel	ex. Salzwedeler Eb. 252
89 6407	Bw Dessau	ex. Dessau-Wörlitz 11
89 6408	Bw Bitterfeld	ex. Dessau-Wörlitz 12[15]
89 6409	Bw Basdorf	ex. Niederbarnimer Eb. 11
89 6410	Bw Basdorf	ex. Niederbarnimer Eb. 12
89 6411	*Bw Basdorf*	ex. Niederbarnimer Eb. 13
89 6412	Bw Basdorf	ex. Niederbarnimer Eb. 14
89 6413	*Bw Basdorf*	ex. Niederbarnimer Eb. 15
89 6476	Bw Brandenburg-Altstadt	ex. Brandenburger Städtebahn 1-40
89 6477	Bw Dessau	ex. Dessau-Wörlitz 5
89 6478	Bw Bitterfeld	ex. Dessau-Wörlitz 6
89 6479	Bw Ketzin	ex. Osthavelländische Eb. OHE 11
89 6480	Bw Ketzin	ex. Osthavelländische Eb. OHE 12
89 6481	Bw Ketzin	ex. Brandenburg-Röthehof WH 5
89 6501	Bw Neuruppin	ex. Ruppiner Eb. RE 18
89 6576	Bw Prenzlau	ex. Prenzlauer Kreisbahn DS 5
89 6601	Bw Stendal	ex. Stendaler Eb. 254
89 6676	Bw Seddin	ex. Lehniner Klb. 02-40
89 7095	Bw Halberstadt	
89 7151	*Bw Lichtenberg*	
89 7243	Raw Tempelhof	Werklok
89 7251	Bw Dresden-Altstadt	
89 7263	Bw Zwickau[16]	
89 7278	Bw Dresden-Altstadt	
89 7298	Bw Bitterfeld	
89 7327	Bw Magdeburg-Buckau	
89 7329	Bw Magdeburg Hbf.	
89 7349	Bw Magdeburg-Buckau	
89 7375	*Rbd Magdeburg*	
89 7402	Bw Leipzig-Wahren	
89 7407	Bw Aue	
89 7423	Bw Magdeburg-Buckau	

15 Abweichend erst zum 01.04.1950 in den Bestand der DR übernommen.
16 Verliehen an Kombinat Böhlen als Werklok.

89 7448	Bw Leipzig Bayerischer Bf.
89 7469	Bw Halberstadt
89 7472	Bw Leipzig Bayerischer Bf.
89 7480	Bw Dresden-Altstadt
89 7493	Bw Stralsund
89 7506	Bw Magdeburg-Rothensee
89 7540	Bw Halberstadt
89 7546	Bw Magdeburg Hbf.
89 7562	Bw Magdeburg-Rothensee
89 7563	Bw Leipzig Bayerischer Bf.
89 7564	Bw Aschersleben
89 7566	Bw Halle-P
89 7567	Bw Dresden-Altstadt
89 7568	Bw Dresden-Altstadt
89 7569	Bw Görlitz
89 7570	Bw Chemnitz Hbf.
89 7571	Bw Altenburg
89 7578	*Bw ?*[17]
89 8066	Bw Dresden-Altstadt
89 8101	Rbd Erfurt[18]
89 8104	*Bw Pasewalk*

17 Nicht umgezeichnete PKP Tkh 1-17.
18 Lok ist ausgemustert!

Bestand und Verteilung der Dampflok Reihe 90 am 1. Juli 1950:

Ermittelter Gesamtbestand:	8 Lok	
Davon im Schadpark:	2 Lok	(entspricht 25,0 Prozent)

Fast bedeutungslos erscheint die Baureihe 90 im Bestand. Bei den Rbd Berlin und Greifswald zählen wir sieben Exemplare, interessanterweise davon sechs Stück nicht im Schadpark.

90 108	*Rbd Dresden*	
90 235	Bw Schöneweide	
90 237	Bw Pasewalk	
90 242	Bw Schöneweide	
90 247	*Bw Potsdam*	
90 252	Bw Schöneweide	
90 6401	Bw Eberswalde	ex. Eberswalde-Finowfurt EFE 1
90 6402	Bw Eberswalde	ex. Eberswalde-Finowfurt EFE 2

Bestand und Verteilung der Dampflok Reihe 91 am 1. Juli 1950:

Ermittelter Gesamtbestand 91.1:	3 Lok	
Davon im Schadpark:	2 Lok	(entspricht 66,7 Prozent)
Ermittelter Gesamtbestand 91.2:	2 Lok	
Davon im Schadpark:	1 Lok	(entspricht 50,0 Prozent)
Ermittelter Gesamtbestand 91.3:	115 Lok	
Davon im Schadpark:	38 Lok	(entspricht 33,0 Prozent)
Ermittelter Gesamtbestand 91.19:	16 Lok	
Davon im Schadpark:	2 Lok	(entspricht 12,5 Prozent)
Ermittelter Gesamtbestand 91.61:	52 Lok	
Davon im Schadpark:	1 Lok	(entspricht 1,9 Prozent)

Innerhalb dieser Baureihe befinden sich überwiegend preußische T9.3, mecklenburgi-

91 920 des Bw Bad Schandau (Orenstein 1906/1905) rangiert am 8. Mai 1954 auf Bahnhof Bad Schandau an der Elbe. Ganz typisch für Lokomotiven der Rbd Dresden ist die auf dem Kesselscheitel montierte Vorwärmertrommel.
Foto: Georg Hey, Weimar, Sammlung Walluhn

sche T 4 und übernommene Privatbahnmaschinen. Die mit über einhundert Stück vertretenen 91.3-18 (T9.3) stehen in meist kleiner Anzahl – mitunter gar in Einzelexemplaren – in vielen Bw der Direktionen Dresden, Greifswald und Schwerin. 91 1415 hat sich zum Bw Torgau der Rbd Halle verirrt. Der Schadpark schlägt mit über 30 Prozent zu Buche. 91.19 besitzt traditionell nur die Rbd Schwerin, die Privatbahnlok verblieben ähnlich den 75 und 89 am Stichtag noch weitgehend auf ihren alten Stammstrecken. Maschinen der Reihe 91 dienen neben dem klassischen Verschub vor allem im Nebenbahndienst auf Strecken mit leichtem Oberbau.

91 133	Bw Heringsdorf
91 134	Bw Schwerin
91 148	Bw Neustrelitz
91 202	*Bw Pasewalk*
91 232	Bw Schwerin
91 336	Bw Pasewalk
91 340	*Bw Riesa*
91 345	*Bw Reichenbach*
91 375	Bw Rostock
91 379	*Rbd Schwerin*
91 393	Bw Schwerin
91 402	Bw Heringsdorf
91 405	*Bw Pasewalk*
91 410	Bw Wittenberge
91 417	Bw Görlitz
91 422	Bw Prenzlau
91 439	Bw Eberswalde
91 456	Bw Bad Schandau
91 460	Bw Schwerin
91 466	*Bw Pasewalk*
91 488	Bw Wismar
91 513	*Rbd Schwerin*
91 519	Bw Neustrelitz
91 530	*Bw Stendal*
91 534	Bw Bautzen
91 539	Bw Wismar
91 551	Bw Rostock
91 576	Bw Freiberg
91 583	*Bw Stendal*
91 602	*Bw Stralsund*
91 609	*Bw Stralsund*
91 610	*Bw Stralsund*
91 620	*Bw Stralsund*
91 624	Bw Güstrow
91 628	Bw Görlitz
91 639	Bw Pasewalk
91 640	Bw Stralsund
91 646	Bw Stralsund
91 676	*Bw Pasewalk*
91 679	Bw Freiberg
91 693	Bw Neubrandenburg
91 697	Bw Reichenbach
91 713	*Bw Saalfeld*
91 721	Bw Neustrelitz
91 722	*Bw Haldensleben*[1]
91 730	*Bw Pasewalk*
91 734	Bw Güstrow
91 735	Bw Rostock
91 746	Bw Reichenbach
91 752	Bw Neustrelitz
91 770	*Bw Pasewalk*
91 771	Bw Eberswalde
91 790	*Bw Stendal*
91 791	*Bw Bad Schandau*
91 799	Bw Schwerin
91 809	Bw Neustrelitz
91 845	*Bw Hilbersdorf*
91 866	*Bw Hilbersdorf*
91 867	Bw Eberswalde
91 882	Bw Bad Schandau
91 893	Bw Stralsund
91 896 I	*Rbd Halle*[2]
91 896 II	Bw Pasewalk[3]
91 920	Bw Bautzen
91 944	Bw Wismar
91 957	*Bw Neustrelitz*
91 971	Bw Wismar
91 975	Bw Güstrow
91 976	*Bw Stralsund*
91 1003	Bw Heringsdorf
91 1013	*Bw Stralsund*[4]

1 Wild umgezeichnete litauische T9-722.
2 Vormalige PLM 5713, wild umgezeichnet.
3 Vormalige PKP Tki 3-295.
4 Herkunft unbekannt, nicht Erstbesetzung!

91 1073	*Bw Neustrelitz*	
91 1087	Bw Parchim	
91 1088	*Bw Grunewald*	
91 1110	*Bw Freiberg*	
91 1143	Bw Neustrelitz	
91 1201	*Bw Freiberg*	
91 1229	Bw Eberswalde	
91 1230	Bw Rostock	
91 1262	Bw Schwerin	
91 1281	Bw Eberswalde	
91 1283	Bw Bautzen	
91 1338	Bw Bad Schandau	
91 1360	Bw Rostock	
91 1389	Bw Wittstock	
91 1403	*Bw Schwerin*	
91 1415	Bw Torgau	
91 1425	Bw Freiberg	
91 1451	Bw Reichenbach	
91 1481	Bw Wittenberge	
91 1501	*Bw Eberswalde*	
91 1557	Bw Reichenbach	
91 1558	Bw Bad Schandau	
91 1583	Bw Eberswalde	
91 1608	Bw Reichenbach	
91 1618	Bw Freiberg	
91 1620	Bw Rostock	
91 1627	Bw Bautzen	
91 1671	Bw Bad Schandau	
91 1682	*Bw Neubrandenburg*	
91 1684	Bw Schwerin	
91 1692	*Bw Wittenberge*	
91 1698	Bw Bautzen	
91 1705	Bw Freiberg	
91 1711	Bw Wittenberge	
91 1734	Bw Schwerin	
91 1759	Bw Stralsund	
91 1778	Bw Neustrelitz	
91 1787	Bw Stralsund	
91 1788	Bw Bad Schandau	
91 1800	Bw Bautzen	
91 1801	Bw Hagenow-Land	
91 1802	Bw Freiberg	
91 1830	Bw Stralsund	
91 1845	*Bw Reichenbach*[5]	
91 1909	Bw Güstrow	
91 1912	Bw Rostock	
91 1919	Bw Güstrow	
91 1921	Bw Rostock	
91 1923	Raw Stendal	Werklok
91 1924	*Bw Wismar*	
91 1925	Bw Rostock	
91 1929	Bw Wismar	
91 1930	Bw Wismar	
91 1934	Bw Rostock	
91 1935	Bw Rostock	
91 1941	Bw Rostock	
91 1942	Bw Prenzlau	
91 1943	Bw Parchim	
91 1945	Bw Parchim	
91 1950	*Bw Wittenberge*	
91 6176	Bw Rostock	ex. Mecklenburger Bäderbahn 141
91 6177	Bw Rostock	ex. Mecklenburger Bäderbahn 142
91 6276	Bw Lichtenberg	ex. Straußberg-Herzfelde 141
91 6277	Bw Gotha	ex. Mühlhausen-Ebeleben MEE 141
91 6278	Bw Gotha	ex. Mühlhausen-Ebeleben MEE 142
91 6279	Bw Barth	ex. Greifswald-Grimmen 141
91 6280	Bw Barth	ex. Greifswald-Grimmen 1141
91 6281	Bw Lichtenberg	ex. Straußberg-Herzfelde 144
91 6282	Bw Neubrandenburg	ex. Neubrandenburg-Friedland 1142
91 6283	Bw Neubrandenburg	ex. Neubrandenburg-Friedland 142
91 6284	Bw Barth	ex. Greifswald-Grimmen 1143
91 6285	Bw Gotha	ex. Mühlhausen-Ebeleben MEE 151
91 6301	Bw Luckau	ex. Niederlausitzer Eb. 41
91 6376	Bw Hoyerswerda	ex. Horka-Rothenburg-Priebus 141
91 6401	Bw Haldensleben	ex. Gardelegen-Haldensleben-Weferlingen 351
91 6402	Bw Haldensleben	ex. Gardelegen-Haldensleben-Weferlingen 352
91 6403	Bw Stendal	ex. Stendaler Eb. 353
91 6404	Bw Stendal	ex. Stendaler Eb. 354
91 6476	Bw Halle-Klaustor	ex. Halle-Hettstedt 151
91 6477	Bw Halle-Klaustor	ex. Halle-Hettstedt 152
91 6478	Bw Halle-Klaustor	ex. Halle-Hettstedt 153
91 6479	Bw Halle-Klaustor	ex. Halle-Hettstedt 154
91 6480	Bw Halle-Klaustor	ex. Halle-Hettstedt 144
91 6481	Bw Halberstadt	ex. Oschersleben-Schöningen 143
91 6482	Bw Luckau	ex. Niederlausitzer Eb. 151
91 6483	Bw Salzwedel	ex. Salzwedeler Eb. 301
91 6484	Bw Brandenburg-Altstadt	ex. Brandenburger Städtebahn 1-60

5 Wild umgezeichnete litauische T9-703.

91 6485	Bw Brandenburg-Altstadt	ex. Brandenburger Städtebahn 1-61
91 6486	Bw Salzwedel	ex. Salzwedeler Eb. 302
91 6487	Bw Barth	ex. Franzburger Südbahn 39
91 6488	Bw Barth	ex. Franzburger Südbahn 40
91 6489	Bw Neubrandenburg	ex. Franzburger Südbahn 36
91 6490	Bw Barth	ex. Franzburger Südbahn 38
91 6491	Bw Haldensleben	ex. Haldenslebener Eb. 43
91 6492	Bw Luckau	ex. Niederlausitzer Eb. 152
91 6493	Bw Jerichow	ex. Genthiner Eb. 303
91 6494	Bw Jerichow	ex. Oschersleben-Schöningen 141
91 6495	Bw Jerichow	ex. Genthiner Eb. 304
91 6496	Bw Haldensleben	ex. Haldenslebener Eb. 44
91 6497	Bw Luckau	ex. Niederlausitzer Eb. 141[6]
91 6501	Bw Blankenburg	ex. Halberstadt-Blankenburg 45
91 6576	Bw Blankenburg	ex. Halberstadt-Blankenburg 42
91 6577	Bw Blankenburg	ex. Halberstadt-Blankenburg 44
91 6578	Bw Frankfurt/Oder Pbf.	ex. Oderbruchbahn 142[7]
91 6579	Bw Vacha	ex. Wenigentaft-Oechsen 1
91 6580	Bw Arnstadt	ex. Ilmenau-Großbreitenbach 400
91 6581	Bw Basdorf	ex. Niederbarnimer Eb. 05
91 6582	Bw Basdorf	ex. Niederbarnimer Eb. 06
91 6590	Bw Basdorf	ex. Niederbarnimer Eb. 03
91 6591	*Bw Basdorf*	ex. Niederbarnimer Eb. 04
91 6676	Bw Halberstadt	ex. Osterwieck-Wasserleben 40
91 6780	Bw Luckau	ex. Niederlausitzer Eb. 141[8]
91 9312	*Bw Magdeburg Hbf.*	wild umgezeichnete SNCB 9312 (spätere 91 1845 II)
91 9323	*Bw Magdeburg Hbf.*	wild umgezeichnete SNCB 9323 (spätere 91 1846 II)
91 9343	*Rbd Halle*	wild umgezeichnete SNCB 9343
91 9379	Bw Dresden-Altstadt	wild umgezeichnete SNCB 9379
91 9394	*Bw Magdeburg Hbf.*	wild umgezeichnete SNCB 9394

6 Lok 141 der Liegnitz-Rawitscher Eb.
7 Lok 142 der Liegnitz-Rawitscher Eb.
8 Lok 141 der Ohlauer Klb.

Bestand und Verteilung der Dampflok Reihe 92 am 1. Juli 1950:

Ermittelter Gesamtbestand 92.2:	2 Lok	
Davon im Schadpark:	keine	
Ermittelter Gesamtbestand 92.4:	3 Lok	
Davon im Schadpark:	1 Lok	(entspricht 33,3 Prozent)
Ermittelter Gesamtbestand 92.5:	68 Lok	
Davon im Schadpark:	14 Lok	(entspricht 20,.6 Prozent)
Ermittelter Gesamtbestand 92.22:	18 Lok	
Davon im Schadpark:	11 Lok	(entspricht 61,1 Prozent)
Ermittelter Gesamtbestand 92.60:	61 Lok	
Davon im Schadpark:	1 Lok	(entspricht 1,6 Prozent)

Abgesehen von den vormaligen Privatbahnlok konzentriert sich die Baureihe 92 auf die Rbd Cottbus. Nicht ohne Grund: Es handelt sich weitgehend um Nassdampflok, die besonders im Verschub hohen Kohleverbrauch verursachen. Folgerichtig wurden diese bei der Gattungsbereinigung nahe den Kohlerevieren stationiert. Einen erheblichen

Naßdampf-Verbundlok 92 540 (Union 1910/1871) im Bw Pankow am 14. Dezember 1951. Der genietete seitliche Wasserkasten hat vier große Flicken. Ansonsten macht diese schon 40 Jahre im Betrieb befindliche Maschine einen hervorragenden Gesamteindruck.
Foto: Zentrale Bildstelle DR, Sammlung Walluhn

Bestand weist das Bw Cottbus vor. Wenige Maschinen befinden sich zudem in den Rbd Berlin (Bw Frankfurt/Oder Pbf.) sowie Dresden (Bw Görlitz) und Cottbus (Bw Kamenz). Alle werden vorrangig im Verschiebedienst verwendet. Für die ehemaligen Privatbahnlok gilt bereits gesagtes: Sie verbleiben überwiegend im alten Einsatzgebiet und nehmen nach wie vor alle Aufgaben wahr, die ihnen schon vor Übernahme durch die DR oblagen: gemischter Strecken- und Rangierdienst.

92 214	Bw Hoyerswerda
92 310	Bw Cottbus
92 408	Bw Finsterwalde
92 414	*Rbd Magdeburg*
92 441	Bw Hoyerswerda
92 503	Bw Elsterwerda
92 508	Bw Finsterwalde
92 513	Bw Cottbus
92 515	Bw Guben
92 520	Bw Guben
92 522	Bw Guben
92 531	Bw Cottbus
92 538	Bw Cottbus
92 540	Bw Cottbus
92 546	Bw Hoyerswerda
92 547	Bw Guben
92 550	*Rbd Magdeburg*
92 551	Bw Hoyerswerda
92 564	Bw Cottbus
92 576	*Bw Finsterwalde*
92 582	Bw Elsterwerda
92 587	Bw Senftenberg
92 598	Bw Hoyerswerda
92 603	Bw Cottbus
92 607	Bw Kamenz
92 612	Bw Hoyerswerda
92 623	Bw Forst
92 625	Bw Cottbus
92 628	Bw Frankfurt/Oder Pbf.
92 638	Bw Görlitz
92 649	Bw Senftenberg
92 656	*Bw Lübbenau*
92 657	Bw Cottbus
92 669	Bw Elsterwerda
92 672	Bw Senftenberg
92 695	Bw Senftenberg
92 701	*Bw Cottbus*
92 706	Bw Senftenberg
92 723	*Rbd Cottbus*
92 724	*Rbd Berlin*
92 732	*Rbd Cottbus*
92 737	Bw Lübbenau
92 753	Bw Elsterwerda
92 754	Bw Elsterwerda
92 758	*Bw Cottbus*
92 781	Bw Finsterwalde
92 796	Bw Finsterwalde
92 821	Bw Cottbus
92 822	Bw Elsterwerda
92 825	Bw Cottbus
92 834	Bw Elsterwerda
92 836	Bw Senftenberg
92 839	Bw Guben
92 849	*Bw Cottbus*
92 857	Bw Frankfurt/Oder Pbf.
92 885	Bw Cottbus
92 886	Bw Luckau
92 899	*Bw Hoyerswerda*
92 901	Bw Cottbus
92 911	Bw Senftenberg
92 934	Bw Elsterwerda
92 940	*Rbd Cottbus*
92 943	Bw Forst
92 962	Bw Cottbus
92 992	Bw Kamenz
92 995	*Bw Hoyerswerda*
92 997	Bw Kamenz
92 1001	*Rbd Magdeburg*
92 1004	Bw Elsterwerda
92 1005	Bw Hoyerswerda
92 1013	Bw Hoyerswerda
92 1030	Bw Cottbus
92 2218	Bw Cottbus
92 2241	Bw Senftenberg
92 2298	Bw Görlitz
92 2403	*Bw Schöneweide*
92 2802	*Bw Görlitz*
92 2805	*Bw Hagenow-Land*
92 2901	Bw Görlitz

»Mit dem W.G.B. für den Frieden der Welt«. Der Ideenreichtum hinsichtlich solcher Losungen scheint grenzenlos. 93 161 des Bw Pankow (Hohenzollern 1916/3563) wartet in ihrem Heimat-Betriebswerk am 13. November 1951 auf ihren nächsten Einsatz. Der Pflegezustand ist ohne Fehl und Tadel. Besser sahen die Maschinen selbst zu Zeiten Kaiser Wilhelms vor 1914 nicht aus.
Foto: Zentrale Bildstelle DR, Sammlung Walluhn

92 2902	Bw Görlitz	
92 2903	Bw Görlitz	
92 3333	Bw Neubrandenburg	
92 5313	*Bw Stralsund*	wild umgezeichnete SNCB 5313
92 5318	*Bw Wismar*	wild umgezeichnete SNCB 5318
92 5396	*Bw Güstrow*	wild umgezeichnete SNCB 5396
92 5412	*Bw Wismar*	wild umgezeichnete SNCB 5412
92 5439	*Bw Wismar*	wild umgezeichnete SNCB 5439
92 5477	*Bw Güstrow*	wild umgezeichnete SNCB 5477
92 5547	*Bw Stralsund*	wild umgezeichnete SNCB 5547
92 5642	*Bw Wismar*	wild umgezeichnete SNCB 5642
92 6001	Bw Stendal	ex. Stendal-Tangermünde 4
92 6101	Bw Aschersleben	ex. Haldenslebener Eb. 33
92 6102	Bw Gotha	ex. Weimar-Berka-Blankenhain 92 0087
92 6103	Bw Weimar	ex. Wutha-Ruhla 88
92 6104	Bw Stendal	ex. Stendal-Tangermünde 5
92 6105	Bw Aschersleben	ex. Aschersleben-Schneidlingen-Nienhagen 73
92 6106	Bw Stendal	ex. Stendal-Tangermünde 6
92 6176	Bw Gotha	ex. Hohenebra-Ebeleben 380
92 6201	Bw Stendal	ex. Stendal-Tangermünde 7
92 6276	Bw Prenzlau	ex. Prenzlauer Kreisbahn 171
92 6277	Bw Prenzlau	ex. Prenzlauer Kreisbahn 173
92 6376	Bw Prenzlau	ex. Prenzlauer Kreisbahn PK 11
92 6377	Bw Prenzlau	ex. Prenzlauer Kreisbahn PK 12
92 6378	Bw Lichtenberg	ex. Oderbruchbahn 171[1]
92 6379	Bw Prenzlau	ex. Prenzlauer Kreisbahn PK 13
92 6380	Bw Prenzlau	ex. Prenzlauer Kreisbahn PK 14
92 6381	*Bw Eberswalde*	ex. Eberswalde-Finowfurt EFE 3
92 6382	Bw Eberswalde	ex. Eberswalde-Finowfurt EFE 172[2]
92 6383	Bw Frankfurt/Oder Pbf.	ex. Oderbruchbahn 4-140
92 6401	Bw Haldensleben	ex. Gardelegen-Haldensleben-Weferlingen 581
92 6476	Bw Halle-Klaustor	ex. Halle-Hettstedt 181
92 6477	Bw Halle-Klaustor	ex. Halle-Hettstedt 182
92 6478	Bw Halle-Klaustor	ex. Halle-Hettstedt 183
92 6479	Bw Halle-Klaustor	ex. Halle-Hettstedt 184
92 6480	Bw Gotha	ex. Hohenebra-Ebeleben 91
92 6481	Bw Halle-Klaustor	ex. Halle-Hettstedt 187
92 6482	Bw Halle-Klaustor	ex. Halle-Hettstedt 186
92 6483	Bw Halle-Klaustor	ex. Halle-Hettstedt 185
92 6484	Bw Luckau	ex. Niederlausitzer Eb. 181[3]
92 6485	Bw Neubrandenburg	ex. Neubrandenburg-Friedland 72
92 6486	Bw Neubrandenburg	ex. Neubrandenburg-Friedland 74
92 6487	Bw Barth	ex. Franzburger Südbahn 73
92 6488	Bw Halle-Klaustor	ex. Halle-Hettstedt 182[4]
92 6489	Bw Aschersleben	ex. Aschersleben-Schneidlingen-Nienhagen 183
92 6490	Bw Aschersleben	ex. Nauendorf-Gerlebogk 182
92 6491	Bw Haldensleben	ex. Gardelegen-Haldensleben-Weferlingen 501

1 Lok 171 der Eisenbahn Straußberg-Herzfelde.

2 Eigentümer der Lok laut Umzeichnungsplan DR von 1949 unbekannt.

3 Lok 181 der Ohlauer Klb.

4 Lok 182 der Liegnitz-Rawitscher Eb.

92 6492	Bw Haldensleben	ex. Gardelegen-Haldensleben-Weferlingen 502
92 6493	Bw Aschersleben	ex. Aschersleben-Schneidlingen-Nienhagen 181
92 6494	Bw Luckau	ex. Niederlausitzer Eb. 181[5]
92 6501	Bw Blankenburg	ex. Halberstadt-Blankenburg 15
92 6502	Bw Brandenburg-Altstadt	ex. Brandenburger Städtebahn 1-120
92 6503	Bw Brandenburg-Altstadt	ex. Brandenburger Städtebahn 1-121
92 6504	Bw Brandenburg-Altstadt	ex. Brandenburger Städtebahn 1-122
92 6576	Bw Brandenburg-Altstadt	ex. Brandenburger Städtebahn 1-140
92 6577	Bw Brandenburg-Altstadt	ex. Brandenburger Städtebahn 1-141
92 6578	Bw Brandenburg-Altstadt	ex. Brandenburger Städtebahn 1-142
92 6579	Bw Weimar	ex. Weimar-Berka-Blankenhain 92 0092
92 6580	Bw Weimar	ex. Weimar-Berka-Blankenhain 92 0093
92 6581	Bw Haldensleben	ex. Gardelegen-Haldensleben-Weferlingen 541
92 6582	Bw Weimar	ex. Hohenebra-Ebeleben 94
92 6583	Bw Weimar	ex. Weimar-Berka-Blankenhain 92 0095
92 6584	Bw Arnstadt	ex. Ilmenau-Großbreitenbach 385
92 6585	Bw Arnstadt	ex. Ilmenau-Großbreitenbach 386
92 6586	Bw Arnstadt	ex. Ilmenau-Großbreitenbach 387
92 6587	Bw Aschersleben	ex. Nauendorf-Gerlebogk 181
92 6676	Bw Aschersleben	ex. Nauendorf-Gerlebogk 191
92 6776	Bw Blankenburg	ex. Halberstadt-Blankenburg 18
92 6777	Bw Blankenburg	ex. Halberstadt-Blankenburg 19
92 6876	Bw Weimar	ex. Weimar-Berka-Blankenhain 92 0096
92 6877	Bw Eisenach	ex. Weimar-Berka-Blankenhain 92 0097
92 6878	Bw Weimar	ex. Weimar-Berka-Blankenhain 92 0098
92 7903	*Bw Eisenach*	wild umgezeichnete AL 7903

5 Lok 181 der Bunzlauer Klb.

Bestand und Verteilung der Dampflok Reihe 93 am 1. Juli 1950:

Ermittelter Gesamtbestand 93.0:	141 Lok	
Davon im Schadpark:	21 Lok	(entspricht 14,9 Prozent)
Ermittelter Gesamtbestand 93.5:	132 Lok	
Davon im Schadpark:	17 Lok	(entspricht 12,9 Prozent)
Ermittelter Gesamtbestand 93.16:	2 Lok	
Davon im Schadpark:	keine	
Ermittelter Gesamtbestand 93.64:	18 Lok	
Davon im Schadpark:	1 Lok	(entspricht 5,6 Prozent)

Auch die Baureihe 93 konnte vor 1950 in wenigen Direktionen zusammengefasst werden. Ihr Schadbestand ist mit knapp 15 beziehungsweise 13 Prozent gering. T14-Lok (Reihe 93.0-4) stehen in den Rbd Berlin, Greifswald, Magdeburg und Schwerin zur Verfügung. Ihre Verteilung ist recht gleichmäßig, das Einzelstück 93 221 finden wir beim Bw Vacha der Rbd Erfurt. Einzelne Exemplare weisen auch die Bw Barth, Eberswalde, Hagenow-Land und Wismar vor. Die T 14.1 (Reihe 93 5-12) hingegen gehören – von Einzelgängern der Direktion Berlin abgesehen –ausschließlich zu den Rbd Erfurt und Magdeburg. Starke Stückzahlen konzentrieren die Bw Gera und Saalfeld. Fast alle 1949 übernommenen Privatbahnmaschinen sind in den alten Heimatorten verblieben. Lok der Reihe 93 werden im Verschub ebenso eingesetzt wie im Haupt- und Nebenbahndienst auf Strecken mit starkem Oberbau. Sie sind vor allem im Thüringer Wald nicht wegzudenken.

93 001	Bw Wustermark
93 004	Bw Schöneweide
93 015	Bw Stralsund
93 017	Bw Halberstadt
93 019	Bw Schöneweide
93 022	Bw Tempelhof Vbf.
93 023	Bw Stralsund
93 025	Bw Güstrow
93 029	Bw Wittenberge
93 034	Bw Tempelhof Vbf.
93 037	Bw Neustrelitz
93 040	Bw Barth
93 041	Bw Rummelsburg
93 042	Bw Wustermark
93 045	*Bw Stralsund*
93 047	Bw Pasewalk
93 052	Bw Lichtenberg
93 053	Bw Hagenow-Land
93 056	Bw Wittenberge

93 057	Bw Schöneweide
93 059	Bw Magdeburg-Buckau
93 063	Bw Schöneweide
93 064	Bw Schöneweide
93 069	Bw Lichtenberg
93 070	*Bw Rummelsburg*
93 072	Bw Frankfurt/Oder Pbf.
93 073	Bw Schöneweide
93 078	Bw Frankfurt/Oder Pbf.
93 081	*Bw Merseburg*
93 083	Bw Wittenberge
93 086	Bw Güstrow
93 087	Bw Wustermark
93 089	Bw Seddin
93 090	Bw Wustermark
93 091	Bw Frankfurt/Oder Pbf.
93 100	Bw Wustermark[1]
93 105	Bw Grunewald
93 116	Bw Rummelsburg
93 122	Bw Pankow
93 124	Bw Jüterbog
93 125	Bw Aschersleben
93 131	Bw Frankfurt/Oder Pbf.
93 134	Bw Frankfurt/Oder Pbf.
93 135	*Bw Lichtenberg*
93 136	Bw Seddin
93 140	Bw Schwerin
93 141	Bw Schöneweide
93 142	Bw Grunewald
93 144	Bw Angermünde
93 145	Bw Neustrelitz
93 146	Bw Neubrandenburg
93 148	Bw Lichtenberg[2]
93 150	Bw Berlin Lehrter Bf.
93 156	*Bw Rummelsburg*
93 157	*Bw Halberstadt*
93 158	*Bw Berlin Lehrter Bf.*
93 159	Bw Angermünde
93 161	Bw Pankow
93 162	*Bw Schöneweide*
93 164	Bw Rummelsburg
93 165	Bw Pankow
93 166	Bw Tempelhof Vbf.

1 Lok ist ausgemustert.
2 Lok ist ausgemustert.

93 171	*Bw Magdeburg Hbf.*
93 175	Bw Lichtenberg
93 179	Bw Schöneweide
93 181	Bw Neubrandenburg
93 182	Bw Neustrelitz
93 183	Bw Angermünde
93 196	Bw Magdeburg-Buckau
93 198	Bw Schwerin
93 204	Bw Halberstadt
93 213	Bw Frankfurt/Oder Pbf.
93 216	Bw Rummelsburg
93 218	Bw Berlin Lehrter Bf.
93 219	Bw Grunewald
93 221	Bw Vacha
93 225	Bw Jüterbog
93 229	Bw Pankow
93 230	Bw Frankfurt/Oder Vbf.
93 234	Bw Wismar
93 236	Bw Aschersleben
93 237	Bw Tempelhof Vbf.
93 247	Bw Schöneweide
93 254	Bw Schöneweide
93 257	Bw Aschersleben
93 263	Bw Jüterbog
93 266	*Bw Seddin*
93 267	Bw Tempelhof Vbf.
93 271	*Bw Haldensleben*
93 274	Bw Berlin Lehrter Bf.
93 275	Bw Rostock
93 276	Bw Rostock
93 282	Bw Halberstadt
93 283	Bw Wittenberge
93 284	Bw Neustrelitz
93 285	*Bw Halberstadt*
93 289	Bw Pankow
93 304	Bw Güstrow
93 309	Bw Tempelhof Vbf.
93 310	*Bw Tempelhof Vbf.*
93 311	Bw Grunewald
93 312	Bw Frankfurt/Oder Pbf.
93 313	Bw Magdeburg-Buckau
93 314	Bw Neubrandenburg
93 317	Bw Eberswalde
93 318	Bw Wittenberge
93 325	Bw Rostock

93 328	Bw Rostock
93 330	*Bw Halberstadt*
93 332	Bw Wittenberge
93 333	Bw Aschersleben
93 334	Bw Pankow
93 336	Bw Wustermark
93 338	Bw Wittenberge
93 340	Bw Güstrow
93 351	Bw Frankfurt/Oder Pbf.
93 352	Bw Lichtenberg
93 359	*Bw Jüterbog*
93 360	Bw Tempelhof Vbf.
93 361	Bw Pankow
93 364	Bw Güsten
93 366	Bw Pasewalk
93 371	*Bw Pasewalk*
93 375	Bw Wustermark
93 376	Bw Schwerin
93 379	Bw Seddin
93 386	*Bw Schöneweide*
93 390	Bw Stendal
93 393	Bw Schöneweide
93 394	Bw Frankfurt/Oder Pbf.
93 395	Bw Pankow
93 396	*Bw Berlin Lehrter Bf.*
93 399	Bw Schöneweide
93 400	Bw Frankfurt/Oder Pbf.
93 411	Bw Tempelhof Vbf.
93 412	Bw Schwerin
93 413	*Bw Lichtenberg*
93 415	Bw Aschersleben
93 416	Bw Aschersleben
93 435	Bw Magdeburg-Buckau
93 450	Bw Frankfurt/Oder Pbf.
93 501	Bw Erfurt-P
93 504	Bw Saalfeld
93 507	Bw Suhl
93 519	Bw Saalfeld
93 521	Bw Rummelsburg
93 527	Bw Erfurt-P
93 542	Bw Pankow
93 545	*Bw Saalfeld*
93 571	Bw Frankfurt/Oder Pbf.
93 573	Bw Gotha
93 575	*Bw Gotha*
93 579	Bw Lichtenberg
93 582	Bw Magdeburg-Buckau
93 583	Bw Tempelhof Vbf.
93 584	Bw Gera
93 587	*Bw Gotha*
93 591	Bw Probstzella
93 600	*Bw Meiningen*
93 601	Bw Meiningen
93 603	Bw Gerstungen
93 608	Bw Magdeburg-Buckau
93 610	Bw Vacha
93 611	Bw Erfurt-P
93 613	*Bw Wittstock*
93 622	Bw Magdeburg-Buckau
93 643	Bw Saalfeld
93 645	Bw Gotha
93 648	Bw Saalfeld
93 661	Bw Magdeburg-Buckau
93 680	Bw Vacha
93 686	Bw Rummelsburg
93 693	Bw Güstrow
93 694	*Bw ?*
93 696	*Bw Gotha*
93 699	Bw Jüterbog
93 705	Bw Grunewald
93 709	Bw Gotha
93 710	Bw Gera
93 711	Bw Gera
93 713	*Bw Suhl*
93 714	Bw Eisenach
93 717	Bw Güstrow
93 718	Bw Magdeburg-Buckau
93 756	Bw Aschersleben[3]
93 757	Bw Magdeburg-Buckau
93 760	Bw Meiningen
93 761	Bw Magdeburg-Buckau
93 765	Bw Meiningen
93 773	*Bw Schwerin*
93 774	Bw Gera
93 780	Bw Saalfeld
93 787	Bw Lichtenberg
93 789	Bw Magdeburg-Buckau
93 793	Bw Gotha

3 Lok ist ausgemustert.

93 795	Bw Saalfeld
93 799	Bw Wustermark
93 819	Bw Gotha
93 822	Bw Saalfeld
93 826	Bw Meiningen
93 827	Bw Probstzella
93 828	Bw Gera
93 829	Bw Meiningen
93 855	Bw Tempelhof Vbf.
93 857	Bw Aschersleben
93 858	Bw Bernburg
93 859	Bw Güstrow
93 860	Bw Jüterbog
93 862	Bw Vacha
93 869	Bw Erfurt-P
93 881	Bw Erfurt-P
93 889	Bw Rummelsburg
93 915	Bw Aschersleben
93 916	Bw Schwerin
93 938	Bw Gerstungen
93 942	Bw Schwerin
93 946	Bw Aschersleben
93 948	Bw Pankow
93 950	Bw Aschersleben
93 954	Bw Aschersleben
93 955	*Bw Eisenach*
93 956	*Bw Gera*
93 962	Bw Aschersleben
93 963	Bw Erfurt-P
93 964	*Bw Gera*
93 968	Bw Schöneweide
93 988	Bw Saalfeld
93 990	Bw Gotha
93 991	*Bw Gera*
93 1001	Bw Halberstadt
93 1002	Bw Probstzella
93 1024	Bw Halberstadt
93 1029	Bw Probstzella
93 1030	*Bw Wittenberge*
93 1032	Bw Vacha
93 1035	Bw Gera
93 1036	Bw Gera
93 1037	Bw Erfurt-P
93 1063	Bw Halberstadt
93 1065	Bw Halberstadt

93 1067	Bw Schwerin	
93 1068	Bw Saalfeld	
93 1075	Bw Saalfeld	
93 1078	Bw Gotha	
93 1088	Bw Schwerin	
93 1090	*Bw Güstrow*	
93 1111	Bw Gera	
93 1130	Bw Erfurt-P	
93 1133	Bw Halberstadt	
93 1134	Bw Gotha	
93 1136	Bw Meiningen	
93 1137	Bw Erfurt-P	
93 1142	Bw Gera	
93 1158	Bw Halberstadt	
93 1172	Bw Meiningen	
93 1177	*Bw Hagenow-Land*	
93 1182	Bw Gotha	
93 1185	Bw Gotha	
93 1208	Bw Gotha	
93 1212	Bw Berlin Anhalter Bf.	
93 1215	Bw Probstzella	
93 1216	Bw Gera	
93 1217	Bw Gera	
93 1227	Bw Saalfeld	
93 1228	Bw Gera	
93 1229	Bw Erfurt-P	
93 1230	Bw Lichtenberg	
93 1242	Bw Vacha	
93 1243	Bw Nordhausen	
93 1257	Bw Saalfeld	
93 1258	Bw Saalfeld	
93 1259	Bw Saalfeld	
93 1261	Bw Saalfeld	
93 1601	Bw Rostock	
93 1602	Bw Gera	
93 6476	Bw Jüterbog	ex. Brandenburger Städtebahn 1-200
93 6477	Bw Brandenburg	ex. Brandenburger Städtebahn 1-201
93 6478	Bw Neuruppin	ex. Ruppiner Eb. RE 40
93 6479	Bw Brandenburg-Altstadt	ex. Brandenburger Städtebahn 1-202
93 6480	Bw Neuruppin	ex. Ruppiner Eb. RE 41
93 6481	Bw Neuruppin	ex. Ruppiner Eb. RE 42
93 6576	*Bw Brandenburg-Altstadt*	ex. Brandenburger Städtebahn 1-203

93 6676	Bw Weimar	ex. Weimar-Berka-Blankenhain 93 0020
93 6677	Bw Weimar	ex. Weimar-Berka-Blankenhain 93 0021
93 6678	Bw Gesundbrunnen	ex. Oderbruchbahn 3-200
93 6679	Bw Basdorf	ex. Niederbarnimer Eb. 010
93 6680	Bw Basdorf	ex. Niederbarnimer Eb. 011
93 6681	Bw Basdorf	ex. Niederbarnimer Eb. 012
93 6682	Bw Basdorf	ex. Niederbarnimer Eb. 013
93 6683	Bw Basdorf	ex. Niederbarnimer Eb. 014
93 6776	Bw Blankenburg	ex. Halberstadt-Blankenburg 10
93 6777	Bw Blankenburg	ex. Halberstadt-Blankenburg 11
93 6778	Bw Blankenburg	ex. Halberstadt-Blankenburg 12
93 8520	*Bw Gera*	wild umgezeichnete AL 8520 (spätere 93 456)
93 8526	*Bw Gera*	wild umgezeichnete AL 8526 (spätere 93 457)
93 8534	*Bw Gera*	wild umgezeichnete AL 8534 (spätere 93 458)
93 8543	*Bw Arnstadt*	wild umgezeichnete AL 8543
93 8545	*Rbd Erfurt*	wild umgezeichnete AL 8545
93 8575	*Rbd Schwerin*	wild umgezeichnete AL 8575
93 9702	*Rbd Berlin*	wild umgezeichnete SNCB 9702
93 9711	*Rbd Greifswald*	wild umgezeichnete SNCB 9711
93 9717	*Bw Seddin*	wild umgezeichnete SNCB 9717
93 9722	Bw Rummelsburg	wild umgezeichnete SNCB 9722 (spätere 93 451)
93 9727	*Bw Rummelsburg*	wild umgezeichnete SNCB 9727 (spätere 93 452)
93 9730	Bw Gera	wild umgezeichnete SNCB 9730 (spätere 93 453)
93 9747	*Rbd Berlin*	wild umgezeichnete SNCB 9747
93 9749	*Bw Rummelsburg*	wild umgezeichnete SNCB 9749 (spätere 93 454)
93 9781	*Bw Grunewald*	wild umgezeichnete SNCB 9781 (spätere 93 455)

Bestand und Verteilung der Dampflok Reihe 94 am 1. Juli 1950:

Ermittelter Gesamtbestand 94.1:	1 Lok	
Davon im Schadpark:	1 Lok	(entspricht 100 Prozent)
Ermittelter Gesamtbestand 94.2:	18 Lok	
Davon im Schadpark:	2 Lok	(entspricht 11,1 Prozent)
Ermittelter Gesamtbestand 94.5:	240 Lok	
Davon im Schadpark:	25 Lok	(entspricht 10,4 Prozent)
Ermittelter Gesamtbestand 94.20:	123 Lok	
Davon im Schadpark:	16 Lok	(entspricht 13,0 Prozent)

Während die älteren T16 (Reihe 94.2-4) ausschließlich bei der Rbd Magdeburg heimisch sind, finden wir T 16.1 (Reihe 94 .5-18) in den Direktionen Erfurt und Halle. Größere Bestände an T16 weist das Bw Magdeburg-Rothensee auf, während T 16.1 stückzahlstark in Altenburg, Leipzig-Plagwitz Leipzig-Süd, Meuselwitz und Oberröblingen vertreten sind. Wir erkennen eine deutliche Konzentration in den Kohlerevieren um Halle-Leipzig. Hier verrichten die 94 schweren Verschub und Anschlussbedienung zu den Gruben, aber auch zu den Großbetrieben in Leuna, Buna, Wolfen und Bitterfeld. 94 876 des Bw Dresden-Friedrichstadt dient als Schublok auf der Rampe

94 894 vom Bw Wittenberg ist am 18. Juli 1952 vor dem Unkrautvernichtungszug abgestellt. Lok und Wagen machen eine sehr preußischen Eindruck, man könnte meinen, das Bild sei um 1927 entstanden. Dieser T16.1 fehlt der Vorwärmer, sie besitzt zwei Dampfstrahlpumpen.
Foto: Ernst Thormann Rbd Halle, Sammlung Walluhn

Tharandt–Klingenberg-Colmnitz, während drei weitere T 16.1 des Bw Zwickau die Steilstrecke Eibenstock bedienen[5]. Noch niedriger als bei den T14/T14.1 liegt der Schadbestand bei der preußischen 94. Die sächsischen Schwestern 94.20 sind ausschließlich in der Rbd Dresden versammelt. Größere Bestände weisen Aue, Hilbersdorf, Dresden-Friedrichstadt, Riesa sowie Zwickau aus. Alle drei Gattungen arbeiten vorrangig im Rangierdienst, bei der Anschlussbedienung aber immer wieder beim Transport von Nahgüterzügen, schließlich auch im Personenverkehr auf Mittelgebirgsstrecken.

(Eib) für Steilrampe Eibenstock
(Schl) für Steilrampe Schleusingen
(Su) für Steilrampe Suhl

94 108	*Bw Halle-G*[1]
94 202	Bw Magdeburg-Rothensee
94 236	Bw Magdeburg-Rothensee
94 238	Bw Haldensleben
94 241	Bw Magdeburg-Rothensee
94 248	Bw Magdeburg-Rothensee
94 249	Bw Magdeburg-Rothensee
94 253	Bw Stendal
94 307	Bw Oebisfelde
94 385	Bw Magdeburg-Rothensee
94 404	Bw Magdeburg-Rothensee
94 453	Bw Magdeburg-Rothensee
94 462	Bw Magdeburg-Rothensee
94 475	Bw Oebisfelde
94 483	*Bw Magdeburg-Rothensee*
94 484	Bw Haldensleben
94 485	Bw Stendal
94 490	Bw Magdeburg-Rothensee
94 516	Bw Oberröblingen
94 518	Bw Wittenberg
94 519	Bw Wittenberg
94 521	Bw Meuselwitz
94 523	Bw Leipzig-Wahren
94 524	Bw Leipzig-Wahren
94 541	Bw Leipzig-Wahren
94 543	Bw Altenburg
94 546	Bw Meuselwitz
94 548	Bw Dessau
94 552	Bw Falkenberg
94 569	Bw Leipzig-Plagwitz
94 571	Bw Großkorbetha
94 579	Bw Leipzig-Plagwitz
94 582	*Bw Gotha*
94 584	Bw Leipzig-Plagwitz
94 599	Bw Leipzig-Wahren
94 601	Bw Arnstadt(Schl)
94 602	Bw Altenburg
94 618	Bw Leipzig-Süd
94 634	Bw Leipzig-Süd
94 640	Bw Altenburg
94 643	Bw Oberröblingen
94 645	Bw Meiningen
94 646	Bw Gotha
94 648	Bw Dessau
94 670	Bw Meiningen
94 671	Bw Leipzig-Süd
94 688	Bw Leipzig-Süd
94 693	*Bw Leipzig Bayerischer Bf.*
94 697	Bw Leipzig-Wahren
94 703	*Bw Leipzig-Süd*
94 709	Bw Leipzig-Süd
94 711	Bw Oberröblingen
94 717	Bw Weimar
94 728	Bw Altenburg
94 733	*Bw Saalfeld*
94 745	Bw Dessau
94 746	Bw Eilenburg
94 752	Bw Leipzig-Wahren
94 756	Bw Gotha
94 758	Bw Wittenberg
94 759	Bw Leipzig-Süd
94 762	Bw Leipzig-Süd
94 763	Bw Meuselwitz
94 765	Bw Oberröblingen
94 766	Bw Bitterfeld
94 767	Bw Leipzig-Plagwitz
94 769	Bw Meuselwitz
94 778	Bw Leipzig Bayerischer Bf.
94 787	Bw Meiningen

1 Ursprungslok unbekannt.

5 Die hier allbekannte sächsische 94.20 kommt – von Einzelstücken um das Kriegsende abgesehen – planmäßig erst später. Seit den zwanziger Jahren verrichten wie in Thüringen T 16.1 den Rampendienst.

94 792	Bw Merseburg
94 804	Bw Suhl(Su)
94 807	Bw Saalfeld
94 808	*Bw Leipzig-Süd*
94 811	Bw Bitterfeld
94 812	Bw Altenburg
94 818	Bw Weimar
94 819	*Bw Leipzig-Süd*
94 823	Bw Leipzig-Wahren
94 825	Bw Eisenach
94 829	Bw Leipzig-Plagwitz
94 830	Bw Falkenberg
94 845	Bw Leipzig-Süd
94 846	Bw Weimar
94 848	Bw Arnstadt(Schl)
94 854	Bw Oberröblingen
94 856	Bw Leipzig Bayerischer Bf.
94 857	Bw Großkorbetha
94 859	Bw Merseburg
94 862	Bw Oberröblingen
94 866	*Bw Arnstadt*
94 867	*Bw Leipzig-Süd*
94 868	Bw Falkenberg
94 870	Bw Suhl(Su)
94 873	Bw Eisenach
94 876	Bw Dresden-Friedrichstadt[2]
94 877	Bw Wittenberg
94 883	Bw Meuselwitz
94 885	Bw Falkenberg
94 886	Bw Oberröblingen
94 893	Bw Eisenach
94 894	Bw Wittenberg
94 903	Bw Altenburg
94 905	Bw Leipzig-Süd
94 906	Bw Oberröblingen
94 909	Bw Naumburg
94 916	Bw Leipzig-Plagwitz
94 917	Bw Altenburg
94 920	Bw Weimar
94 921	Bw Naumburg
94 922	Bw Wittenberg
94 927	Bw Leipzig Bayerischer Bf.
94 929	Bw Leipzig-Süd
94 932	Bw Saalfeld
94 938	Bw Altenburg
94 940	Bw Leipzig Bayerischer Bf.
94 948	Bw Gotha
94 949	Bw Suhl(Su)
94 950	Bw Altenburg
94 967	Bw Bitterfeld
94 970	Bw Oberröblingen
94 971	Bw Leipzig-Plagwitz
94 973	Bw Oberröblingen
94 974	Bw Naumburg
94 975	*Bw Weimar*
94 976	Bw Suhl(Su)
94 978	*Bw Leipzig Bayerischer Bf.*
94 979	Bw Arnstadt(Schl)
94 983	Bw Suhl(Su)
94 985	Bw Meiningen
94 987	Bw Suhl(Su)
94 994	Bw Gotha
94 1009	Bw Falkenberg
94 1010	Bw Oberröblingen
94 1011	Bw Altenburg
94 1012	Bw Großkorbetha
94 1013	Bw Oberröblingen
94 1014	Bw Merseburg
94 1015	Bw Altenburg
94 1016	Bw Falkenberg
94 1022	Bw Leipzig-Plagwitz
94 1027	*Bw Meiningen*
94 1031	Bw Bitterfeld
94 1045	Bw Leipzig-Wahren
94 1047	Bw Altenburg
94 1048	Bw Falkenberg
94 1049	Bw Altenburg
94 1058	*Bw Halle-G*
94 1102	Bw Leipzig-Plagwitz
94 1111	Bw Leipzig-Wahren
94 1133	Bw Meuselwitz
94 1142	Bw Weimar
94 1145	Bw Oberröblingen
94 1147	Bw Leipzig-Wahren
94 1167	Bw Arnstadt(Schl)
94 1168	Bw Arnstadt(Schl)
94 1172	Bw Suhl(Su)
94 1173	Bw Leipzig Bayerischer Bf.
94 1174	Bw Leipzig-Süd

2 Für Steilrampe Klingenberg-Colmnitz.

94 1175	Bw Sangerhausen
94 1178	Bw Altenburg
94 1189	Bw Naumburg
94 1191	Bw Falkenberg
94 1193	Bw Meuselwitz
94 1220	Bw Leipzig-Süd
94 1221	Bw Zwickau(Eib)
94 1224	Bw Leipzig Bayerischer Bf.
94 1253	Bw Gera
94 1257	Bw Gotha
94 1265	Bw Merseburg
94 1279	Bw Leipzig Bayerischer Bf.
94 1287	Bw Meuselwitz
94 1291	Bw Leipzig-Plagwitz
94 1292	Bw Leipzig-Plagwitz
94 1296	Bw Bitterfeld
94 1297	Bw Wittenberg
94 1301	Bw Gotha
94 1303	Bw Nordhausen
94 1324	Bw Merseburg
94 1325	Bw Meuselwitz
94 1328	Bw Dessau
94 1329	Bw Leipzig-Wahren
94 1330	Bw Bitterfeld
94 1331	Bw Zwickau(Eib)
94 1332	Bw Zwickau(Eib)
94 1334	Bw Großkorbetha
94 1335	*Bw Sangerhausen*
94 1336	Bw Leipzig-Wahren
94 1337	Bw Leipzig-Plagwitz
94 1338	Bw Falkenberg
94 1339	Bw Leipzig-Plagwitz
94 1342	*Rbd Magdeburg*
94 1345	Bw Merseburg
94 1346	Bw Dessau
94 1348	Bw Altenburg
94 1350	Bw Oberröblingen
94 1352	Bw Altenburg
94 1354	Bw Leipzig-Süd
94 1355	Bw Leipzig-Süd
94 1374	Bw Bitterfeld
94 1389	Bw Leipzig Bayerischer Bf.
94 1391	Bw Meuselwitz
94 1398	Bw Sangerhausen
94 1399	Bw Altenburg
94 1404	Bw Altenburg
94 1406	Bw Meuselwitz
94 1408	Bw Meuselwitz
94 1410	Bw Meuselwitz
94 1415	Bw Meuselwitz
94 1416	Bw Falkenberg
94 1504	Bw Großkorbetha
94 1505	Bw Arnstadt
94 1535	Bw Meiningen
94 1555	Bw Wittenberg
94 1564	Bw Suhl(Su)
94 1566	Bw Saalfeld
94 1569	Bw Arnstadt
94 1600	Bw Merseburg
94 1601	Bw Nordhausen
94 1602	Bw Oberröblingen
94 1603	Bw Merseburg
94 1604	Bw Oberröblingen
94 1605	Bw Merseburg
94 1606	Bw Oberröblingen
94 1607	Bw Oberröblingen
94 1608	*Bw Nordhausen*
94 1609	*Bw Oberröblingen*
94 1623	Bw Altenburg
94 1630	Bw Oberröblingen
94 1636	Bw Leipzig-Plagwitz
94 1655	*Bw Meuselwitz*
94 1656	*Bw Leipzig Bayerischer Bf.*
94 1658	Bw Meuselwitz
94 1659	Bw Meuselwitz
94 1660	Bw Gotha
94 1662	Bw Leipzig-Süd
94 1664	Bw Leipzig-Plagwitz
94 1665	Bw Merseburg
94 1667	Bw Leipzig-Plagwitz
94 1670	Bw Oberröblingen
94 1675	Bw Leipzig-Plagwitz
94 1684	Bw Leipzig-Süd
94 1685	Bw Oberröblingen
94 1687	Bw Oberröblingen
94 1688	Bw Großkorbetha
94 1689	Bw Großkorbetha
94 1691	Bw Merseburg
94 1738	Bw Merseburg
94 1740	Bw Meuselwitz

94 2001	Bw Hilbersdorf
94 2002	Bw Löbau
94 2003	Bw Aue
94 2004	Bw Löbau
94 2005	Bw Reichenbach
94 2006	Bw Riesa
94 2007	Bw Dresden-Friedrichstadt
94 2008	Bw Riesa
94 2009	Bw Löbau
94 2010	Bw Dresden-Friedrichstadt
94 2012	Bw Löbau
94 2014	Bw Hilbersdorf
94 2015	Bw Reichenbach
94 2016	Bw Dresden-Friedrichstadt
94 2017	Bw Dresden-Friedrichstadt
94 2018	Bw Riesa
94 2022	Bw Dresden-Friedrichstadt
94 2023	Bw Aue
94 2024	Bw Riesa
94 2025	Bw Reichenbach
94 2026	Bw Löbau
94 2027	Bw Löbau
94 2028	Bw Hilbersdorf
94 2029	Bw Zwickau
94 2030	Bw Aue
94 2031	Bw Aue
94 2032	*Bw Adorf*
94 2033	Bw Zwickau
94 2034	Bw Aue
94 2035	Bw Zwickau
94 2036	Bw Werdau
94 2038	Bw Zwickau
94 2039	Bw Löbau
94 2040	Bw Riesa
94 2041	Bw Zwickau
94 2042	Bw Glauchau
94 2043	Bw Hilbersdorf
94 2045	Bw Görlitz
94 2046	Bw Aue
94 2047	Bw Riesa
94 2048	Bw Aue
94 2049	Bw Zittau
94 2050	*Bw Görlitz*
94 2051	*Bw Reichenbach*
94 2052	Bw Werdau
94 2053	*Bw Görlitz*
94 2054	Bw Aue
94 2055	Bw Aue
94 2056	*Bw Zittau*
94 2057	Bw Riesa
94 2058	Bw Bautzen
94 2059	Bw Riesa
94 2060	Bw Aue
94 2061	Bw Dresden-Friedrichstadt
94 2062	Bw Löbau
94 2063	Bw Zittau
94 2065	*Bw Zwickau*
94 2066	Bw Falkenstein
94 2067	Bw Glauchau
94 2069	*Bw Dresden-Friedrichstadt*
94 2070	Bw Zwickau
94 2071	*Bw Bautzen*
94 2072	*Bw Zittau*
94 2073	Bw Löbau
94 2074	Bw Riesa
94 2076	Bw Aue
94 2077	Bw Dresden-Friedrichstadt
94 2078	*Bw Reichenbach*
94 2079	Bw Zwickau
94 2080	Bw Aue
94 2082	Bw Riesa
94 2083	Bw Dresden-Friedrichstadt
94 2084	*Bw Aue*
94 2085	Bw Zittau
94 2087	Bw Glauchau
94 2088	Bw Hilbersdorf
94 2089	Bw Riesa
94 2090	Bw Hilbersdorf
94 2091	Bw Dresden-Friedrichstadt
94 2092	Bw Aue
94 2093	Bw Chemnitz Hbf.
94 2094	*Bw Bautzen*
94 2095	Bw Reichenbach
94 2096	Bw Zwickau
94 2099	Bw Zittau
94 2100	Bw Zwickau
94 2101	Bw Falkenstein
94 2102	Bw Dresden-Friedrichstadt
94 2103	Bw Aue
94 2105	Bw Werdau

94 2106	Bw Aue
94 2107	Bw Aue
94 2108	Bw Riesa
94 2109	Bw Dresden-Friedrichstadt
94 2111	Bw Glauchau
94 2112	*Bw Hilbersdorf*
94 2113	*Bw Adorf*
94 2114	Bw Zwickau
94 2115	Bw Dresden-Friedrichstadt
94 2116	Bw Riesa
94 2117	Bw Reichenbach
94 2118	Bw Bautzen
94 2119	Bw Glauchau
94 2120	Bw Glauchau
94 2121	Bw Werdau
94 2122	Bw Zwickau
94 2123	Bw Adorf
94 2124	Bw Hilbersdorf
94 2125	Bw Hilbersdorf
94 2126	Bw Löbau
94 2127	Bw Falkenstein
94 2128	Bw Glauchau
94 2129	Bw Glauchau
94 2130	Bw Hilbersdorf
94 2131	Bw Hilbersdorf
94 2132	Bw Löbau
94 2133	Bw Aue
94 2134	*Bw Werdau*
94 2135	*Bw Görlitz*

94 2136	Bw Dresden-Friedrichstadt	
94 2138	Bw Zwickau	
94 2139	Bw Bautzen	
94 6776	Bw Blankenburg	ex. Halberstadt-Blankenburg 16
94 8114	*Bw Nordhausen*	wild umgezeichnete AL 8114 (spätere 94 1810)
94 9802	Bw Gotha	wild umgezeichnete SNCB 9802 (spätere 94 1811)
94 9818	Bw Dresden-Friedrichstadt	wild umgezeichnete SNCB 9818 (spätere 94 1801)
94 9837	*Bw Leipzig-Wahren*	wild umgezeichnete SNCB 9837 (spätere 94 1802)
94 9838	Bw Dresden-Friedrichstadt	wild umgezeichnete SNCB 9838 (spätere 94 1803)
94 9844	*Bw Dresden-Friedrichstadt*	wild umgezeichnete SNCB 9844 (spätere 94 1804)
94 9847	*Bw Dresden-Friedrichstadt*	wild umgezeichnete SNCB 9847 (spätere 94 1805)
94 9856	*Bw Senftenberg*	wild umgezeichnete SNCB 9856 (spätere 94 1806)
94 9864	*Bw Oberröblingen*	wild umgezeichnete SNCB 9864 (spätere 94 1807)
94 9865	Bw Oberröblingen	wild umgezeichnete SNCB 9865 (spätere 94 1808)
94 9880	*Bw Dresden-Friedrichstadt*	wild umgezeichnete SNCB 9880 (spätere 94 1809)

Bestand und Verteilung der Dampflok Reihe 95 am 1. Juli 1950:

Ermittelter Gesamtbestand 95.0: 32 Lok

Davon im Schadpark: 6 Lok (entspricht 18,7 Prozent)

Eine falsche Loknummer erhielt die wild eingereihte 95 007 II. (Krupp 1940/2427) des Bw Erfurt-G, die hier mit abgebauten Stangen am Schuppen ihres Heimat-Betriebswerkes abgestellt ist. Sie hätte richtig in Baureihe 93 eingeordnet werden müssen.* Beachtenswert sind Windleitbleche, Domverkleidung, fehlender Schornsteinaufsatz und Sparbeleuchtung mit nur einer Loklaterne. Die Aufnahme stammt vom 21. Juni 1954. ***Foto: Georg Hey, Weimar, Sammlung Walluhn***

* Einzelheiten zu dieser Lok findet der Leser in: Ulrich Walluhn, Baureihe 95, Stuttgart 2002.

Irgendwo im Thüringer Wald hat der Dienstfotograf des ZBA Berlin am 8. Juli 1956 die Tenderlok 95 009 Bw Probstzella (Borsig 1922/11114) festgehalten. Die Maschine trägt noch beide alten Luftpumpen und eine flache Ersatzrauchkammertür. Als Aufnahmeort könnte Spitzkehre Rauenstein oder Bahnhof Ernstthal bei Lauscha in Frage kommen. *Foto: Zentrale Bildstelle DR, Sammlung Walluhn*

Ermittelter Gesamtbestand 95.3:	1 Lok	
Davon im Schadpark:	1 Lok	(entspricht 100 Prozent)
Ermittelter Gesamtbestand 95.66:	4 Lok	
Davon im Schadpark:	keine	

Traditionell zählen die Maschinen der Gattung T 20 (Reihe 95.0) zum Bestand der Rbd Erfurt. Sie sind wie vor dem Krieg bei den Bw Arnstadt, Probstzella und Suhl heimisch. 95 019 befindet sich als Einzelstück bereits beim Bw Blankenburg (Harz)[6], sie ist gemeinsam mit den Privatbahnlok 95.66 auf der vormaligen Halberstadt-Blankenburger Eisenbahn tätig. 95 werden im Zug- und Schubdienst auf den schwierigen Steilrampen des Harzes und Thüringer Waldes überall dort verwendet, wo Gleise für hohen Achsdruck liegen. Der Schadbestand liegt bei einem Fünftel. Wenig bekannt ist, dass sich im Abstellpark auch eine Lok (95 302) der polnischen Reihe Okz 32 – genannt »Tatrabulle« – befindet.

95 004	Bw Probstzella
95 005	Bw Probstzella
95 007	Bw Suhl[1]
95 009	Bw Probstzella
95 010	Bw Probstzella
95 014	Bw Probstzella
95 015	Bw Probstzella
95 016	Bw Arnstadt
95 017	Bw Suhl
95 018	*Bw Arnstadt*
95 019	Bw Blankenburg
95 020	Bw Suhl
95 021	Bw Arnstadt
95 022	Bw Probstzella
95 023	Bw Probstzella
95 024	Bw Arnstadt
95 025	Bw Probstzella
95 027	Bw Arnstadt
95 028	*Bw Arnstadt*
95 029	Bw Arnstadt
95 030	*Bw Probstzella*
95 032	Bw Probstzella
95 036	Bw Suhl
95 037	Bw Arnstadt
95 038	*Bw Arnstadt*
95 039	Bw Probstzella
95 040	Bw Probstzella
95 041	*Bw Probstzella*
95 042	*Bw Probstzella*
95 043	Bw Probstzella
95 044	Bw Probstzella
95 045	Bw Probstzella

1 Falsch umgezeichnete Werklok (Krupp 1940/2427).

6 Weitere Lokomotiven folgen ihr in den kommenden Jahren.

95 302	*Bw Jerichow*	
95 6676	Bw Blankenburg	ex. Halberstadt-Blankenburg MAMMUT
95 6677	Bw Blankenburg	ex. Halberstadt-Blankenburg WISENT
95 6678	Bw Blankenburg	ex. Halberstadt-Blankenburg BÜFFEL
95 6679	Bw Blankenburg	ex. Halberstadt-Blankenburg ELCH

Bestand und Verteilung der Dampflok Reihe 96 und 97 am 1. Juli 1950:

Ermittelter Gesamtbestand 96:	2 Lok	
Davon im Schadpark:	2 Lok	(entspricht 100 Prozent)
Ermittelter Gesamtbestand 97:	1 Lok	
Davon im Schadpark:	1 Lok	(entspricht 100 Prozent)

96 002	Bw Salzwedel
96 024	Bw Salzwedel
97 218	Bw Probstzella

Bestand und Verteilung der Dampflok Reihe 98 am 1. Juli 1950:

Ermittelter Gesamtbestand 98.0:	16 Lok	
Davon im Schadpark:	3 Lok	(entspricht 18,7 Prozent)
Ermittelter Gesamtbestand 98.59:	41 Lok	
Davon im Schadpark:	keine	
Ermittelter Gesamtbestand 98.70:	12 Lok	
Davon im Schadpark:	2 Lok	(entspricht 16,7 Prozent)

Die Baureihe 98 stellt ein Konglomerat aus verschiedensten Länder-, Privatbahn- und Werkbahnlokomotiven dar. Während die sächsischen 98.0 bis auf ein Exemplar im Bw

Zwei im Krieg an die Halberstadt-Blankenburger Eisenbahn verliehene Maschinen der Baureihe 96 verblieben nach 1945 bei der Reichsbahn. Eine Bayerin in Preußen: 96 002 (Maffei 1913/3415), abgestellt am 14. August 1950 in Stassfurt-Leopoldshall. Treibstangen und Steuerungsteile fehlen, ansonsten scheint noch alles recht vollständig. An museale Erhaltung ist angesichts der Tagesprobleme nicht zu denken.
Foto: Zentrale Bildstelle DR, Sammlung Rudolf Albrecht, Chemnitz und Sammlung Walluhn

Zu den kleinsten Dampflokomotiven der Reichsbahn gehört 1950 die Arterner 98 6003 (Hanomag 1895/2650). Sie wurde in Esperstedt auf der ehemaligen Kleinbahn nach Oldisleben (Rbd Erfurt) fotografiert. Eine Luftdruckbremse fehlt, obwohl die Maschine Personenzüge befördert. Schon wenige Jahre später ist so etwas betriebstechnisch undenkbar.
Foto: Gernot Malsch, Sammlung Walluhn

Zu den zahlreichen 1950 übernommenen B-Kupplern gehört 98 6208 des Bw Leipzig-Süd (Henschel 1906/ 7244). Auch sie befindet sich in persönlicher Pflege, was sich am guten äußeren Zustand zeigt. Für den Rangierbetrieb genügt eine Spitzenlaterne.
Foto: Gerhard Illner, Leipzig (†), Sammlung Walluhn

Dresden-Altstadt versammelt sind, verteilen sich alle anderen – besonders die ehemaligen Privatbahnlok – weit verstreut in allen Direktionen. Sie werden im Nebenbahndienst, zunehmend jedoch im leichten Verschub sowie als Dienstlokomotiven der Bw und Raw eingesetzt.

98 001	Bw Dresden-Altstadt	
98 002	Bw Dresden-Altstadt	
98 005	Bw Gera	
98 006	Bw Dresden-Altstadt	
98 009	Bw Dresden-Altstadt	
98 011	Bw Dresden-Altstadt	
98 012	Bw Dresden-Altstadt	
98 014	*Bw Dresden-Altstadt*	
98 015	Bw Dresden-Altstadt	
98 136	*Bw Brandenburg*	
98 138	Bw Weimar[1]	
98 139	Bw ?	
98 862	Raw Meiningen	Werklok
98 865	Bw Meiningen[2]	
98 1108	*Bw Meiningen*	
98 1212	Bw Riesa	
98 5901	Bw Falkenberg	ex. Prettin-Annaburg 180[3]

1 Verliehen an Mähdrescherwerk Weimar.
2 Verliehen an Raw Meiningen.
3 Eigentümer der Lok laut Umzeichnungsplan DR von 1949 unbekannt.

98 6001	Bw Stralsund	ex. Franzburger Südbahn 02
98 6002	Bw Stralsund	ex. Franzburger Südbahn 03
98 6003	Bw Weimar	ex. Weimar-Berka-Blankenhain 98 0078
98 6004	Bw Stralsund	ex. Franzburger Südbahn 04
98 6005	Bw Hagenow-Land	ex. Neuhaus-Brahlsdorf 2
98 6006	Bw Halberstadt	ex. Wegenstedt-Calvörde 1
98 6007	Bw Halberstadt	ex. Wegenstedt-Calvörde 2
98 6008	Bw Tempelhof Vbf.	ex. Teltower Eb. 2
98 6009	Bw Saalfeld	ex. Oberweißbacher Bergbahn 712[4]
98 6010	Bw Hagenow-Land	ex. Boizenburger Stadt- und Hafenbahn 3
98 6051	Bw Weimar	ex. Hohenebra-Ebeleben 82
98 6101	Bw Aschersleben	ex. Könnern-Rothenburg 190
98 6102	Bw Weimar	ex. Langensalzaer Klb. 196
98 6151	Bw Weimar	ex. Weimar-Berka-Blankenhain 98 0084
98 6152	Bw Gotha	ex. Hohenebra-Ebeleben 85
98 6153	Bw Arnstadt	ex. Arnstadt-Ichtershausen 352
98 6201	Bw Barth	ex. Franzburger Südbahn 05
98 6202	Bw Salzwedel	ex. Altmärkische Eb. 181
98 6203	Bw Salzwedel	ex. Altmärkische Eb. 182
98 6204	Bw Brandenburg-Altstadt	ex. Brandenburger Städtebahn 1-10
98 6205	Bw Stralsund	ex. Franzburger Südbahn 07
98 6206	Bw Wittenberg	ex. Bergwitz-Kemberg 187
98 6207	Bw Wittenberg	ex. Bergwitz-Kemberg 188

4 Abweichend erst am 23.06.1950 in den Bestand der DR übernommen.

98 6208	Bw Bitterfeld	ex. Delitzscher Eb. 189
98 6209	Bw Aschersleben	ex. Könnern-Rothenburg 191
98 6210	Bw Haldensleben	ex. Gardelegen-Haldenslbn.-Weferlingen 192
98 6211	Bw Stendal	ex. Stendaler Eb. 193
98 6212	Bw Guben	ex. Horka-Rothenburg-Priebus 3c
98 6213	Bw Halberstadt	ex. Nordhausen-Wernigerode 61[5]
98 6214	Bw Jerichow	ex. Genthiner Eb. 195[6]
98 6215	Bw Magdeburg-Rothensee	ex. Wolmirstedt-Colbitz 197
98 6216	Bw Arnstadt	ex. Rennsteig-Frauenwald 198
98 6217	Bw Salzwedel	ex. Altmärkische Eb. 194
98 6219	Bw Magdeburg-Rothensee	ex. Werklok[7]
98 6301	Bw Haldensleben	ex. Gardelegen-Haldenslbn.-Weferlingen 183
98 6376	Bw Neuruppin	ex. Ruppiner Eb. RE 25
98 6377	Bw Neuruppin	ex. Ruppiner Eb. RE 26
98 6378	Bw Neuruppin	ex. Ruppiner Eb. RE 24
98 6401	Bw Lichtenberg	Werklok Bw Lichtenberg[8]
98 6476	Bw Neuruppin	ex. Ruppiner Eb. RE 23
98 7051	Bw Dresden-Altstadt	
98 7055	Bw Zwickau[9]	
98 7056	Bw Dresden-Altstadt	
98 7062	Raw Dresden	Werklok
98 7065	Raw Dresden	Werklok
98 7066	Bw Dresden-Altstadt	
98 7074	*Reichenbach*	
98 7085	Raw Chemnitz	Werklok
98 7086	Bw Hilbersdorf	
98 7715	Bw Riesa	
98 7716	Bw Dresden-Altstadt	
98 7721	*Bw Chemnitz Hbf.*	

5 Normalspurlok für Verschubdienst auf Bf. Wernigerode.
6 Verliehen an Messingwerk Hettstedt als Werklok.
7 Werklok Chemische Fabrik Griesheim Elektron Bitterfeld, laut Umzeichnungsplan 1949 Eigentumsverhältnisse der Lok ungeklärt und zum Verkauf vorgesehen.
8 Ex. Werklok 6 Lauchhammerwerke Riesa.
9 Verliehen an Raw Zwickau.

Bestand und Verteilung der Dampflok Reihe 99 am 1. Juli 1950:

Ermittelter Gesamtbestand:	224 Lok	
Davon im Schadpark:	12 Lok	(entspricht 0,6 Prozent)

Noch wesentlich komplizierter als bei der Reihe 98 gestalten sich die Verhältnisse der Reihe 99. Unter dieser Bezeichnung sammeln sich sämtliche Schmalspurlokomotiven für 600, 750, 900 und 1000 Millimeter. Da eine Gattungsbereinigung selbstverständlich nicht stattfinden konnte, weicht die Verteilung der Lok von jener der vorausgegangenen Jahre kaum ab. Auffallend ist der sehr geringe Bestand des Lokbahnhofs Kühlungsborn für den Betrieb der 900 mm-Strecke nach Bad Doberan. In Sachsen sind fast alle 750 mm-Bahnen noch im Betrieb, auch die Rbd Erfurt, Magdeburg und Schwerin weisen Schmalspurbetrieb auf. Soweit möglich, sind die heimatlichen Lokbahnhöfe angegeben, eine vollständige Aufstellung dieser ist leider für die Rbd Dresden nicht gelungen. So lassen sich Potschappel, Hainsberg und Radebeul – alle zugehörig dem Bw Dresden-Altstadt – nicht voneinander trennen.

Die in Thum (Rbd Dresden) beheimatete 99 599 (Hartmann 1914/3787) ist 1950 irgendwo in Sachsen vor einem Güterzug unterwegs. Trichterkupplung, Kohlekastenaufsatz aus Brettern, Heberlein-Seilbremse und alter Kessel kennzeichnen diese aus der Länderbahnzeit stammende »Vier K«. *Foto: Georg Hey, Weimar, Sammlung Walluhn*

99 714 (Hartmann 1927/4671) besitzt Nummernschilder mit Aluminiumziffern, aber viele Anschriften fehlen. Ihre letzte Bremsuntersuchung erhielt die Lok am 22. März 1952. Die Luftklappe auf dem Führerhausdach steht offen, es scheint ein heißer Tag zu sein. Freital-Hainsberg im Sommer 1952.
Foto: Sammlung Umlauft (†), Erfurt

»Brüder in eins nun die Hände«. 99 760 des Bw Zittau (Schwartzkopff 1933/10151) setzt im Bahnhof Oybin um. Auch sie ist in persönlicher Pflege, der Lunin-Wimpel befindet sich aus Platzgründen hinten am Wasserkasten.
Foto: Ritter, Sammlung Rudolf Albrecht, Chemnitz

99 1401 vom Bw Wittenberge (Lowa Babelsberg 1947/15101), hier noch unter alter Nummer Gr 001, ist die erste einer in großen Serien als Reparation an die Sowjetunion gelieferten Schmalspurmaschine. Ihr Hersteller Lokomotivbau Babelsberg erprobte sie ausgiebig auf verschiedenen Strecken. Wir sehen sie hier im Prignitzer Netz.
Foto: Werkfoto Lowa Babelsberg, Sammlung Walluhn

99 001	Rbd Schwerin	Herkunft unbekannt!
99 161	Bw Reichenbach	
99 162	Bw Reichenbach	
99 183	Bw Probstzella	Lokbf. Eisfeld
99 191	Bw Probstzella	Lokbf. Eisfeld
99 222	Bw Probstzella	Lokbf. Eisfeld
99 312	Bw Zittau	vermietet an SAG Wismut
99 313	Bw Rostock	Lokbf. Kühlungsborn
99 321	Bw Zittau	vermietet an Fa. Werninghoff
99 322	Bw Rostock	Lokbf. Kühlungsborn
99 323	Bw Rostock	Lokbf. Kühlungsborn
99 516	Bw Döbeln	Lokbf. Mügeln
99 525	Bw Hilbersdorf	Lokbf. Eppendorf
99 530	Bw Zwickau	Lokbf. Mosel
99 534	Bw Döbeln	Lokbf. Mügeln
99 535	Bw Zwickau	Lokbf. Mosel
99 539	Bw Döbeln	Lokbf. Strehla
99 542	Bw Döbeln	Lokbf. Mügeln
99 545	Bw Döbeln	Lokbf. Mügeln
99 551	Bw Döbeln	Lokbf. Mügeln
99 552	Bw Döbeln	Lokbf. Mügeln
99 553	Bw Döbeln	Lokbf. Mügeln
99 555	Bw Bad Schandau	Lokbf. Hohnstein
99 556	Bw Döbeln	Lokbf. Mügeln
99 557	Bw Döbeln	Lokbf. Mügeln
99 561	Bw Döbeln	Lokbf. Mügeln
99 562	Bw Döbeln	Lokbf. Mügeln
99 563	Bw Döbeln	Lokbf. Mügeln
99 564	Bw Döbeln	Lokbf. Mügeln
99 566	Bw Hilbersdorf	Lokbf. Eppendorf
99 567	Bw Döbeln	Lokbf. Mügeln
99 568	Bw Kirchberg	
99 569	Bw Kirchberg	
99 570	Bw Buchholz (Sachs)	Lokbf. Oberwiesenthal für SAG Wismut
99 572	Bw Kirchberg	
99 573	Bw Kirchberg	
99 574	Bw Döbeln	Lokbf. Mügeln
99 575	Bw Döbeln	Lokbf. Mügeln
99 576	Bw Döbeln	Lokbf. Mügeln
99 577	Bw Zittau	
99 578	Bw Kirchberg	
99 579	Bw Kirchberg	
99 581	Bw Kirchberg	
99 582	Bw Kirchberg	Lokbf. Oberrittersgrün

99 583	Bw Kirchberg	
99 584	Bw Kirchberg	
99 585	Bw Freiberg	Lokbf. Sayda
99 586	Bw Freiberg	Lokbf. Sayda
99 587	Bw Thum	
99 588	Bw Kirchberg	
99 589	Bw Hilbersdorf	Lokbf. Eppendorf
99 590	Bw Kirchberg	Lokbf. Oberrittersgrün
99 591	Bw Kirchberg	
99 592	Bw Buchholz (Sachs)	Lokbf. Oberwiesenthal für SAG Wismut
99 593	Bw Döbeln	Lokbf. Mügeln
99 594	Bw Buchholz (Sachs)	Lokbf. Oberwiesenthal für SAG Wismut
99 595	Bw Zittau	
99 596	Bw Zwickau	Lokbf. Ortmannsdorf
99 597	Bw Buchholz (Sachs)	Lokbf. Jöhstadt
99 599	Bw Thum	
99 600	Bw Döbeln	Lokbf. Mügeln
99 601	Bw Buchholz (Sachs)	Lokbf. Jöhstadt
99 603	Bw Buchholz (Sachs)	Lokbf. Oberwiesenthal
99 604	Bw Buchholz (Sachs)	Lokbf. Oberwiesenthal für SAG Wismut
99 605	Bw Kirchberg	
99 606	Bw Bad Schandau	Lokbf. Hohenstein
99 607	Bw Kirchberg	
99 608	Bw Döbeln	Lokbf. Mügeln
99 642	Bw Dresden-Altstadt	Lokbf. Wilsdruff
99 644	Bw Döbeln	Lokbf. Lommatzsch
99 646	Bw Döbeln	Lokbf. Lommatzsch
99 648	Bw Dresden-Altstadt	Lokbf. Klingenberg-Colmnitz
99 653	Bw Döbeln	Lokbf. Lommatzsch
99 654	Bw Dresden-Altstadt	Lokbf. Klingenberg-Colmnitz
99 655	Bw Dresden-Altstadt	
99 673	Bw Dresden-Altstadt	Lokbf. Wilsdruff
99 678	Bw Dresden-Altstadt	Lokbf. Wilsdruff
99 680	*Bw Döbeln*	*Lokbf. Mügeln* wild umgezeichnete PKP C9-680
99 684	Bw Dresden-Altstadt	Lokbf. Wilsdruff
99 685	Bw Zittau	
99 686	Bw Dresden-Altstadt	Lokbf. Wilsdruff
99 687	Bw Dresden-Altstadt	
99 688	Bw Dresden-Altstadt	
99 689	Bw Dresden-Altstadt	Lokbf. Wilsdruff
99 692	Bw Dresden-Altstadt	Lokbf. Radeburg

99 693	Bw Dresden-Altstadt	Lokbf. Radeburg
99 694	Bw Zittau	
99 696	Bw Dresden-Altstadt	Lokbf. Wilsdruff
99 697	Bw Dresden-Altstadt	Lokbf. Radeburg
99 699	Bw Dresden-Altstadt	Lokbf. Radeburg
99 703	Bw Dresden-Altstadt	Lokbf. Frauenstein
99 705	Bw Dresden-Altstadt	Lokbf. Wilsdruff
99 706	Bw Dresden-Altstadt	Lokbf. Freital-Potschoppel
99 713	Bw Dresden-Altstadt	Lokbf. Wilsdruff
99 714	Bw Dresden-Altstadt	
99 715	Bw Dresden-Altstadt	Lokbf. Freital-Potschoppel
99 731	Bw Dresden-Altstadt	Lokbf. Freital-Hainsberg
99 732	Bw Buchholz (Sachs)	Lokbf. Oberwiesenthal
99 734	Bw Dresden-Altstadt	Lokbf. Freital-Hainsberg
99 735	Bw Buchholz (Sachs)	Lokbf. Oberwiesenthal
99 738	Bw Dresden-Altstadt	Lokbf. Freital-Hainsberg
99 739	Bw Dresden-Altstadt	Lokbf. Freital-Hainsberg
99 740	Bw Dresden-Altstadt	Lokbf. Freital-Hainsberg
99 741	Bw Dresden-Altstadt	Lokbf. Freital-Hainsberg
99 742	Bw Thum	
99 743	Bw Dresden-Altstadt	Lokbf. Freital-Hainsberg
99 745	Bw Dresden-Altstadt	Lokbf. Wilsdruff
99 746	Bw Buchholz (Sachs)	Lokbf. Oberwiesenthal
99 747	Bw Dresden-Altstadt	Lokbf. Wilsdruff
99 749	Bw Buchholz (Sachs)	Lokbf. Oberwiesenthal
99 750	Bw Buchholz (Sachs)	Lokbf. Oberwiesenthal
99 754	Bw Zittau	
99 757	Bw Thum	
99 758	Bw Buchholz (Sachs)	Lokbf. Oberwiesenthal
99 759	Bw Thum	
99 760	Bw Thum	
99 761	Bw Buchholz (Sachs)	Lokbf. Oberwiesenthal
99 762	Bw Buchholz (Sachs)	Lokbf. Oberwiesenthal
99 1401	Rbd Dresden[1]	
99 1517	*Bw Hilbersdorf*	
99 2525	*Rbd Erfurt*	
99 2527	*Bw Döbeln*	*Lokbf. Mügeln*
99 2529	*Bw Döbeln*	*Lokbf. Mügeln*
99 2530	*Bw Döbeln*	*Lokbf. Mügeln*
99 2539	*Bw Thum*	

1 Anmerkung »verliehen an Landesbahnen Brandenburg« ist unklar. Es gibt 1950 keine VVB Landesbahnen mehr. Lok möglicherweise an Rbd Magdeburg Bw Burg (vormals Kreisbahn Jerichow) verliehen.
2 Ex. Werklok B.O. 121 der Hütten AG Berlin.
3 Ex. Mecklenburg-Pommersche Schmalspurbahn 1.
4 Ex. Mecklenburg-Pommersche Schmalspurbahn 4.
5 Ex. Mecklenburg-Pommersche Schmalspurbahn 5.

99 2563	*Bw Döbeln*	*Lokbf. Mügeln*
99 2571	*Bw Dresden-Altstadt*	*Lokbf. Wilsdruff*
99 3001	Bw Neubrandenburg	ex. Anklam-Lassan[2]
99 3351	Bw Neubrandenburg	Lokbf. Friedland[3]
99 3352	Bw Neubrandenburg	Lokbf. Friedland[4]
99 3353	Bw Neubrandenburg	Lokbf. Friedland[5]
99 3361	Bw Pasewalk	Lokbf. Anklam[6]
99 3451	Bw Neubrandenburg	Lokbf. Friedland[7]
99 3461	Bw Neubrandenburg	Lokbf. Friedland[8]
99 3462	Bw Neubrandenburg	Lokbf. Friedland[9]
99 3651	Bw Neubrandenburg	Lokbf. Friedland, ex. Demmin-Jamen 32[10]
99 3652	Bw Neubrandenburg	Lokbf. Friedland[11]
99 4001	Bw Döbeln	Lokbf. Mügeln[12]
99 4052	Bw Dresden-Altstadt	Lokbf. Wilsdruff (vormals CFR 159.420)
99 4401	Bw Burg	ex. Kreisbahn Burg 22
99 4402	Bw Burg	ex. Kreisbahn Burg 23
99 4415	Rbd Magdeburg	Herkunft unbekannt
99 4501	Bw Wittenberge	Lokbf. Perleberg, ex Prignitzer Krklb. 07-20
99 4502	Bw Wittenberge	Lokbf. Perleberg, ex Prignitzer Krklb. 07-22
99 4503	Bw Wittenberge	Lokbf. Perleberg, ex Prignitzer Krklb. 07-21
99 4504	Bw Wittenberge	Lokbf. Perleberg, ex Prignitzer Krklb. 07-25
99 4505	Bw Wittenberge	Lokbf. Perleberg, ex Prignitzer Krklb. 07-26
99 4511	Bw Ketzin	Lokbf. Nauen, ex. Rathenow-Senske-Nauen 3
99 4512	Bw Ketzin	Lokbf. Nauen, ex. Rathenow-Senske-Nauen 5
99 4521	Bw Putbus	ex. Rügensche Bahnen 241
99 4522	Bw Putbus	ex. Rügensche Bahnen 242
99 4523	Bw Putbus	ex. Rügensche Bahnen 243
99 4524	Bw Putbus	ex. Rügensche Bahnen 244
99 4525	Bw Putbus	ex. Rügensche Bahnen 245
99 4531	Bw Meiningen	Lokbf. Wernshausen, ex. Trusetalbahn 3177
99 4532	Bw Meiningen	Lokbf. Wernshausen, ex. Trusetalbahn 10844

6 Ex. Mecklenburg-Pommersche Schmalspurbahn 14.
7 Ex. Mecklenburg-Pommersche Schmalspurbahn 8.
8 Ex. Mecklenburg-Pommersche Schmalspurbahn 9.
9 Ex. Mecklenburg-Pommersche Schmalspurbahn 12.
10 Eigentümer der Lok laut Umzeichnungsplan DR von 1949 unbekannt.
11 Eigentümer der Lok laut Umzeichnungsplan DR von 1949 unbekannt. Ex. Mecklenburg-Pommersche Schmalspurbahn 21.
12 Ex. Heeresfeldbahnlok Etappeninspektion Woyosch.

99 4601	Bw Putbus	bei Zuckerfabrik Jarmen[13]
99 4602	Bw Putbus	ex. Rügensche Bahnen 203
99 4603	Bw Putbus	ex. Rügensche Bahnen 205
99 4611	Bw Meiningen	Lokbf. Wernshausen, ex. Trusetalbahn 110
99 4612	Bw Prenzlau	Lokbf. Klockow, ex. Pasewalk-Klockow 1
99 4613	Bw Prenzlau	Lokbf. Klockow, ex. Pasewalk-Klockow 2
99 4614	Bw Burg	ex. Kreisbahn Burg 9
99 4615	Bw Burg	ex. Kreisbahn Burg 10
99 4621	Bw Putbus	ex. Rügensche Bahnen 265
99 4631	Bw Putbus	ex. Rügensche Bahnen 257
99 4632	Bw Putbus	ex. Rügensche Bahnen 258
99 4633	Bw Putbus	ex. Rügensche Bahnen 259
99 4641	Bw Burg	ex. Kreisbahn Burg 16
99 4642	Bw Burg	ex. Kreisbahn Burg 11
99 4643	Bw Burg	ex. Kreisbahn Burg 12
99 4644	Bw Burg	ex. Kreisbahn Burg 15
99 4645	Bw Burg	ex. Kreisbahn Burg 14
99 4651	Bw Jüterbog	ex. Jüterbog-Luckenwalde 4
99 4652	Bw Jüterbog	ex. Jüterbog-Luckenwalde 1
99 4653	Bw Jüterbog	ex. Jüterbog-Luckenwalde 5
99 4701	Bw Wittenberge	Lokbf. Perleberg, ex. Prignitzer Krklb. 08-20
99 4711	Bw Wittenberge	Lokbf. Perleberg, ex. Prignitzer Krklb. 07-80
99 4712	Bw Hilbersdorf	Lokbf. Eppendorf
99 4801	Bw Burg	ex. Kreisbahn Burg 20
99 4802	Bw Burg	ex. Kreisbahn Burg 21
99 5001	Bw Rostock	vermietet an Industrie, Herkunft unklar!
99 5601	Bw Barth	ex. Franzburger Klb. 1i
99 5602	Bw Barth	ex. Franzburger Klb. 2i
99 5603	Bw Barth	ex. Franzburger Klb. 3i
99 5604	*Bw Barth*	ex. Franzburger Klb. 6i
99 5605	Bw Barth	ex. Franzburger Klb. 4i
99 5606	Bw Barth	ex. Franzburger Klb. 5i
99 5611	Bw Barth	ex. Franzburger Klb. 9o
99 5621	Bw Barth	ex. Franzburger Klb. 7ii
99 5622	Bw Barth	ex. Franzburger Klb. 8ii
99 5631	*Bw Probstzella*	ex. Hildburghausen-Heldburg 71
99 5632	*Bw Probstzella*	ex. Hildburghausen-Heldburg 72
99 5633	Bw Straupitz	ex. Spreewaldbahn 09-27
99 5701	Bw Straupitz	ex. Spreewaldbahn 09-20
99 5702	Bw Straupitz	ex. Spreewaldbahn 09-21
99 5703	Bw Straupitz	ex. Spreewaldbahn 09-22
99 5704	Bw Straupitz	ex. Spreewaldbahn 09-23
99 5705	Bw Straupitz	ex. Spreewaldbahn 09-24
99 5706	Bw Straupitz	ex. Spreewaldbahn 09-25
99 5707	Bw Straupitz	ex. Spreewaldbahn 09-26
99 5711	Bw Gera	Lokbf. Gera-Pforten, ex Gera-Meuselwitz-Wuitzer Eb. 2
99 5712	Bw Gera	Lokbf. Gera-Pforten, ex Gera-Meuselwitz-Wuitzer Eb. 4
99 5713	Bw Gera	Lokbf. Gera-Pforten, ex Gera-Meuselwitz-Wuitzer Eb. 6
99 5714	Bw Gera	Lokbf. Gera-Pforten, ex Gera-Meuselwitz-Wuitzer Eb. 1
99 5801	Bw Halle-Klaustor	Industriebahn Halle, ex. Halle-Hettstedt 3x
99 5802	Bw Halle-Klaustor	Industriebahn Halle, ex. Halle-Hettstedt 4x
99 5803	Bw Wernigerode	ex. Nordhausen-Wernigerode 3
99 5804	Bw Wernigerode	ex. Nordhausen-Wernigerode 1
99 5811	Bw Wernigerode	Lokbf. Gernrode, ex. Gernrode-Harzgerode GERNRODE
99 5901	Bw Wernigerode	ex. Nordhausen-Wernigerode 11
99 5902	Bw Wernigerode	ex. Nordhausen-Wernigerode 12
99 5903	Bw Wernigerode	ex. Nordhausen-Wernigerode 13
99 5904	Bw Wernigerode	ex. Nordhausen-Wernigerode 14
99 5905	Bw Wernigerode	ex. Nordhausen-Wernigerode 15
99 5906	Bw Wernigerode	ex. Nordhausen-Wernigerode 41
99 5911	Bw Gera	Lokbf. Gera-Pforten, ex Gera-Meuselwitz-Wuitzer Eb. 7
99 5912	Bw Gera	Lokbf. Gera-Pforten, ex Gera-Meuselwitz-Wuitzer Eb. 8
99 6001	Bw Wernigerode	ex. Nordhausen-Wernigerode 21
99 6011	Bw Wernigerode	ex. Nordhausen Wernigerode 51
99 6012	Bw Wernigerode	ex. Nordhausen-Wernigerode 52
99 6101	Bw Wernigerode	ex. Nordhausen-Wernigerode 6
99 6102	Bw Wernigerode	ex. Nordhausen-Wernigerode 7

13 Ex. Demminer Bahnen 207.

9.2 Bestand und Verteilung der Fremdlokomotiven am 1. Juli 1950:

Ermittelter Gesamtbestand:	951 Lok[7]
Davon im Schadpark:	947 Lok (entspricht 99,6 Prozent)

7 Akten der Rbd Halle nennen für dem 17.03.1950 die Rückgabe der Lok MAV 342.306 Bw Engelsdorf an Ungarn. Bekannt ist jedoch nur eine 343.306 des Bw Engelsdorf, die schon 1946 zur CSD abging. Die genannte Lok ist unsicher und daher hier nicht mit erfasst.

Aus PKP Ti2-12, ehemals preußische G 5.2 Essen 4158 (Hanomag 1899/3099), wird per Farbanschrift kurzerhand 54 012 in wilder Umzeichnung. Die in Stralsund hinterstellte Nassdampf-Verbundmaschine geht am 27. Dezember 1955 an die PKP zurück. Beim genauen Hinsehen fallen zahlreiche Details auf: Ein Läutwerk vor dem Schornstein deutet auf Verwendung auf Nebenstrecken hin, daneben das typische Dultz-Wechselventil, der Hauptluftbehälter liegt auf dem Kesselscheitel hinten, am Tender sorgt(e) ein provisorischer Schutzkasten gegen Witterungseinflüsse vor allem bei Rückwärtsfahrt. Die Stangen, zahlreiche Armaturen aber auch Rohrleitungen fehlen. An der Luftpumpe hatte noch niemand Interesse. Der Tender trägt einen Aufsatz aus Blechstangen und Draht, was auf Holzfeuerung hindeutet.
Foto: Zentrale Bildstelle DR, Sammlung Walluhn

Diese ehemalige Elsass-Lothringen-Lok 5167 (Grafenstaden 1915/6715) mit wilder Nummer 55 5167 hat während der Nachkriegszeit schwer gelitten: Aufgenommen am 22. Mai 1953 im Güterbahnhof Eisenach macht sie einen traurigen Eindruck. Rauchkammer, Zylinderbekleidung, alle Stangen, Bremszylinder, Kessel- und Dampfdombekleidung fehlen. Das Führerhaus ist seiner Armatur beraubt, die Feuertür (eine einfach Klapptür, keinesfalls eine der Bauart Marcotty) steht offen, die Bleche von Dach und Seitenwänden sind durchgerostet. Einzig der dreiachsige Tender macht einen guten Eindruck. Das nahegelegene Raw Meiningen dürfte nicht unschuldig am »gerupften« Zustand dieser Westfremdlok sein.
Foto: Werner Lehmitz Rbd Erfurt, Sammlung Walluhn

Die zunächst preußische G7.1 Köln 4450, dann belgische 7050 (Schwartzkopff 1906/3576) vom Bw Leipzig-Wahren – papiermäßig als 55 7050 bezeichnet, ausgemustert am 18.11.1954 – hat böse gelitten. Alle Gestänge und große Teile der Verkleidungsbleche fehlen. Der Kessel ist sämtlicher Armatur beraubt, nur die Handstangen sind noch da. Auch der Tender ist nicht mehr vorhanden, und wenn er mit keiner anderen Lokomotive verbunden wurde, dürfte aus ihm ein Wasserwagen geworden sein.
Foto: Zentrale Bildstelle DR, Sammlung Walluhn

Die infolge des ~~Welt~~krieges auf dem Gebiet der sowjetischen Besatzungszone verbliebenen Fremdlok sind bis 1950 fast gänzlich abgestellt. Dienstfähig haben sich nur vier Maschinen feststellen lassen: ETAT 32-902 (Bw Gera) und 32-916 (Bw Zwickau) – beide Baureihe 75.5, die litauische K8-62 (Bw Leipzig-West) – eine ehemals preußische P8 und schließlich die ungarische 424.126 (Bw Stendal, hier Kurierzuglok). Möglicherweise sind einige Maschinen, deren Ausmusterdatum bisher unbekannt blieb, hier nicht mit genannt. Nicht ganz auszuschließen ist auch, dass in Einzelfällen Lokomotiven wegen in amtlichen Unterlagen unvollständig oder falsch erfasster Betriebsnummern doppelt erscheinen. Trotzdem wurden die Fremdlokomotiven in diese Statistik aufgenommen. Weiterführende Aussagen zu dieser komplizierten Thematik müssen – um den Rahmen nicht zu sprengen – besonderer Literatur vorbehalten bleiben.

Zum Bw Pirna und später zum Bw Görlitz gehörte die französische 040 B 26 (Hanomag 1906/4711, ex. Bromberg 4647, dann Nordbahn 4.1026), die diese Aufnahme in einigermaßen gutem Zustand zeigt. Alle Stangen fehlen, die Dombekleidung hängt auf der vorderen Pufferbohle, einige Armaturteile sind abgebaut. Ansonsten würde sich jede Museumsbahn heute freuen, eine solche Maschine zu besitzen. Dieses Exemplar jedoch wird am 25. Oktober 1956 in Görlitz zerlegt, um anderen Lokomotiven als Teilespender zu dienen.
Foto: Zentrale Bildstelle DR, Sammlung Walluhn

Ein Sonderling aus Ritschenhausen: 140 A 088 (Epernay 1912/688, vormals Ostbahn 4088) mit ganz typisch französischen Baumerkmalen, die überhaupt nicht in die Landschaft deutschen Lokomotivbaus passen. Zierliche, geschwungene, ja fast künstlerische Stangenpuffer, Verbundtriebwerk, Belphaire-Hinterkessel, weiter Schlot, runde Domformen, schmale hintereinander auf dem Umlauf angeordnete Luftbehälter. Vielleicht ein wenig badischer Einfluss aus der Maschinenbaugesellschaft Karlsruhe. Auch an dieser Maschine fehlen eine ganze Reihe Armaturen und Teile, und – wie soll es anders sein – natürlich ist die Luftpumpe ausgebaut. Noch aus der Kriegszeit stammen die mittels Verdunkelungsbleche abgedeckten Führerhausfrontfenster.
Foto: Werner Lehmitz Rbd Erfurt, Sammlung Walluhn

Die Reste einer französischen Güterzuglok US-amerikanischer Herkunft: ETAT 140-1394 (Baldwin 1918/50487) ist reichlich ausgeplündert, als sie am 13. Mai 1953 auf Bahnhof Walldorf an der Werra nahe dem Raw Meiningen aufgenommen wird. Treibachse und sämtliches Gestänge fehlen, ebenso große Teile der Lang- und Stehkesselbekleidung, die Luftpumpe, ein Dampfentnahmestutzen am Kessel, die Loklaternen, Teile der Druckluftbremsanlage und allerlei weiteres. Gut erkennt man die nordamerikanischen Baumerkmale wie Barrenrahmen, runde Dome und Pufferbohlenstützen zur Rauchkammer hinauf. Auf dem Stehkessel hinten neben der Dampfpfeife befindet sich ein Einfüllstutzen für Kesselwasser, wie er sonst nur im alten Österreich-Ungarn üblich war.
Foto: Werner Lehmitz Rbd Erfurt, Sammlung Walluhn

Diese alte französische Tenderlok ist für deutsche Verhältnisse ebenso ungewöhnlich, wie die soeben vorgestellten Schlepptendermaschinen. 040 TA 988 (Blank-Misseron 1912/53) mit fehlender Treibstange, abgebauten Steuerungsteilen, Uralt-Stangenpuffern und beinahe übergroßen Wasserkästen harrt auf dem Bahnhof Neue Schänke (Rbd Erfurt) ihres weiteren Schicksals. Sie wird am 21.11.1955 ausgemustert und vom 21.06. bis 24.08.1956 im Raw Meiningen zerlegt, da ein Lokaustausch mit Westeuropa wegen der politischen Verhältnisse nicht mehr zustande kommt.
Foto: Werner Lehmitz Rbd Erfurt, Sammlung Walluhn

Auf Bahnhof Neue Schänke bei Jena (Rbd Erfurt) befindet sich ein Altmetall-Sammelplatz ähnlich wie in Gera-Süd oder Stassfurt. Im einzigartige Chaos aus Zahnrädern, Mahlrollen, Blechen, Winkeleisen, Drähten und Stangen steht die französische Personenzuglok 230 B 521. Sie ist vieler Armaturen beraubt, an Tender und Führerhaus fehlen Blechteile, die man herausgeschweißt und weiterverwendet hat.
Foto: Werner Lehmitz Rbd Erfurt, Sammlung Walluhn

Die verwendeten Abkürzungen vor der Lokomotivnummer haben folgende Bedeutung:

AL	Elsass-Lothringen (Chemins de Fer de l' Alsace et de la Lorraine)
ETAT	Französische Staatsbahn-Gesellschaft (Chemins de Fer de l' Etat)
Est	Französische Ostbahn (Chemins de Fer de l' Est)
Nord	Französische Nordbahn (Chemnis de Fer du Nord)
Midi	Französische Südbahn (Chemnis de Fer de Midi)
PLM	Paris-Lyon-Mittelmeerbahn (Chemin der Fer de Paris à Lyon et à Méditerranée)
PO	Paris-Orleans-Bahn (Chemin de Fer de Paris à Orléans)
SNCF[1]	Französische Staatsbahn (Société des Chemnis de Fer Francis), dahinter die Nummer der Region[2], es bedeuten: Region 1 Ost vormals Elsass-Lothringen und Ostbahn Region 2 Nord vormals Nordbahn Region 3 West vormals ETAT Region 4 Südwest vormals Paris-Orleans und Südbahn Region 5 Südost vormals Paris-Lyon-Mittelmeerbahn
SNCB	Belgische Staatsbahn (Société Nationale des Chemins de Fer Belges)
NS	Niederländische Staatsbahn (Nederlandsche Spoorwegen)
PKP	Polnische Staatsbahn (Polskie Koleje Panstwowe)

1 Gegründet am 01.01.1938. Der für die Regionen 1 bis 5 aufgestellte Umzeichnungsplan wurde nur nach und nach realisiert. Noch im Mai 1940, zur Zeit der Besetzung Frankreichs durch deutsche Truppen hatten viele Lokomotiven ihre alten Nummern. Eine Weiterführung der Umzeichnung fand nun nicht mehr statt, so dass im Bestand der Deutschen Reichsbahn nach 1945 französische Fremdlok mit alter als auch neuer Bezeichnung auftauchen, was die Statistik besonders erschwert.

2 Fehlt die Nummer, so konnte die Region nicht ermittelt werden. Amtliche Schriftstücke der DR lassen die Region grundsätzlich fort, was in einigen Fällen zu »unerklärlichen« Doppelnummern führt!

Bei der Reichsbahn waren die sächsischen Fünfkuppler vor dem Krieg längst ausgemustert worden. ETAT 50.903 (Hartmann 1913/3667, vormals sächsische 2035) ist mit einer der Abgabewellen aus Frankreich 1941 wieder ins Land gekommen. Die Ersatzteilgewinnung hat ganze Arbeit geleistet. Die Schadlokkommission dagegen nur halbe: An der Lok steht falsch 050-903. Das gesamte Gewerk fehlt ebenso wie Armaturen, Kessel- und Zylinderbekleidung. Gut ist der freigelegte Hinterkessel Bauart Belphaire erkennbar. Die Aufnahme entstand am Abstellort Regis-Breitingen im August 1953.
Foto: Ernst Thormann Rbd Halle, Sammlung Walluhn

Estl. Estland (Esti Vabariigi Raudteede)
Lettl. Lettland (Laltvijas valsts dzelzceli)
Lit. Litauen (Leituvos Gelezinkelai)
SSSR Sammelbegriff für Lok sowjetischer Bahnen (außer Baltikum)
CSD Tschechoslowakische Staatsbahn (Ceskoslovenské Státni Dráhy)
JDZ Jugoslawische Staatsbahn (Jugoslovenske Drzavne Zelenice)
CFR Rumänische Staatsbahn (Caile Ferate Romane)
MAV Ungarische Staatsbahn (Magyar Államvasutak)
FS Italienische Staatsbahn (Ferrove dello Stato)
unbek. Eigentumsbahn unbekannt

Die *Schadlok* sind im Geqensatz zur sonst üblichen Praxis aufgrund ihrer Überzahl nicht gekennzeichnet. Die **Betriebslok** sind statt dessen fett hervorgehoben.

AL906	Bw Pasewalk
AL928	Bw Pasewalk
AL948	Bw Leipzig Bayer. Bf.
AL963	Bw Werdau
AL1302	Bw Engelsdorf
AL1304	Bw Leipzig Bayer. Bf.
AL1329	Bw Leipzig Bayer. Bf.
AL2308	Bw Waren (M)
AL4046	Rbd Greifswald
AL4098	Rbd Greifswald
AL4215	Bw Heringsdorf
AL4550	Bw Erfurt-G[3]
AL5011	Bw Wittenberge
AL5024	Bw Zwickau
AL5046	Bw Vacha[4]
AL5184	Bw Görlitz
AL5216	Rbd Magdeburg
AL5264	Bw Engelsdorf
AL5305	Bw Hilbersdorf
AL5313	Rbd Greifswald
AL5316	Rbd Magdeburg
AL5318	Rbd Schwerin
AL5329	Bw Eilenburg[5]
AL5358	Bw Vacha[6]
AL5396	Rbd Schwerin
AL5404	Bw Nordhausen
AL5416	Rbd Dresden

3 Unsicher, ob überhaupt eine AL-Lokomotive.
4 Spätere 55 7254.
5 Spätere 55 7255.
6 Spätere 55 7256.

AL5442	Rbd Berlin
AL5452	Rbd Berlin
AL5478	Rbd Berlin
AL5503	Bw Görlitz
AL5512	Bw Döbeln
AL5547	Rbd Greifswald
AL5561	Bw Dresden-Friedrichstadt
AL5584	Rbd Erfurt
AL5610	Rbd Greifswald
AL5619	Rbd Magdeburg
AL5624	Rbd Schwerin
AL5638	Rbd Greifswald
AL5657	Rbd Greifswald
AL5676	Rbd Halle
AL5719	Bw ?
AL6628	Bw Nordhausen
AL7050	Rbd Halle[7]
AL7082	Rbd Halle
AL7096	Rbd Halle[8]
AL7920	Bw Pasewalk
AL8112	Rbd Magdeburg
AL8163	Rbd Greifswald
AL8187	Rbd Magdeburg
AL8196	Rbd Halle
AL8198	Bw Gotha
AL8243	Rbd Magdeburg
AL8251	Bw Zwickau
AL8254	Rbd Greifswald
AL8260	Rbd Magdeburg
AL8262	Rbd Schwerin
AL8294	Rbd Magdeburg
AL8322	Rbd Magdeburg
AL8335	Rbd Magdeburg
AL8344	Rbd Magdeburg
AL8362	Bw Nordhausen
AL8376	Rbd Magdeburg
AL8391	Bw Magdeburg-Buckau
AL8420	Rbd Schwerin
AL8522	Bw Magdeburg-Buckau
AL8528	Rbd Magdeburg
AL8542	Rbd Magdeburg
AL8574	Bw Zwickau
AL8602	Bw Zeitz (spätere 79001)

7 Evtl. SNCB 7050!
8 Evtl. SNCB 7096!

AL8627	Rbd Greifswald
AL8648	Rbd Magdeburg
AL8662	Rbd Erfurt
ETAT32-901	Rbd Halle
ETAT32-902	Bw Gera
ETAT32-905	Bw Cottbus
ETAT32-906	Bw Finsterwalde
ETAT32-914	Bw Görlitz
ETAT32-915	Bw Chemnitz Hbf.
ETAT32-916	Bw Zwickau[9]
ETAT32-917	Bw Hilbersdorf
ETAT40-052	Bw Eilenburg
ETAT40-057	Bw Engelsdorf
ETAT40-079	Bw Nordhausen
ETAT40-091	Bw Nordhausen
ETAT50-901	Bw Dresden-Friedrichstadt
ETAT50-902	Bw Dresden-Friedrichstadt
ETAT50-903	Bw Hilbersdorf
ETAT50-904	Bw Dresden-Altstadt[10]
ETAT50-905	Bw Zwickau
ETAT50-906	Bw Glauchau
ETAT50-910	Bw Hilbersdorf
ETAT50-911	Bw Riesa[11]
Nord3.1645	Bw Görlitz
SNCF4 040-055	Bw Rostock
SNCF 040-056	Bw ?
SNCF 040-085	Rbd Schwerin
SNCF 040-091	Bw ?
SNCF 040-136	Rbd Schwerin
SNCF4 040-273	Bw Halle-G
SNCF4 040-289	Bw Parchim
SNCF4 040-290	Bw Bernburg
SNCF 040-292	Bw ?
SNCF4 040-295	Bw Bernburg
SNCF4 040-298	Bw Bernburg
SNCF4 040-524	Bw Bernburg
SNCF 040-988	Rbd Erfurt
SNCF 040-1057	Bw ?
SNCF1 040 A 619	Bw Pasewalk
SNCF2 040 B 3	Bw Leipzig-Wahren

9 Spätere 75 591.
10 Spätere 94 2151.
11 Spätere 94 2152.

SNCF2 040 B 12	Bw Nordhausen
SNCF2 040 B 22	Bw Leipzig-Wahren
SNCF2 040 B 26	Bw Görlitz
SNCF2 040 B 28	Bw Eisenach[12]
SNCF2 040 B 32	Bw Staßfurt
SNCF2 040 B 33	Bw ?
SNCF2 040 B 40	Bw Reichenbach
SNCF2 040 B 43	Bw Staßfurt
SNCF2 040 B 54	Bw Hilbersdorf
SNCF2 040 B 60	Bw ?
SNCF2 040 B 62	Bw Dresden-Friedrichstadt
SNCF2 040 B 68	Rbd Schwerin
SNCF2 040 B 71	Bw Eilsleben
SNCF2 040 B 80	Bw Leipzig-Plagwitz
SNCF2 040 B 81	Bw Weißenfels
SNCF2 040 B 82	Bw Guben
SNCF2 040 B 87	Bw Leipzig-Wahren
SNCF2 040 B 89	Bw Staßfurt
SNCF2 040 B 94	Bw Staßfurt
SNCF2 040 B 95	Bw ?
SNCF 040 B 293	Bw Dresden-Altstadt
SNCF1 040 B 711	Bw Aschersleben
SNCF1 040 B 712	Bw Zwickau
SNCF1 040 B 722	Bw Werdau
SNCF1 040 B 726	Bw Görlitz
SNCF1 040 B 734	Bw Güsten
SNCF1 040 B 739	Bw Werdau
SNCF1 040 B 742	Bw Werdau
SNCF1 040 B 743	Rbd Halle
SNCF1 040 B 745	Bw Hoyerswerda
SNCF2 040 D 8	Bw Engelsdorf
SNCF2 040 D 15	Bw Stralsund
SNCF2 040 D 22	Bw Leipzig-Wahren
SNCF2 040 D 26	Bw Staßfurt
SNCF 040 D 32	Rbd Magdeburg
SNCF2 040 D 34	Rbd Halle
SNCF2 040 D 36	Bw Staßfurt
SNCF2 040 D 37	Bw Bernburg
SNCF2 040 D 39	Rbd Halle
SNCF2 040 D 41	Bw Leipzig-Plagwitz
SNCF2 040 D 43	Rbd Magdeburg
SNCF2 040 D 55	Bw Leipzig-Plagwitz
SNCF 040 D 57	Rbd Halle
SNCF2 040 D 63	Bw Engelsdorf

12 Evtl. 040 B 284 gemeint!

SNCF2 040 D 68	Bw Parchim
SNCF 040 D 74	Rbd Magdeburg
SNCF2 040 D 82	Bw Leipzig-Plagwitz
SNCF2 040 D 89	Bw Staßfurt
SNCF 040 D 94	Rbd Magdeburg
SNCF2 040 D 101	Bw Leipzig Bayer. Bf.
SNCF2 040 D 102	Bw Magdeburg-Buckau
SNCF2 040 D 134	Bw Magdeburg-Buckau
SNCF2 040 D 136	Bw Leipzig-Wahren
SNCF2 040 D 138	Bw Magdeburg-Buckau
SNCF2 040 D 139	Bw Dessau
SNCF2 040 D 146	Bw Leipzig Bayer. Bf.
SNCF2 040 D 156	Bw Dessau
SNCF2 040 D 183	Bw Halle-G
SNCF2 040 D 209	Bw Magdeburg-Buckau
SNCF1 040 D 321	Bw Leipzig-Wahren
SNCF1 040 D 325	Bw Magdeburg-Buckau
SNCF1 040 D 331	Bw Haldensleben
SNCF2 040 D 340	Bw ?
SNCF1 040 D 453	Bw Staßfurt
SNCF1 040 D 501	Bw Staßfurt[13]
SNCF 040 D 521	Rbd Halle
SNCF1 040 D 524	Rbd Magdeburg[14]
SNCF1 040 D 541	Bw Dessau
SNCF2 040 D 547	Bw ?
SNCF2 040 D 549	Bw ?
SNCF2 040 D 550	Bw ?
SNCF1 040 D 552	Bw ?
SNCF1 040 D 554	Bw ?
SNCF1 040 D 555	Bw ?
SNCF 040 E 19	Bw Dresden-Friedrichstadt
SNCF5 040 E 34	Bw Engelsdorf
SNCF5 040 E 47	Bw Torgau
SNCF4 040 E 147	Rbd Schwerin
SNCF4 040 E 158	Bw Hagenow-Land
SNCF4 040 E 258	Bw Hagenow-Land
SNCF4 040 G 273	Bw ?
SNCF4 040 G 277	Bw Güstrow
SNCF4 040 G 280	Bw Pasewalk
SNCF4 040 G 284	Bw Meiningen
SNCF4 040 G 286	Bw Altenburg
SNCF4 040 G 289	Bw ?
SNCF4 040 G 290	Bw ?

13 Spätere 55 7258.
14 Spätere 55 7259.

SNCF4 040 G 293	Rbd Berlin
SNCF4 040 G 295	Bw ?
SNCF4 040 G 298	Bw ?
SNCF3 040 TA 6	Bw Stralsund
SNCF3 040 TA 36	Rbd Magdeburg
SNCF3 040 TA 41	Rbd Halle
SNCF2 040 TA 56	Bw Pirna
SNCF3 040 TA 56	Bw Hagenow-Land
SNCF2 040 TA 69	Bw Görlitz
SNCF3 040 TA 75	Bw Wittenberge
SNCF3 040 TA 82	Rbd Schwerin
SNCF2 040 TA 84	Bw Artern
SNCF3 040 TA 85	Bw Wittenberge
SNCF2 040 TA 98	Bw Leipzig-Plagwitz
SNCF3 040 TA 118	Bw Wittenberge
SNCF3 040 TA 129	Rbd Schwerin
SNCF3 040 TA 131	Bw Wittenberge
SNCF3 040 TA 132	Bw Wittenberge
SNCF3 040 TA 136	Bw Wittenberge
SNCF3 040 TA 139	Bw Wittenberge
SNCF3 040 TA 143	Bw Wismar
SNCF 040 TA 28	Bw ?
SNCF1 040 TA 931	Bw Görlitz
SNCF1 040 TA 961	Bw Leipzig-Plagwitz
SNCF1 040 TA 988	Bw Gera
SNCF2 050 TC 1	Bw Dresden-Friedrichstadt
SNCF4 050-526	Bw Vacha
SNCF1 130 A 279	Bw Waren (M)
SNCF1 130 A 281	Bw Güstrow
SNCF1 130 A 295	Bw Waren (M)
SNCF1 130 A 311	Bw Hagenow-Land
SNCF1 130 A 317	Bw Wismar
SNCF1 130 A 320	Bw Schwerin
SNCF1 130 A 323	Bw Güstrow
SNCF1 130 A 354	Bw Waren (M)
SNCF1 130 A 373	Bw Güstrow
SNCF1 130 A 390	Bw Waren (M)
SNCF1 130 A 399	Bw Hagenow-Land
SNCF1 130 A 403	Bw Magdeburg-Buckau
SNCF1 130 A 412	Bw Schwerin
SNCF1 130 A 415	Bw Schwerin
SNCF1 130 A 418	Bw Hilbersdorf
SNCF1 130 A 443	Bw Rostock
SNCF1 130 A 471	Bw Rostock
SNCF1 130 B 269	Bw Görlitz
SNCF 130 B 443	Rbd Schwerin
SNCF1 130 B 461	Bw Merseburg
SNCF1 130 B 732	Bw Altenburg
SNCF1 130 B 766	Bw Waren (M)
SNCF 130 BT 17	Bw ?
SNCF 130 TA 5	Rbd Magdeburg
SNCF 130 TA 17	Rbd Magdeburg
SNCF2 130 TB 7	Bw Weißenfels
SNCF5 130 TB 7	Bw Lichtenberg
SNCF5 130 TB 16	Bw Brandenburg
SNCF5 130 TB 18	Bw Brandenburg
SNCF5 130 TB 23	Bw Brandenburg[15]
SNCF2 130 TC 2	Bw Wittenberg
SNCF2 130 TC 3	Rbd Berlin[16]
SNCF2 130 TC 4	Bw Lichtenberg[17]
SNCF2 130 TC 5	Bw Dessau[18]
SNCF2 130 TC 6	Bw Grunewald[19]
SNCF2 130 TC 7	Bw Schöneweide
SNCF2 130 TC 11	Rbd Berlin[20]
SNCF1 130 TC 505	Bw ?
SNCF1 130 TC 517	Bw ?
SNCF3 140-103	Bw Cottbus
SNCF3 140-127	Bw Rummelsburg
SNCF3 140-170	Bw Rummelsburg
SNCF3 140-177	Rbd Halle
SNCF 140-214	Rbd Schwerin
SNCF3 140-224	Bw Rummelsburg
SNCF3 140-255	Rbd Halle
SNCF3 140-258	Bw Rummelsburg
SNCF3 140-304	Bw Rummelsburg
SNCF3 140-346	Bw Rummelsburg
SNCF3 140-352	Bw Cottbus
SNCF3 140-372	Bw Pankow
SNCF3 140-565	Bw Nordhausen
SNCF3 140-574	Bw Rothensee
SNCF4 140-748	Bw Rummelsburg
SNCF4 140-761	Bw Falkenberg
SNCF4 140-817	Bw Saalfeld
SNCF4 140-823	Bw Leipzig-Plagwitz
SNCF3 140-1127	Bw Leipzig-Plagwitz
SNCF3 140-1163	Bw Parchim

15 Spätere 74 365.
16 Spätere 74 1351.
17 Spätere 74 1352.
18 Spätere 74 1353.
19 Spätere 74 1354.
20 Spätere 74 1355.

SNCF3 140-1294	Bw Görlitz
SNCF3 140-1304	Bw Meiningen
SNCF3 140-1394	Bw Meiningen
SNCF 140-1548	Bw ?
SNCF1 140 A 88	Bw Meiningen
SNCF 140 A 107	Rbd Erfurt
SNCF3 140 A 532	Bw Cottbus
SNCF3 140 A 598	Rbd Berlin
SNCF1 140 A 619	Bw ?
SNCF 140 B 54	Rbd Erfurt
SNCF 140 B 74	Bw ?
SNCF 140 B 81	Rbd Erfurt
SNCF 140 B 82	Rbd Halle
SNCF 140 B 106	Rbd Berlin
SNCF1 140 B 108	Bw Meiningen
SNCF1 140 B 126	Bw Hilbersdorf
SNCF1 140 B 127	Rbd Berlin
SNCF1 140 B 140	Bw Pasewalk
SNCF1 140 B 149	Bw Hilbersdorf
SNCF1 140 B 166	Bw Hilbersdorf
SNCF1 140 B 170	Bw Rummelsburg
SNCF1 140 B 175	Bw Suhl
SNCF1 140 B 184	Rbd Magdeburg
SNCF1 140 B 189	Bw Halle-P
SNCF1 140 B 202	Rbd Magdeburg
SNCF1 140 B 212	Bw Halle-P
SNCF1 140 B 213	Bw Meiningen
SNCF1 140 B 216	Bw Leipzig-Plagwitz
SNCF1 140 B 220	Rbd Schwerin
SNCF1 140 B 224	Rbd Berlin
SNCF1 140 B 226	Bw Rothensee
SNCF1 140 B 239	Bw Nordhausen
SNCF1 140 B 240	Bw Nordhausen
SNCF1 140 B 241	Bw Rothensee
SNCF1 140 B 242	Bw Hilbersdorf
SNCF1 140 B 244	Rbd Erfurt
SNCF1 140 B 250	Bw Güsten
SNCF1 140 B 255	Bw Engelsdorf
SNCF1 140 B 257	Bw Meiningen
SNCF1 140 B 258	Rbd Berlin
SNCF1 140 B 263	Bw Schwerin
SNCF1 140 B 272	Rbd Berlin
SNCF1 140 B 274	Rbd Berlin
SNCF1 140 B 294	Bw Leipzig-Plagwitz
SNCF1 140 B 299	Bw ?
SNCF1 140 B 304	Bw Güstrow
SNCF 140 B 304	Rbd Berlin
SNCF 140 B 346	Rbd Berlin
SNCF 140 B 351	Bw ?
SNCF 140 B 574	Rbd Magdeburg
SNCF 140 B 632	Rbd Berlin
SNCF1 140 B 719	Bw Rothensee
SNCF1 140 B 724	Rbd Berlin
SNCF1 140 B 801	Bw Neustrelitz
SNCF1 140 B 811	Bw Neustrelitz
SNCF1 140 B 819	Bw Halle-G
SNCF1 140 B 823	Rbd Halle
SNCF3 140 B 1138	Bw Leipzig Bayer. Bf.
SNCF3 140 B 1144	Rbd Magdeburg
SNCF3 140 B 1163	Bw ?
SNCF3 140 B 1175	Rbd Magdeburg
SNCF3 140 B 1179	Bw Dresden-Friedrichstadt
SNCF3 140 B 1249	Bw Engelsdorf
SNCF3 140 B 1294	Bw ?
SNCF3 140 B 1304	Bw ?
SNCF3 140 B 1350	Bw ?
SNCF3 140 B 1362	Rbd Magdeburg
SNCF3 140 B 1394	Bw ?
SNCF3 140 B 1492	Bw Rothensee
SNCF3 140 B 1508	Rbd Magdeburg
SNCF3 140 B 1521	Bw Naumburg
SNCF3 140 B 1548	Bw Nordhausen
SNCF2 140 C 22	Bw Suhl
SNCF2 140 C 24	Bw Halberstadt
SNCF3 140 C 106	Rbd Berlin
SNCF3 140 C 117	Bw Altenburg
SNCF2 140 C 121	Bw Halberstadt
SNCF3 140 C 251	Bw Gotha
SNCF3 140 C 274	Rbd Berlin
SNCF3 140 C 297	Bw ?
SNCF3 140 C 314	Rbd Magdeburg
SNCF 140 C 488	Rbd Dresden
SNCF 140 C 112	Bw ?
SNCF4 140 D 245	Bw Hilbersdorf
SNCF4 140 D 295	Bw Rothensee
SNCF4 140 D 299	Bw Rothensee
SNCF4 140 D 306	Rbd Magdeburg
SNCF4 140 D 315	Bw Cottbus
SNCF4 140 D 321	Rbd Magdeburg
SNCF4 140 D 337	Bw Oebisfelde

SNCF4 140 D 346	Rbd Berlin	
SNCF4 140 D 351	Bw Halle-G	
SNCF4 140 D 448	Bw Neustrelitz	
SNCF4 140 D 500	Rbd Magdeburg	
SNCF4 140 D 526	Bw Rothensee	
SNCF4 140 D 565	Bw Oebisfelde	
SNCF4 140 D 600	Bw Hilbersdorf	
SNCF4 140 D 601	Bw Nordhausen	
SNCF4 140 D 606	Bw Hilbersdorf	
SNCF4 140 D 622	Bw Erfurt-G	
SNCF4 140 D 649	Bw ?	
SNCF4 140 D 722	Bw Cottbus	
SNCF 140 E 7	Rbd Berlin	
SNCF 140 E 40	Rbd Berlin	
SNCF5 140 E 142	Bw Engelsdorf	
SNCF 140 E 289	Rbd Schwerin	
SNCF4 140 E 702	Bw Hilbersdorf	
SNCF4 140 E 736	Bw Halle-G	
SNCF4 140 E 742	Bw Engelsdorf	
SNCF4 140 E 748	Rbd Berlin	
SNCF4 140 E 802	Bw Stendal	
SNCF4 140 E 803	Rbd Berlin	
SNCF4 140 E 819	Rbd Halle	
SNCF4 140 E 822	Bw Hilbersdorf	
SNCF4 140 E 831	Bw Hilbersdorf	
SNCF4 140 E 834	Bw Halle-G	
SNCF 140 F 822	Bw Dresden-Friedrichstadt	
SNCF 140 F 832	Bw Dresden-Friedrichstadt	
SNCF5 140 G 3	Bw Leipzig-Plagwitz	
SNCF5 140 G 7	Bw Engelsdorf	
SNCF5 140 G 13	Bw Engelsdorf	
SNCF5 140 G 22	Bw Gotha	
SNCF5 140 G 37	Rbd Berlin	
SNCF5 140 G 54	Bw Nordhausen	
SNCF5 140 G 97	Bw Meiningen	
SNCF5 140 G 104	Bw Rothensee	
SNCF5 140 G 111	Rbd Halle	
SNCF5 140 G 117	Rbd Halle	
SNCF5 140 G 119	Bw Oebisfelde	
SNCF5 140 G 152	Bw Gotha	
SNCF5 140 G 177	Bw Engelsdorf	
SNCF5 140 G 184	Bw Freiberg	
SNCF5 140 G 219	Bw Rochlitz	
SNCF5 140 G 220	Bw Güstrow	
SNCF 140 G 222	Rbd Halle	
SNCF5 140 G 226	Rbd Halle	
SNCF5 140 G 228	Rbd Magdeburg	
SNCF5 140 G 235	Bw Hilbersdorf	
SNCF5 140 G 237	Bw Oebisfelde	
SNCF5 140 G 251	Bw Gotha	
SNCF5 140 G 280	Bw Rothensee	
SNCF 140 G 288	Rbd Magdeburg	
SNCF5 140 G 293	Rbd Halle	
SNCF5 140 G 306	Rbd Magdeburg	
SNCF5 140 G 314	Bw Rothensee	
SNCF5 140 G 338	Bw Meiningen	
SNCF5 140 G 339	Bw Oebisfelde	
SNCF5 140 G 373	Bw Meiningen	
SNCF5 140 G 374	Bw Rothensee	
SNCF5 140 G 386	Bw Halberstadt	
SNCF5 140 G 398	Bw Salzwedel	
SNCF5 140 G 431	Bw Salzwedel	
SNCF5 140 G 432	Rbd Magdeburg	
SNCF5 140 G 441	Bw Hagenow-Land	
SNCF5 140 G 446	Rbd Halle	
SNCF5 140 G 465	Bw Rostock	
SNCF5 140 G 488	Bw Hilbersdorf	
SNCF5 140 G 495	Bw Oebisfelde	
SNCF5 140 G 519	Bw Oebisfelde	
SNCF5 140 G 530	Bw Salzwedel	
SNCF5 140 G 531	Bw Hilbersdorf	
SNCF5 140 G 532	Rbd Halle	
SNCF5 140 G 558	Bw Rothensee	
SNCF5 140 G 560	Bw Oebisfelde	
SNCF5 140 G 564	Rbd Magdeburg	
SNCF5 140 G 588	Rbd Magdeburg	
SNCF5 140 G 600	Bw Hilbersdorf	
SNCF5 140 G 620	Bw Halberstadt	
SNCF5 140 G 637	Bw Hilbersdorf	
SNCF5 140 G 640	Bw Salzwedel	
SNCF5 140 G 649	Bw Oebisfelde	
SNCF5 140 G 658	Bw Hilbersdorf	
SNCF5 140 G 667	Bw Görlitz	
SNCF5 140 G 679	Bw Güstrow	
SNCF5 140 G 686	Bw Freiberg	Lok ist ausgemustert
SNCF5 140 G 694	Rbd Magdeburg	
SNCF 140 G 761	Bw ?	
SNCF3 140 G 1350	Bw Salzwedel	
SNCF 140 K 541	Rbd Halle	
SNCF 141 B 476	Bw Gotha	

SNCF5 141 E 532	Bw Pasewalk
SNCF1 141 TA 664	Rbd Berlin
SNCF1 141 TA 665	Bw Frankfurt/Oder Pbf.[21]
SNCF1 141 TB 419	Rbd Berlin
SNCF1 141 TB 430	Bw Vacha
SNCF1 141 TB 436	Rbd Berlin
SNCF1 141 TB 445	Bw Gotha
SNCF1 141 TB 472	Bw Gera
SNCF1 141 TB 476	Bw Gotha
SNCF1 141 TB 491	Bw Wittenberg
SNCF1 141 TB 618	Bw Oschersleben
SNCF1 141 TB 632	Bw Oschersleben
SNCF 141 TB 638	Rbd Magdeburg
SNCF5 4 E 4	Bw Staßfurt
SNCF5 4 E 29	Bw Dessau
SNCF5 4 E 43	Bw Staßfurt
SNCF5 4 E 49	Bw Bernburg
SNCF5 4 E 64	Bw Magdeburg-Buckau
SNCF 50-050	Bw Hilbersdorf
SNCF5 050 B 42	Bw Schwerin
SNCF5 050 B 61	Bw Engelsdorf
SNCF5 5 B 51	Bw Wismar
SNCF5 5 B 56	Bw Suhl
SNCF5 5 B 65	Bw Erfurt-G
SNCF1 150 D 201	Bw Glauchau
SNCF1 150 D 202	Bw Zwickau
SNCF1 150 D 203	Bw Zwickau
SNCF1 150 D 204	Bw Glauchau
SNCF1 150 D 205	Bw Reichenbach
SNCF1 150 D 206	Bw Zwickau
SNCF1 150 E 158	Bw Gera
SNCF2 150 P 14	Bw Meiningen
SNCF2 150 P 49	Bw Gera
SNCF 150 P 158	Rbd Erfurt[22]
SNCF1 151 TA 707	Bw Nordhausen
SNCF4 230-052	Rbd Berlin
SNCF 230-059	Rbd Berlin
SNCF4 230-067	Bw Rummelsburg
SNCF3 230-608	Bw Großkorbetha
SNCF3 230-645	Bw Gesundbrunnen
SNCF3 230-657	Rbd Berlin
SNCF3 230-659	Rbd Halle
SNCF3 230-678	Rbd Berlin[23]

21 Spätere 93 459.
22 Verwechselt mit 150 E 158?
23 Bei AEG Hennigsdorf.

SNCF3 230-683	Rbd Berlin
SNCF3 230-960	Bw Chemnitz Hbf.
SNCF3 230-964	Bw Leipzig-Plagwitz[24]
SNCF3 230-965	Bw Chemnitz Hbf.
SNCF3 230-966	Bw Chemnitz Hbf.
SNCF3 230-967	Bw Chemnitz Hbf.
SNCF3 230-971	Bw Dresden-Friedrichstadt[25]
SNCF3 230-973	Bw Chemnitz Hbf.
SNCF3 230-975	Bw Chemnitz Hbf.
SNCF3 230-976	Bw Dresden-Friedrichstadt[26]
SNCF3 230-977	Bw Chemnitz Hbf.[27]
SNCF3 230-978	Bw Chemnitz Hbf.
SNCF3 230-980	Rbd Dresden
SNCF3 230-981	Bw Chemnitz Hbf.
SNCF3 230-982	Bw Chemnitz Hbf.
SNCF3 230-984	Bw Chemnitz Hbf.
SNCF2 230 A 65	Rbd Halle
SNCF2 230 A 81	Bw Stralsund
SNCF2 230 A 221	Bw Stralsund
SNCF1 230 A 423	Bw Stralsund
SNCF1 230 A 424	Bw Stralsund
SNCF1 230 A 426	Bw Meiningen
SNCF1 230 B 502	Bw Erfurt-P
SNCF1 230 B 504	Bw Merseburg
SNCF1 230 B 514	Bw Erfurt-P
SNCF1 230 B 516	Bw Merseburg
SNCF1 230 B 521	Bw Gera
SNCF1 230 B 523	Bw Saalfeld
SNCF1 230 B 524	Bw Gera
SNCF1 230 B 531	Bw Rothensee
SNCF1 230 B 532	Bw Gera
SNCF1 230 B 544	Bw Oschersleben
SNCF1 230 B 551	Bw Suhl
SNCF1 230 B 552	Bw Güstrow
SNCF1 230 B 559	Bw Merseburg
SNCF1 230 B 562	Bw Leipzig-Plagwitz
SNCF1 230 B 580	Bw Leipzig-Plagwitz
SNCF1 230 B 582	Bw Leipzig-Plagwitz
SNCF1 230 B 590	Bw Erfurt-P
SNCF1 230 B 593	Bw Erfurt-P
SNCF1 230 B 594	Bw Leipzig-Plagwitz
SNCF1 230 B 598	Bw Merseburg

24 Spätere 38 351.
25 Spätere 38 352.
26 Spätere 38 353.
27 Spätere 38 354.

SNCF1 230 B 602	Rbd Erfurt
SNCF1 230 B 605	Bw Pasewalk
SNCF1 230 B 608	Bw ?
SNCF1 230 B 619	Bw Merseburg
SNCF1 230 B 623	Bw Gera
SNCF1 230 B 630	Bw Erfurt-P
SNCF1 230 B 633	Bw Erfurt-P
SNCF1 230 B 641	Bw Suhl
SNCF1 230 B 642	Bw Gera
SNCF1 230 B 643	Bw Gera
SNCF1 230 B 655	Bw ?
SNCF1 230 B 657	Bw Eisenach
SNCF1 230 B 662	Bw Gera
SNCF1 230 B 669	Bw Suhl
SNCF1 230 B 743	Bw Erfurt-P
SNCF1 230 B 803	Bw Stralsund
SNCF1 230 B 841	Bw Merseburg
SNCF4 230 C 6	Bw Werdau
SNCF4 230 C 8	Bw Großkorbetha
SNCF4 230 C 15	Bw Hilbersdorf
SNCF4 230 C 16	Bw Leipzig-Plagwitz
SNCF5 230 B 24	Bw ?
SNCF4 230 C 26	Bw Werdau
SNCF4 230 C 31	Bw Engelsdorf
SNCF4 230 C 37	Bw Merseburg
SNCF2 230 C 45	Bw ?
SNCF4 230 C 47	Bw Engelsdorf
SNCF4 230 C 55	Rbd Halle
SNCF4 230 C 56	Bw Großkorbetha
SNCF4 230 C 59	Rbd Berlin
SNCF4 230 C 69	Bw Rochlitz
SNCF4 230 C 71	Bw Hilbersdorf
SNCF4 230 C 73	Bw Dresden-Friedrichstadt
SNCF4 230 C 74	Bw Werdau
SNCF4 230 C 75	Bw Döbeln
SNCF4 230 C 80	Bw Hilbersdorf
SNCF5 230 C 120	Bw Saalfeld
SNCF2 230 E 1	Bw Merseburg
SNCF2 230 E 2	Bw Halle-P
SNCF2 230 E 3	Bw Merseburg
SNCF2 230 E 5	Bw Halle-P
SNCF2 230 E 7	Bw Halle-P
SNCF2 230 E 8	Bw Merseburg
SNCF2 230 E 9	Bw Merseburg
SNCF2 230 E 10	Bw Merseburg

SNCF1 230 E 365	Bw ?
SNCF1 230 E 366	Bw ?
SNCF1 230 E 367	Bw ?
SNCF1 230 E 373	Bw ?
SNCF1 230 E 375	Bw ?
SNCF1 230 E 378	Bw ?
SNCF1 230 E 380	Bw ?
SNCF1 230 E 381	Bw ?
SNCF1 230 E 382	Bw ?
SNCF1 230 E 384	Bw ?
SNCF 230 E 964	Rbd Halle
SNCF 230 E 978	Rbd Halle
SNCF 230 F 608	Rbd Halle
SNCF 230 F 619	Rbd Halle
SNCF3 230 F 623	Bw Magdeburg Hbf.
SNCF3 230 F 625	Bw Großkorbetha
SNCF3 230 F 626	Bw Großkorbetha
SNCF3 230 F 628	Bw Großkorbetha
SNCF3 230 F 630	Bw Magdeburg Hbf.
SNCF3 230 F 634	Bw Magdeburg Hbf.
SNCF3 230 F 639	Bw Großkorbetha
SNCF3 230 F 642	Bw Magdeburg Hbf.
SNCF3 230 F 643	Bw Oebisfelde
SNCF3 230 F 647	Bw Großkorbetha
SNCF3 230 F 651	Bw Magdeburg Hbf.
SNCF3 230 F 653	Bw Großkorbetha
SNCF3 230 F 654	Bw Magdeburg Hbf.
SNCF3 230 F 656	Bw Magdeburg Hbf.
SNCF3 230 F 657	Rbd Berlin
SNCF3 230 F 660	Bw Großkorbetha
SNCF3 230 F 667	Bw Großkorbetha
SNCF3 230 F 669	Bw Halle-P
SNCF3 230 F 670	Bw Großkorbetha
SNCF3 230 F 677	Bw Großkorbetha
SNCF3 230 F 678	Bw Gesundbrunnen
SNCF3 230 F 680	Bw Großkorbetha
SNCF3 230 F 681	Bw Magdeburg Hbf.
SNCF3 230 F 682	Bw Großkorbetha
SNCF3 230 F 683	Bw Gesundbrunnen[28]
SNCF3 230 F 686	Bw Großkorbetha
SNCF3 230 F 688	Bw Magdeburg Hbf.
SNCF3 230 F 689	Bw Magdeburg Hbf.
SNCF3 230 F 690	Bw Magdeburg Hbf.
SNCF3 230 F 702	Bw Magdeburg Hbf.

28 Bei AEG Hennigsdorf.

SNCF 230 F 841	Rbd Halle
SNCF 230 G 45	Bw Stralsund
SNCF4 230 G 246	Bw Stralsund
SNCF1 231 C 63	Bw Engelsdorf
SNCF2 231 E 18	Bw Stralsund[29]
SNCF1 232 TA 934	Bw Rochlitz
SNCF5 240 A 107	Bw Meiningen
SNCF1 241 A 4	Bw Stralsund[30]
SNCF5 242 TA 9	Bw Erfurt-P
SNCF5 242 TA 17	Bw Erfurt-P
SNCF5 242 TA 29	Bw Erfurt-P
SNCF5 242 TA 32	Bw Erfurt-P
SNCF5 242 TA 36	Bw Erfurt-P
SNCF5 242 TA 47	Bw Gera
SNCF5 242 TA 50	Bw Erfurt-P
SNCF5 242 TA 63	Bw Erfurt-P
SNCB5401	Bw Dresden-Altstadt
SNCB5404	Bw Artern
SNCB5418	Bw Dresden-Friedrichstadt
SNCB5437	Bw Freiberg
SNCB5442	Rbd Berlin
SNCB5446	Bw Wismar
SNCB5478	Rbd Berlin
SNCB5503	Bw Görlitz
SNCB5512	Bw Döbeln
SNCB5519	Bw Dresden-Altstadt
SNCB5520	Bw Dresden-Altstadt
SNCB5559	Bw Dresden-Altstadt
SNCB5561	Bw Dresden-Friedrichstadt
SNCB5577	Bw Güstrow
SNCB5595	Bw Dresden-Altstadt
SNCB5610	Rbd Greifswald
SNCB5624	Bw Hagenow-Land
SNCB5638	Rbd Greifswald
SNCB5657	Bw Pasewalk
SNCB6110	Bw Zwickau
SNCB6127	Bw Zwickau
SNCB6201	Bw Halle-P
SNCB6202	Bw Halle-P
SNCB6203	Bw Halle-P
SNCB6206	Rbd Halle
SNCB6207	Bw Halle-P
SNCB6208	Bw Halle-P

29 Spätere 07 1001.
30 Spätere 08 1001.

SNCB6216	Bw Dresden-Altstadt
SNCB6217	Bw Halle-P
SNCB6230	Rbd Berlin
SNCB6400	Bw Görlitz
SNCB6404	Bw Görlitz
SNCB6405	Bw Magdeburg Hbf.
SNCB6426	Bw Görlitz
SNCB6460	Bw Wittenberge
SNCB6468	Bw Eberswalde
SNCB6491	Bw Görlitz
SNCB7060	Bw Salzwedel
SNCB7321	Bw Köthen
SNCB7326	Bw Görlitz
SNCB7339	Bw Hilbersdorf
SNCB7827	Rbd Magdeburg
SNCB8114	Bw Stralsund
SNCB8163	Bw Pasewalk
SNCB8187	Rbd Magdeburg[31]
SNCB8251	Bw Zwickau
SNCB8254	Rbd Greifswald
SNCB8574	Bw Zwickau
SNCB8627	Bw Stralsund
SNCB9313	Bw Magdeburg Hbf.
SNCB9326	Bw Magdeburg Hbf.
SNCB9330	Bw Magdeburg Hbf.
SNCB9338	Bw Magdeburg Hbf.
SNCB9378	Bw Magdeburg Hbf.
SNCB9383	Bw Magdeburg Hbf.
SNCB9399	Bw Magdeburg Hbf.
SNCB9620	Rbd Berlin
SNCB9725	Bw Lichtenberg
SNCB9783	Rbd Berlin
SNCB9848	Bw Meiningen
SNCB9859	Rbd Halle
SNCB9866	Bw Dresden Friedrichstadt
SNCB9867	Bw Gera
SNCB9887	Rbd Halle
SNCB50104	Bw Pasewalk[32]
NS 1383	Bw Rostock
NS 1390	Bw Pasewalk
NS 1409	Bw Pasewalk
NS 1614	Rbd Schwerin
NS 1745	Bw Rostock
NS 1770	Rbd Schwerin

31 Spätere 55 7251.
32 Unsicher, offenbar keine SNCB-Nummer

NS 1788	Bw Saßnitz	
NS 1824	Bw Rostock	
NS 1906	Bw Rostock	
NS 1934	Rbd Magdeburg	
NS 1935	Bw Rostock	
NS 1937	Bw Pasewalk	
NS 2111	Bw Pasewalk	
NS 2120	Bw Güstrow	
NS 2128	Bw Pasewalk	
NS 3212	Bw Parchim	
NS 3213	Bw Pasewalk	
NS 3219	Bw Güstrow	
NS 3230	Bw Pasewalk	
NS 3311	Bw Rostock	
NS 3411	Rbd Schwerin	
NS 3420	Bw Rostock	
NS 3605	Bw Saßnitz	
NS 3719	Bw Rostock	
NS 3735	Bw Pasewalk	
NS 3751	Bw Rostock	
NS 3763	Bw Pasewalk	
NS 3773	Bw Hagenow-Land	
NS 3777	Bw Pasewalk	
NS 3795	Bw Halberstadt	
NS 3801	Bw Pasewalk	
NS 5318	Bw ?	
NS 5677	Rbd Schwerin	
NS 6105	Bw Pasewalk	
NS 6222	Bw Hagenow-Land	
NS 6313	Bw Hagenow-Land	
NS 7123	Rbd Schwerin	
NS 8219	Rbd Magdeburg	
NS 8723	Bw Stendal	
NS SM 35	Bw Eilsleben	
NS 401/428/428B	Rbd Schwerin[33]	
PKP 1690	Bw Döbeln	Lokbf. Mügeln
PKP 4046	Bw Pasewalk	
PKP 4321	Bw Dresden-Altstadt	Lokbf. Wilsdruff
PKP Ol 1-13	Rbd Schwerin	
PKP Ok 1-82	Bw Staßfurt	
PKP Ol 11-10	Bw Schwerin	
PKP Ol 101-10	Rbd Schwerin	
PKP Pd 4-1	Rbd Greifswald	

33 Triebwagen, keine Dampflokomotive

PKP Th 3-39	Bw Werdau	
PKP Ti 1-8	Rbd Dresden	
PKP Ti 2-12	Bw Stralsund	
PKP Ti 2-16	Bw Döbeln	
PKP Ti 12-25	Bw Berlin Lehrter Bf.	
PKP Tp 1-39	Bw Dresden-Friedrichstadt	
PKP Tp 2-91	Bw Stralsund	
PKP Tp 2-146	Bw Hilbersdorf	Lok ist ausgemustert
PKP Tp 2-187	Bw ?	
PKP Tp 2-269	Bw ?	
PKP Tp 3-36	Bw Freiberg	
PKP Tp 4-247	Bw Dresden-Friedrichstadt	
PKP Tp 17-.....	Rbd Halle[34]	
PKP Tr 1-20	Bw Meiningen	
PKP Tr 20-109	Bw Chemnitz Hbf.	
PKP Okl 101-1	Bw Chemnitz Hbf.	
PKP Okl 101-4	Bw Chemnitz Hbf.	
PKP Tkh 1-16	Bw Riesa	
PKP Tki 2-69	Bw Brandenburg	
PKP Tki 3-12	Bw Dresden-Altstadt	
PKP Tki 3-269	Bw Brandenburg	
PKP Tki 3-305	Bw Hilbersdorf	
PKP Tp 35-.....	Bw Nordhausen[35]	
PKP 90.089	Bw ?[36]	
Estl. Tk 234	Bw Aue	
Estl. Tk 254	Bw Zwickau	
Lettl. An 33	Bw ?	
Lettl. An 35	Bw ?	
Lettl. An 37	Rbd Magdeburg	
Lettl. Ct 130	Bw Aue	
Lettl. Pn 308	Bw ?	
Lettl. Pn 310	Bw ?	
Lit.Tk 12	Bw Güsten	
Lit.K4-152	Bw Chemnitz Hbf.	Lok ist ausgemustert
Lit.K8-62	Bw Leipzig-West[37]	
Lit.P0-428	Bw Hilbersdorf	
Lit.P5-656	Bw Dresden-Friedrichstadt	
Lit.P5-689	Bw ?	
Lit.P7-355	Bw Güstrow	

34 Betriebsnummer ist unvollständig.
35 Betriebsnummer ist unvollständig.
36 Triebwagen, keine Dampflokomotive
37 Spätere 38 4052.

SSSR140/152	Bw ?	
SSSR4050 Asow	Bw Zwickau	
SSSRTB 1-54	Bw Gera[38]	
CSD 314.901	Rbd Magdeburg	
CSD 314.902	Rbd Magdeburg	
CSD 434.103	Rbd Halle	
CSD 534.0137	Bw Köthen	
CSD 534.0138	Bw Köthen	
JDZ 05-001	Bw Meiningen	
JDZ 05-010	Bw Meiningen	
JDZ 05-011	Bw Meiningen	
JDZ 05-016	Bw Meiningen	
JDZ 05-031	Bw Meiningen	
CFR 50.316	Bw Waren (M)	
CFR 50.611	Bw Gera	
CFR 50.746	Bw Gera	
CFR 159-331	Bw Döbeln	Lokbf. Mügeln
CFR 159-334	Bw Döbeln	Lokbf. Mügeln
MAV 22.022	Bw Waren (M)	
MAV 22.046	Bw Leipzig-Süd[39]	
MAV 22.049	Bw Güstrow	
MAV 22.081	Bw Rostock	
MAV 22.117	Bw Gera	
MAV 22.145	Bw Güstrow	
MAV 220.194	Bw Güsten	
MAV 222.031	Bw Gera	
MAV 297.003	Bw Dresden-Pieschen	vermutlich Dieseltriebwagen
MAV 301.019	Bw Erfurt-P	
MAV 315.815	Bw Gera	
MAV 321.013	Bw Güstrow	
MAV 321.017	Bw Hagenow-Land	
MAV 322.504	Bw Waren (M)	
MAV 324.056	Bw Gera	
MAV 324.167	Rbd Erfurt	
MAV 324.210	Rbd Schwerin	
MAV 324.330	Bw Güstrow	
MAV 324.449	Rbd Schwerin	
MAV 324.496	Bw Gera	

38 Vormalige PKP Tw 1-54.
39 Laut Akten Rbd Halle bereits am 13.03.1950 an Ungarn zurück.

MAV 324.603	Bw Gera
MAV 324.706	Rbd Schwerin
MAV 324.762	Bw Gera
MAV 324.786	Bw Engelsdorf
MAV 324.788	Bw Rostock
MAV 324.835	Bw Güsten
MAV 324.1521	Rbd Schwerin
MAV 325.083	Bw Hagenow-Land
MAV 325.086	Bw Hagenow-Land
MAV 325.110	Bw Engelsdorf[40]
MAV 325.116	Bw Gera
MAV 325.129	Bw Halle-P
MAV 326.081	Rbd Erfurt
MAV 326.095	Bw Gera
MAV 326.290	Bw Gera
MAV 326.340	Bw Gera
MAV 326.344	Bw Engelsdorf
MAV 326.416	Bw Gera
MAV 326.436	Bw Engelsdorf
MAV 327.012	Bw Güstrow
MAV 327.072	Bw Cottbus
MAV 327.136	Bw Freiberg
MAV 328.030	Bw Dresden-Friedrichstadt
MAV 328.605	Bw Rostock
MAV 328.608	Bw Gera
MAV 328.628	Bw Pasewalk
MAV 328.649	Bw Neustrelitz
MAV 328.677	Bw Gera
MAV 330.302	Bw Güstrow
MAV 330.318	Bw Eilsleben
MAV 331.002	Bw Dresden-Altstadt
MAV 342.168	Bw Gera
MAV 342.939	Bw Güstrow
MAV 351.006	Bw Güstrow
MAV 375.023	Bw Gera
MAV 375.392	Bw Rostock
MAV 375.411	Bw Köthen
MAV 375.435	Bw Rostock
MAV 375.461	Bw Köthen
MAV 375.482	Bw Güsten
MAV 375.492	Bw Waren (M)
MAV 375.562	Bw Neustrelitz
MAV 375.628	Bw Waren (M)
MAV 375.632	Bw Engelsdorf

40 Laut Akten Rbd Halle bereits am 13.03.1950 an Ungarn zurück.

MAV 375.633	Bw Rostock
MAV 375.807	Bw Dresden-Altstadt
MAV 375.895	Bw Engelsdorf
MAV 376.195	Bw Köthen
MAV 376.211	Bw Gera
MAV 376.244	Bw Gera
MAV 376.280	Bw Güsten
MAV 376.412	Bw Rostock
MAV 376.467	Bw Gera
MAV 376.564	Bw Gera
MAV 376.580	Bw Hagenow-Land
MAV 377.199	Bw Waren (M)
MAV 377.407	Bw Riesa
MAV 403.601	Bw Engelsdorf[41]
MAV 403.619	Bw Waren (M)
MAV 410.501	Bw Bitterfeld[42]
MAV 410.613	Bw Köthen
MAV 420.019	Bw Dresden-Friedrichstadt
MAV 421.016	Bw Engelsdorf
MAV 424.024	Bw Dresden-Friedrichstadt
MAV 424.098	Bw Freiberg
MAV 424.118	Bw Schwerin
MAV 424.126 Bul	Bw Stendal[43]
MAV 424.165	Bw Güstrow
MAV 424.198	Bw Hoyerswerda
MAV 424.199	Rbd Schwerin
MAV 424.201	Bw Güstrow
MAV 424.204	Bw Waren (M)
MAV 424.208	Bw Engelsdorf
MAV 424.218	Rbd Schwerin
MAV 424.224	Bw Bitterfeld
MAV 431.018	Bw Engelsdorf[44]
MAV 431.227	Bw Engelsdorf
MAV 431.835	Bw Engelsdorf
MAV 460.506	Bw Riesa

41 Laut Akten Rbd Halle bereits am 13.03.1950 an Ungarn zurück.
42 Laut Akten Rbd Halle bereits am 13.03.1950 an Ungarn zurück.
43 Kurierzuglok des Raw Stendal. Der in den amtlichen Unterlagen genannte Zusatz »Bul« zur Betriebsnummer lässt sich derzeit nicht erklären. Möglicherweise hat die Lok bulgarische Anschriften.
44 Laut Akten Rbd Halle bereits am 03.03.1950 an Ungarn zurück.

FS 729.006	Bw Freiberg
FS 729.023	Bw Chemnitz Hbf.
FS 729.110	Bw Gera
FS 835.038	Bw Riesa
FS 835.075	Bw Wittenberge
FS 835.122	Bw Zwickau
FS 835.134	Bw Riesa
FS 835.227	Rbd Halle
FS 835.264	Rbd Berlin
FS 835.339	Bw Eberswalde
England 185	Bw Leipzig-Süd
E61 Friedland	Rbd Cottbus
E62 Friedland	Bw ?
unbek. 23.002	Bw Merseburg
unbek. 24 915	Rbd Berlin
unbek. 25 027	Bw Berlin Anhalter Bf.
unbek. 35 123	Bw Aschersleben
unbek. 369	Bw Erfurt-P
unbek. 1574	Bw Erfurt-P
unbek. 6230	Rbd Berlin
unbek. 8219	Rbd Magdeburg
unbek. 8723	Rbd Magdeburg
unbek. K4 – 421	Bw Erfurt-P
unbek. T3 016	Bw Dresden-Friedrichstadt
unbek. ohne Nr.	Bw Erfurt-P
unbek. ohne Nr.	Bw Erfurt-P
unbek. ohne Nr.	Bw Erfurt-P
unbek. ohne Nr.	Bw Erfurt-P

9.3 Bestand und Verteilung der Kleinlokomotiven am 1. Juli 1950:

Ermittelter Gesamtbestand:	431 Stück
Davon im Schadpark:	68 Stück (entspricht 15,8 Prozent)

Kleinlokomotiven finden wir in allen Reichsbahndirektionen[8]. Soweit einsatzfähig und nicht wegen Treibstoffmangel abgestellt, verrichten sie leichten Bahnhofsverschub im Güterverkehr, dienen als Werklok in Raw, Baustoff-

8 Bezüglich der Organisation des Maschinendienstes mit Kleinlok sind zwei Eckdaten nicht unwichtig: Am 01.12.1949 wird der Gesamtbestand der Rbd Halle von Bw Engelsdorf an KBw Leipzig umbeheimatet. In den Betriebsbüchern erscheint jedoch als Heimat Bw vielfach Leipzig-Wahren! Am 01.01.1951 wechselt die Kö-Gruppe des Bw Berlin Lehrter Bahnhof zum Bw Berlin-Karlshorst.

Die Kleinlok mit Flüssigkeitsgetriebe Köf 4853 in zweiter Nummernbesetzung (Deutz AG 1939/20044) des Bw Leipzig-Wahren befindet sich noch weitgehend im Anlieferzustand. Die Luftklappen am Kühler sind aufgrund hoher Außentemperaturen geöffnet. *Foto: Gerhard Illner (†), Sammlung Walluhn*

lagern und anderen bahneigenen Betrieben. Manche von ihnen verrichtet auch Bauzugdienst in Bahnhöfen und auf freier Strecke. Der geringe Schadpark von knapp 16 Prozent täuscht jedoch über die wahren Gegebenheiten hinweg. Viele Kleinlok warten auf Aufnahme ins Raw beziehungsweise auf Ersatzteile oder stehen in den Raw hinterstellt. Über die zahllosen Schwierigkeiten bei ihrer Instandhaltung berichtet Kapitel 7. Viele Kleinlok wurden im Krieg auf Generatorgas- oder Holzgasbetrieb umgestellt, ein Rückbau auf Vergaser- oder Dieselbrennstoff fand zwar schon teilweise statt, er schleppt sich aber weit über das Jahr 1950 hinaus. Oftmals sind die Unterlagen, vor allem die Betriebsbücher, nicht hinreichend genau geführt, um exakt festzustellen, welchen Typs die Kleinlok am 01.07.1950 ist. Daher wurde hier für alle diese Fahrzeuge einheitlich die Abkürzung »Kl« gewählt. Bahnamtlich üblich und natürlich auch an den Lok angeschrieben sind bei der DR folgende:

Kb	Kleinlok mit Benzin- oder Benzolantrieb (Vergasermotor) und schaltbarem Rädergetriebe
Kg	Kleinlok mit Generatorgasantrieb
Kö	Kleinlok mit Dieselantrieb (Dieselölmotor) und schaltbarem Rädergetriebe
Köe	Zweikraftlok mit Elektromotoren und Dieselölmotor
Köf	Kleinlok mit Dieselölmotor und Flüssigkeitsgetriebe anstelle Rädergetriebe
Kbf	Kleinlok mit Benzin- oder Benzolmotor und Flüssigkeitsgetriebe anstelle Rädergetriebe

Kl0006	Bw Dresden-Friedrichstadt
Kl0007	*Bw ?* im Raw Dessau
Kl0008	Bw Rummelsburg
Kl0012	*Bw ?* im Raw Dessau
Kl0018	*Bw ?* im Raw Dessau
Kl0023	Bw Zittau
Kl0029	Rbd Erfurt
Kl0031	Bw Meiningen
Kl0043	Bw ?
Kl0045	*Bw Finsterwalde*
Kl0047	Bw Elsterwerda
Kl0048	Bw ?
Kl0049	Bw ?
Kl0051	Bw Pasewalk
Kl0062	Bw ?
Kl0078	Bw Parchim
Kl0079	Bw ?
Kl0103	*Bw ?* im Raw Dessau
Kl0120	Bw Stralsund
Kl0121	Bw ?
Kl0124	Bw Wittenberge
Kl0131	Bw ?
Kl0146	Bw Chemnitz Hbf.
Kl0147	*Bw Hilbersdorf*
Kl0149	Bw Zittau
Kl0154	*Bw Aschersleben*
Kl0157	Bw Cottbus
Kl0168	Bw Zittau
Kl0170	Bw Reichenbach
Kl0171	Bw Zittau
Kl0172	Bw Zittau

Kl0173	Bw Kamenz
Kl0174	Bw Kamenz
Kl0175	Bw Zittau
Kl0176	Bw Zwickau
Kl0177	Bw Leipzig-Wahren
Kl0178	Bw Leipzig-Wahren
Kl0191	Bw Berlin Lehrter Bf.
Kl0193	Bw Kamenz
Kl0194	Bw Rummelsburg
Kl0207	Bw Riesa
Kl0210	Bw Riesa
Kl0216	Bw Stralsund
Kl0217	Bw Eberswalde
Kl0219	Bw Gotha
Kl0226	Bw Nordhausen
Kl0231	Bw Erfurt-G
Kl0236	Bw Dresden-Pieschen
Kl0237	Bw Riesa
Kl0240	Bw Leipzig-Wahren
Kl0241	Bw Leipzig-Wahren
Kl0242	Rbd Cottbus
Kl0243	Bw Leipzig-Wahren
Kl0244	Bw Leipzig-Wahren
Kl0245	Bw Hagenow-Land
Kl0248	Bw Wittenberge
Kl0250	Bw Wittenberge
Kl0251	Bw Leipzig-Wahren
Kl0261	Bw Nordhausen
Kl0275	Bw Magdeburg Hbf.
Kl0283	Bw Falkenberg
Kl0284	Bw Aschersleben
Kl0285	Bw Magdeburg Hbf.
Kl0287	Bw Aschersleben
Kl0288	Bw Leipzig-Wahren
Kl0289	Bw Leipzig-Wahren
Kl0290	Rbd Halle
Kl0292	Bw Guben
Kl0293	Bw Güstrow
Kl0296	*Bw Eberswalde*[1]
Kl0297	Bw Angermünde
Kl0298	Bw ?
Kl0300	Bw Haldensleben
Kl0301	Bw ?
Kl0303	*Bw ?* im Raw Dessau

1 Im Raw Wittenberge.

Kl0304	Bw Cottbus
Kl0392	Bw ?
Kl0405	*Bw Neubrandenburg*[2]
Kl0406	*Bw Neubrandenburg*[3]
Kl0407	*Bw Neubrandenburg*[4]
Kl0408	*Bw Neubrandenburg*[5]
Kl1502	*Rbd Berlin* im Raw Dessau
Kl2486	*Rbd Cottbus* im Raw Dessau
Kl4001	*Bw Riesa*
Kl4002	*Bw Riesa*
Kl4019	Bw Riesa
Kl4024	Bw ?
Kl4025	Bw ?
Kl4064	*Bw Güstrow*
Kl4065	Bw Schöneweide
Kl4069	*Rbd Berlin*
Kl4070	*Rbd Halle* im Raw Dessau
Kl4090	Bw Parchim
Kl4096	Bw Magdeburg Hbf.
Kl4106	Bw Leipzig-Wahren
Kl4108	Bw Gesundbrunnen
Kl4109	Bw Leipzig-Wahren
Kl4110	*Rbd Berlin* im Raw Dessau
Kl4113	Bw Aschersleben
Kl4114	Bw Cottbus
Kl4115	Bw Leipzig-Wahren
Kl4116	Bw Leipzig-Wahren
Kl4117	Bw Leipzig-Wahren
Kl4118	Bw Leipzig-Wahren
Kl4171	*Bw Leipzig-Wahren*
Kl4173	*Bw Leipzig-Wahren*
Kl4175	Bw Cottbus
Kl4178	Bw Flöha
Kl4179	Bw Nordhausen
Kl4180	Bw Chemnitz Hbf.
Kl4181	Bw Reichenbach
Kl4182	Bw Flöha
Kl4184	Bw Flöha
Kl4185	Bw Aue
Kl4186	*Bw Dresden-Pieschen* im Raw Dessau
Kl4187	Bw Leipzig-Wahren

2 Ex. Mecklenburg-Pommersche Schmalspurbahn (600 mm), Lokbahnhof Friedland.

3 Wie vor.

4 Wie vor.

5 Wie vor.

Kl4188	Bw Leipzig-Wahren
Kl4190	Bw Leipzig-Wahren
Kl4195	Bw Saalfeld
Kl4201	Bw Erfurt-G
Kl4203	Bw Meiningen
Kl4210	Bw Berlin Lehrter Bf.
Kl4211	Bw Dresden-Pieschen
Kl4227	*Rbd Halle* im Raw Dessau
Kl4228	Bw Wittenberge
Kl4229	*Bw Dresden-Pieschen*
Kl4247	Bw Gesundbrunnen
Kl4251	Rbd Halle
Kl4259	Bw Wittenberge
Kl4279	*Rbd Cottbus*
Kl4296	Bw Leipzig-Wahren
Kl4307	Bw Magdeburg Hbf.
Kl4309	Bw Magdeburg Hbf.
Kl4311	*Bw Gesundbrunnen*
Kl4314	*Rbd Berlin* im Raw Dessau
Kl4318	Bw Berlin Lehrter Bf.
Kl4321	Bw Leipzig-Wahren
Kl4324	Bw Parchim
Kl4325	Bw Magdeburg Hbf.
Kl4326	Bw Rostock
Kl4327	Bw Magdeburg Hbf.
Kl4329	Bw Leipzig-Wahren
Kl4330	Bw Schwerin
Kl4332	Bw Leipzig-Wahren
Kl4333	Bw Leipzig-Wahren
Kl4334	Bw Leipzig-Wahren
Kl4347	*Rbd Erfurt* im Raw Dessau
Kl4352	*Rbd Berlin* im Raw Dessau
Kl4353	Bw Finsterwalde
Kl4356	Bw Leipzig-Wahren
Kl4357	Bw Aschersleben
Kl4360	Bw Leipzig-Wahren
Kl4361	Rbd Berlin[6]
Kl4363	Bw Leipzig-Wahren
Kl4367	Bw Cottbus
Kl4371	Bw Jüterbog
Kl4382	Bw Naumburg
Kl4383	w Güstrow
Kl4389	Bw Jüterbog

6 Von Sowjetischer Militäradministration in der Kaserne Bernau blockiert.

Kl4406	Bw Chemnitz Hbf.	
Kl4407	Bw Chemnitz Hbf.	
Kl4409	Bw Neubrandenburg	
Kl4412	Bw Buchholz (Sachs)	
Kl4414	Bw Reichenbach	
Kl4418	Bw Karlshorst	
Kl4421	Bw Riesa	
Kl4422	Bw Riesa	
Kl4423	Bw Naumburg	
Kl4424	Bw Gera	
Kl4425	Bw Saalfeld	
Kl4426	Bw Erfurt-G	
Kl4427	Bw Meiningen	
Kl4428	Bw Gera	
Kl4429	Bw Meiningen	
Kl4430	Bw Meiningen	
Kl4431	Bw Saalfeld	
Kl4432	Bw Saalfeld	
Kl4433	*Bw Naumburg*	
Kl4434	*Rbd Erfurt* im Raw Dessau	
Kl4435	Bw Gera	
Kl4436	Bw Gera	
Kl4437	Bw Gotha	
Kl4438	Bw Gotha	
Kl4439	Bw Erfurt-P	
Kl4440	Bw Naumburg	
Kl4441	Bw Saalfeld	
Kl4442	Bw Gotha	
Kl4443	Bw Saalfeld	
Kl4444	Bw Gera	
Kl4445	Bw Naumburg	
Kl4450	*Bw Neustrelitz*	
Kl4451	Bw Neustrelitz	
Kl4454	Bw Neustrelitz	
Kl4457	KBw Greifswald	
Kl4471	Bw Berlin Lehrter Bf.	
Kl4480	Bw Pankow	
Kl4489	*Bw Zwickau*	
Kl4492	Bw Zwickau	Lok ist ausgemustert
Kl4493	Bw Chemnitz Hbf.	
Kl4494	Bw Magdeburg Hbf.	
Kl4498	Bw Riesa	
Kl4500	Bw Zwickau	
Kl4501	Bw Zittau	
Kl4506	Bw Zittau	

Kl4507	Bw Dresden-Pieschen	
Kl4508	Bw Zittau	
Kl4510	Bw Zittau	
Kl4513	Bw Dresden-Pieschen	
Kl4515	Bw Leipzig-Wahren	
Kl4517	Bw Leipzig-Wahren	
Kl4520	*Rbd Halle im Raw Dessau*	
Kl4528	*Bw Leipzig-Wahren*	
Kl4529	Bw Leipzig-Wahren	
Kl4530	Bw Buchholz (Sachs)	
Kl4533	Bw Dresden-Pieschen	
Kl4537	*Bw Dresden-Pieschen* im Raw Dessau	
Kl4539	*Bw Riesa*	
Kl4541	*Rbd Schwerin* im Raw Dessau	
Kl4543	Bw Buchholz (Sachs)	
Kl4545	*Bw Elsterwerda*	
Kl4547	Bw Buchholz (Sachs)	
Kl4549	Bw Magdeburg Hbf.	
Kl4555	Bw Cottbus	
Kl4556	Bw Cottbus	
Kl4565	Bw Wittenberge	
Kl4568	Bw Wittenberge	ausgemustert!
Kl4573	*Rbd Halle* im Raw Dessau	
Kl4579	Bw Gotha[7]	
Kl4589	Bw Neubrandenburg	
Kl4594	Bw Dresden-Pieschen	
Kl4600	Bw Nordhausen	
Kl4604	Rbd Halle	
Kl4605	Bw Zittau	
Kl4617	Bw Aschersleben	
Kl4619	Rbd Magdeburg	
Kl4625	Rbd Berlin	
Kl4626	Bw Magdeburg Hbf.	
Kl4627	*Bw Magdeburg Hbf.*	
Kl4628	Bw Frankfurt/Oder Pbf.	
Kl4629	Bw Falkenberg	ausgemustert!
Kl4630	Bw Stendal	
Kl4631	Bw Berlin Lehrter Bf.	
Kl4632	Bw Frankfurt/Oder Pbf.	
Kl4633	Bw Parchim	
Kl4634	Bw Frankfurt/Oder Pbf.	
Kl4635	Bw Gesundbrunnen	
Kl4639	Bw Magdeburg Hbf.	
Kl4645	Bw Aue	

7 Werklok Raw Gotha.

Kl4646	Bw Reichenbach
Kl4652	*Bw Dresden-Pieschen* im Raw Dessau
Kl4681	Bw Schwerin
Kl4689	Bw Güstrow
Kl4694	Bw Schwerin
Kl4719	Bw Leipzig-Wahren
Kl4722	Bw Berlin Anhalter Bf.
Kl4723	*Rbd Halle* im Raw Dessau
Kl4730	*Rbd Halle* im Raw Dessau
Kl4736	Bw Gesundbrunnen
Kl4738	Bw ?
Kl4740	Bw Leipzig-Wahren
Kl4741	Bw Cottbus
Kl4742	Bw Leipzig-Wahren
Kl4743	Bw Gesundbrunnen
Kl4744	Bw Gesundbrunnen
Kl4745	Bw Berlin Anhalter Bf.
Kl4746	Bw Aschersleben
Kl4747	Bw Leipzig-Wahren
Kl4749	Bw Cottbus[8]
Kl4750	Bw Leipzig-Wahren
Kl4751	Bw Leipzig-Wahren
Kl4752	Bw Haldensleben
Kl4753	Bw Leipzig-Wahren
Kl4754	Bw Leipzig-Wahren
Kl4755	Bw Leipzig-Wahren
Kl4756	Bw Leipzig-Wahren
Kl4757	Bw Berlin Anhalter Bf.
Kl4758	Bw Aschersleben
Kl4762	Bw Nordhausen
Kl4766	*Bw Rostock*
Kl4775	Bw Gera
Kl4788	*Bw Berlin Lehrter Bf.*
Kl4780	Bw Karlshorst
Kl4796	Bw Rostock
Kl4798	Bw Zittau
Kl4799	Bw Reichenbach
Kl4800	Bw Buchholz (Sachs)
Kl4801	Bw Hagenow-Land
Kl4802	*Rbd Schwerin* im Raw Dessau
Kl4814	Bw Berlin Anhalter Bf.
Kl4825	Bw Zwickau
Kl4830	Bw Leipzig-Wahren
Kl4834	Bw Naumburg

8 Werklok Raw Cottbus.

Kl4836	Bw Leipzig-Wahren
Kl4847	Bw ?
Kl4852	Bw Karlshorst
Kl4853	Bw Leipzig-Wahren
Kl4854	*Rbd Schwerin*
Kl4855	Bw Güstrow
Kl4856	*Rbd Schwerin* im Raw Dessau
Kl4857	Bw ?
Kl4858	*Rbd Schwerin* im Raw Dessau
Kl4872	Bw Saalfeld
Kl4897	Bw Neubrandenburg
Kl4899	Bw Neustrelitz
Kl4900	Bw Eberswalde
Kl4902	Bw Rummelsburg
Kl4911	Bw ?
Kl4924	*Bw Gotha*
Kl4927	Bw Güstrow
Kl4931	Bw Gotha
Kl4932	Bw Gotha
Kl4933	Bw Saalfeld
Kl4934	Bw Gesundbrunnen
Kl4936	Bw Zittau
Kl4949	Bw Neubrandenburg
Kl4956	Bw Rostock
Kl4959	Bw Gotha
Kl4961	*Rbd Berlin* im Raw Dessau
Kl4962	Bw Berlin Lehrter Bf.
Kl4963	Bw Frankfurt/Oder Pbf.
Kl4966	Bw Seddin
Kl4967	Bw Aschersleben
Kl4968	Bw Grunewald
Kl4969	Bw Riesa
Kl4970	Bw Flöha
Kl4971	Bw Aue
Kl4972	Bw Flöha
Kl4978	Rbd Schwerin
Kl4998	Bw Gesundbrunnen
Kl4999	Bw Flöha
Kl5000	Bw Chemnitz Hbf.
Kl5001	Bw Chemnitz Hbf.
Kl5002	Bw Magdeburg Hbf.
Kl5006	Bw Karlshorst
Kl5008	Bw Leipzig-Wahren
Kl5009	*Rbd Berlin*
Kl5010	*Bw Leipzig-Wahren*
Kl5023	Bw Berlin Lehrter Bf.
Kl5024	Bw ?
Kl5028	Bw Brandenburg-Altstadt
Kl5038	*Bw Grunewald*
Kl5046	Bw Schöneweide
Kl5047	Bw Leipzig-Wahren
Kl5049	*Bw Eberswalde*
Kl5060	Bw Chemnitz Hbf.
Kl5061	Bw Riesa
Kl5062	Bw Aue
Kl5063	Bw Riesa
Kl5064	Bw Flöha
Kl5065	Bw Riesa
Kl5066	Bw Riesa
Kl5067	Bw Chemnitz Hbf.
Kl5068	Bw Chemnitz Hbf.
Kl5069	Bw Zittau
Kl5070	Bw Leipzig-Wahren
Kl5071	Bw Wittenberg
Kl5072	Bw Magdeburg Hbf.
Kl5073	Bw Aschersleben
Kl5074	Bw Leipzig-Wahren
Kl5075	Bw Leipzig-Wahren
Kl5077	Bw Leipzig-Wahren
Kl5079	Bw Leipzig-Wahren
Kl5081	Bw Güstrow ausgemustert!
Kl5093	Bw Nordhausen
Kl5103	Bw Flöha
Kl5140	Bw Hoyerswerda
Kl5141	Bw Magdeburg-Rothensee
Kl5142	Bw Leipzig-Wahren
Kl5143	Bw Leipzig-Wahren
Kl5144	Bw Leipzig-Wahren
Kl5145	KBw Cottbus
Kl5146	KBw Cottbus
Kl5172	*Bw Cottbus*
Kl5174	Bw Güstrow
Kl5177	Bw Wittenberge
Kl5182	*Rbd Cottbus*[9]
Kl5188	Bw Zwickau
Kl5191	Bw Schöneweide
Kl5193	Bw Buchholz (Sachs)
Kl5197	Bw Chemnitz Hbf.
Kl5199	Bw Reichenbach

9 Im Raw Wittenberge.

Kl5201	*Bw Pasewalk*	
Kl5205	Bw Oberröblingen	
Kl5216	Bw Leipzig-Wahren	
Kl5226	Bw Buchholz (Sachs)	
Kl5227	*Bw Frankfurt/Oder Pbf.*	
Kl5228	Bw Zwickau	
Kl5230	Bw Dresden-Pieschen	
Kl5236	Bw Leipzig-Wahren	
Kl5237	Bw Leipzig-Wahren	
Kl5238	Bw Leipzig-Wahren	
Kl5239	Bw Leipzig-Wahren	
Kl5242	Bw Leipzig-Wahren	
Kl5243	KBw Cottbus	
Kl5244	Bw Wittenberge	
Kl5248	Bw Magdeburg-Rothensee	
Kl5258	Bw Aschersleben	
Kl5259	Bw Stendal	
Kl5261	Bw Magdeburg-Rothensee	
Kl5262	Bw Aschersleben	
Kl5264	Bw Magdeburg Hbf.	
Kl5265	Bw Magdeburg Hbf.	
Kl5266	Bw Oebisfelde	
Kl5269	Bw Naumburg	
Kl5281	Bw Nordhausen	
Kl5710	Bw Cottbus	
Kl5711	Bw Leipzig-Wahren	
Kl5712	Bw Naumburg	
Kl5713	*Bw Gotha*	
Kl5714	Bw Chemnitz Hbf.	
Kl5715	Bw Magdeburg Hbf.	
Kl5718	Bw Wustermark	
Kl5719	Bw Wustermark	
Kl5720	Bw Halberstadt	
Kl5722	Rbd Schwerin	
Kl5723	Raw PotsdamWerklok	
Kl5724	Bw Leipzig-Wahren	
Kl5725	Rbd Berlin	
Kl5726	Bw Berlin Lehrter Bf.	
Kl5727	*Rbd Berlin*	
Kl5728	Rbd Berlin	
Kl5730	Bw Basdorf[10]	
Kl5732	Bw Basdorf[11]	
Kl5733	Bw Basdorf[12]	
Kl5734	Bw Neuruppin[13]	
Kl10747	Rbd Erfurt	
Kl10931	Rbd Schwerin	ausgemustert!
Kl20430	Rbd Magdeburg	
Kl20719	Rbd Magdeburg	
Kl21132	*Rbd Schwerin*[14]	
Kl21138	Bw Wittenberge	ausgemustert!

10 Ex. Niederbarnimer Eb. Kö 03.
11 Ex. Niederbarnimer Eb. Kö 01.
12 Ex. Niederbarnimer Eb. Kö 02.
13 Ex. Niederbarnimer Eb. Kö 04.
14 Im Raw Wittenberge.

Wieder betriebsfähig hergerichtet ist V 15 043 des Bw Sangerhausen (Deutsche Werke Kiel 1943/720 mit Motor Jung 1943/5713). Auf der rechten Führerhausseite sitzt wegen Kraftstoffmangels noch immer ein Holzgasgenerator aus der Kriegszeit. 1961 erhält sie die Betriebsnummer V16 075.
Foto: Georg Hey, Weimar, Sammlung Walluhn

Von dienstbereiten Diesellokomotiven der unmittelbaren Nachkriegszeit sind nur ganz wenige Lichtbilder überliefert. V 11648 des Bw Erfurt-G (Schwartzkopff 1942/11648), später V 36 067 – soeben in der V0-Gruppe ausgebessert und von vielen Lehrlingen belagert – steht vor dem noch heute existierenden Reparaturschuppen.
Foto: Ernst Schröder Rbd Erfurt, Sammlung Walluhn

9.4 Bestand und Verteilung der Diesellokomotiven am 1. Juli 1950:

Ermittelter Gesamtbestand: 56 Stück
Davon im Schadpark: 36 Stück (entspricht 64,3 Prozent)

Hier bietet sich uns ein Konglomerat aus unterschiedlichsten zumeist ehemaligen Wehrmachtslokomotiven der Leistungsklassen zwischen 100 und 400 PS. Ähnlich den Kleinlok verteilen sie sich bunt auf alle Direktionen, weit mehr als die Hälfte steht im Schadpark. Ein einheitliches Nummernsystem existiert noch nicht, zum besseren Verständnis wurden die späteren Betriebsnummer hinzugefügt, falls es eine solche gibt. In der Übersicht können durchaus mehrere Lok fehlen, die amtlichen Unterlagen sind zum Thema Dieseltriebfahrzeuge alles andere als vollständig. Soweit einsatzfähig, verrichten diese Fahrzeuge neben dem Rangier- auch Streckendienst im Nahbereich. Ihr Anteil an der gesamten Zugförderung ist allerdings äußerst gering.

V16 004	*Bw Berlin Anhalter Bf.*	
V36 085	Bw Neuruppin	spätere V36 018
V36 101	Bw Flöha	spätere V36 015
V36 102	Bw Chemnitz Hbf.	spätere V36 061
V36 103	*Bw Dresden-Pieschen*	spätere V36 025, im Raw Wittenberge
V36 104	*Bw Flöha*	spätere V36 035, im Raw Dessau
V36 105	Bw Dresden-Pieschen	spätere V36 019
V36 106	*Bw Dresden-Pieschen*	spätere V36 036
V36 107	Bw Flöha	spätere V36 026
V36 108	*Rbd Schwerin*	spätere V36 037, im Raw Wittenberge[1]
V36 109	*Rbd Berlin*	spätere V36 050, ex. Oderbruchbahn 3-420
V36 110	*Rbd Cottbus*	spätere V36 024
V36 221	Bw Neuruppin	spätere V36 034, ex. Ruppiner Eb. 40
V36 226	Bw Neuruppin	spätere V36 016
V36 292	Bw Berlin Anhalter Bf.	spätere V36 017
V36 294	Bw Wismar	spätere V36 062
V36 295	*Rbd Halle*	spätere V36 063, ex. Dessau-Wörlitz 12
V36 356	Bw Nordhausen	spätere V36 022
V559	Bw ?	spätere V16 073
V560	*Rbd Halle*	spätere V16 074
V589	Bw Basdorf	spätere V16 072
V36 622	Bw ?	spätere V20 006
V36 627	Bw Rostock	spätere V36 027
V36 628	Bw Sangerhausen	spätere V36 023
V36 668	*Bw Neuruppin*	spätere V20 007
V36 669	Bw Berlin Lehrter Bf.	spätere V20 008
V36 686	*Rbd Berlin*	
V36 695	*Rbd Berlin*	spätere V36 051, ex. Oderbruchbahn 4-420
V36 700	*Bw Halle-P*	spätere V36 064
V36 701	Bw Halle-P	spätere V36 065

1 Ex. Ruppiner Eb. 41.

V36 724	*Rbd Greifswald*	
V36 757	Bw Berlin Lehrter Bf.	spätere V36 052
V36 779	*Rbd Berlin*	spätere V36 053
V1501	Bw ?	spätere V15 040
V1502	Bw ?	spätere V15 001
V1605	*Bw Schwerin*	spätere V16 071
V2001	*Bw Basdorf*	spätere V20 005
V36 2005	Rbd Schwerin	spätere V36 033
V2201	*Bw Aschersleben*	spätere V22 045
V2202	*Bw Magdeburg Hbf.*	spätere V22 047
V5713	*Bw ?*	spätere V16 075
V5732	Bw Halle-P	spätere V15 002
V7342	*Bw Stralsund*	spätere V16 070
V36 10722	Bw Halle-P	spätere V36 020
V10867	Bw ?	spätere V27 011
V36 10933	Bw Naumburg	spätere V36 021
V36 11466	*Rbd Schwerin*	spätere V36 080, im Raw Wittenberge
V36 11469	*Rbd Schwerin*	spätere V36 066
V36 11648	*Rbd Erfurt*	spätere V36 067
V36 11653	*Bw Neuruppin*	spätere V36 060, ex Ruppiner Eb. 53
V36 21135	Bw Berlin Anhalter Bf.	spätere V36 028
V36 21136	Bw Schwerin	spätere V36 029
V36 21462	Bw Wittenberge	spätere V36 030
V36 21482	Bw Schwerin	spätere V36 031
V36 21484	*Bw Gera*	spätere V36 032
V22101	*Bw Flöha*	spätere V22 046, im Raw Dessau

9.5 Bestand und Verteilung der Elektrolokomotiven am 1. Juli 1950:

Ermittelter Gesamtbestand:	12 Stück
Davon im Schadpark:	9 Stück (entspricht 75,0 Prozent)

Das Thema elektrischer Betrieb wurde bereits eingangs beschrieben. Die Statistik gibt den Abstellpark wieder: Die bei den Firmen AEG und SSW verbliebenen 15 kV-Ellok, beide Gleichstrommaschinen E 178 beziehungsweise E 176 der Direktion Berlin sowie die Fahrzeuge Reihe E 191 für Strecke Klingenthal (Vogtland)–Sachsenberg Georgenthal bei 1000 mm-Spurweite. Nicht enthalten sind die im Raw Dessau zurückgebliebenen Rudimente verschiedenster Ellok, sie wurden sämtlich vor 1950 ausgemustert.

E 04 11	Rbd Halle	bei AEG Hennigsdorf Werk Spandau
E 04 12	Rbd Halle	bei AEG Hennigsdorf Werk Spandau
E 44 043	Rbd Halle	bei SSW Berlin
E 44 050	Rbd Halle	bei SSW Berlin
E 44 056	Rbd Halle	bei SSW Berlin
E 91 11	Rbd Halle	bei SSW Berlin
E 94 160	Rbd Halle	bei AEG Hennigsdorf Werk Spandau
E 94 161	Rbd Halle	bei AEG Hennigsdorf Werk Spandau

In Dessau versammelt sich nach dem Ende des elektrischen Betriebes »in Erwartung weiterer Entscheidungen« der im Lande verbliebene Schrott etlicher Lokomotiven. 1950 längst ausgemustert erscheint keines dieser Fahrzeuge in unserer Statistik. E 17 101 befindet sich wie alle anderen Ellok auch in sehr schlechtem Zustand, ihr Inneres ist hauptsächlich zur Buntmetallgewinnung ausgeschlachtet.
Foto: Rbd Halle, Sammlung Wolfgang Göbel, Glauchau

E 176 11	Rbd Berlin	
E 178 01	*Rbd Berlin*	*Schwerschadlok im Raw Schöneweide*
E 191 01	Bw Falkenstein	für Klingenthal–Sachsenberg-Georgenthal
E 191 02	Bw Falkenstein	für Klingenthal–Sachsenberg-Georgenthal

9.6 Bestand und Verteilung der Triebwagen am 1. Juli 1950:

Ermittelter Gesamtbestand AT:	45 Stück
Davon im Schadpark:	42 Stück (entspricht 93,3 Prozent)
Ermittelter Gesamtbestand DT:	8 Stück
Davon im Schadpark:	5 Stück (entspricht 62,5 Prozent)
Ermittelter Gesamtbestand VT:	218 Stück
Davon im Schadpark:	76 Stück (entspricht 34,9 Prozent)
Ermittelter Gesamtbestand ET:	15 Stück
Davon im Schadpark:	keiner

Der letzte Abschnitt dieser Statistik ist den Triebwagen gewidmet. Bereits weitgehend abgestellt sind die Akkumulatortriebwagen (AT). Lediglich Güsten, Gotha und Eberswalde beheimaten noch einsatzfähige Fahrzeuge. Davon gehen AT 433/434 Bw Güsten und AT 555/556 Bw Eberswalde noch im Juli 1950 außer Betrieb. AT 391/392 wird im Dezember 1950 abgestellt. Ursache sind verschlissene und nicht ersetzbare Batterien. Über die Dampftriebwagen (DT) der Rbd Berlin liegen so gut wie keine Informationen vor. Möglicherweise sind sie längst außer Dienst, die Akten schweigen sich beharrlich aus. In allen Direktionen verteilt stehen Verbrennungsmotortriebwagen (VT) unterschiedlichster Bauarten und Leistungen. Ihr Schadpark liegt über einem Drittel, es kann als sicher gelten, dass wie bei den Kleinlok ein weit größerer Anteil abgestellt ist. Soweit betriebsfähig dienen die VT dem lokalen Personenverkehr. Eine Reihe VT 135 und VT 137 des Bw Berlin Anhalter Bahnhof hat die »Besatzungsmacht« requiriert, wobei unklar bleibt, ob sie in Beschlag der sowjetischen Armee oder der Streitkräfte alliierter Westmächte stehen, möglicherweise beides. Auffallend auch die so genannten Präsidentenwagen, sie bleiben – wie VT 137 234 dem Verkehrsminister – den Direktionspräsidenten zur persönlichen Verfügung vorbehalten und stehen so nicht für den öffentlichen Personenverkehr bereit. Die von Privatbahnen übernommenen VT hingegen sind weitgehend in ihren alten Einsatzgebieten verblieben. Neben dem Elektrotriebwagen ET 25 203 – schadhaft im Raw Dessau – finden wir ausschließlich die Fahrzeuge der Gleichstrominselbetriebe Müncheberg–Buckow, Schleiz–Saalburg, Oberweißbacher Bergbahn und Klingenthal–Sachsenberg-Georgenthal.

VT 135 131 Bw Erfurt-P (Triebwagenbau AG Berlin 1937/26) ist 1950 als Präsidententriebwagen reserviert. Die Fotorarität zeigt das Fahrzeug im Bahnhof Weimar Reichsbahn während einer Streckenbereisungsfahrt. Nach Aussagen des Fotografen soll dieses Fahrzeug einen weinroten Anstrich besessen haben.
Foto: Georg Hey, Weimar, Sammlung Walluhn

Dresden-Pieschen zählt zu den Hochburgen der Vorkriegstriebwagen. Hier ist auch VT 135 110 (Rathgeber 1938/47173/88) mit Unterflurmotor beheimatet. Solche kleinen zweiachsigen Fahrzeuge leisten im Jahr 1950 wertvolle Dienste auf schwach ausgelasteten Nebenbahnen, soweit Instandhaltungssituation und Treibstofflage es zulassen. ***Foto: Sammlung Georg Hey, Weimar***

AT225/226	Bw Eberswalde	
AT243/244	Bw Güsten	
AT245/246	Bw Pasewalk	
AT259/260	Bw Gotha	
AT261/262	Bw Güsten	
AT263/264	Bw Pasewalk	
AT269/270	Bw Güsten	
AT273/274	Bw Güsten	
AT275/276	Rbd Cottbus	im Raw Delitzsch
AT277/278	Bw Senftenberg	
AT287/288	Rbd Cottbus	im Raw Delitzsch
AT289/290	Bw Senftenberg	
AT313/314	Bw Güsten	
AT355/356	Bw Güsten	
AT357/358	Bw Güsten	
AT359/360	Bw Güsten	
AT361/362	Bw Güsten	
AT365/366	Bw Güsten	
AT367/368	Bw Güsten	im Raw Delitzsch
AT369/370	Bw Güsten	
AT373/374	Bw Güsten	
AT391/392	Bw Gotha	
AT393/394	Bw Grunewald	
AT419/420	Bw Güsten	
AT421/422	Bw Güsten	
AT431/432	Bw Güsten	
AT433/434	Bw Güsten	
AT439/440	Bw Güsten	
AT441/442	Bw Güsten	
AT465/466	Bw ?	

AT491/492	Bw Halberstadt	
AT495/496	Bw Güsten	
AT497/498	Bw Güsten	im Raw Delitzsch
AT505/506	Bw Güsten	
AT515/516	Bw Gotha	
AT537/538	Bw Güsten	
AT547/548	Bw ?	
AT551/552	Bw Güsten	
AT555/556	Bw Eberswalde	
AT577/578	Bw Güsten	
AT585/586	Bw ?	
AT587/588	Bw Gotha	
AT589/590	Bw Gotha	
AT591/592	Bw Gotha	
AT613/614	Bw Gotha	
DT6	Bw Frankfurt/Oder Pbf.	
DT52	Rbd Berlin	
DT53	Rbd Berlin	
DT54	Rbd Berlin	
DT55	Rbd Berlin	
DT56	Rbd Berlin	
DT59	Rbd Berlin	
DT151	Bw Frankfurt/ Oder Pbf.	ex. Oderbruchbahn 151
VT702	Bw ?	
VT715/716	Bw Gotha	
VT749	Bw ?	
VT803	Rbd Dresden	

VT804	*Bw Schwerin*	
VT822	*Bw ?*	
VT856	Bw Bitterfeld	
VT864	Bw Flöha	
VT 133 501	Bw Ketzin	ex. Osthavelländische Eb. T1
VT 133 502	Bw Ketzin	ex. Osthavelländische Eb. T2
VT 133 503	Bw Ketzin	ex. Osthavelländische Eb. T3
VT 133 504	Bw Blankenburg	ex. Halberstadt-Blankenburg T1
VT 133 505	Bw Hagenow-Land	ex. Boizenburger Stadt- u. Hafenbahn VT1
VT 133 506	Bw Luckau	ex. Niederlausitzer Eb. T1021
VT 133 507	Bw Luckau	ex. Niederlausitzer Eb. T1022
VT 133 508	Bw Aschersleben	ex. Bebitz-Alsleben T1
VT 133 511	Bw Haldensleben	ex. Gardelegen-Haldensleben-Weferlingen T1
VT 133 515	Bw Luckau	ex. Niederlausitzer Eb. T1023
VT 133 521	*Bw Gera*	*ex. Gera-Meuselwitz 1*
VT 133 522	Bw Wernigerode	ex. Gernrode-Harzgerode T1
VT 133 523	Bw Straupitz	ex. Spreewaldbahn 501
VT 133 524	*Bw Wittenberge*	*Schadpark, ex. Prignitzer Kreiskleinbahn 701*
VT 133 525	Bw Wittenberge	ex. Prignitzer Kreisklb. 702
VT 135 006	*Rbd Dresden*	*im Raw Dessau*
VT 135 033	Bw ?	
VT 135 036	*Bw Schwerin*	
VT 135 039	Bw ?	
VT 135 040	Bw Schwerin	
VT 135 054	Bw Berlin Anhalter Bf.	für Besatzungsmacht
VT 135 061	*Rbd Berlin*	
VT 135 062	Bw Dresden-Pieschen	
VT 135 063	Bw Berlin Anhalter Bf.	für Besatzungsmacht und GDR Berlin
VT 135 064	Bw Dresden-Pieschen	
VT 135 106	Bw Karlshorst	
VT 135 109	Bw Dresden-Pieschen	
VT 135 110	Bw Dresden-Pieschen	
VT 135 113	*Rbd Greifswald*	
VT 135 114	Bw Berlin Anhalter Bf.	für Besatzungsmacht und Transportpolizei Berlin
VT 135 131	Bw Erfurt-P	Präsidentenwagen Rbd Erfurt
VT 135 500	Bw Görlitz	ex. Görlitzer Kreisbahn 1031
VT 135 501	Bw Eberswalde	ex. Eberswalde-Finowfurt 121
VT 135 502	Bw Eberswalde	ex. Eberswalde-Finowfurt 122
VT 135 503	*Rbd Halle*	*ex. Dessau-Wörlitz VT41*
VT 135 509	Bw Karlshorst	ex. Königswusterhausen-Töpchin T1
VT 135 510	Bw Karlshorst	ex. Königswusterhausen-Töpchin T2
VT 135 511	Bw Luckau	ex. Niederlausitzer Eb. T1031
VT 135 512	Bw Stralsund	ex. Greifswald-Wolgast T1032
VT 135 513	Bw Brandenburg-Altstadt	ex. Brandenburger Städtebahn 121
VT 135 514	*Bw Blankenburg*	*im Raw Dessau*[1]
VT 135 515	Bw Frankfurt/ Oder Pbf.	ex. Oderbruchbahn T101
VT 135 516	*Rbd Schwerin*	*im Raw Wittenberge*[2]
VT 135 517	*Bw Erfurt-P*	*ex. Mühlhausen-Ebeleben T08*
VT 135 518	Bw Erfurt-P	ex. Kyffhäuser Klb. T32
VT 135 519	Bw Erfurt-P	ex. Langensalzaer Klb. T15
VT 135 520	Bw Stralsund	ex. Stralsund-Tribsees T1031
VT 135 521	*Bw Bitterfeld*	*im Raw Dessau*[3]
VT 135 522	*Bw Jerichow*	*ex. Altmärkische Eb. T33*
VT 135 523	*Bw Stendal*	*ex. Stendaler Eb. T34*
VT 135 524	Bw Jerichow	ex. Genthiner Eb. T31
VT 135 525	*Bw Aschersleben*	*ex. Wallwitz-Wettin T1*
VT 135 526	Bw Prenzlau	ex. Prenzlauer Kreisbahn T502
VT 135 527	Bw Wittenberge	ex. Prignitzer Kreiskleinbahn T602
VT 135 528	*Bw Wittenberge*	*ex Prignitzer Kreisklb. T603*
VT 135 529	Bw Wittenberge	ex Prignitzer Kreiskleinbahn T604
VT 135 530	Bw Bitterfeld	ex. Delitzscher Eb. T12
VT 135 531	*Bw Bitterfeld*	*ex. Delitzscher Eb. T39*
VT 135 532	Bw Stendal	ex. Altmärkische Eb. T35
VT 135 533	Bw Aschersleben	ex. Aschersleben-Schneidlingen-Nienhagen T1[4]
VT 135 534	*Bw Falkenberg*	*ex. Prettin-Annaburg T5*
VT 135 535	Bw Torgau	ex. Schildau-Mockrehna T8
VT 135 536	Bw Jerichow	ex. Gardelegen-Haldenslbn.-Weferlingen T51
VT 135 537	*Bw Haldensleben*	*im Raw Dessau*[5]
VT 135 538	Bw Haldensleben	ex. Gardelegen-Haldenslbn.-Weferlingen T53
VT 135 539	Bw Aschersleben	ex. Gardelegen-Haldenslbn.-Weferlingen T61
VT 135 540	Bw Jerichow	ex. Genthiner Eb. T13
VT 135 541	Bw Aschersleben	ex. Wallwitz-Wettin T14
VT 135 542	Bw Prenzlau	ex. Prenzlauer Kreisbahn T503
VT 135 543	Bw Blankenburg	ex. Halberstadt-Blankenburg T4
VT 135 544	Rbd Cottbus	Herkunft unbekannt!

1 Ex. Halberstadt-Blankenburg T2.
2 Ex. Oderbruchbahn T102.
3 Ex. Delitzscher Klb. T29.
4 Vormals T1 der Kleinbahn Ellrich-Zorge.
5 Ex. Gardelegen-Haldensleben-Weferlingen T52.

VT 135 545	Bw Prenzlau	ex. Prenzlauer Kreisbahn T02 (DS)
VT 135 546	*Bw Jerichow*	*im Raw Dessau*[6]
VT 135 547	Bw Aschersleben	ex. Bebitz-Alsleben T1[7]
VT 135 548	Bw Frankfurt/ Oder Pbf.	ex. Oderbruchbahn T104
VT 135 549	Bw Aschersleben	ex. Bebitz-Alsleben T2
VT 135 550	Bw Erfurt-P	ex. Rennsteig-Frauenwald T9
VT 135 551	*Bw Neuruppin*	*ex. Ruppiner Eb. T89*
VT 135 552	Bw Haldensleben	ex. Haldenslebener Eb. T03
VT 135 553	Bw Basdorf	ex. Niederbarnimer Eb. T2
VT 137 002	*Bw Flöha*	
VT 137 005	Bw Zittau	
VT 137 006	Bw Dresden-Pieschen	
VT 137 007	Bw Zittau	
VT 137 013	Bw Halle-P	Präsidentenwagen Rbd Halle
VT 137 030	Bw Halle-P	
VT 137 031	Bw Halle-P	
VT 137 033	Bw ?	
VT 137 034	Bw ?	
VT 137 035	Bw Halle-P	
VT 137 044	*Bw Berlin Anhalter Bf.*	
VT 137 058	*Bw Dresden-Pieschen*	
VT 137 060	Bw Dresden-Pieschen	
VT 137 061	Bw Dresden-Pieschen	Präsidentenwagen Rbd Dresden
VT 137 063	Bw Berlin Anhalter Bf.	für Besatzungsmacht und sowjetische Kontrollkommission
VT 137 064	Bw Dresden-Pieschen	
VT 137 065	Bw Dresden-Pieschen	
VT 137 067	Bw Dresden-Pieschen	
VT 137 069	Bw Aschersleben	
VT 137 070	*Bw ?*	
VT 137 071	*Bw Dresden-Pieschen*	
VT 137 078	*Rbd Halle*	
VT 137 084	Rbd Halle	
VT 137 087	Rbd Dresden	
VT 137 088	Rbd Dresden	
VT 137 092	*Rbd Berlin*	
VT 137 099	Bw Berlin Anhalter Bf.	für Besatzungsmacht und Hauptverwaltung
VT 137 100	Bw Berlin Anhalter Bf.	für Besatzungsmacht und Minister für Verkehr
VT 137 101	Bw Karlshorst	Präsidentenwagen Rbd Berlin
VT 137 103	Bw Berlin Anhalter Bf.	für Besatzungsmacht

6 Ex. Delitzscher Eb. T38.
7 Vormals T1 der Obereichsfelder Kleinbahn.

VT 137 105	Bw Berlin Anhalter Bf.	für Generaldirektor der DR
VT 137 106	Bw Berlin Anhalter Bf.	für Besatzungsmacht und sowjetische Kontrollkommission
VT 137 112	*Bw Berlin Anhalter Bf.*	*im Raw Dessau*
VT 137 122	Bw Karlshorst	
VT 137 132	Bw Karlshorst	
VT 137 136	Bw Berlin Anhalter Bf.	für Besatzungsmacht
VT 137 154 a/b/c	*Bw Berlin Anhalter Bf.*	*im Raw Dessau*
VT 137 155 a/b/c	*Rbd Schwerin*	*im Raw Wittenberge*[8]
VT 137 163	*Rbd Magdeburg*	*im Raw Dessau*
VT 137 166	*Bw Dresden-Pieschen*	
VT 137 167	*Bw Dresden-Pieschen*	*im Raw Dessau*
VT 137 176	*Bw Flöha*	
VT 137 185	Bw Berlin Anhalter Bf.	für Besatzungsmacht und sowjetische Kontrollkommission
VT 137 189	Bw Dresden-Pieschen	
VT 137 191	*Bw Dresden-Pieschen*	
VT 137 195	Bw Flöha	
VT 137 197	Bw Flöha	
VT 137 198	Bw Dresden-Pieschen	
VT 137 203	*Bw Flöha*	
VT 137 211	Rbd Dresden	
VT 137 212	Rbd Halle	
VT 137 213	*Rbd Halle*	
VT 137 215	*Rbd Halle*	
VT 137 220	*Rbd Schwerin*	*im Raw Wittenberge*
VT 137 225 a/b	*Bw Karlshorst*	
VT 137 226 a/b	*Bw Berlin Anhalter Bf.*	
VT 137 233 a/b/c	*Bw Berlin Anhalter Bf.*	
VT 137 234 a/b/c/d	Bw Karlshorst	Wagen für Verkehrsminister der DDR
VT 137 237	*Bw Karlshorst*	
VT 137 249	*Bw Flöha*	
VT 137 251	*Bw Flöha*	
VT 137 269	Bw Dresden-Pieschen	
VT 137 273 a/b/c	Bw ?	
VT 137 278 a/b/c	Bw ?	
VT 137 283 a/b/c	Bw Dresden-Pieschen	
VT 137 284 a/b/c	Bw Dresden-Pieschen	

8 Ehemaliger Kruckenberg-Wagen.

VT 137 286 a/b/c	Bw ?	
VT 137 287 a/b/c	Bw Dresden-Pieschen	
VT 137 288 a/b	Bw Karlshorst	
VT 137 291 a/b	Bw Berlin Anhalter Bf.	
VT 137 293 a/b	Bw Berlin Anhalter Bf.	
VT 137 294 a/b	Bw Berlin Anhalter Bf.	
VT 137 295 a/b	*Bw Dresden-Pieschen*	
VT 137 322	Bw Zittau	
VT 137 328 a/b	*Bw ?*	
VT 137 329 a/b	Bw Halle-P	
VT 137 331 a/b	Bw Berlin Anhalter Bf.	
VT 137 348	*Rbd Magdeburg*	
VT 137 366	*Bw ?*	
VT 137 367 a/b	*Rbd Halle*	
VT 137 368 a/b	*Rbd Halle*	
VT 137 371 a/b	Bw ?	
VT 137 372 a/b	*Rbd Berlin*	
VT 137 373 a/b	*Rbd Berlin*	
VT 137 376 a/b	*Rbd Schwerin*	
VT 137 387	Bw Dresden-Pieschen	
VT 137 446	Bw Flöha	
VT 137 451	Bw Flöha	
VT 137 511	*Bw Neuruppin*	*ex. Ruppiner Eb. VT80*
VT 137 512	*Bw Neuruppin*	*im Raw Dessau*[9]
VT 137 513	*Bw Neuruppin*	*ex. Ruppiner Eb. VT84*
VT 137 514	*Bw Salzwedel*	*ex. Salzwedeler Eb. T91*
VT 137 515	Bw Erfurt-P	ex. Erfurt-Nottleben T94
VT 137 516	*Bw Aschersleben*	*ex. Altmärkische Eb. T95*
VT 137 517	Bw Salzwedel	ex. Osterburg-Pretzier T96
VT 137 518	Bw Salzwedel	ex. Salzwedeler Eb. T92
VT 137 519	*Bw Salzwedel*	*ex. Salzwedeler Eb. T93*
VT 137 520	Bw Barth	ex. Stendaler Eb. T90
VT 137 521	*Bw Neuruppin*	*ex. Ruppiner Eb. T85*
VT 137 522	Bw Salzwedel	ex. Osterburg-Pretzier T4
VT 137 523	Bw Berlin Anhalter Bf.	ex. Osthavelländische Eb. VT5
VT 137 524	Bw Ketzin	ex. Osthavelländische Eb. VT6
VT 137 525	*Bw Neuruppin*	*ex. Ruppiner Eb. VT103*
VT 137 526	*Bw Frankfurt/ Oder Pbf.*	*ex. Beeskow-Fürstenwalde 1001*
VT 137 527	Bw Frankfurt/ Oder Pbf.	ex. Oderbruchbahn VT105
VT 137 528	Bw Basdorf	ex. Niederbarnimer Eb. VT4
VT 137 529	Bw Barth	ex. Franzburger Südbahn VT1121

9 Ex. Ruppiner Eb. T82.

VT 137 530	Bw Barth	ex. Franzburger Südbahn VT1124
VT 137 531	Bw Barth	ex. Franzburger Bahnen
VT 137 532	Bw Barth	ex. Franzburger Bahnen
VT 137 551	Bw Aschersleben	ex. Osterwieck-Wasserleben T04
VT 137 552	Bw Stendal	ex. Stendal-Tangermünde 1
VT 137 553	*Bw Brandenburg-Altstadt*	*ex. Brandenburger Städtebahn 301*
VT 137 554	*Bw Brandenburg-Altstadt*	*ex. Brandenburger Städtebahn 303*
VT 137 555 a/b	*Bw Erfurt-P*	*ex Weimar-Berka-Blankenhain T05*
VT 137 556	*Bw Brandenburg-Altstadt*	*ex. Brandenburger Städtebahn 304*
VT 137 557	*Bw Brandenburg-Altstadt*	*ex. Brandenburger Städtebahn 305*
VT 137 558	Bw Brandenburg-Altstadt	ex. Brandenburger Städtebahn 306
VT 137 559	Bw Basdorf	ex. Niederbarnimer Eb. VT1
VT 137 560	Bw Basdorf	ex. Niederbarnimer Eb. VT5
VT 137 561	*Bw Wernigerode*	*ex. Nordhausen-Wernigerode T1*
VT 137 562	Bw Barth	ex. Franzburger Kreisbahn VT1125
VT 137 563	*Bw Barth*	*ex. Greifswalder Klb. VT1126*
VT 137 564	Bw Barth	ex. Greifswalder Klb. VT1127
VT 137 565	Bw Wernigerode	ex. Nordhausen-Wernigerode T2
VT 137 566	Bw Wernigerode	ex. Nordhausen-Wernigerode T3
VT 137 567	Bw ?	Herkunft unbekannt!
VT 137 571	*Bw Blankenburg*	*im Raw Dessau*[10]
VT 137 600 a/b/c		*Bw Dresden-Pieschen*
VT 137 852 a/b/c		Bw ?
VT 137 902 a/b/c/d		*Rbd Berlin*
ET25203	*Rbd Halle*	*im Raw Dessau*
ET 188 501	Bw Frankfurt/ Oder Pbf.	ex. Müncheberg-Buckow ET1
ET 188 502	Bw Frankfurt/ Oder Pbf	ex. Müncheberg-Buckow ET2
ET 188 503	Bw Frankfurt/ Oder Pbf.	ex. Müncheberg-Buckow ET3
ET 188 511	Bw Falkenstein	für Klingenthal-Sachsenberg[11]
ET 188 512	Bw Falkenstein	für Klingenthal-Sachsenberg[12]
ET 188 521	Bw Saalfeld	für Schleiz-Saalburg[13]
ET 188 522	Bw Saalfeld	für Schleiz-Saalburg[14]
ET 188 531	Bw Saalfeld	ex. Oberweißbacher Bergbahn

10 Ex. Halberstadt-Blankenburg VT3.
11 Ex. Schleiz-Saalburg PT1.
12 Ex. Schleiz-Saalburg PT2.
13 Ex. Schleiz-Saalburg GT1.
14 Ex. Schleiz-Saalburg GT2.

ET 198 01	Bw Falkenstein	für Klingenthal-Sachsenberg
ET 198 02	Bw Falkenstein	für Klingenthal-Sachsenberg
ET 198 03	Bw Falkenstein	für Klingenthal-Sachsenberg
ET 198 04	Bw Falkenstein	für Klingenthal-Sachsenberg
ET 198 05	Bw Falkenstein	für Klingenthal-Sachsenberg
ET 198 06	Bw Falkenstein	für Klingenthal-Sachsenberg

Mit lautem Pfiff und geöffneten Zylinderhähnen verlässt 39 211 des Bw Dresden-Altstadt (Henschel 1924/20266) den schwer vom Krieg gezeichneten Hauptbahnhof Leipzig. Am Haken hat die Maschine einen Schnellzug nach Dresden.
Foto: Fritz Eschen, Sammlung Walluhn

10 Nachweis der verwendeten Quellen

Quellen erster Ordnungen (Primärquellen):

* St 10a und Umsetzmeldungen Rbd Berlin 1946 bis 1955 (Sammlung vormaliges MfV-Archiv Berlin).
* St 10a und Umsetzmeldungen Rbd Cottbus 1946 bis 1955 (Sammlung wie vor).
* St 10a und Umsetzmeldungen Rbd Dresden 1946 bis 1955 (Sammlung wie vor).
* St 10a und Umsetzmeldungen Rbd Erfurt 1946 bis 1955 (Sammlung wie vor).
* St 10a und Umsetzmeldungen Rbd Greifswald 1946 bis 1955 (Sammlung wie vor).
* St 10a und Umsetzmeldungen Rbd Halle 1946 bis 1955 (Sammlung wie vor).
* St 10a und Umsetzmeldungen Rbd Magdeburg 1946 bis 1955 (Sammlung wie vor).
* St 10a und Umsetzmeldungen Rbd Schwerin 1946 bis 1955 (Sammlung wie vor).
* Lokkartei Rbd Magdeburg (ehemalige Verwaltung Maschinenwirtschaft Rbd Magdeburg).
* Lokkartei MfV HVM (Sammlung vormaliges MfV-Archiv Berlin).
* Lokkartei Raw Meiningen (Sammlung Verfasser)
* Umsetzmeldungen Rbd Berlin (Sammlung R. Albrecht, Chemnitz).
* Umsetzmeldungen Rbd Dresden (Sammlung Verfasser).
* Umsetzmeldungen Rbd Erfurt (ehemalige Verwaltung Maschinenwirtschaft Rbd Erfurt).
* Umsetzmeldungen Rbd Greifswald (Sammlung O. Kuchenbecker, Reichenbach).
* Umsetzmeldungen Rbd Halle (Sammlung R. Albrecht, Chemnitz).
* Umsetzmeldungen Rbd Schwerin (Sammlung Verfasser)
* Lokstandsbuch Rbd Erfurt 1945 bis 1955 (ehemalige Verwaltung Maschinenwirtschaft Rbd Erfurt).
* Lokstandsbuch Rbd Halle 1945 bis 1988 (ehemalige Verwaltung Maschinenwirtschaft Rbd Halle).
* Lokstandsbuch Rbd Dresden 1945 bis 1960 (ehemalige Verwaltung Maschinenwirtschaft Brd Dresden).
* Amtsblätter der Deutschen Reichsbahn 1949, 1950, 1951 (Sammlung Verfasser).
* Zahlreiche Einzeldokumente (Kopien) betreffend Lokumsetzungen und Lokbeheimatungen Rbd Berlin, Cottbus, Dresden, Erfurt, Halle, Greifswald, Magdeburg, Schwerin. (Sammlung Verfasser).
* Diverse Lokverwendungsnachweise (Kopien) Rbd Berlin, Cottbus, Dresden, Erfurt, Halle, Greifswald, Magdeburg, Schwerin. (Sammlung Verfasser).
* Ausmusterprotokolle Hauptverwaltung Maschinenwirtschaft (Sammlung vormaliges MfV-Archiv Berlin).
* Protokolle Schadparkbesichtigung Hauptverwaltung Maschinenwirtschaft, Rbd Berlin, Halle, Erfurt (Sammlung Verfasser, Sammlung vormaliges MfV-Archiv Berlin).
* Diverse Betriebsbücher (Kopien) für Lokomotiven und Triebwagen (Sammlung Verfasser).
* Dokumente zu Lokomotiv-Kolonnen (Sammlung Verfasser, Sammlung vormaliges MfV-Archiv Berlin).

Quellen zweiter Ordnung (Sekundärquellen):

* Diverse Betriebsbücher (Abschriften) für Lokomotiven und Triebwagen (Sammlung Verfasser).
* Private Aufzeichnungen (Abschriften) Archiv für Deutsche Dampflokgeschichte Ulrich Walluhn sowie Arbeitsgruppe Lokomotivgeschichte bei der Deutschen Gesellschaft für Eisenbahngeschichte.

Quellen dritter Ordnung (Tertiärquellen):

* Private Aufzeichnungen von Rainer Albrecht, Annaberg-Buchholz (Sammlung Verfasser).
* Private Aufzeichnungen von Rudolf Albrecht, Chemnitz (Sammlung Verfasser).
* Private Aufzeichnungen von Günter Barthel (†) (Sammlung Verfasser).
* Private Aufzeichnungen von Joachim Bilke (†) (Sammlung Verfasser).
* Private Aufzeichnungen von Wilfried Danschewitz (†) (Sammlung Verfasser).
* Private Aufzeichnungen von Joachim Dürlich, Arnstadt (Sammlung Verfasser).
* Private Aufzeichnungen von Dirk Erxlebe, Stuttgart (Sammlung Verfasser).
* Private Aufzeichnungen von Albrecht Fabian, Chemnitz (Sammlung Verfasser).
* Private Aufzeichnungen von Gerald und Wolfgang Fischer, Würzburg (Sammlung Verfasser).
* Private Aufzeichnungen von Günter Fromm (†) (Sammlung Verfasser).
* Private Aufzeichnungen von Peter Grohmann, Berlin (Sammlung Verfasser).
* Private Aufzeichnungen von Wilfried Hesse (†) (Sammlung Verfasser).
* Private Aufzeichnungen von Georg Hey, Weimar (Sammlung Verfasser).
* Private Aufzeichnungen von Gerhard Kelle, Erfurt (Sammlung Verfasser).
* Private Aufzeichnungen von Dieter Göbel, Glauchau (Sammlung Verfasser)
* Private Aufzeichnungen von Steffen Klossek, Erfurt (Sammlung Verfasser).
* Private Aufzeichnungen von Egon Kretschmar, Chemnitz (Sammlung Verfasser).

* Private Aufzeichnungen von Oliver Kuchenbecker, Chemnitz (Sammlung Verfasser).
* Private Aufzeichnungen von Wladimir Laptew, Swerdlowsk (Sammlung Verfasser).
* Private Aufzeichnungen von Wolfgang Lehmann, Erfurt (Sammlung Verfasser).
* Private Aufzeichnungen von Familie Liebaug, Schmalkalden (Sammlung Verfasser).
* Private Aufzeichnungen von Peter Loyal, Niddatal (Sammlung Verfasser).
* Private Aufzeichnungen von Herbert Marktscheffel (†) (Sammlung Verfasser).
* Private Aufzeichnungen von Ulrich Penzel, Treuen (Sammlung Verfasser).
* Private Aufzeichnungen von Tino Renz Finsterwalde (Sammlung Verfasser).
* Private Aufzeichnungen von Friedrich Schadow (†) (Sammlung Verfasser).
* Private Aufzeichnungen von Markus Schmidt, Vacha (Sammlung Verfasser).
* Private Aufzeichnungen von Jörg Schramm, Stuttgart (Sammlung Verfasser).
* Private Aufzeichnungen von Dr. Arno Schröder (†) (Sammlung Verfasser).
* Private Aufzeichnungen von Konstatin Smironow, Lemberg (Sammlung Verfasser).
* Private Aufzeichnungen von Herbert Stark, Eppertshausen bei Dieburg (Sammlung Verfasser).
* Private Aufzeichnungen von Andreas Stolpmann, Elsterberg (Sammlung Verfasser).
* Private Aufzeichnungen von Johannes Töpelmann (†) (Sammlung R. Albrecht, Chemnitz).
* Private Aufzeichnungen von Heinz-Jürgen Ungelenk, Gotha (Sammlung Verfasser).
* Private Aufzeichnungen von Werner Umlauft (†) (Sammlung Verfasser).
* Private Aufzeichnungen von Jürgen Vogel, Dresden (Sammlung Verfasser).
* Private Aufzeichnungen von Rainer Winter, Eisenach (Sammlung Verfasser).
* Private Aufzeichnungen von Erich Wohllebe (†) (Sammlung W. Umlauft, Erfurt).
* Private Aufzeichnungen (Ausarbeitungen) Archiv für Deutsche Dampflokgeschichte Ulrich Walluhn sowie Arbeitsgruppe Lokomotivgeschichte bei der Deutschen Gesellschaft für Eisenbahngeschichte Erfurt.
* Die Zusammenstellung der wichtigen Ereignisse des Jahres 1950 entstammt der vom Verfasser per EDV erstellten Chronik 1835 bis 2003 welche aus einer außerordentlich großen Zahl Quellen (weitgehend Primärquellen) zusammengefasst ist.
* Die Organisation des Maschinendienstes im Jahre 1950 entstammt einigen EDV-Stützdateien, diese wiederum sind aus einer großen Zahl Quellen (weitgehend Primärquellen) erstellt.